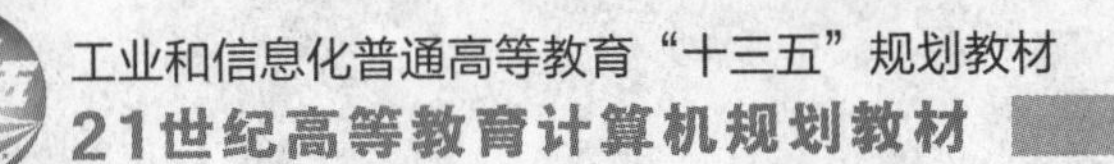

工业和信息化普通高等教育“十三五”规划教材

21世纪高等教育计算机规划教材

大学计算机

University Computer

■ 王梦倩 主编

■ 王钢 赵玉刚 姜书浩 李艳琴 等 编著

人民邮电出版社

北京

图书在版编目（CIP）数据

大学计算机 / 王梦倩主编 ; 王钢等编著. -- 北京 :
人民邮电出版社, 2017.8(2018.8重印)
21世纪高等教育计算机规划教材
ISBN 978-7-115-45868-1

Ⅰ. ①大… Ⅱ. ①王… ②王… Ⅲ. ①电子计算机－高等学校－教材 Ⅳ. ①TP3

中国版本图书馆CIP数据核字(2017)第184381号

内容提要

本书从培养大学生掌握计算机科学基础知识以及提高计算机应用能力的角度出发，注重理论与实践相结合，系统地介绍了计算机系统的硬件、软件的基本知识，并以浅显易懂的语言，对信息处理、办公自动化、网络与 Internet、程序设计、数据结构、IT 技术新发展等计算机应用领域的基础知识以及相关软件的使用方法进行了介绍，还介绍了一些计算机安全方面的知识。本书每章都配有习题供学生练习，本书可与《大学计算机实践教程》（ISBN：978-7-115-45867-4）配套使用。

本书可作为高等院校非计算机专业“大学计算机”课程的教材，也可以作为计算机爱好者学习计算机的入门教材和参考书。

◆ 主　　编　王梦倩
编　　著　王　钢　赵玉刚　姜书浩　李艳琴 等
责任编辑　张孟玮
责任印制　陈　犇
◆ 人民邮电出版社出版发行　　北京市丰台区成寿寺路 11 号
邮编 100164　　电子邮件 315@ptpress.com.cn
网址 http://www.ptpress.com.cn
三河市君旺印务有限公司印刷
◆ 开本：787×1092 1/16
印张：19　　2017 年 8 月第 1 版
字数：477 千字　　2018 年 8 月河北第 2 次印刷

定价：49.80 元

读者服务热线：(010)81055256　印装质量热线：(010)81055316
反盗版热线：(010)81055315
广告经营许可证：京东工商广登字 20170147 号

前　言

随着信息技术与计算机技术的飞速发展及计算机教育的普及推广，教育部对高等学校计算机基础课程提出了更新、更高的要求。高等院校的计算机教育分为两类：一类是面向计算机及其相关专业大学生的学科教育；另一类是面向全体大学生的基础教育。

本书作为计算机基础课程的教材，结合当前信息技术与计算机技术的发展以及社会需求，介绍了计算机的概念与发展历史、计算机系统的组成、网络技术和信息安全，以及云计算、物联网和电子商务等新技术，并结合文字处理、电子表格和演示文稿等常用软件进行讲解、提升和实践训练，旨在帮助大学生了解信息技术，熟练地使用计算机，真正把计算机当作日常学习和生活的工具。

本书编者在总结多年教学实践和教学改革经验的基础上，针对学科特点和学生兴趣，从培养计算思维能力入手，采用“理论+提升+实践”的模式，从而让学生理解计算思维本质的基础理论，以知识扩展为提升手段，以常用软件为实践平台。本书力求做到既促进计算思维能力培养，又避免陷于理论研讨；既适应共性知识需求，又满足个体深层要求；真正实现因材施教，体现大学计算机教学的实效性和针对性，全面提高教学质量。

本书由王梦倩统稿与审定。具体编写分工如下：第 2 章由王梦倩编写，第 1 章和第 7 章由王钢编写，第 3 章由赵玉刚编写，第 4 章和第 6 章由姜书浩编写，第 5 章由王桂荣编写，第 8 章由李艳琴编写，第 9 章由梁静毅编写，第 10 章由李军编写。在本书编写过程中编者得到了潘旭华教授的指导和帮助，在此表示感谢；同时也感谢李菁女士的帮助。

在本书编写过程中，编者参考了很多优秀的图书资料和网站资料，在此向所有被引用文献的作者表示敬意和衷心的感谢。

由于编者水平有限，书中难免存在错误和不妥之处，恳切希望广大读者批评指正。

编　者

2017 年 5 月

目　录

第1章 计算机与信息社会

学习目标

- 了解计算机文化的形成与发展、计算机文化的影响
- 了解计算机的诞生及计算机的发展历程
- 了解计算机应用技术的新发展
- 了解信息、信息技术及信息化社会的概念，学习信息化社会中应该具备的信息素养
- 了解计算思维的由来，理解科学方法与科学思维的相关知识
- 了解计算思维的内容，理解计算思维定义、方法与特征的相关知识

计算工具的演化经历了由简单到复杂、从低级到高级的不同阶段，例如从“结绳记事”中的绳结到算筹、算盘计算尺、机械计算机等。它们在不同的历史时期发挥了各自的历史作用，同时也启发了现代电子计算机的研制思想。

计算机于1946年问世，有人说是由于战争的需要而产生的，也有人认为计算机产生的根本动力是人们为了创造更多的物质财富，是为了把人的大脑延伸，让人的潜力得到更大的发展。正如汽车的发明是使人的双腿延伸一样，计算机的发明事实上是对人脑智力的继承和延伸。它一诞生，就立即成了先进生产力的代表，掀开自工业革命后的又一场新的科学技术革命。

1.1 计算机的发展

1.1.1 近代计算机

自古以来，人类就在不断地发明和改进计算工具，从使用算盘、计算尺、手摇计算器、差分机，直到现在人们使用的电子计算机。电子计算机是人类科学技术上的重大突破，是20世纪最重要的发明之一。电子计算机是一种以存储程序和数据并能自动执行为特征的、对各种数字化信息进行高速处理的电子设备。它的出现有力地推动了其他科学技术的发展，使人们从繁重、复杂的脑力劳动中解放出来，可以说电子计算机就是人类大脑的延伸，所以电子计算机又称为“电脑”。

要追溯计算机的发明，可以由中国古代开始说起，古时人类发明算盘来处理一些数据，利用拨弄算珠的方法，人们无需心算，通过固定的口诀就可以将答案计算出来。这种被称为“计算与逻辑运算”的运作概念传入西方后，被美国人加以发扬光大，在16世纪，人们发明了一部可协助

处理乘数等较为复杂数学算式的机械，被称为“棋盘计算器”。

17 世纪初，西方国家的计算工具有了较大的发展，英国数学家纳皮尔发明了“纳皮尔算筹”；英国牧师奥却德发明了计圆柱型对数算尺，这种计算尺不仅能做加减乘除、乘方、开方运算，甚至可以计算三角函数、指数函数和对数函数，这些计算工具不仅带动了计算器的发展，也为现代计算器发展奠定了良好的基础，成为现代社会应用广泛的计算工具。

1642 年，年仅 19 岁的法国科学家布莱士·帕斯卡（Blaise Pascal）发明了第一部机械式计算器，在他的计算器中有一些互相连锁的齿轮，一个转过十位的齿轮会使另一个齿轮转过一位，人们可以像拨电话号码盘那样，把数字拨进去，计算结果就会出现在另一个窗口中，但是只能做加减计算。1694 年，莱布尼兹（Leibniz）在德国将其改进成可以进行乘除的计算。此后，一直要到 20 世纪 50 年代末才有电子计算器的出现。

1889 年，美国科学家赫尔曼· 何乐礼研制出以电力为基础的电动制表机，用以储存计算资料。

1930 年，美国科学家范内瓦·布什造出世界上首台模拟电子计算机。

1.1.2 电子计算机的问世

电子计算机的奠基人当首推英国科学家艾伦·麦席森·图灵（Alan Matheson Turing）。图灵在 1936 年首次提出了一个通用计算设备的设想，他设想所有的计算都可能在一种特殊的机器上执行，这就是现在所说的图灵机。图灵对这样的一种机器只是进行了数学上的描述，他更有兴趣关注计算的哲学定义，而不是建造一台真实的机器。他将该模型建立在人们计算过程的行为上，并将这些行为抽象到用于计算的机器模型中。图灵机模型证明了通用计算理论，肯定了计算机实现的可能性，它也给出了计算机应有的主要架构；它引入了读写算法与程序语言的概念，极大地突破了过去计算机的设计理念；同时，图灵机模型理论是计算学科最核心的理论，因为计算机的极限计算能力就是通用图灵机的计算能力，很多问题可以转化到图灵机这个简单的模型来考虑。可以说，正是在图灵搭建的理论基础之上，计算机才有了后来的蓬勃发展。

1942 年，在美国的宾夕法尼亚大学任教的物理学家约翰·莫克利（John Muchly）提出了用电子管组成计算机的设想，这一方案得到了美国陆军弹道研究所的关注。当时正值第二次世界大战之际，新武器研制中的弹道问题涉及许多复杂的计算，单靠手工计算已经远远满足不了要求，急需能自动计算的机器。于是在美国陆军部的资助下，1943 年开始了电子计算机的研制，8 月初，美籍匈牙利科学家冯·诺依曼（John Von Neumann）作为顾问参加了首台计算机的研制。

1946 年 2 月 14 日诞生了世界上第一台电子数字计算机 ENIAC（埃尼阿克），全称是“电子数值积分和计算机”（The Electronic Numerical Integrator And Calculator）。“埃尼阿克”计算机的最初设计方案，是由 36 岁的美国工程师莫奇利于 1943 年提出的，计算机的主要任务是分析炮弹轨道。美国军械部拨款支持研制工作，并建立了一个专门研究小组，由莫奇利负责。总工程师由年仅 24 岁的埃克特担任，组员格尔斯是位数学家，另外还有逻辑学家勃克斯。

“埃尼阿克”共使用了 18 000 个电子管，另加 1 500 个继电器以及其他器件，其总体积约 90m^3，重达约 30 吨，占地约 170m^2，需要用一间 30 多米长的大房间才能存放，是个地地道道的庞然大物，如图 1.1 所示。这台耗电量为 140kW 的计算机，运算速度为每秒 5 000 次加法，或者 400 次乘法，比机械式的继电器计算机快 1 000 倍。当“埃尼阿克”公开展出时，一条炮弹的轨道用 20 秒就能算出来，比炮弹本身的飞行速度还快。埃尼阿克的存储器是电子装置，而不是靠转动的"鼓"。它能够在一天内完成几千万次乘法，大约相当于一个人用台式计算器操作40年的工作量。它是按照十进制，而不是按照二进制来操作的。但其中也有少量以二进制方式工作的电子管，因此机器在工作中不得不把十进制数转换为二进制数，而在数据输入、输出时，再变回十进制数。

图1.1　第一台电子计算机ENIAC

虽然它的功能还比不上今天最普通的一台微型计算机，但在当时它已是运算速度的绝对冠军，并且其运算的精确度和准确度也是史无前例的。以圆周率（π）的计算为例，中国的古代科学家祖冲之利用算筹，耗费15年心血，才把圆周率计算到小数点后7位数。一千多年后，英国人香克斯以毕生精力计算圆周率，才计算到小数点后707位。而使用ENIAC进行计算，仅用了40秒就达到了这个记录，还发现香克斯的计算中，第528位是错误的。

"埃尼阿克"最初是为了计算弹道而设计的专用计算机。但后来通过改变插入控制板里的接线方式来解决各种不同的问题，而成为一台通用机。它的一种改型机曾用于氢弹的研制。"埃尼阿克"程序采用外部插入式，每当进行一项新的计算时，都要重新连接线路。有时几分钟或几十分钟的计算，要花几小时或1～2天的时间准备线路连接，这是一个致命的弱点。它的另一个弱点是存储量太小，最多只能存20个10位的十进制数。英国无线电工程师协会的蒙巴顿将军把"埃尼阿克"的出现誉为"诞生了一个电子的大脑"，"电脑"的名称由此流传开来。ENIAC奠定了电子计算机的发展基础，开辟了计算机科学技术的新纪元。有人将其称为人类第三次产业革命开始的标志。

1996年2月15日，在"埃尼阿克"问世50周年之际，美国副总统戈尔在宾夕法尼亚大学举行的隆重纪念仪式上，再次按动了这台已沉睡了40年的庞大电子计算机的启动电钮。戈尔向当年参加"埃尼阿克"研制，如今仍健在的科学家发表讲话："我谨向当年研制这台计算机的先驱者们表示祝贺。"埃尼阿克上的两排灯以准确的节奏闪烁到46，标志着它于1946年问世，然后又闪烁到96，标志着计算机时代开始以来的50年。

图1.2　冯·诺依曼

ENIAC诞生后，数学家冯·诺依曼（见图1.2）提出了重大的改进理论，主要有两点：其一是电子计算机应该以二进制为运算基础；其二是电子计算机应采用存储程序方式工作，并且进一步明确指出了整个计算机的结构应由5个部分组成：运算器、控制器、存储器、输入装置和输出装置。冯·诺依曼这些理论的提出，解决了计算机的运算自动化问题和速度配合问题，对后来计算机的发展起到了决定性的作用。直至今天，绝大部分的计算机还是采用冯·诺依曼方式工作。

ENIAC 诞生后短短的几十年间，计算机的发展突飞猛进。主要电子器件相继使用了晶体管，中、小规模集成电路和大规模、超大规模集成电路，引起计算机的几次更新换代。每一次更新换代都使计算机的体积和耗电量大大减小，功能大大增强，应用领域进一步拓宽。特别是体积小、价格低、功能强的微型计算机的出现，使得计算机迅速普及，进入了办公室和家庭，在办公室自动化和多媒体应用方面发挥了很大的作用。目前，计算机的应用已扩展到社会的各个领域。

1.1.3 计算机的发展历程

计算机界传统的观点是将计算机的发展大致分为四代，这种划分是以构成计算机的基本逻辑部件所用的电子元器件的变迁为依据的。从电子管到晶体管，再由晶体管到中小规模集成电路，再到大规模集成电路，直到现今的超大规模集成电路，元器件的制造技术发生了几次重大的革命，芯片的集成度不断提高，这些使计算机的硬件得以迅猛发展。

1. 第一代计算机（1946—1954 年）

这一阶段计算机的主要特点是采用电子管作为基本电子元器件，存储器采用水银延迟线，输入与输出主要采用穿孔卡片或纸带，体积大、耗电量大、速度慢、存储容量小、可靠性差、维护困难且价格昂贵，如图 1.3 所示。在软件上，通常使用机器语言或者汇编语言来编写应用程序，程序从人工手编的机器指令程序，过渡到符号语言。计算机只能在少数尖端领域中得到运用，一般用于科学、军事和财务等方面的计算。

图 1.3　电子管计算机

第一代电子计算机虽然在当今人们看来相当笨拙，体积大，造价高，操作困难，但正是它开辟了计算机的发展之路，使人类社会生活发生了翻天覆地的变化。第一代电子计算机是计算工具革命性发展的开始，它采用的二进位制与程序存储等基本技术思想，奠定了现代电子计算机技术基础。

2. 第二代计算机（1955—1964 年）

在 20 世纪 50 年代之前，第一代的计算机都采用电子管作为元件。电子管元件在运行时产生的热量太多，可靠性较差，运算速度不快，价格昂贵，体积庞大，这些都使计算机发展受到限制。

20 世纪 50 年代中期，晶体管的出现使计算机生产技术得到了根本性的发展，由晶体管代替电子管作为计算机的基础器件，如图 1.4 所示。1954 年，美国贝尔实验室研制成功第一台使用晶体管线路的计算机，取名“催迪克”（TRADIC），装有 800 个晶体管。晶体管不仅能实现电子管的功能，而且具有尺寸小、重量轻、寿命长、效率高、发热少、功耗低等优点。使用晶体管后，电子线路的结构大大改观，制造高速电子计算机就更容易实现了。第一代计算机（电子管计算机）使用的是“定点运算制”，参与运算数的绝对值必须小于 1；而第二代计算机（晶体管计算机）增加了浮点运算，使数据的绝对值可达 2 的几十次方或几百次方，计算机的计算能力实现了一次飞跃。

图 1.4　晶体管计算机

1960 年，出现了一些成功用在商业领域、大学和政府部门的第二代计算机。第二代计算机除了使用晶体管代替电子管之外，还出现了现代计算机的一些部件：打印机、磁带、磁盘、内存、操作系统等。计算机中存储的程序使得计算机有很好的适应性，可以更有效地用于商业用途。在这一时期出现了更高级的 COBOL（Common Business-Oriented Language）和 FORTRAN（Formula Translator）等语言，以单词、语句和数学公式代替了二进制机器码，使计算机编程更容易。产生大量新的职业岗位，如程序员、分析员和计算机系统专家，软件产业由此诞生。晶体管计算机被用于科学计算的同时，也开始在数据处理、过程控制方面得到应用。同时，用晶体管取代电子管，使得第二代计算机体积减小，寿命大大延长，价格降低，为计算机的广泛应用创造了条件。

3. 第三代计算机（1965—1971 年）

虽然晶体管比起电子管是一个明显的进步，但晶体管还是产生大量的热量，这会损害计算机内部的敏感部件。1958 年发明了集成电路（IC），将三种电子元件结合到一片小小的硅片上，科学家使更多的元件集成到单一的半导体芯片上。随着半导体工艺的发展，中小规模集成电路成为计算机的主要部件，主存储器也渐渐过渡到半导体存储器，使计算机的体积更小，大大降低了计算机工作时的功耗，由于减少了焊点和接插件，进一步提高了计算机的可靠性。1964 年，美国 IBM 公司研制成功第一个采用集成电路的通用电子计算机系列 IBM360 系统。这一代计算机仍然以存储器为中心，机种多样化、系列化，外部设备不断增加、功能不断扩大，软件的功能进一步完善，除了用于数值计算机和数据处理外，已经可以处理图像、文字等资料。

在软件方面，产生了标准化程序设计语言和人机会话式的 BASIC 语言。操作系统开始出现并逐步完善；同上两代相比，由于采用了中小规模集成电路，计算机的体积和功耗进一步减小，可靠性和运算速度进一步提高；应用上不仅用于科学计算，还用于企业管理、自动控制、辅助设计和辅助制造等领域。

4. 第四代计算机（1971 年至今）

随着大规模集成电路的成功研制并应用于计算机硬件生产过程，逻辑元件采用大规模和超大规模集成电路（LSI 和 VLSI），计算机的体积进一步缩小，性能进一步提高。集成度更高的大容量半导体存储器作为内存储器，发展了并行技术和多机系统，出现了精简指令集计算机（RISC），软件系统工程化、理论化，程序设计自动化。由于集成技术的发展，半导体芯片的集成度更高，每块芯片可容纳数万乃至数百万个晶体管，并且可以把运算器和控制器都集中在一个芯片上、从而出现了微处理器，并且可以用微处理器和大规模、超大规模集成电路组装成微型计算机。

1971 年世界上第一台微处理器在美国硅谷诞生，开创了微型计算机的新时代。微型计算机体积小，价格便宜，使用方便，但它的功能和运算速度已经达到甚至超过了过去的大型计算机。微型计算机在社会上的应用范围进一步扩大，几乎所有领域都能看到计算机的“身影”。

这一时期还产生了新一代的程序设计语言以及数据库管理系统、网络管理系统和面向对象语言等，特点是应用领域从科学计算、事务管理、过程控制逐步走向家庭。

20 世纪 70 年代中期，计算机制造商开始将计算机带给普通消费者，这时的小型机带有软件包，包括供非专业人员使用的程序和最受欢迎的字处理和电子表格程序等。1981 年，IBM 推出个人计算机（Personal Computer，PC）用于家庭、办公室和学校。20 世纪 80 年代，个人计算机的竞争使得价格不断下跌，微机的拥有量不断增加，计算机继续缩小体积，从桌上到膝上到掌上。与 IBM PC 竞争的 Apple Macintosh 系列于 1984 年推出，Macintosh 提供了友好的图形界面，用户可以用鼠标方便地操作。

1982 年以后，许多国家开始研制第五代计算机，它是具有人工智能的新一代计算机，它具有推理、联想、判断、决策、学习等功能。有一点可以肯定的是，在现在的智能社会中，计算机、网络、通信技术会三位一体化。21 世纪的计算机将把人从重复、枯燥的信息处理中解脱出来，从而改变我们的工作、生活和学习方式，给人类和社会拓展了更大的生存和发展空间。随着历史的车轮驶入 21 世纪，我们将会面对各种各样的未来计算机。

1.1.4 我国计算机技术的发展

1956 年，在《十二年科学技术发展规划》中，把计算机列为发展科学技术的重点之一，并在 1957 年筹建了中国第一个计算技术研究所。2002 年 8 月 10 日，我国成功制造出首枚高性能通用 CPU——龙芯一号。此后龙芯二号问世，2012 年龙芯三号研制成功。龙芯的诞生，打破了国外的长期技术垄断，结束了中国近二十年无“芯”的历史。

提到中国计算机，就不能不提起华罗庚教授，他是我国计算技术的奠基人和最主要的开拓者之一。华罗庚和中国的计算机事业最早产生关系在 1947—1948 年，华罗庚在美国普林斯顿高级研究院任访问研究员时，就和冯·诺依曼（Von Neumann）、哥尔德斯坦（Goldstein）等人交往甚密。华罗庚在数学上的造诣和成就深受冯·诺依曼等人的赞赏。当时冯·诺依曼正在设计世界上第一台存储程序的通用电子数字计算机。冯·诺依曼让华罗庚参观实验室，并常和他讨论有关的学术问题。这时，华罗庚的心里已经开始勾画中国电子计算机事业的蓝图。

华罗庚教授 1950 年回国，1952 年建立了中国第一个电子计算机科研小组。1956 年筹建中科院计算技术研究所时，华罗庚教授担任筹备委员会主任。

中国科学院计算技术研究所研制的中国第一台数字电子计算机 103 机在 1958 年交付使用。随后，中国第一台大型数字电子计算机 104 机在 1959 年也交付使用。

1965 年研制成功的我国第一台大型晶体管计算机（109 乙机）实际上从 1958 年起，中科院计算所就开始酝酿启动。在国外禁运条件下要造晶体管计算机，必须先建立一个生产晶体管的半导体厂（109 厂）。经过两年努力，109 厂就提供了机器所需的全部晶体管（109 乙机共用 2 万多支晶体管，3 万多支二极管）。对 109 乙机加以改进，两年后又推出 109 丙机，运行了 15 年，有效算题时间 10 万小时以上，在我国两弹试验中发挥了重要作用，被誉为“功勋机”。

1965 年，中国开始了第三代计算机的研制工作。1969 年为了支持石油勘探事业，北京大学承接了研制百万次集成电路数字电子计算机的任务，称为 150 机。1973 年年初，由北京大学、北京有线电厂等有关单位共同研制成功中国第一台百万次集成电路电子计算机 150 机，该机字长数 48 位，每秒运算 100 万次，主内存 130KB，主要用于石油、地质、气象和军事部门。

1974 年，清华大学等单位联合设计，研制 DJS-130 小型计算机，8 月，第一台 DJS-130 机在北京无线电三厂试制成功，并通过鉴定。之后，131、132、135、140、152、153 等共 13 个机型先后研制成功，31 个厂点生产，产量近千台。逐渐形成了我国第一种国产 DJS-100 系列机。DJS 即“电子计算机”的汉语拼音首字母。与以往不同的是，DJS-100 系列应用范围不再局限于军事领域，而是在国民经济建设和军事建设中发挥了重要作用，承担了科学计算、数据处理、工业过程控制、数据采集、信息和事物处理等方面的工作。

1978 年 3 月，研制亿次计算机的任务正式交给了国防科技大学的前身长沙工学院计算机研究所。经过 5 年的艰苦奋战，在极其简陋的条件下，计算机专家们于 1983 年 12 月，成功研制了“银河-I”巨型计算机，运算速度达每秒 1 亿次。该机型共生产 3 台，分别安装于石油、西部计算中心和高校计算机研究所。

“银河-I”巨型计算机是我国自行研制的第一台亿次计算机系统。该系统研制成功填补了国内巨型机的空白，同时，银河巨型机的诞生使我国成为世界上为数不多能研制巨型机的国家之一。在我国计算机研究和制造领域中，银河巨型计算机的研制成功，为中国计算机工业写下了最为辉煌的一页，成为中国计算机工业的骄傲。“银河-I”巨型机是我国高速计算机研制的一个重要里程碑，它标志着我国与国外拉大的距离又缩小到 7 年左右。

虽然“银河-I”的运算能力每秒钟只有一亿次，甚至比不上现在智能手机的运算速度，但它却使我国成为能研制巨型机的少数几个国家之一。之后，国防科技大学又继续研发出“银河-Ⅱ、银河-III、银河-Ⅳ”几兄弟，在我国不同的科研项目中发挥着重要的“思考运算”工作。

可以说，经过几十年的不懈努力，我国的超算研制已取得了丰硕成果，“银河”“曙光”“天河”等一批国产超级计算机系统的出现，使我国成为继美国、日本之后，第三个具备研制高端计算机系统能力的国家。但是和国外高性能计算实力相比较，我们的 HPC 在软件应用、核心技术、系统架构的创新上还有相当大的差距。如我们的 HPC 尽管计算速度上去了，但是核心芯片、所跑的 HPC 软件都是国外的。此外，中国与国外的差距还在于超级计算机的实际应用。在美国、日本等超级计算机技术发达国家，在超级计算机的支持下，汽车、飞机、航天、电影等一大批产业发展很快，甚至于如何包装薯片以保证其完整性等生产细节问题也会用超级计算机来模拟解决，超级计算机已经与社会生产发展实现了深度融合。而我国的超级计算机应用普遍局限于专业级领域，如气象、军事、航空等方面，应用的瓶颈不仅导致了超级计算机资源无法充分应用到社会、科研及生产中，也限制了自身的发展。在未来，高性能计算需要推动普及化应用，只有应用需求与产业化技术得到有效提升，我国高性能计算的发展才能真正做大做强，才能走出中国化特色。

1.1.5 计算机的分类

计算机及相关技术的迅速发展带动计算机类型也不断分化，形成了各种类型的计算机。按照计算机的结构原理可分为模拟计算机、数字计算机和混合式计算机。按计算机用途可分为专用计算机和通用计算机。较为普遍的是按照计算机的运算速度、字长、存储容量等综合性能指标，可分为巨型机、大型机、中型机、小型机、微型机。

但是，随着技术的进步，各种型号的计算机性能指标都在不断地改进和提高，以至于过去一台大型机的性能可能还比不上今天的一台微型计算机。按照巨、大、中、小、微的标准来划分，计算机的类型也有其时间的局限性，因此计算机的类别划分很难有精确的标准。在此可以根据计算机的综合性能指标，结合计算机应用领域的分布将其分为超级计算机、网络计算机、工业控制系统、个人计算机、嵌入式系统五大类。

1. 超级计算机

超级计算机（Supercomputers）通常是指由数百数千，甚至更多的处理器（机）组成的、能计算普通 PC 和服务器不能完成的大型复杂课题的计算机。超级计算机是计算机中功能最强、运算速度最快、存储容量最大的一类计算机，是国家科技发展水平和综合国力的重要标志。超级计算机拥有最强的并行计算能力，主要用于科学计算。在气象、军事、能源、航天、探矿等领域承担大规模、高速度的计算任务。在结构上，虽然超级计算机和服务器都可能是多处理器系统，二者并无实质区别，但是现代超级计算机较多采用集群系统，更注重浮点运算的性能，可看成是一种专注于科学计算的高性能服务器，而且价格非常昂贵。新一期全球超级计算机 500 强榜单公布，使用中国自主芯片制造的“神威太湖之光”取代“天河二号”登上榜首，中国超算上榜总数首次超过美国，名列第一（中国有 167 台 HPC 入围 TOP500，美国是 165 台）。

2. 网络计算机

网络计算机通常是指用作服务器和工作站的高性能计算机。

（1）服务器

服务器专指某些高性能计算机，能通过网络对外提供服务。相对于普通计算机来说，稳定性、安全性、性能等方面都要求更高，因此在 CPU、芯片组、内存、磁盘系统、网络等硬件方面与普通计算机有所不同。服务器是网络的结点，存储、处理网络上 80%的数据、信息，在网络中起到举足轻重的作用。它们是为客户端计算机提供各种服务的高性能的计算机，其高性能主要表现在高速度的运算能力、长时间的可靠运行、强大的外部数据吞吐能力等方面。服务器的构成与普通计算机类似，也有处理器、硬盘、内存、系统总线等，但因为它是针对具体的网络应用特别制定的，因而服务器与微机在处理能力、稳定性、可靠性、安全性、可扩展性、可管理性等方面存在的差异很大。服务器主要有网络服务器（DNS、DHCP）、打印服务器、终端服务器、磁盘服务器、邮件服务器、文件服务器等。

（2）工作站

工作站是一种以个人计算机和分布式网络计算为基础，主要面向专业应用领域，具备强大的数据运算与图形、图像处理能力，为满足工程设计、动画制作、科学研究、软件开发、金融管理、信息服务、模拟仿真等专业领域而设计开发的高性能计算机。工作站最突出的特点是具有很强的图形交换能力，因此在图形图像领域，特别是计算机辅助设计领域得到了广泛应用。典型产品有美国 Sun 公司的 Sun 系列工作站。

无盘工作站是指无软盘、无硬盘、无光驱连入局域网的计算机。在网络系统中，把工作站端使用的操作系统和应用软件全部放在服务器上，系统管理员只要完成服务器上的管理和维护，软件的升级和安装也只需要配置一次后，整个网络中的所有计算机就都可以使用新软件。因此无盘工作站具有节省费用、系统安全性高、易于管理和易维护等优点，这对网络管理员来说具有很大的吸引力。

3. 工业控制系统

工业控制系统是一种采用总线结构，对生产过程及其机电设备、工艺装备进行检测与控制的计算机系统总称，简称工控机。它由计算机和过程输入输出（I/O）两大部分组成。计算机由主机、输入输出设备和外部磁盘机、磁带机等组成。在计算机外部又增加一部分过程输入/输出通道，用来将工业生产过程的检测数据送入计算机进行处理；另一方面，计算机要将控制生产过程的命令、信息转换成工业控制对象的控制变量的信号，再送往工业控制对象的控制器中。由控制器行使对生产设备的运行控制。工控机的主要类别有：IPC（PC 总线工业计算机）、PLC（可编程控制系统）、DCS（分散型控制系统）、FCS（现场总线系统）及 CNC（数控系统）5 种。

4. 个人计算机

（1）台式机（Desktop）

台式机也叫桌面机，是一种相对独立的计算机，完完全全与其他部件无联系，它相对于笔记本和上网本体积较大，主机、显示器等设备一般都是相对独立的，一般需要放置在电脑桌或者专门的工作台上，因此命名为台式机。台式机是非常流行的微型计算机，多数家庭和公司用的机器都是台式机。台式机的性能相对较笔记本电脑要强。

（2）电脑一体机

电脑一体机是由一台显示器、一个计算机键盘和一个鼠标组成的计算机。它的芯片、主板与显示器集成在一起，显示器就是一台计算机，因此只要将键盘和鼠标连接到显示器上，机器就能使用。随着无线技术的发展，电脑一体机的键盘、鼠标与显示器可实现无线链接，机器只有一根电源线。这就解决了一直为人诟病的台式机线缆多而杂的问题。有的电脑一体机还具有电视接收、AV 功能，也可整合专用软件，用于特定行业专用机。

（3）笔记本电脑（Notebook 或 Laptop）

笔记本电脑是一种小型、可携带的个人计算机，也称手提电脑或膝上型电脑，通常重 1～3 公斤。笔记本电脑除了键盘外，还提供触控板（Touchpad）或触控点（Pointing Stick），提供了更好的定位和输入功能。

笔记本电脑大体上可以分为 6 类：商务型、时尚型、多媒体应用、上网型、学习型、特殊用途。商务型笔记本电脑的特点一般可以概括为移动性强、电池续航时间长、商务软件多。时尚型外观主要针对时尚女性。多媒体应用型笔记本电脑则有较强的图形、图像处理能力和多媒体的能力，尤其是播放能力，为享受型产品，而且多媒体笔记本电脑多拥有较为强劲的独立显卡和声卡（均支持高清），并有较大的屏幕。上网本（Netbook）就是轻便和低配置的笔记本电脑，具备上网、收发邮件以及即时通信（IM）等功能，并可以流畅播放流媒体和音乐。上网本比较强调便携性，多用于出差、旅游甚至公共交通上的移动上网。学习型机身设计为笔记本外形，采用标准计算机操作，全面整合学习机、电子辞典、复读机、点读机、学生计算机等多种机器功能。特殊用途的笔记本电脑服务于专业人士，是可以在酷暑、严寒、低气压、高海拔、强辐射、战争等恶劣环境下使用的机型。

（4）掌上电脑（PDA）

掌上电脑是一种运行在嵌入式操作系统和内嵌式应用软件之上的、小巧、轻便、易带、实用、价廉的手持式计算设备。它在体积、功能和硬件配备方面都比笔记本电脑简单、轻便。掌上电脑除了用来管理个人信息（如通讯录，计划等），还可以上网浏览页面，收发 E-mail，甚至可以当作手机来用，此外还具有：录音机、英汉汉英词典、全球时钟对照、提醒、休闲娱乐、传真管理等功能。掌上电脑的电源通常采用普通的碱性电池或可充电锂电池。掌上电脑的核心技术是嵌入式操作系统，各种产品之间的竞争也主要在此。

在掌上电脑基础上加上手机功能，就成了智能手机（Smartphone）。智能手机除了具备手机的通话功能外，还具备了 PDA 分功能，特别是个人信息管理以及基于无线数据通信的浏览器和电子邮件功能。智能手机为用户提供了足够的屏幕尺寸和带宽，既方便随身携带，又为软件运行和内容服务提供了广阔的舞台，很多增值业务可以就此展开，如股票、新闻、天气、交通、商品、应用程序下载、音乐图片下载等。

（5）平板电脑

平板电脑是一款无须翻盖、没有键盘、大小不等、形状各异，但功能完整的计算机。其构成组件与笔记本电脑基本相同，但它是利用触笔在屏幕上书写，而不是使用键盘和鼠标输入，并且打破了笔记本电脑键盘与屏幕垂直的 J 型设计模式。它除了拥有笔记本电脑的所有功能外，还支持手写输入或语音输入，移动性和便携性更胜一筹。平板电脑由比尔·盖茨提出，至少应该是 X86 架构，从微软公司提出的平板电脑概念产品上看，平板电脑就是一款无须翻盖、没有键盘、小到足以放入女士手袋，但功能完整的 PC。

5. 嵌入式系统

嵌入式系统（Embedded Systems）是一种以应用为中心，以微处理器为基础，软硬件可裁剪的，适应应用系统对功能、可靠性、成本、体积、功耗等综合性严格要求的专用计算机系统。它一般由嵌入式微处理器、外围硬件设备、嵌入式操作系统以及用户的应用程序 4 个部分组成。它是计算机市场中增长最快的领域，也是种类繁多，形态多种多样的计算机系统。嵌入式系统几乎包括了生活中的所有电器设备，如掌上 Pad、计算器、电视机顶盒、手机、数字电视、多媒体播放器、汽车、微波炉、数字相机、家庭自动化系统、电梯、空调、安全系统、自动售货机、蜂窝式电话、消费电子设备、工业自动化仪表与医疗仪器等。

1.2 信息与信息化

在当今社会中，能源、材料和信息是社会发展的三大支柱，人类社会的生存和发展，时刻都离不开信息。了解信息的概念、特征和分类，对于在信息社会中更好地使用信息是十分重要的。

1.2.1　信息的概念和特征

1. 信息

信息一词来源于拉丁文 Information，其含义是情报、资料、消息、报导、知识。因此，长期以来人们就把信息看作是消息的同义语，简单地把信息定义为能够带来新内容、新知识的消息。但是后来发现，信息的含义要比消息、情报的含义广泛得多，不仅消息、情报是信息，指令、代码、符号语言、文字等一切含有内容的信号都是信息。作为日常用语，“信息”经常指音讯、消息；作为科学技术用语，“信息”被理解为对预先不知道的事件或事物的报道或者指在观察中得到的数据、新闻和知识。

在信息时代，人们越来越多地在接触和使用信息，但是究竟什么是信息，迄今说法不一。一般来说，信息可以界定为由信息源（如自然界、人类社会等）发出的被使用者接受和理解的各种信号。作为一个社会概念，信息可以理解为人类共享的一切知识或社会发展趋势，以及从客观现象中提炼出来的各种消息之和。信息并非事物本身，而是表征事物之间联系的消息、情报、指令、数据和信号。一切事物，包括自然界和人类社会，都在发出信息。我们每个人每时每刻都在接收信息。在人类社会中，信息往往以文字、图像、图形、语言、声音等形式出现。随着科学的发展、时代的进步，如今“信息”的概念已经与微电子技术、计算机技术、网络通信技术、多媒体技术、信息产业、信息管理等含义紧密地联系在一起。

（1）信息的分类

根据信息来源的不同，可以把信息分为 4 种类型。

① 源于书本上的信息。这种信息随着时间的推移变化不大，比较稳定。

② 源于广播、电视、报刊、杂志等的信息。这类信息具有较强的实效性，经过一段时间后，这类信息的实用价值会大大降低。

③ 人与人之间各种交流活动产生的信息。这些信息只在很小的范围内流传。

④ 源于具体事物，即具体事物的信息。这类信息是最重要的，也是最难获得的信息，这类信息能增加整个社会的信息量，能给人类带来更多的财富。

（2）信息的基本特征

信息具有以下基本特征。

① 可度量性。信息可采用某种度量单位进行度量，并进行信息编码。

② 可识别性。信息可采取直观识别、比较识别和间接识别等多种方式来把握。

③ 可转换性。信息可以从一种形态转换为另一种形态。

④ 可存储性。信息可以存储。大脑就是一个天然的信息存储器。人类文明的文字、摄影、录音、录像以及计算机存储器等都可以存储信息。

⑤ 可处理性。人脑就是最佳的信息处理器。人脑的思维功能可以进行决策、设计、研究、写作、改进、发明、创造等多种信息处理活动。计算机也具有信息处理功能。

⑥ 可传递性。信息的传递是与物质和能量的传递同时进行的。语言、表情、动作、报刊、书籍、广播、电视、电话等是人类常用的信息传递方式。

⑦ 可再生性。信息经过处理后，可以以其他方式再生成信息。输入计算机的各种数据文字等

信息，可用显示、打印、绘图等方式再生成信息。

⑧ 可压缩性。信息可以压缩，可以用不同的信息量来描述同一事物。人们常常用尽可能少的信息量描述一件事物的主要特征。

⑨ 可利用性。信息具有一定的实效性和可利用性。

⑩ 可共享性。信息具有扩散性，因此可共享。

2. 信息技术

信息技术（Information Technology）是指对信息的收集、存储、处理和利用的技术。信息技术能够延长或扩展人的信息功能。到目前为止，对于信息技术也没有公认统一的定义，由于人们使用信息的目的、层次、环境、范围不同，因而对信息技术的表述也各不相同。

通常，信息技术是指有关信息的收集、识别、提取、变换、存储、传递、处理、检索、分析和利用等的技术。概括而言，信息技术是在信息科学的基本原理和方法指导下扩展人类信息功能的技术，是人类开发和利用信息资源的所有手段的总和。信息技术既包括有关信息的产生、收集、表示、检测、处理和存储等方面的技术，也包括有关信息的传递、变换、显示、识别、提取、控制和利用等方面的技术。

在现今的信息化社会，一般来说，人们提及的信息技术，又特指以电子计算机和现代通信为主要手段实现信息获取、加工、传递和利用等功能的技术总和。信息技术是一门多学科交叉综合的技术，计算机技术、通信技术、多媒体技术和网络技术相互渗透、互相作用、互相融合，将形成以智能多媒体信息服务为特征的大规模信息网。

在人类历史上，信息技术经历了 5 个发展阶段，即 5 次革命。

第一次信息技术革命是语言的使用。距今 35 000～50 000 年前出现了语言，语言成为人类进行思想交流和信息传播不可缺少的工具。

第二次信息技术革命是文字的创造。大约在公元前 3 500 年出现了文字，文字的出现使人类对信息的保存和传播取得重大突破，较大地超越了时间和地域的局限。

第三次信息技术革命是印刷术的发明和使用。大约在公元 1040 年，我国开始使用活字印刷技术，欧洲人则在 1451 年开始使用印刷技术。印刷术的发明和使用，使书籍、报刊成为重要的信息存储和传播的媒体。

第四次信息技术革命是电报、电话、广播、电视的发明和普及使用，至此人类进入了利用电磁波传播信息的时代。

第五次信息技术革命是电子计算机的普及应用，始于 20 世纪 60 年代，其标志是电子计算机的普及应用及计算机与现代通信技术的有机结合。

现在所说的信息技术一般特指第五次信息技术革命，是狭义的信息技术，它经历了从计算机技术到网络技术再到计算机技术与现代通信技术结合的过程。第五次信息技术革命对社会的发展、科技进步及个人生活和学习都产生了深刻的影响。

1.2.2 信息素养

信息素养（Information Literacy）是一个内容丰富的概念，其本质是全球信息化需要人们具备的一种基本能力，它包括能够判断什么时候需要信息，并且懂得如何获取信息，如何评价和有效利用所需的信息。

信息素养的定义为：信息的获取、加工、管理与传递的基本能力；对信息及信息活动的过程、方法、结果进行评价的能力；流畅地发表观点、交流思想、开展合作、勇于创新并解决学习和生活中的实际问题的能力；遵守道德与法律，形成社会责任感。

可以看出，信息素养是一种基本能力，是一种对信息社会的适应能力，它涉及信息的意识、信息的能力和信息的应用。同时，信息素养也是一种综合能力，它涉及各方面的知识，是一个特殊的、涵盖面很宽的能力，它包含人文的、技术的、经济的、法律的诸多因素，与许多学科有着紧密的联系。

具体来说，信息素养主要包括信息意识、信息知识、信息能力和信息道德这 4 方面的要素，信息素养的 4 个要素共同构成一个不可分割的统一整体。信息意识是先导，信息知识是基础，信息能力是核心，信息道德是保证。

1.3 计算思维

1.3.1 计算思维的提出

计算思维不是今天才有的，从我国古代的算筹、算盘，到近代的加法器、计算机以及现代的电子计算机，直至目前风靡全球的互联网和云计算，无不体现着计算思维的思想。可以说计算思维是一种早已存在的思维活动，是每一个人都具有的一种能力，它推动着人类科技的进步。然而，在相当长的时期，计算思维并没有得到系统的整理和总结，也没有得到应用的重视。

计算思维一词作为概念被提出最早见于 20 世纪 80 年代美国的一些相关杂志上，我国学者在 20 世纪末也开始了对计算思维的关注，当时主要的计算机科学专业领域的专家学者对此进行了讨论，认为计算思维是思维过程或功能的计算模拟方法论，对计算思维的研究能够帮助达到人工智能的较高目标。

图 1.5　周以真教授

可见，“计算思维”这个概念在 20 世纪 90 年代和 21 世纪初就出现在领域专家、教育学者的讨论中了，但当时并没有对这个概念进行充分的界定。直到 2006 年，周以真教授（见图 1.5）发表在 Communications of the ACM 期刊上的 Computational Thinking 一文，对计算思维进行了详细的阐述和分析，这一概念才获得国内外学者、教育机构、业界公司甚至政府层面的广泛关注，成为进入 21 世纪以来计算机及相关领域的讨论热点和重要研究课题之一。2010 年 10 月，中国科学技术大学陈国良院士在“第六届大学计算机课程报告论坛”上倡议将计算思维引入了大学计算机基础教学，计算思维也得到了国内计算机基础教育界的广泛重视。

学者、教育者和实践者们关于计算思维本质、定义和应用的大量讨论推动了计算思维在社会的普及和发展，但到目前为止，都没有一个统一的、获得广泛认可的关于计算思维的定义。所有的讨论和研究大致可分为两个方向：其一，将“计算思维”作为计算机及其相关领域中的一个专业概念，对其原理内涵等方面进行探究，称为理论研究；其二，将“计算思维”作为教育培训的一个概念，研究其在大众教育中的意义、地位、培养方式等，称为应用研究。理论研究对应用研究起到指导和支撑的作用，应用研究是理论研究的成果转化，并丰富其体系，两者相辅相成，形成对计算思维的完整阐述。

1.3.2 计算思维的内容

1. 计算思维的概念性定义

计算思维的概念性定义主要来源于计算科学这样的专业领域，从计算机科学出发，与思维或哲学学科交叉形成思维科学的新内容。计算思维的概念性定义主要包含以下两方面。

（1）计算思维的内涵

按照周以真教授的观点，计算思维是指运用计算机科学的基础概念进行问题求解、系统设计以及人类行为理解等涵盖计算机科学之广度的一系列思维活动。计算思维建立在计算过程的能力和限制之上，由人或机器执行。计算思维的本质是抽象（Abstraction）和自动化（Automation）。

计算思维中的抽象完全超越物理的时空观，并完全用符号来表示，与数学和物理科学相比，计算思维中的抽象显得更为丰富，也更为复杂。在计算思维中，所谓抽象就是要求能够对问题进行抽象表示、形式化表达（这些是计算机的本质），设计问题求解过程达到精确、可行，并通过程序（软件）作为方法和手段对求解过程予以“精确”地实现。也就是说，抽象的最终结果是能够机械地一步步自动执行。

（2）计算思维的要素

周以真教授认为计算思维补充并结合了数学思维和工程思维，在其研究中提出体现计算思维的重点是抽象的过程，而计算抽象包括（但不限于）：算法、数法结构、状态机、语言、逻辑和语义、启发式、控制结构、通信、结构。教指委提出的计算思维表达体系包括计算、抽象、自动化、设计、通信、协作、记忆和评估 8 个核心概念。国际教育技术协会（International Society for Technology in Education，ISTE）和美国计算机科学教师协会（Computer Science Teachers Association，CSTA）研究中提出的思维要素则包括数据收集、数据分析、数据展示、问题分解、抽象、算法与程序、自动化、仿真、并行。CSTA 的报告中提出了模拟和建模的概念。美国离散数学与理论计算研究中心（DIMACS）提出了计算思维中包含了计算效率提高、选择适当的方法来表示数据、做估值、使用抽象、分解、测量和建模等因素。

以上各方从不同的角度进行的分析归纳，有利于对计算思维要素的后续研究。提炼计算思维要素进一步展现了计算思维的内涵，其意义在于以下两个方面。

① 计算思维要素相较于内涵而言更易于理解，能够使人将其与自己的生活、学习经验产生有效连接。

② 计算思维要素的提出是计算思维的理论研究向应用研究转化的桥梁，使计算思维的显性教学培养成为可能。

2. 计算思维的操作性定义

计算思维的操作性定义来源于应用研究，主要讨论计算思维在跨学科领域中的具体表现、如何应用以及如何培养等问题。与概念性定义的学科专业特点不同，操作性定义注重的是如何将理论研究的成果进行实践推广、跨学科迁移，以产生实际的作用，使之更容易被大众理解、接受和掌握。当前国内广大师生对计算思维研究最为关注的方面，不是计算思维的系统理论，而是如何将计算思维培养落地、在各个领域如何产生作用。通过总结分析各家之言，计算思维的操作性定义主要包括以下 3 个方面。

（1）计算思维是问题解决的过程

“计算思维是问题解决的过程”这一认识是对计算思维被人所掌握之后，在行动或思维过程中表现出来的形式化的描述，这一过程不仅能够体现在编程过程中，还能体现在更广泛的情境中。周以真教授认为计算思维是制定一个问题及其解决方案，并使之能够通过计算机（人或机器）有效执行的思考过程。国际教育技术协会和美国计算机科学教师协会通过分析 700 多名计算科学教育工作者、研究人员和计算机领域的实践者的调研结果，于 2011 年联合发布了计算思维的操作性定义，认为计算思维作为问题解决的过程，包括（但不限于）以下步骤。

① 界定问题，该问题应能运用计算机及其他工具帮助解决。

② 要符合逻辑地组织和分析数据。

③ 通过抽象（如模型、仿真等方式）再现数据。

④ 通过算法思想（一系列有序的步骤）形成自动化解决方案。

⑤ 识别、分析和实施可能的解决方案，从而找到能有效结合过程和资源的最优方案。

⑥ 将该问题的求解过程进行推广并移植到广泛的问题中。

由此可见，作为问题解决的过程，计算思维先于任何计算技术早已被人们所掌握。在新的信息时代，计算思维能力的展示遵循最基本的问题解决过程，而这一过程需要被人类的新工具（即计算机）所理解并能有效执行。因此，计算思维决定了人类能否更加有效地利用计算机拓展能力，是信息时代最重要的思维形式之一。

（2）计算思维要素的具体体现

计算思维作为问题解决的过程不仅需要利用数据和大量计算科学的概念，还需要调度和整合各种有效的思维要素。思维要素作为理论研究和应用研究的桥梁，提炼于理论研究，服务于应用研究，抽象的计算思维概念只有分解成具体的思维要素，才能有效地指导应用研究与实践。

（3）计算思维体现出的素质

素质是指人与生俱来的以及通过后天培养、塑造、锻炼而获得的身体上和人格上的性质特点，是对人的品质、态度、习惯等方面的综合概括。具备计算思维的人在面对问题时，除了使用计算思维能力加以解决之外，在解决过程中还表现出一定的素质。例如：

① 处理复杂情况的自信。

② 处理难题的毅力。

③ 对模糊/不确定的容忍。

④ 处理开放性问题的能力。

⑤ 与其他人一起努力达成共同目标的能力。

具备计算思维能力，能够改变或者使学习者养成某些特定的素质，从而从另一层面影响学习者在实际生活中的表现。这些素质实际上描绘了一个高度发达的信息社会中合格公民的形象，使普通人对计算思维有了更加深入和形象的理解。

以上 3 个方面共同构成了计算思维的操作性定义。操作性定义明确了计算思维这个抽象概念在实际活动中现实而具体的体现（包括能力和品质），使这一概念可观测、可评价，从而直接为教育培养过程提供有效的参考。

3. 计算思维的完整定义

计算思维的理论研究与应用研究密切相关、相辅相成，共同构成了对计算思维的完整研究。理论研究的成果转化为应用研究中的理论背景和实践支撑，应用研究的成果转化为理论研究中的研究对象和材料。计算思维的概念性定义根植于计算机科学学科领域，同时与思维科学、哲学交叉，从计算科学出发形成对计算思维的理解和认识，适用于指导对计算思维本身进行的理论研究。计算思维的操作性定义适用于对计算思维能力的培养以及计算思维的应用研究，计算思维的应用和培养是以实际问题为前提的，在实际理解和解决问题的过程中体会、发展和养成计算思维能力。因此，计算思维的概念性定义和操作性定义彼此支撑和互补，共同构成计算思维的完整定义。计算思维的完整定义指导了计算思维在计算科学学科领域及跨学科领域中的研究、发展和实践。

（1）狭义计算思维和广义计算思维

随着信息技术的发展，人类从农业社会、工业社会步入了信息社会，这不仅意味着经济、文化的发展，同时人类思维形式也发生了巨大的变化。除“计算思维”概念外，人们还提出了“网络思维”“互联网思维”“移动互联网思维”“数据思维”“大数据思维”等新的思维形式概念。如果将概念性定义和操作性定义组成的计算思维称为狭义计算思维，则由信息技术带来的更广泛的新的思维形式可称为广义计算思维或信息思维。当代的大学生除了需要具备计算机基础知识和基本操作能力以外，还应该以这些知识能力为载体，在广义和狭义的计算思维能力上得到发展。

（2）计算思维的两种表现形式

计算思维作为抽象的思维能力，不能被直接观察到，计算思维能力融合在解决问题的过程中，其具体的表现形式有如下两种。

① 运用或模拟计算机科学与技术（信息科学与技术）的基本概念、设计原理，模仿计算机专家（科学家、工程师）处理问题的思维方式，将实际问题转化（抽象）为计算机能够处理的形式（模型）进行问题求解的思维活动。

② 运用或模拟计算机科学与技术（信息科学与技术）的基本概念、设计原理，模仿计算机（系统、网络）的运行模式或工作方式，进行问题求解、创新创意的思维活动。

4. 计算思维的方法与特征

计算思维方法是在吸取了解决问题采用的一般数学思维方法，现实世界中巨大复杂系统的设计与评估的一般工程思维方法，以及复杂性、智能、心理、人类行为的理解等的一般科学思维方法的基础上形成的。周以真教授将计算思维的方法归纳为如下 7 类。

① 计算思维是通过嵌入、转化和仿真等方法，把一个看来困难的问题重新阐释成一个我们知道问题怎样解决的思维方法。

② 计算思维是一种递归思维，是一种并行处理，是一种把代码译成数据又能把数据译成代码，是一种多维分析推广的类型检查方法。

③ 计算思维是一种采用抽象和分解来控制庞杂的任务或进行巨大复杂系统设计的方法，是基于关注分离的方法（SoC 方法）。

④ 计算思维是一种选择合适的方式去陈述一个问题，或对一个问题的相关方面建模，使其易于处理的思维方法。

⑤ 计算思维是按照预防、保护及通过冗余、容错、纠错的方式，并从最坏情况进行系统恢复的一种思维方法。

⑥ 计算思维是利用启发式推理寻求解答，即在不确定情况下的规划、学习和调度的思维方法。

⑦ 计算思维是利用海量数据来加快计算，在时间和空间之间，在处理能力和存储容量之间折衷的思维方法。

周以真教授以计算思维是什么和不是什么的描述形式对计算思维的特征进行了总结，如表 1.1 所示。

表 1.1　　计算思维的特征

计算思维是什么	计算思维不是什么
是概念化	不是程序化
是根本的	不是刻板的技能
是人的思维	不是计算机的思维
是思想	不是人造物
是数学与工程思维的互补与融合	不是空穴来风
面向所有人、所有地方	不局限于计算学科

习　题　1

1. 计算机的发展经历了哪几代，其代表器件是什么？
2. 根据计算机的综合性能指标，结合计算机应用领域的分布将其分为哪几类？
3. 信息的本质是什么，有哪些表现形态？
4. 计算思维是随着计算机出现才出现的，还是早已存在于人类思维模式之中？
5. 计算思维与物理学的思维方式、数学的思维方式有什么区别和联系？

第2章 计算机系统

学习目标

- 掌握计算机系统的组成
- 了解计算机的工作原理
- 了解微型计算机的主要技术指标及性能评价
- 理解计算机软件的概念与软件系统分类
- 理解和掌握操作系统的概念、功能、分类及发展概况
- 掌握文件系统的概念
- 熟练掌握 Windows 操作系统的基本使用、文件管理、磁盘管理的相关操作

计算机系统是指能按照人的要求接受和存储信息，自动进行数据处理和计算，并输出结果信息的机器系统。本章主要从计算机系统的组成来学习计算机的硬件系统、软件系统以及操作系统的相关知识。

2.1 计算机系统概述

2.1.1 计算机系统的组成

完整的计算机系统包括两大部分，即硬件系统和软件系统。所谓硬件，是指构成计算机的物理设备，即由机械、电子器件构成的具有输入、存储、计算、控制和输出功能的实体部件，是系统赖以工作的实体。广义地说，软件是指系统中的程序以及开发、使用和维护程序所需的所有文档的集合。我们平时所说的“计算机”一词，都是指含有硬件和软件的计算机系统。

计算机的硬件系统由运算器、控制器、存储器、输入设备和输出设备 5 个基本部分组成，也称计算机的五大部件。

计算机的软件系统由系统软件和应用软件组成。

2.1.2 计算机的基本工作原理

1. 计算机的基本工作原理

计算机在运行时，先从内存中取出第一条指令，通过控制器的译码，按指令的要求，从存储

器中取出数据进行指定的运算和逻辑操作等，然后再按地址把结果送到内存中。接下来，再取出第二条指令，在控制器的指挥下完成规定操作。依此进行下去，直到遇到停止指令。

程序与数据一样存储，按程序编排的顺序，一步一步地取出指令，自动完成指令规定的操作是计算机最基本的工作原理。计算机的基本工作原理即“存储程序”原理，这一原理最初是由冯·诺依曼提出来的，所以称之为冯·诺依曼原理。

2. 冯·诺依曼原理

美籍匈牙利数学家冯·诺依曼提出了关于计算机的构成模式和工作原理的基本设想。

（1）计算机基本构成模式

计算机应包括控制器、运算器、存储器、输入设备和输出设备五大基本部件。

（2）计算机中数的表示

计算机内部应采用二进制表示指令和数据。

（3）计算机的工作原理

计算机系统应按照下述模式工作：将编好的程序和原始数据，输入并存储在计算机的内存储器中（即“存储程序”）；计算机按照程序逐条取出指令加以分析，并执行指令规定的操作（即“程序控制”）。这一原理称为“存储程序”原理，是现代计算机的基本工作原理，至今的计算机仍采用这一原理。

2.2 计算机的硬件

2.2.1 计算机硬件的基本构成

根据冯·诺依曼的“存储程序”原理，计算机的硬件由控制器、运算器、存储器、输入设备与输出设备五大基本部件组成。

1. 控制器

控制器主要由指令寄存器、译码器、程序计数器和操作控制器等组成，控制器用来控制计算机各部件协调工作，并使整个处理过程有条不紊地进行。它的基本功能就是从内存中取指令和执行指令，即控制器按程序计数器指出的指令地址，从内存中取出该指令进行译码，然后根据该指令功能向有关部件发出控制命令，执行该指令。另外，控制器在工作过程中，还要接受各部件反馈回来的信息。

2. 运算器

运算器又称算术逻辑单元（Arithmetic Logic Unit，ALU），是计算机对数据进行加工处理的部件，它的主要功能是对二进制数码进行加、减、乘、除等算术运算和与、或、非等基本逻辑运算，实现逻辑判断。运算器在控制器的控制下实现其功能，运算结果由控制器指挥送到内存储器中。

3. 存储器

存储器具有记忆功能，用来保存信息，如数据、指令和运算结果等。

存储器可分为两种：内存储器与外存储器。

（1）内存储器

内存储器也称主存储器（简称内存或主存），它直接与 CPU 相连接，存储容量较小，但速度快，用来存放当前运行程序的指令和数据，并直接与 CPU 交换信息。内存储器由许多存储单元组成，每个单元能存放一个二进制数，或一条由二进制编码表示的指令。

存储器的存储容量以字节为基本单位，每字节都有自己的编号，称为“地址”，如要访问存储器中的某个信息，就必须知道它的地址，然后再按地址存入或取出信息。

为了度量信息存储容量，将 8 位二进制码（8 bits）称为一个字节（Byte，简称 B），字节是计算机中数据处理和存储容量的基本单位。1 024 字节称为 1K 字节，1 024K 字节称 1 兆字节（1MB），1 024M 字节称为 1G 字节（1GB），1 024G 字节称为 1TB，现在微型计算机主存容量大多数在 G 字节级别。

（2）外存储器

外存储器又称辅助存储器（简称外存或辅存），它是内存的扩充。外存存储容量大，价格低，但存储速度较慢，一般用来存放大量暂时不用的程序、数据和中间结果，需要时，可成批地和内存储器进行信息交换。外存只能与内存交换信息，不能被计算机系统的其他部件直接访问。常用的外存有磁盘、磁带、光盘等。

4. 输入/输出设备

输入/输出设备简称 I/O（Input/Output）设备。用户通过输入设备将程序和数据输入计算机，输出设备将计算机处理的结果（如数字、字母、符号和图形）显示或打印出来。常用的输入设备有：键盘、鼠标器、扫描仪、数字化仪等。常用的输出设备有：显示器、打印机、绘图仪等。

2.2.2 微型计算机的硬件组成

人们通常又将计算机的硬件分为主机和外部设备（简称外设）。主机包括中央处理单元和内存储器。而主机以外的装置称为外部设备，外部设备包括外存储器、输入和输出设备等。

1. 中央处理单元

中央处理单元（Central Processing Unit，CPU），也称为中央处理器，它是计算机系统的核心，由运算器和控制器两部分组成。计算机发生的全部动作都受 CPU 的控制。其中，运算器主要完成各种算术运算和逻辑运算，它是加工和处理信息的部件，主要由进行运算的运算器件和用来暂时存放数据的寄存器、累加器等组成。控制器是对计算机发布命令的“决策机构”，用来协调和指挥整个计算机系统的操作，它本身不具有运算功能，而是通过读取各种指令，并对其进行翻译、分析，而后对各部件做出相应控制。它主要由指令寄存器、译码器、程序计数器、操作控制器等组成。微型计算机中的中央处理器也称为微处理器。

CPU 是计算机的“心脏”，CPU 品质的高低直接决定了计算机的性能和速度。几十年来，CPU 技术飞速发展，具有代表性的产品是美国 Intel 公司的微处理器系列，先后有 4004、4040、8080、8085、8088、8086、80286、80386、80486、Pentium（奔腾）系列、Itanium（安腾）系列和 Core（酷睿）系列等产品，功能越来越强，速度越来越快，器件的集成度越来越高。

（1）微处理器的发展

根据微处理器的字长和功能，可将其发展划分为以下几个阶段。

① 第 1 阶段。

第 1 阶段（1971—1973 年）是 4 位和 8 位低档微处理器时代，通常称为第一代，其典型产品是 Intel4004 和 Intel8008 微处理器和分别由它们组成的 MCS-4 和 MCS-8 微机。基本特点是采用 PMOS 工艺，集成度低（4 000 个晶体管/片），系统结构和指令系统都比较简单，主要采用机器语言或简单的汇编语言，指令数目较少（20 多条指令），基本指令周期为 20～50μs，用于简单的控制场合。

② 第 2 阶段。

第 2 阶段（1974—1977 年）是 8 位中高档微处理器时代，通常称为第二代，其典型产品是 Intel8080/8085、Zilog 公司的 Z80 等。它们的特点是采用 NMOS 工艺，集成度提高约 4 倍，运算速度提高约 10～15 倍（基本指令执行时间 1～2μs）。指令系统比较完善，具有典型的计算机体系结构和中断、DMA 等控制功能。软件方面除了汇编语言外，还有 Basic、Fortran 等高级语言和相应的解释程序和编译程序，在后期还出现了操作系统。

1974 年，Intel 推出 8080 处理器，晶体管数目约为 6 000 颗。

③ 第 3 阶段。

第 3 阶段（1978—1984 年）是 16 位微处理器时代，通常称为第三代，其典型产品是 Intel 公司的 8086/8088（见图 2.1）、Motorola 公司的 M68000 和 Zilog 公司的 Z8000 等微处理器。其特点是采用 HMOS 工艺，集成度（20 000～70 000 晶体管/片）和运算速度（基本指令执行时间是 0.5μs）都比第二代提高了一个数量级。指令系统更加丰富、完善，采用多级中断、多种寻址方式、段式存储机构、硬件乘除部件，并配置了软件系统。

80286（也称为 286，如图 2.1 所示）是英特尔首款能执行所有旧款处理器专属软件的处理器。Intel 80286 处理器晶体管数目为 134 000 千颗。

图 2.1　8086 和 80286 微处理器

④ 第 4 阶段。

第 4 阶段（1985—1992 年）是 32 位微处理器时代，又称为第四代。其典型产品是 Intel 公司的 80386/80486（见图 2.2）和 Motorola 公司的 M69030/68040 等。其特点是采用 HMOS 或 CMOS 工艺，集成度高达 100 万个晶体管/片，具有 32 位地址线和 32 位数据总线。每秒可完成 600 万条指令（Million Instructions Per Second，MIPS）。

图 2.2　80386 微处理器

80386DX的内部和外部数据总线是32位，地址总线也是32位，可以寻址到4GB内存，并可以管理64TB的虚拟存储空间。它的运算模式除了具有实模式和保护模式以外，还增加了一种“虚拟86”的工作方式，可以同时模拟多个8086微处理器来提供多任务能力。80386SX是Intel为了扩大市场份额而推出的一种较便宜的普及型CPU，它的内部数据总线为32位，外部数据总线为16位，它可以接受为80286开发的16位输入/输出接口芯片，降低整机成本。Intel 80386微处理器内含275 000个晶体管，比当初的4004多了100倍以上。

1989年，我们大家耳熟能详的80486芯片由英特尔推出。这款经过4年开发和3亿美元资金投入的芯片的伟大之处在于它首次实破了100万个晶体管的界限，集成了120万个晶体管，使用1μm的制造工艺。80486的时钟频率从25MHz逐步提高到33MHz、40MHz、50MHz。

80486是将80386和数学协微处理器80387以及一个8KB的高速缓存集成在一个芯片内。80486中集成的80487的数字运算速度是以前80387的两倍，内部缓存缩短了微处理器与慢速DRAM的等待时间，并且在80x86系列中首次采用了RISC（精简指令集）技术，可以在一个时钟周期内执行一条指令。它还采用了突发总线方式，大大提高了与内存的数据交换速度。由于这些改进，80486的性能比带有80387数学协微处理器的80386 DX性能提高了4倍。

⑤ 第5阶段。

第5阶段（1993—2005年）是奔腾（Pentium）系列微处理器时代，通常称为第五代。典型产品是Intel公司的奔腾系列芯片及与之兼容的AMD的K6、K7系列微处理器芯片。内部采用了超标量指令流水线结构，并具有相互独立的指令和数据高速缓存。

Intel公司在1993年推出了全新一代的高性能处理器Pentium（奔腾），内部含有的晶体管数量高达310万个。Pentium是Intel公司为80586另外取的名字，用以区别于其他公司的80586产品，并为此申请了专利。

1997年推出的Pentium II处理器结合了Intel MMX技术，能以极高的效率处理影片、音效，以及绘图资料，首次采用Single Edge Contact（S.E.C）匣型封装，内建了高速快取记忆体，Intel Pentium II处理器晶体管为750万颗。

1999年3月，Intel公司推出以Katmai为核心的第一代Pentium III CPU。它采用0.25μm制作工艺，晶体管约为950万颗。1999年11月又推出了以Coppermine为核心的第二代PentiumⅢ CPU。它采用0.18μm制造工艺，它内置256KB的全速（与CPU主频相同）二级缓存，比第一代PentumⅢ CPU的512KB二级缓存更快。

2000年英特尔发布了Pentium Ⅳ处理器，见图2.3。Pentium Ⅳ处理器集成了4 200万个晶体管，到了改进版的Pentium Ⅳ（Northwood）更是集成了5 500万个晶体管，并且开始采用0.18μm进行制造，初始速度就达到了1.5GHz。

Pentium Ⅳ之后，Intel公司推出处理器就更加多元化了，从适用于台式机、服务器到笔记本电脑、平板电脑和智能手机。

2001年，推出Itanium。Itanium（安腾）是Intel公司Intel IA-64系列中的第一个64位微处理器产品，它标志着Intel正式进入了64位架构时代。

2003年英特尔发布了Pentium M（mobile）处理器。Pentium M处理器结合了855芯片组家族与Intel PRO/Wireless 2100网络联机技术，成为英特尔Centrino（迅驰）移动运算技术的最重要组成部分。Pentium M处理器可提供高达1.6GHz的主频速度，并包含各种效能增强功能。

图 2.3　Pentium Ⅳ微处理器

2005 年 Intel 推出的双核心处理器有 Pentium D 和 Pentium Extreme Edition，同时推出 945/955/965/975 芯片组来支持新推出的双核心处理器，采用 90nm 工艺生产的这两款新推出的双核心处理器使用没有针脚的 LGA 775 接口，但处理器底部的贴片电容数目有所增加，排列方式也有所不同。

Pentium D 不支持超线程技术，而 Pentium Extreme Edition 则没有这方面的限制。在打开超线程技术的情况下，双核心 Pentium Extreme Edition 处理器能够模拟出另外两个逻辑处理器，可以被系统认为是四核心系统。

⑥ 第 6 阶段。

第 6 阶段（2005 年至今）是酷睿（Core）系列微处理器时代，通常称为第六代。早期的酷睿是基于笔记本处理器的。酷睿 2（Core 2 Duo）是英特尔在 2006 年推出的新一代基于 Core 微架构的产品体系统称，于 2006 年 7 月 27 日发布。酷睿 2 是一个跨平台的构架体系，包括服务器版、桌面版、移动版三大领域。其中，服务器版的开发代号为 Woodcrest，桌面版的开发代号为 Conroe，移动版的开发代号为 Merom。

继 LGA775 接口之后，Intel 首先推出了 LGA1366 平台，定位高端旗舰系列。早期 LGA1366 接口的处理器主要包括 45nm Bloomfield 核心酷睿 i7 四核处理器。随着 Intel 在 2010 年迈入 32nm 工艺制程，高端旗舰的代表被酷睿 i7-980X 处理器取代，全新的 32nm 工艺解决六核心技术，拥有最强大的性能表现。

Core i5 是一款基于 Nehalem 架构的四核处理器，采用整合内存控制器和三级缓存模式，L3 达到 8MB，支持 Turbo Boost 等技术的新处理器计算机配置。它和 Core i7（Bloomfield）的主要区别在于总线不采用 QPI，采用的是成熟的 DMI（Direct Media Interface），并且只支持双通道的 DDR3 内存。结构上它用的是 LGA1156 接口，i5 有睿频技术，可以在一定情况下超频。

Core i3 可看作是 Core i5 的进一步精简版（或阉割版），将有 32nm 工艺版本（研发代号为 Clarkdale，基于 Westmere 架构）。Core i3 最大的特点是整合 GPU（图形处理器），也就是说 Core i3 将由 CPU+GPU 两个核心封装而成。由于整合的 GPU 性能有限，用户想获得更好的 3D 性能，可以外加显卡。i3、i5 区别最大之处是 i3 没有睿频技术。

2010 年 6 月，Intel 再次发布革命性的处理器——第二代 Core i3/i5/i7。第二代 Core i3/i5/i7 隶属于第二代智能酷睿家族，全部基于全新的 Sandy Bridge 微架构，相比第一代产品主要带来 5 点重要革新。

a. 采用全新 32nm 的 Sandy Bridge 微架构，更低功耗、更强性能。

b. 内置高性能 GPU（核芯显卡），视频编码、图形性能更强。

c. 睿频加速技术 2.0，更智能、更高效能。

d. 引入全新环形架构，带来更高带宽与更低延迟。

e. 全新的 AVX、AES 指令集，加强浮点运算与加密解密运算。

SNB（Sandy Bridge）是英特尔在 2011 年初发布的新一代处理器微架构，这一构架的最大意义莫过于重新定义了“整合平台”的概念，与处理器“无缝融合”的“核芯显卡”终结了“集成显卡”的时代。这一创举得益于全新的 32nm 制造工艺。

在 2012 年 4 月 24 日下午北京天文馆，Intel 正式发布了 Ivy Bridge（IVB）处理器。22nm Ivy Bridge 会将执行单元的数量翻一番，达到最多 24 个，自然会带来性能上的进一步跃进。

2013 年 6 月 4 日，Intel 发表新的 CPU 架构“Haswell”，CPU 接口称为 Intel LGA1150。Haswell CPU 将会用于笔记型电脑、桌上型 CEO 套装电脑以及 DIY 零组件 CPU，陆续替换 Ivy Bridge。

（2）CPU 的常见性能指标

① 主频、外频和倍频。

a. 主频。主频是 CPU 内部的时钟频率，也称内频，它是 CPU 进行运算时的工作频率。CPU 主频的单位是 MHz，一般说来，主频越高，一个时钟内完成的指令也越多，CPU 的速度也就越快。例如，CPU 的型号为 Intel Pentium 4 2.8GHz，表示 Pentium 4 CPU 的主频为 2.8GHz。目前 CPU 主频较高的已经超过了 3GHz。CPU 的主频是 CPU 速度的一个重要参数，不过由于 CPU 内部结构的不同，使得主频相同的 CPU，其性能不一定完全相同。

b. 外频。外频是指系统总线的时钟频率，简称总线频率，单位也是 MHz。CPU 外频主要由与其相匹配的主板决定。

c. 倍频。主频、外频、倍频三者有十分密切的关系，计算公式为：主频=外频×倍频。在相同的外频下，倍频越高，CPU 的频率也越高。例如，当某 CPU 的倍频系数为 12，外频为 100MHz 时，CPU 的主频=100MHz×12=1 200MHz，即 1.2GHz；当外频改为 133MHZ 时，主频将变为 1.6GHz。

② 工作电压。

工作电压（Suppy Voltage）是指 CPU 正常工作所需的电压。早期 CPU（386、486 时代）的工作电压一般为 5V，导致 CPU 的发热量太大，寿命较短。随着 CPU 的制造工艺与主频的提高，CPU 工作电压有逐步下降的趋势，以解决发热过高的问题。例如 Pentium 4 核心电压为 1.5V。

③ 高速缓存（简称缓存）。

CPU 进行处理的信息多是从内存中调取的，但是 CPU 的运算速度要比内存快得多，为此在传输过程中放置一个高速存储器，存储 CPU 经常使用的数据和指令，这样 CPU 就可以减少与“速度较慢”的内存的访问，提高数据传输速度。缓存可分为一级和二级缓存。

2. 内存储器

存储器是计算机系统中的一种具有记忆功能的部件，用于存放程序和数据等信息，按用途可分为主存储器和辅助存储器，主存储器又称为内存储器，辅助存储器有称为外存储器。内存位于主板上，可以同 CPU 直接进行信息交换。其主要特点是运行速度快，容量较小。外存一般不直接被 CPU 访问，外存中的程序、数据只有调入内存中才能被 CPU 执行。外存的主要特点是存取速度相对内存要慢得多，单存储容量大。

内存储器（简称内存）是微型计算机主机的组成部分，用来存放当前正在使用的程序或数据，CPU 可以直接访问内存。内存在计算机中的作用是举足轻重的，内存是除 CPU 外能表明计算机性能的另一标准。系统内存的容量对于一台机器性能有很大的影响。

内存储器按其工作特点分为随机存取存储器（Random Access Memory，RAM）和只读存储器（Read Only Memory，ROM）。

（1）RAM 的种类

RAM 就是我们平常所说的内存，是计算机运行过程中临时用来存放各种现场的输入、输出数据，中间计算结果，以及与外部存储器交换信息的地方。由于普通 RAM 的物理特性决定它只能用于暂时存放程序和数据，一旦关闭电源或发生断电，其中的数据就会丢失。目前使用的 RAM 又分为 DRAM 和 SRAM 两种。

① 动态随机存储器（Dynamic RAM，DRAM）。

所谓“动态”，是指该类存储器需要周期性地给电容充电（刷新）。这种存储器集成度较高、价格较低，但由于需要周期性地刷新，所以存取速度较慢。以前微机的内存通常采用动态 RAM，有一种新型 DRAM 叫作 SDRAM，由于采用与系统时钟同步的技术，所以比 DRAM 快得多，如今多数计算机用的都是 SDRAM，微机中的内存比 CPU 芯片小一些，通常封装在一条形电路板上，俗称内存条，如图 2.4 所示。

图 2.4 内存条

② 静态随机存储器（Static RAM，SRAM）。

SRAM 利用双稳态的触发器来存储 1 和 0。“静态”的意思是它不需要像 DRAM 那样经常刷新。所以，SRAM 速度比 DRAM 快得多，也稳定得多。但 SRAM 的价格比 DRAM 贵得多，所以只用在特殊场合（如高速缓冲存储器）。

为提高 CPU 的处理速度，当今计算机中大都配有高速缓冲存储器（cache），也称缓存，它实际上是一种特殊的高速存储器。缓存的存取速度比内存要快，所以提高了处理速度。多数现代计算机都配有两级缓存。一级缓存也叫主缓存，或内部缓存，直接设计在 CPU 芯片内部，容量较小。二级缓存也叫外部缓存，它不在 CPU 内部而是独立的 SRAM 芯片，其速度比一级缓存稍慢，但容量较大。人们讨论缓存时，通常是指外部缓存。

当 CPU 需要指令或数据时，实际检索存储器的顺序是：首先检索一级缓存，然后二级缓存，最后是 RAM。

（2）ROM 的种类

只读存储器（Read Only Memory）是指用户不能写入而只能读出数据的存储器，其中的信息是在制造时一次性写入的，计算机断电后，ROM 中的信息不会丢失。其读取速度比 RAM 慢很多。目前使用的 ROM 有 5 种，即 ROM、PROM、EPROM、EEPROM 和 Flash Memory。

① ROM。

ROM 常用来存放固定不变、重复使用的程序、数据或信息，如存放汉字库、各种专用设备的控制程序等。一般信息由厂家写入并经固化处理。ROM 中的信息只能被读出，而不能被操作者修改或删除。

② PROM。

可编程只读存储器（Programmable ROM，PROM）是一种空白 ROM，用户可按照自己的需要对其编程，程序输入 PROM 后，其功能就和普通 ROM 一样，内容不能消除和改变。

③ EPROM。

可擦除的可编程的只读存储器（Erasable Programmable ROM，EPROM）具有可擦除功能，写入前先用紫外线照射其石英透明窗的方式清除里面的内容。这类芯片比较容易识别，其封装中包含石英透明窗，一个编程后的 EPROM 芯片的石英透明窗一般使用黑色不干胶纸盖住，以防遭受阳光直射。

④ EEPROM。

电可擦写可编程只读存储器（Electronic EPROM，EEPROM）的功能与使用与 EPROM 相似，不同之处是清除数据的方式，它是以一定的电压来清除的。另外它还可以用电信号写入数据。现在的 BIOS 很多都使用 EEPROM，它便于用户升级 BIOS 程序。

（3）内存的常见技术指标

① 时钟频率。时钟频率表示 SDRAM 能正常运行的工作频率。

② 存取时间。存取时间是将信息送入内存或从内存中取出信息的时间，单位为纳秒（ns）。它是内存芯片存取速度的一个十分重要的性能指标，通常有 10ns/8ns/7ns/6ns/5ns 等，其数值越小，表明速度越快，当然价格也就越高。

3. 外存储器

内存作为计算机的主要存储部件，它的作用是十分明显的，但内存容量较小，不可能容纳所有的系统软件和应用软件，因此，计算机要长期保存大量的信息，还必须依靠外存储器（外存）。计算机在工作时，把要处理的数据从外存调到内存，再从内存送到 CPU 中，处理完毕后，将数据从 CPU 送回到内存，最后保存到外存中。

常见的外部存储器包括硬盘、光盘、可移动硬盘、U 盘等。

（1）硬盘

硬盘是由若干硬盘片组成的盘片组，一般被固定在主机箱内。硬盘的容量比较大，也就是说它能记录的信息比较多。硬盘是计算机中最重要的外部存储器，可靠性高，正常使用一般不存在磨损问题，因此其寿命相当长。计算机操作系统、应用软件和常用数据一般都存放在硬盘中。

① 硬盘的结构与工作原理。

硬盘是一种精密的机电一体化产品，由头盘组件和印刷电路板组件两大部分构成，具体部件有盘机、主轴电机、寻道电机、读写磁头及控制电路，再加上外部的机壳与机架等组成了整个硬盘驱动器，如图 2.5 所示。

图 2.5　硬盘

硬盘的盘体由一个或多个盘片组成，这些盘片重叠在一起放在一个密封的盒中，它们在主轴电机的带动下高速旋转。每分钟的转速可达4 500转、5 400转、7 200转甚至10 000转以上。不同的硬盘内部，盘片的数目不一样，少则一片，多则数十片。每一片有上下两个面，每个盘片的每个盘面都有一个读写磁头。硬盘的所有装置都密封在一个超净腔体内，这样大大提高了硬盘的防尘、防潮和防有害气体污染的能力。

② 硬盘的分类。

a. 按照硬盘外形规格分类。

目前常见的硬盘有5.25英寸和3.5英寸两种，比较流行的是3.5英寸的硬盘，它在尺寸、重量、噪声、耗电量等方面的性能都优于5.25英寸的硬盘，而且随着技术的不断提高，其容量和速度也在不断提高。目前2.5英寸、1.8英寸和0.9英寸的硬盘也已推出。

b. 按照硬盘的接口方式分类。

硬盘的接口方式有：IDE接口、SCSI接口和Serial ATA（串行ATA）接口。

③ 硬盘的盘面、磁道、柱面、扇区及容量。

硬盘的盘体是由多个盘片叠加在一起构成的。每一个盘片有上下两个盘面，每一个盘面又分为若干磁道，各盘面的同一磁道构成一个柱面，每一个磁道又分成若干扇区。

a. 盘面（Side）：硬盘的每一个盘面有一个面号，按顺序从上到下自0开始依次编号。在硬盘系统中，盘面号又叫磁头号（这是因为每一个盘面都有一个对应的读写磁头）。硬盘通常有2～3个盘片，故盘面号（磁头号）为0～3或0～5。

b. 磁道（Track）与柱面（Cyliner）：当磁盘旋转时，磁头部件保持在一个位置上，则每个磁头会在相应的磁盘表面划出一个圆形轨迹，这些圆形轨迹叫磁道。信息以脉冲串的形式记录在这些轨迹中。磁道从外向内自0开始顺序编号。

硬盘每个盘面的同一磁道构成一个柱面。一般情况下，在划分硬盘的逻辑盘容量时，用柱面数而不用磁道数。系统对文件分配硬盘空间时，不是按盘面，而是按柱面顺序进行的，即某一面的一个磁道用完了，不是转向同一面的下一磁道，而是转向下一盘面的同一磁道。

c. 扇区（Sector）：如果把每一个磁道看成是一个圆环，再把该圆环分成若干等份，每一等份就是磁盘存取数据的某个单位，叫作扇区。扇区自1开始编号。每个扇区可存放512字节的数据。扇区的首部包含了扇区的唯一地址标识ID，扇区之间以空隙隔开，便于系统识别。

d. 容量（Capacity）：硬盘的容量由盘面数、柱面数和扇区数决定，其计算公式为：

容量=盘面数×柱面数×扇区数×512字节

关于硬盘容量大小，现在表示比较混乱，主要是1MB为1 000 000字节还是1 048 576（2^{20}）字节的问题混淆不清。有些软件把1 000 000字节作为1MB，硬盘上的标称容量一般也是按1MB=1 000 000字节计算的；而在另一些软件中，1MB是1 048 576字节，如FDISK等。实际上，硬盘容量单位还是以2的多少次方表示比较符合计算机的实际情况，即以KB（KiloByte）、MB（MegaByte）、GB（GigaByte）、TB（TeraByte）、PB（PetaByte）、EB（ExaByte）为单位。各种单位之间的换算关系如下：

1KB=2^{10}B=1 024Byte　　1MB=2^{20}B=1 024KB　　1GB=2^{30}B=1 024MB

1TB=2^{40}B=1 024GB　　1PB=2^{50}B=1 024TB　　1EB=2^{60}B=1 024PB

（2）光盘

光盘即高密度光盘（Compact Disc），是利用激光原理进行读、写的设备，是迅速发展的一种辅助存储器，可以存放各种文字、声音、图形、图像和动画等多媒体数字信息。

根据光盘结构和容量，光盘又可以分为 CD、DVD、蓝光光盘等几种类型。CD 光盘的最大容量大约是 700MB，DVD 盘片单面为 4.7GB，蓝光（BD）光盘则比较大，其中 HD、DVD 单面单层为 15GB、双层为 30GB；BD 单面单层为 25GB、双面为 50GB、三层为 75GB、四层为 100GB。

① CD。光盘根据写入特点一般分为 3 类：只读光盘、一次性写入光盘和可擦写光盘。

a. 只读光盘（CD-ROM）。光盘的生产厂家根据用户要求将信息写到光盘上，用户只能读取信息，不能更改。

b. 一次性写入光盘（CD-R、CD Recordable）。光盘信息可以由用户一次写入，不能再改写。

c. 可擦写光盘（CD-RW、CD Rewritable）。这种光盘可以反复读写。

用光盘驱动器（简称光驱）来读取 CD 等格式的数据光盘。目前应用最广泛的光驱当属 CD-ROM、CD-R 和 CD-RW，如图 2.6 所示，光驱是多媒体计算机不可缺少的配件之一。CD-RW 驱动器完全兼容 CD-R 驱动器，完全支持 CD-R 盘片。通常以多少倍速来描述光驱的速率。最初的 CD-ROM 数据传输率只有 150Kbit/s，这个传输率作为标准被定为单速，后来驱动器的传输率越来越快，就出现了 2 倍速（记为 2X）、4 倍速（记为 4X），直至现在的 32 倍速（32X）、52 倍速（52X）或者更高，40 倍速的 CD-ROM 驱动器理论上的数据传输率应为 150×40=6 000Kbit/s。可写入的光驱也称为刻录机，刻录机和普通光驱一样也有倍速之分，只不过刻录机有 3 个速度指标；刻录速度、覆写速度和读取速度。例如，某刻录机标称速度为 40×12×48，这说明此刻录机刻录 CD 盘片的最高速度为 40 倍速（表示为 40X），复写和擦写 CD-RW 盘片的最高速度为 12X，读取普通 CD-RW 盘片（包括 CD-R 和 CD-RW）的最高速度为 48X，除了刻录机，CD-R 和 CD-RW 盘片也都有标称的刻录速度。

图 2.6 光盘驱动器

② DVD。

DVD 最初的含义是 Digital Video Disc，即数字视频光盘，后因 DVD 的涵盖规模已远远超过当初设定的视频播映的范围，因此后来又有人提出了新的名称：Digital Versatile Disc，即多用途数字化储存光碟媒体，可译为“数字多功能光碟”或“数字多用途光盘”。

DVD 有 5 种格式：DVD-Video、DVD-ROM、DVD-R、DVD-RAM、DVD-Audio。

DVD 光驱的装入结构主要分托盘式和吸盘式，托盘式是目前广泛采用的一种 DVD 光驱装入方式，与普通 CD-ROM 的方式相同，这种方式由于设计结构简单，故障率低而深受欢迎。采用吸盘式技术的 DVD 光驱口有一道夹缝，使用时将光盘塞入夹缝即可，按下退出键又可将光盘退出。这种方式虽然设计结构稍微复杂了一些，但由于其性能独特，防尘效果较好，也受到用户的认可。

（3）可移动存储设备

可移动存储设备是为了方便人们进行数据备份和交换而产生的。随着软盘的逐渐淘汰，一些具有容量大、速度快、使用安全、携带方便以及标准化等特点的新型移动存储器开始流行起来。目前最常见的移动存储器分为两种，一种是大容量的移动硬盘，另一种是采用 Flash 闪存的小容量移动存储器。

① 移动硬盘。

移动硬盘作为计算机的一个重要外设，近年来发展快速。目前市场上常见的移动硬盘采用 USB 和 IEEE1394 两种接口，其特点是容量大，兼容性好，即插即用，速度快，外观时尚，体积小，重量轻，如图 2.7 所示。

图 2.7　移动硬盘

市场中的移动硬盘能提供 320GB、500GB、600G、640GB、900GB、1 000GB（1TB）、1.5TB、2TB、2.5TB、3TB、3.5TB、4TB 等，最高可达 12TB 的容量，可以说是 U 盘、磁盘等闪存产品的升级版，被大众广泛接受。移动硬盘的容量同样以 MB（兆）、GB（1 024 兆）、TB（1TB=1 024G B）为单位，1.8 英寸移动硬盘大多提供 10GB、20GB、40GB、60GB、80GB，2.5 英寸的有 120GB、160GB、200GB、250GB、320GB、500GB、640GB、750GB、1 000GB（1TB）的容量，3.5 英寸的移动硬盘盒还有 500GB、640GB、750GB、1TB、1.5TB、2TB 的大容量，除此之外，还有桌面式的移动硬盘，容量更是达到 4TB 的超大容量。随着技术的发展，移动硬盘的容量将越来越大，体积越来越小。

② 闪存类存储器。

闪存（Flash Memory）是一种长寿命的非易失性（在断电情况下仍能保持所存储的数据信息）的存储器，数据删除不是以单字节为单位，而是以固定的区块为单位。闪存可分为 U 盘、CF 卡、SM 卡、SD/MMC 卡、记忆棒、XD 卡、MS 卡、TF 卡、PCIe 闪存卡。

a. U 盘。

U 盘的全称为 USB 闪存盘，英文名为 USB flash disk。它是一种使用 USB 接口的无需物理驱动器的微型高容量移动存储产品，通过 USB 接口与计算机连接，实现即插即用，如图 2.8 所示。

图 2.8　U 盘

U 盘最大的优点就是：小巧便于携带、存储容量大、价格便宜、性能可靠。一般的 U 盘容量有 4GB、8GB、16GB、32GB、64GB、128GB 等，存盘中无任何机械式装置，抗震性能极强。另外，闪存盘还具有防潮防磁、耐高低温等特性，安全可靠性很好。

b. 常见的闪存卡。

TF（Trans Flash）卡。也叫作 Micro SD 卡，可插 SD 卡转换器变成 SD 卡使用，手机比较常用这种存储卡，如图 2.9 所示。

SD 卡（Secure Digital Memory Card）是一种基于半导体快闪记忆器的新一代记忆设备。SD 卡由日本松下、东芝及美国 SanDisk 公司于 1999 年 8 月共同开发研制。大小犹如一张邮票的 SD 记忆卡，重量只有 2 克，却拥有高记忆容量、快速数据传输率、极大的移动灵活性以及很好的安全性，如图 2.10 所示。

图 2.9　TF 卡

图 2.10　SD 卡

Mini SD 卡也可以插 SD 转换器后当成 SD 卡使用。

4. 输入设备

输入设备将信息用各种方法输入计算机，将原始信息转化为计算机能接受的二进制码，并送入内存，以便计算机处理。输入设备有很多，常见的有键盘、鼠标、触摸屏、扫描仪和数码相机等。

（1）键盘

键盘作为必要的输入设备，是使用计算机必不可少的工具。通过键盘可以将字母、数字、标点符号等输入计算机中，从而向计算机发出命令、输入数据等。

① 键盘的工作原理。

键盘电缆内有一对 5V 电源线、两根双向信号线。键盘内有一个微处理器，负责控制整个键盘的工作，包括微机加电时的键盘自检、键盘扫描码的缓冲以及和主机的通信等，当键盘的一个键位被按一下时，微处理器依据该键位所在的具体位置，将该字符信号转化为二进制码传给计算机主机，主机处理后通过显卡把它送给往显示器，这样结果就显示在我们面前。

② 键盘的种类。

根据不同的标准，键盘有不同的分类。根据键数的不同，可分为 83 键、101 键、104 键、107 键及带有播放 VCD/CD 和上网功能的多媒体键盘。根据结构的不同，可分为机械式键盘、薄膜式键盘和电容式键盘。根据键盘接口的不同，分为标准接口（AT 接口）、串行接口（PS/2 接口）和 USB 接口键盘。根据键盘的外形，还可以分为标准键盘和人体工程学键盘，如图 2.11 所示。

图 2.11　键盘

（2）鼠标

鼠标和键盘一样也是计算机系统中的一种输入设备，使用它可增强或代替键盘上的光标移动键和其他键（如回车键）的功能，因此使用鼠标可在屏幕上更快、更准确地移动和定位光标，尤其使用 Windows 操作系统以及一些图形界面应用软件以后，鼠标成了必备的输入工具，如图 2.12 所示。

图 2.12　鼠标

根据不同的标准，鼠标也有不同的分类。

a. 按鼠标的工作原理，鼠标可分为机械式鼠标和光电式鼠标。机械式鼠标是靠鼠标内部自由滚动的小球、编码器滚轴和栅信号传感器来确定光标在屏幕上的位置。光电鼠标的工作原理是：在光电鼠标内部有一个发光二极管，通过该发光二极管发出的光线，照亮光电鼠标的底部表面，然后将光电鼠标底部表面反射回的一部分光线，经过一组光学透镜，传输到一个光感应器件（微成像器）内成像。利用光电鼠标内部的一块专用图像分析芯片对移动轨迹上摄取的一系列图像进行分析处理，通过分析这些图像上特征点位置的变化，判断鼠标的移动方向和移动距离，从而完成光标的定位。

b. 根据鼠标的接口，目前市场上的鼠标可分为 PS/2 接口鼠标和 USB 接口鼠标。PS/2 接口鼠标通过一个六针微型 DIM 接口与计算机相连。USB 接口鼠标的带宽大于 PS/2 鼠标，USB 接口鼠标的默认采样率也比较高，达到 125Hz，而 PS/2 接口鼠标仅有 40Hz～60Hz。但 USB 接口鼠标对 CPU 的占用率比 PS/2 接口鼠标高，价格也比 PS/2 鼠标贵一些。

（3）触摸屏

触摸屏（touch screen）又称为“触控屏”“触控面板”，是一种可接收触头等输入信号的感应式液晶显示装置，接触屏幕上的图形按钮时，屏幕上的触觉反馈系统可根据预先编程的程式驱动各种连结装置，可用以取代机械式的按钮面板，并借由液晶显示画面制造出生动的影音效果，如图 2.13 所示。

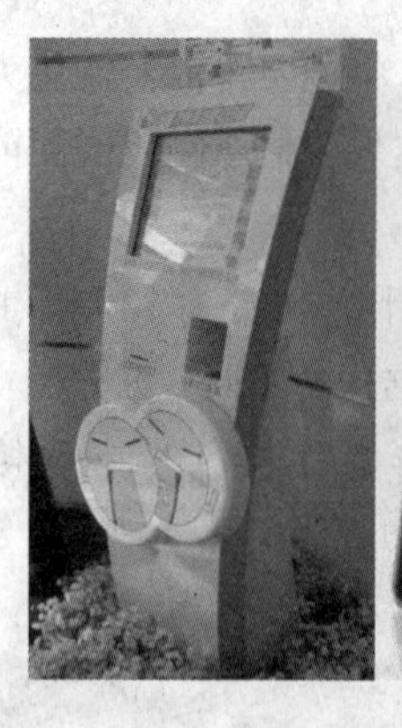

图 2.13　触摸屏

触摸屏具有坚固耐用、反应速度快、节省空间、易于交流等许多优点。利用这种技术，只要用手指轻轻地触碰计算机显示屏上的图符或文字就能实现对主机的操作，从而使人机交互更为直接了当，这种技术极大地方便了那些不懂计算机操作的用户。触摸屏的应用范围非常广阔，主要有公共信息的查询，如电信局、税务局、银行、电力等部门的业务查询；城市街头的信息查询；此外还可广泛应用于企业办公、工业控制、军事指挥、电子游戏、点歌点菜、多媒体教学、房地产预售等。

按照触摸屏的工作原理和传输信息的介质，把触摸屏分为电阻式、电容感应式、红外线式以及表面声波式 4 种。

（4）扫描仪

扫描仪（Scanner）是利用光电技术和数字处理技术，以扫描方式将图形或图像信息转换为数字信号的装置。扫描仪通常作为计算机外部仪器设备，是通过捕获图像并将之转换成计算机可以显示、编辑、存储和输出的数字化输入设备，如图 2.14 所示。扫描仪可以将照片、文本页面、图纸、美术图画、照相底片、菲林软片，甚至纺织品、标牌面板、印制板样品等三维对象作为扫描对象，提取和将原始的线条、图形、文字、照片、平面实物转换成可以编辑及加入文件中的数字对象。

图 2.14　扫描仪

① 扫描仪的种类。常见的扫描仪可分为：滚筒式扫描仪、平面扫描仪、笔式扫描仪、便携式扫描仪、馈纸式扫描仪、胶片扫描仪、底片扫描仪和名片扫描仪等类型。

② 扫描仪的技术指标。分辨率、灰度级、色彩数、扫描速度、扫描幅面都是用来衡量扫描仪性能的指标。

③ 扫描仪的接口。扫描仪常用的接口类型有 SCSI 接口、EPP（并行）接口、USB 接口和 IEEE 1394 接口。

（5）数码相机

数码相机（Digital Camera，DC）是一种利用电子传感器把光学影像转换成电子数据的照相机。常见的数码相机分为单反相机、微单相机、卡片相机和长焦相机。

① 单反相机。是指单镜头反光数码相机。在单反数码相机的工作系统中，光线透过镜头到达反光镜后，折射到上面的对焦屏并结成影像，透过接目镜和五棱镜，可以在观景窗中看到外面的景物。

② 微单相机。微单包含两个意思：微，微型小巧，单，可更换式单镜头相机，也就是说这个词是表示这种相机有小巧的体积和单反一般的画质，即微型小巧且具有单反性能的相机称为微单相机。

③ 卡片相机。卡片相机在业界没有明确的概念，外形小巧、相对较轻的机身以及超薄时尚的设计是衡量此类数码相机的主要标准，如图 2.15 所示。

④ 长焦相机。长焦数码相机是指具有较大光学变焦倍数的机型，光学变焦倍数越大，能拍摄的景物就越远。

（6）摄像头

摄像头又称为电脑相机、电脑眼、电子眼等，是一种视频输入设备，被广泛运用于视频会议、远程医疗及实时监控等方面。普通人也可以通过摄像头在网络进行有影像、有声音的交谈和沟通。另外，还可以将其用于当前各种流行的数码影像、影音处理等，如图 2.16 所示。

图 2.15　数码相机

图 2.16　摄像头

① 摄像头的工作原理。摄像头的工作原理大致为：景物通过镜头生成的光学图像投射到图像传感器表面上，然后转为电信号，经过 A/D（模数转换）转换后变为数字图像信号，送到数字信号处理芯片（DSP）中加工处理，再通过 USB 接口传输到计算机中处理，通过显示器就可以看到图像了。

② 技术指标。

a. 常见的技术指标有图像解析度即分辨率，也是我们常说的像素数，其值越高，拍摄到的影像越清晰。

b. 视频捕捉速度。视频捕捉速度用于衡量摄像头的视频捕捉、处理、传输的能力，直接关系到动态图像的流畅度。

c. 数据传输接口。包括串行接口、并行接口、USB 接口和红外接口等。

5. 输出设备

输出设备是指将计算机处理后的结果以人们便于识别的形式（如数字、字符、图像、声音等）输出显示、打印或播放出来。常见的输出设备有显示器、打印机、绘图仪等。

（1）显示器

显示器也称显示屏、屏幕、萤光幕，是用于显示图像及色彩的设备。它是将一定的电子文件通过特定的传输设备显示到屏幕上再反射到人眼的一种显示工具。从广义上讲，街头随处可见的大屏幕，电视机的荧光屏，手机、快译通等的显示屏都属于显示器的范畴，一般指与计算机主机相连的显示设备。

① 显示器的分类。目前，常见的显示器根据制作材料不同分为 CRT、LCD、LED 等类型，如图 2.17 所示。

图 2.17　显示器

a. CRT 显示器。CRT 是一种使用阴极射线管（Cathode Ray Tube）的显示器，阴极射线管主要由 5 部分组成：电子枪（Electron Gun）、偏转线圈（Deflection coils）、荫罩（Shadow mask）、荧光粉层（Phosphor）及玻璃外壳。

b. LCD 显示器。LCD 显示器即液晶显示器，其优点是机身薄，占地小，辐射小。LCD 液晶显示器的工作原理为：在显示器内部有很多液晶粒子，它们有规律地排列成一定的形状，并且它们每一面的颜色都不同，分为红色、绿色、蓝色。这三原色能还原成任意的其他颜色，当显示器收到计算机的显示数据时，控制每个液晶粒子转动到不同颜色的面，来组合成不同的颜色和图像。

c. LED 显示器。发光二极管（Light Emitting Diode，LED）是一种通过控制半导体发光二极管的显示方式，用来显示文字、图形、图像、动画、行情、视频、录像信号等各种信息的显示屏幕。

LED 显示器集微电子技术、计算机技术、信息处理于一体，以其色彩鲜艳、动态范围广、亮度高、寿命长、工作稳定可靠等优点，成为最具优势的新一代显示媒体，LED 显示器已广泛应用于大型广场、商业广告、体育场馆、信息传播、新闻发布、证券交易等，可以满足不同环境的需要。

② 显示器的技术指标。

◆ 屏幕尺寸：单位一般采用英寸。

◆ 纵横比：水平：垂直较常见的为 4：3、16：9 和 16：10。

◆ 分辨率：单位为点/平方英寸（dpi），一般为 72～96dpi。显示分辨率就是屏幕上显示的像素数，分辨率 160×128 表示水平方向的像素数为 160，垂直方向的像素数为 128。分辨率越高，像素的数目越多，感应到的图像越精密。而在屏幕尺寸相同的情况下，分辨率越高，显示效果就越细腻。

◆ 点距：一般是指显示屏相邻两像素点之间的距离。我们看到的画面是由许多的点形成的，画质的细腻度就是由点距决定的。点距的计算方式是以面板尺寸除以解析度所得的数值。点距越小，图像越细腻。

◆ 刷新率：单位为赫兹（Hz），只适用于 CRT 显示器，一般为 60～120Hz。

◆ 亮度：显示器的最大亮度。

◆ 对比度：最大亮度比最小亮度，一般为 300：1～10 000：1。

◆ 能耗（瓦特，W）：显示器进入待机状态下的能耗较小。

◆ 响应时间：显示器各像素点对输入信号反应的速度，数值越小越好。

◆ 可视角度：在纵横方向可以看到图像的最大角度。

（2）打印机

打印机是计算机最常用的输出设备，可以把计算机处理的结果在纸上打印出来。打印机与计算机之间的数据传输方式可以是并行的，也可以是串行的。按照工作方式的不同，目前常见的打印机有三类：针式打印机、喷墨打印机和激光打印机，如图 2.18 所示。

（a）针式打印机

（b）喷墨打印机

（c）激光打印机

图 2.18　打印机

针式打印机打印的字符或图形是以点阵形式构成的，通过打印针头击打色带，把色带上的墨打在纸上形成字符或图形。针式打印机价格低、耗材成本低、速度慢、噪声大。

喷墨打印机是将带电的喷墨雾点经过电极偏转后，直接在纸上形成所需的字形。其优点是组成字符和图像的印点比针式点阵打印机小得多，因而字符点的分辨率高，印字质量高且清晰。其打印彩色效果好、价位低，但耗材贵，打印速度慢。喷墨打印机具有更为灵活的纸张处理能力，既可以打印信封、信纸等普通介质，也可以打印各种胶片、照片纸、卷纸、T 恤转印纸等特殊介质。

激光打印机是高科技发展的一种新产物。它的打印原理是利用光栅图像处理器产生要打印页面的位图，然后将其转换为电信号等一系列的脉冲送往激光发射器，在这一系列脉冲的控制下，激光被有规律地放出。与此同时，反射光束被接收的感光鼓感光。激光发射时产生一个点，激光不发射时就是空白，这样就在接收器上印出一行点来。然后接收器转动一小段固定的距离继续重复上述操作。当纸张经过感光鼓时，鼓上的着色剂会转移到纸上，印成了页面的位图。最后当纸张经过一对加热辊后，着色剂被加热熔化，固定在纸上，完成打印的全过程，这整个过程准确而且高效。与针式打印机和喷墨打印机相比，激光打印机有非常明显的优点，它提供了高质量、快速、低成本的打印方式。

（3）绘图仪

绘图仪是一种输出图形的硬拷贝设备。绘图仪在绘图软件的支持下可绘制出复杂、精确的图形，是各种计算机辅助设计不可缺少的工具。

绘图仪的种类很多，按结构和工作原理可以分为滚筒式和平台式两大类。

① 滚筒式绘图仪。靠笔架的左右移动和滚筒转动带动图纸移动画出图形。这种绘图仪结构紧凑，绘图幅面大。但它需要使用两侧有链孔的专用绘图纸。

② 平台式绘图仪。绘图平台上装有横梁，笔架装在横梁上，绘图纸固定在平台上。依靠笔架的二维运动画出图形。平台式绘图仪绘图精度高，对绘图纸无特殊要求，应用比较广泛。

2.3　计算机的软件

软件是指所有应用计算机的技术，即程序和数据，它的范围非常广泛，一般指程序系统，是发挥计算机硬件功能的关键。从广义上讲，软件是指计算机中运行的所有程序以及各种文档资料的总称。

2.3.1 计算机语言

人和计算机交流信息使用的语言称为计算机语言或称程序设计语言。计算机语言通常分为机器语言、汇编语言和高级语言三类。

（1）机器语言

机器语言（Machine Language）是一种用二进制代码“0”和“1”形式表示的，能被计算机直接识别和执行的语言。用机器语言编写的程序，称为计算机机器语言程序。它是一种低级语言，用机器语言编写的程序不便于记忆、阅读和书写，通常不用机器语言直接编写程序。

（2）汇编语言

汇编语言（Assemble Language）是一种用助记符表示的面向机器的程序设计语言。汇编语言的每条指令对应一条机器语言代码，不同类型的计算机系统一般有不同的汇编语言。用汇编语言编制的程序称为汇编语言程序，机器不能直接识别和执行，必须由“汇编程序”（或汇编系统）翻译成机器语言程序才能运行。这种“汇编程序”就是汇编语言的翻译程序。

汇编语言适用于编写直接控制机器操作的低层程序，它与机器密切相关，但不容易使用。

（3）高级语言

高级语言（High Level Language）是一种比较接近自然语言和数学表达式的计算机程序设计语言。一般用高级语言编写的程序称为“源程序”，计算机不能识别和执行，需要把用高级语言编写的源程序翻译成机器指令，把源程序翻译为机器指令通常有编译和解释两种方式。

编译方式是将源程序整个编译成目标程序，然后通过链接程序将目标程序链接成可执行程序。

解释方式是将源程序逐句翻译，翻译一句执行一句，边翻译边执行，不产生目标程序。由计算机执行解释程序自动完成。

常用的高级语言程序有以下几种。

① Basic 语言是一种简单易学的计算机高级语言。尤其是 Visual Basic 语言，具有很强的可视化设计功能。给用户在 Windows 环境下开发软件带来了方便，是重要的多媒体编程工具语言。

② Fortran 是一种适合科学和工程设计计算的语言，它具有大量的工程设计计算程序库。

③ Pascal 语言是结构化程序设计语言，适用于教学、科学计算、数据处理和系统软件的开发。

④ C 语言是一种具有很高灵活性的高级语言，适用于系统软件、数值计算、数据处理等，使用非常广泛。

⑤ Java 语言是近几年发展起来的一种新型高级语言。它简单、安全、可移值性强。Java 适用于网络环境的编程，多用于交互式多媒体应用。

⑥ 4GL 语言（4th Generation Languge）是非过程化程序设计语言，是针对以处理过程为中心的第三代语言提出的，通过某些标准处理过程自动生成，使用户只说明要做什么，而把具体的执行步骤的安排交软件自动处理。

一般认为 4GL 具有简单易学，用户界面良好，非过程化程度高，面向问题，只需告知计算机“做什么”，而不必告知计算机“怎么做”，用 4GL 语言编程使用的代码量较 COBOL、PL/1 明显减少，并可成数量级地提高软件生产率等特点。虽然 4GL 具有很多优点，也有很大的优势，成为了应用开发的主流工具，但也存在不足之处，因此许多 4GL 为了提高表达问题的能力和语言的效率，引入了过程化的语言成分，出现了过程化的语句与非过程化的语句交织并存的局面。

2.3.2　软件的分类

计算机软件系统分为系统软件和应用软件两大类。

1. **系统软件**

系统软件是指控制和协调计算机及其他设备、支持应用软件的开发和运行的软件。它的主要功能是帮助用户管理计算机的硬件，控制程序调度，执行用户命令，方便用户使用、维护和开发计算机等。系统软件一般包括操作系统、实用程序、和设备驱动程序。

（1）操作系统

操作系统（Operating System，OS）是管理和控制计算机硬件与软件资源的计算机软件，是直接运行在“裸机”上的最基本的系统软件，任何其他软件都必须在操作系统的支持下才能运行。操作系统的功能包括管理计算机系统的硬件、软件及数据资源，控制程序运行，改善人机界面，为其他应用软件提供支持，让计算机系统的所有资源最大限度地发挥作用，提供各种形式的用户界面，使用户有好的工作环境，为其他软件的开发提供必要的服务和相应的接口等。

（2）实用程序软件

实用程序软件是用来帮助用户监视和设置计算机系统设备、操作系统和应用软件的。它专门处理以计算机为中心的任务，而不处理像文档制作或财务管理之类的工作。例如，诊断工具、安装向导、通信程序和安全软件都属于实用程序软件。

（3）设备驱动程序

设备驱动程序是指用来在外设与计算机之间建立通信的软件。打印机、显示器、显卡、声卡、网卡、存储设备、鼠标和扫描仪等都需要使用这类系统软件。在安装完成后，设备驱动程序会在需要时自动启动。

2. **应用软件**

应用软件是指为了解决各类应用问题而设计的计算机软件。它是为满足用户不同领域、不同问题的应用需求而提供的软件，可以拓宽计算机系统的应用领域，放大硬件的功能。

常见的应用软件有文档制作软件、电子表格软件、图形软件、音乐软件、游戏软件、即时通信软件等。

2.4　操作系统

操作系统是计算机的核心管理软件，是用于控制和维护计算机软件、硬件资源的系统软件，是各种应用软件赖以运行的基础，同时也是用户与计算机的接口，为用户开发使用软件提供了工具和运行平台，是直接运行在“裸机”上的最基本的系统软件，任何其他软件都必须在操作系统的支持下才能运行。

2.4.1　操作系统的分类

随着计算机技术的迅速发展和计算机的广泛应用，用户对操作系统的功能、应用环境、使用方式不断提出了新的要求，从而逐步形成了不同类型的操作系统。根据操作系统的功能和使用环境，大致可分为以下6类。

（1）单用户操作系统

计算机系统在单用户单任务操作系统的控制下，只能串行地执行用户程序，个人独占计算机的全部资源，CPU 运行效率低。

DOS 操作系统属于单用户单任务操作系统。

现在大多数的个人计算机操作系统是单用户多任务操作系统，允许多个程序或多个作业同时存在和运行。常用的操作系统中，Windows 3.x 是基于图形界面的 16 位单用户多任务操作系统；Windows 95 或 Windows 98 是 32 位单用户多任务操作系统。

（2）批处理操作系统

批处理操作系统是以作业为处理对象，连续处理在计算机系统运行的作业流。这类操作系统的特点是：作业的运行完全由系统自动控制，系统的吞吐量大，资源的利用率高。

（3）分时操作系统

分时操作系统使多个用户同时在各自的终端上联机地使用同一台计算机，CPU 按优先级分配各个终端的时间片，轮流为各个终端服务，用户有“独占”这一台计算机的感觉。分时操作系统侧重于及时性和交互性，用户的请求尽量能在较短的时间内得到响应。

常用的分时操作系统有 UNIX、VMS 等。

（4）实时操作系统

实时操作系统是对随机发生的外部事件在限定时间范围内做出响应并对其进行处理的系统。外部事件一般是指来自与计算机系统相联系的设备的服务要求和数据采集。实时操作系统广泛用于工业生产过程的控制和事务数据处理中，常用的系统有 RDOS 等。

（5）网络操作系统

为计算机网络配置的操作系统称为网络操作系统。它负责网络管理、网络通信、资源共享和系统安全等工作。常用的网络操作系统有 Novell 公司的 NetWare 和 Microsoft 公司的 Windows NT。

（6）分布式操作系统

分布式操作系统是用于分布式计算机系统的操作系统。分布式计算机系统是由多个并行工作的处理机组成的系统，提供高度的并行性和有效的同步算法和通信机制，自动实行全系统范围的任务分配并自动调节各处理机的工作负载。

2.4.2 常用的操作系统

（1）UNIX

UNIX 是一个强大的多用户、多任务操作系统，支持多种处理器架构，按照操作系统的分类，属于分时操作系统。UNIX 最早由 Ken Thompson 和 Dennis Ritchie 于 1969 年在美国 AT&T 的贝尔实验室开发。

类 UNIX（UNIX-like）操作系统是指各种传统的 UNIX 以及各种与传统 UNIX 类似的系统。它们虽然有的是自由软件，有的是商业软件，但都相当程度地继承了原始 UNIX 的特性，有许多相似处，并且都在一定程度上遵守 POSIX 规范。类 UNIX 系统可在非常多的处理器架构下运行，在服务器系统上有很高的使用率，如大专院校或工程应用的工作站。

（2）Linux

基于 Linux 的操作系统是 1991 年推出的一个多用户、多任务的操作系统。它与 UNIX 完全兼容。Linux 最初是由芬兰赫尔辛基大学计算机系学生 Linus Torvalds 在基于 UNIX 的基础上开发的一个操作系统的内核程序，Linux 的设计是为了在 Intel 微处理器上更有效地运用。其后在理查德·斯托曼的建议下，以 GNU 通用公共许可证发布，成为自由软件 UNIX 的变种。它的最大特点在于它是一个源代码公开的操作系统，其内核源代码可以自由传播。

（3）Mac OS X

Mac OS 是一套运行于苹果 Macintosh 系列计算机上的操作系统。Mac OS 是首个在商用领域成功的图形用户界面。Macintosh 组包括比尔·阿特金森（Bill Atkinson）、杰夫·拉斯金（Jef Raskin）和安迪·赫茨菲尔德（Andy Hertzfeld）。Mac OS X 于 2001 年首次在商场上推出，核心源代码称为 Darwin，它是以 BSD 原始代码和 Mach 微核心为基础，类似 UNIX 的开放原始码环境。

（4）Windows

Windows 是由微软公司成功开发的操作系统。Windows 是一个多任务的操作系统，它采用图形窗口界面，用户对计算机的各种复杂操作只需通过单击鼠标就可以实现。

Microsoft Windows 系列操作系统是在微软公司给 IBM 机器设计的 MS-DOS 的基础上设计的图形操作系统。Windows 系统，如 Windows 2000、Windows XP 皆是创建于现代的 Windows NT 内核。NT 内核是在 OS/2 和 OpenVMS 等系统上借用来的。Windows 可以在 32 位和 64 位的 Intel 和 AMD 的处理器上运行，但是早期的版本也可以在 DEC Alpha、MIPS 和 PowerPC 架构上运行。

Windows XP 在 2001 年 10 月 25 日发布，2004 年 8 月 24 日发布服务包 2，2008 年 4 月 21 日发布服务包 3。Windows Vista（开发代码为 Longhorn）于 2007 年 1 月 30 日发售。Windows Vista 增加了许多功能，尤其是系统的安全性和网络管理功能，并且其拥有界面华丽的 Aero Glass。但是整体而言，其在全球市场上的口碑并不是很好。2009 年 10 月 22 日正式发布 Windows 7。微软公司在 2012 年 10 月正式推出 Windows 8，系统有着独特的 metro 开始界面和触控式交互系统，2013 年 10 月 17 日晚上 7 点，Windows 8.1 在全球范围内，通过 Windows 上的应用商店进行更新推送。2014 年 1 月 22 日，微软公司在美国旧金山举行发布会，正式发布了 Windows 10 消费者预览版。

（5）IOS

IOS 操作系统是由苹果公司开发的手持设备操作系统。IOS 与苹果的 Mac OS X 操作系统一样，它也是以 Darwin 为基础的，因此同样属于类 UNIX 的商业操作系统。原本这个系统名为 iPhone OS，直到 2010 年 6 月 7 日 WWDC 大会上宣布改名为 IOS。

（6）Android

Android 是一种以 Linux 为基础的开放源代码操作系统，主要使用于便携设备。Android 操作系统最初由 Andy Rubin 开发，最初主要支持手机。2005 年由 Google 收购注资，并组建开放手机联盟开发改良，逐渐扩展到平板电脑及其他领域上。2011 年第一季度，Android 在全球的市场份额首次超过塞班系统，跃居全球第一。2012 年 11 月数据显示，Android 占据全球智能手机操作系统市场 76%的份额，中国市场占有率为 90%。

（7）WP

Windows Phone（简称 WP）是微软公司发布的一款手机操作系统，它将微软旗下的 Xbox Live 游戏、Xbox Music 音乐与独特的视频体验集成至手机中。微软公司于 2010 年 10 月 11 日晚上 9 点 30 分正式发布了智能手机操作系统 Windows Phone，并将其使用接口称为 Modern 接口。2011 年 2 月，诺基亚与微软公司达成全球战略同盟并深度合作共同研发。2011 年 9 月 27 日，微软公司发布 Windows Phone 7.5。2012 年 6 月 21 日，微软公司正式发布 Windows Phone 8，采用与 Windows 8 相同的 Windows NT 内核，同时也针对市场的 Windows Phone 7.5 发布 Windows Phone 7.8。2014 年 4 月 2 日，微软公司在旧金山召开 Build 2014 开发者大会。大会上微软公司推出 Windows Phone 8.1 更新，2014 年 8 月 4 日晚，微软公司正式向 WP 开发者推送了 WP8.1 GDR1 预览版，即 WP8.1 Update。

（8）Chrome OS

Chrome OS 是由谷歌开发的一款基于 Linux 的操作系统，发展出与互联网紧密结合的云操作系统，工作时运行 Web 应用程序。谷歌在 2009 年 7 月 7 日发布该操作系统，在 2009 年 11 月 19 日以 Chromium OS 之名推出相应的开源项目，并将 Chromium OS 代码开源。

Chrome OS 同时支持 Intel x86 以及 ARM 处理器，软件结构极其简单，可以理解为在 Linux 的内核上运行一个使用新的窗口系统的 Chrome 浏览器。对于开发人员来说，Web 就是平台，所有现有的 Web 应用都可以在 Chrome OS 中完美地运行，开发者也可以用不同的开发语言为其开发新的 Web 应用。

2.4.3 操作系统的功能

操作系统是用户和计算机的接口，同时也是计算机硬件和其他软件的接口。操作系统的功能包括管理计算机系统的硬件、软件及数据资源，控制程序运行，改善人机界面，为其他应用软件提供支持，让计算机系统的所有资源最大限度地发挥作用，提供各种形式的用户界面，使用户有一个好的工作环境，为其他软件的开发提供必要的服务和相应的接口等。

操作系统还是计算机系统的资源管理者。在计算机系统中，能分配给用户使用的各种硬件和软件设施总称为资源。资源包括两大类：硬件资源和信息资源。其中，硬件资源分为处理器、存储器、I/O 设备等，I/O 设备又分为输入型设备、输出型设备和存储型设备；信息资源则分为程序和数据等。操作系统的重要任务之一是有序地管理计算机中的硬件、软件资源，跟踪资源使用状况，满足用户对资源的需求，协调各程序对资源的使用冲突，为用户提供简单、有效的资源使用方法，最大限度地实现各类资源的共享，提高资源利用率，提升计算机系统的效率。

资源管理是操作系统的一项主要任务，控制程序执行、扩充其功能、屏蔽使用细节、方便用户使用、组织合理工作流程、改善人机界面等都可以从资源管理的角度去理解。下面就从资源管理的观点来介绍操作系统的主要功能。

1．处理器管理

处理器管理最基本的功能是处理中断事件。处理器只能发现中断事件并产生中断，而不能进行处理。配置操作系统后，就能处理中断事件。处理器管理的另一功能是处理器调度。在单用户单任务的情况下，处理器仅为一个用户的一个任务独占，处理器管理的工作十分简单。但在多道程序或多用户的情况下，组织多个作业或任务执行时，就要解决处理器的调度、分配和回收等问题。近年来设计出各种各样的多处理器系统，处理器管理就更加复杂了。为了实现处理器管理的功能，操作系统引入了进程（Process）的概念，处理器的分配和执行都是以进程为基本单位的。随着并行处理技术的发展，为了进一步提高系统并行性，使并发执行单位的粒度变细，操作系统又引入了线程（Thread）的概念。对处理器的管理最终归结为对进程和线程的管理，包括进程控制和管理、进程同步和互斥、进程通信、进程死锁、处理器调度（又分高级调度、中级调度、低级调度等）、线程控制和管理。

正是由于操作系统对处理器的管理策略不同，其提供的作业处理方式也不同，如批处理方式、分时处理方式、实时处理方式等，从而呈现在用户面前，成为具有不同性质和不同功能的操作系统。

2. 存储管理

存储管理的主要任务是管理存储器资源，为多道程序运行提供有力的支撑。存储管理的主要功能如下。

① 存储分配。存储管理将根据用户程序的需要给它分配存储器资源。

② 存储共享。存储管理能让主存中的多个用户程序共享存储资源，以提高存储器的利用率。

③ 存储保护。存储管理要把各个用户程序相互隔离起来互不干扰，更不允许用户程序访问操作系统的程序和数据，从而保护用户程序存放在存储器中的信息不被破坏。

④ 存储扩充。由于物理内存容量有限，难于满足用户程序的需求，存储管理还应该能从逻辑上扩充内存储器，为用户提供比内存实际容量大得多的编程空间，方便用户编程和使用。

3. 设备管理

设备管理的主要任务是管理各类外围设备，完成用户提出的 I/O 请求，加快 I/O 信息的传送速度，发挥 I/O 设备的并行性，提高 I/O 设备的利用率；以及提供每种设备的设备驱动程序和中断处理程序，向用户屏蔽硬件使用细节。为实现这些任务，设备管理应该具有以下功能。

① 外围设备的控制与处理。

② 缓冲区的管理。

③ 外围设备的分配。

④ 提供共享型外围设备的驱动。

⑤ 实现虚拟设备。

4. 文件管理

上述 3 种管理都是针对计算机硬件资源的管理。文件管理则是对系统信息资源的管理。在现代计算机中，通常把程序和数据以文件形式存储在外存储器上，供用户使用，这样，外存储器上保存了大量文件，对这些文件如不能采取良好的管理方式，就会导致混乱或破坏，造成严重后果。为此，在操作系统中配置了文件管理，它的主要任务是对用户文件和系统文件进行有效管理，实现按名存取；实现文件的共享、保护和保密，保证文件的安全性；并提供给用户一套能方便使用文件的操作和命令。具体来说，文件管理要完成以下任务。

① 提供文件逻辑组织方法。

② 提供文件物理组织方法。

③ 提供文件的存取方法。

④ 提供文件的使用方法。

⑤ 实现文件的目录管理。

⑥ 实现文件的存取控制。

⑦ 实现文件的存储空间管理。

5. 网络与通信管理

计算机网络源于计算机与通信技术的结合，近二十年来，从单机与终端之间的远程通信，到今天全世界的计算机联网工作，计算机网络的应用已十分广泛。联网操作系统至少应具有以下管理功能。

① 网上资源管理功能。配置计算机网络的主要目的之一是共享资源，网络操作系统应实现网上资源的共享，管理用户应用程序对资源的访问，保证信息资源的安全性和一致性。

② 数据通信管理功能。计算机联网后，站点之间可以互相传送数据，进行通信，通过通信软件，按照通信协议的规定，完成网络上计算机之间的信息传送。

③ 网络管理功能。包括故障管理、安全管理、性能管理、记账管理和配置管理。

6. 用户接口管理

为了使用户能灵活、方便地使用计算机和操作系统，操作系统还提供了一组友好的用户接口，包括程序接口、命令接口和图形接口。

2.5 Windows 7

Windows 7 使用 Vista 内核，可以说是一个改进版的 Vista，正因为改进，所以无论是速度、稳定性，还是兼容性，都比 Vista 要好。Windows 7 包含 6 个版本，即 Windows 7 Starter（初级版）、Windows 7 Home Basic（家庭普通版）、Windows 7 Home Premium（家庭高级版）、Windows 7 Professional（专业版）、Windows 7 Enterprise（企业版）、Windows 7 Ultimate（旗舰版）。在这 6 个版本中，Windows 7 家庭高级版和 Windows 7 专业版是两大主力版本，前者面向家庭用户，后者针对商业用户。只有家庭普通版、家庭高级版、专业版和旗舰版会出现在零售市场上，且家庭普通版仅供发展中国家和地区。

2.5.1 Windows 7 桌面

Windows 7 系统启动完成后，用户看到的界面即 Windows 7 的系统桌面。系统桌面包括桌面图标、桌面背景和任务栏等，如图 2.19 所示。

图 2.19 Windows 7 桌面

1. **桌面图标**

桌面上的小型图片称为图标，可视为存储的文件或程序的入口。将鼠标指针移到图标上，将出现文字，标识其名称、内容、时间等。要打开文件或程序，双击该图标即可。

Windows 7 系统桌面上常用的图标有 5 个，分别是“Administrator”“计算机”“网络”“回收站”和“Internet Explorer”。这 5 个图标的功能如表 2.1 所示。

表 2.1　　5 个常用图标的功能

名称	功能
Administrator	用户的个人文件夹它含“图片收藏”“我的音乐”“联系人”等个人文件夹，可用来存放用户日常使用的文件
计算机	显示硬盘、CD-ROM 驱动器和网络驱动器中的内容
网络	显示指向网络中的计算机、打印机和网络上其他资源的快捷方式
Internet Explorer	访问网络共享资源
回收站	存放被删除的文件或文件夹；若有需要，亦可还原误删文件

2. **“开始”菜单**

“开始”菜单可以单击“开始”按钮或按键盘上的 Windows 键来启动，是操作计算机程序、文件夹和系统设置的主通道，方便用户启动各种程序和文档。

“开始”菜单的功能布局如图 2.20 所示。

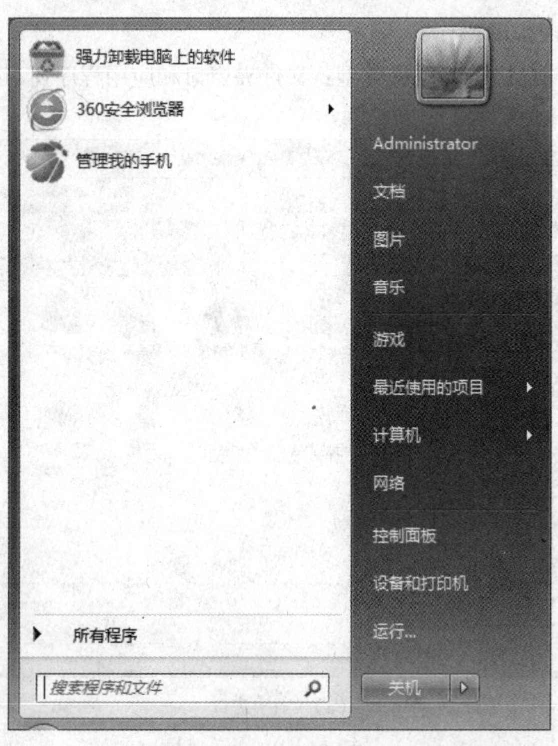

图 2.20　开始菜单

3. 任务栏

进入 Windows 7 系统后，在屏幕底部有一条狭窄条带，称为“任务栏”。任务栏由 4 个区域组成，分别是“开始”按钮、任务按钮区、通知区域和显示桌面。任务栏的组成及其功能如表 2.2 所示。

表 2.2　任务栏的组成及功能

名称	功能
任务按钮区	任务按钮区主要放置固定在任务栏上的程序以及正打开的程序和文件的任务按钮，用于快速启动相应的程序，或在应用程序窗口间切换
通知区域	包括“时间”“音量”等系统图标和在后台运行的程序的图标
显示桌面	“显示桌面”按钮在任务栏的右侧，是呈半透明状的区域，当鼠标指针停留在该按钮上时，按钮变亮，所有打开的窗口变透明，鼠标指针离开后即恢复原状。而单击该按钮时，窗口全部最小化，显示整个桌面，再次单击鼠标，全部窗口还原

2.5.2 基本操作对象

1. 窗口

当用户打开一个文件或运行一个程序时，系统会开启一个矩形方框，这就是 Windows 环境下的窗口。

窗口是 Windows 操作环境中最基本的对象，当用户打开文件、文件夹或启动某个程序时，都会以一个窗口的形式显示在屏幕上。虽然不同的窗口在内容和功能上会有所不同，但大多数窗口都具有很多的共同点和类似的操作。

Windows 7 中的窗口可以分为两种类型：文件夹窗口和应用程序窗口，如图 2.21 所示。

（a）文件夹窗口

图 2.21　Windows 7 窗口

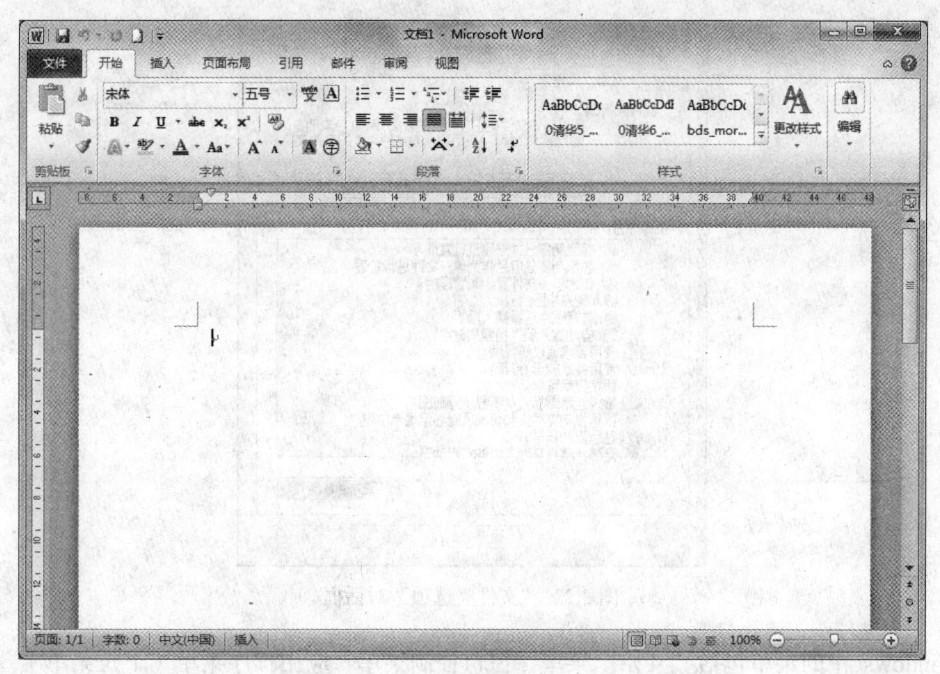

（b）应用程序窗口

图 2.21　Windows 7 窗口（续）

窗口的基本操作主要有：打开和关闭窗口、调整窗口大小、移动窗口、排列窗口和切换窗口等，窗口的组成与功能如表 2.3 所示。

表 2.3　窗口的组成与功能

名称	功能
标题栏	显示控制按钮和窗口名称
工具栏	提供一些基本工具和菜单任务
地址栏	当前工作区域中对象所在位置，即路径
导航窗格	提供树状文件结构列表，方便用户迅速定位所需目标
窗口工作区	显示窗口中的操作对象和操作结果
滚动条	为了帮助用户查看由于窗口过小而未显示的内容。一般位于窗口右侧或下侧，可以用鼠标拖动
细节窗格	显示当前窗口的状态及提示信息

2. 对话框

对话框是 Windows 系统的一种特殊窗口，是系统与用户“对话”的窗口，一般包含按钮和各种选项，通过它们可以完成特定命令或任务。

不同功能的对话框，在组成上也会不同。一般情况下，对话框包含标题栏、选项卡、标签、命令按钮、下拉列表、单选按钮、复选框等。图 2.22 所示为“文件夹选项”对话框。

3. 菜单

菜单是将命令用列表的形式组织起来，当用户需要执行某种操作时，只要从中选择对应的命令项即可进行操作。

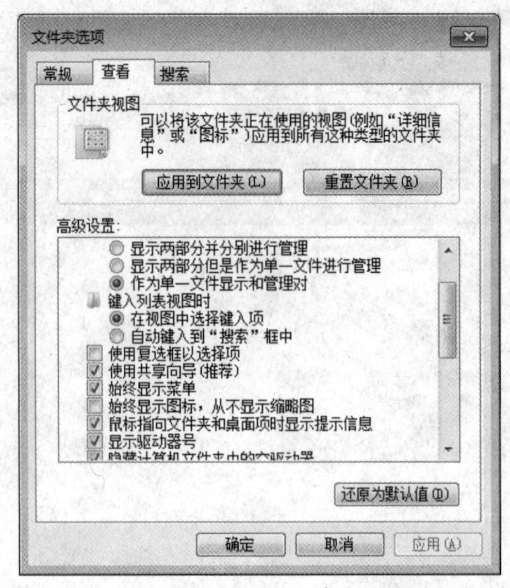

图 2.22 “文件夹选项”对话框

Windows 中的菜单包括“开始”菜单、窗口控制菜单、应用程序菜单（下拉菜单）、右键快捷菜单等。

2.6 文件系统管理

在计算机中，文件系统（File System）是命名文件及放置文件的逻辑存储和恢复的系统。DOS、Windows、OS/2、Macintosh 和 UNIX-based 操作系统都有文件系统，在文件系统中，文件被放置在分等级的（树状）结构中的某一处。文件被放置进目录（Windows 中的文件夹）或子目录，在树状结构的某个位置中。

文件系统指定命名文件的规则。这些规则包括文件名的最大字符数、可以使用的字符，以及某些系统中文件名后缀的长度。文件系统还包括通过目录结构找到文件的指定路径的格式。

文件系统是操作系统用于明确磁盘或分区上的文件的方法和数据结构，即在磁盘上组织文件的方法，也指用于存储文件的磁盘或分区，或文件系统种类。

2.6.1 文件和文件夹

1. 文件

计算机中的所有信息（包括文字、数字、图形、图像、声音和视频等）都是以文件形式存放的。文件是一组相关信息的集合，是数据组织的最小单位。

（1）文件的命名规则

每个文件都有文件名，文件名是文件的唯一标记，是存取文件的依据。

在 Windows 7 系统中，文件的名称由文件名和扩展名组成，格式为“文件名.扩展名”。

Windows 7 系统支持长文件名（最多可以有 255 个字符）。文件名中字母的大小写在显示时不同，但在使用时不区分大小写。

Windows 7 允许用户使用几乎所有的字符来命名文件，不允许使用的字符仅有这几个：\、/、:、*、?、<、>、"、|、&。

Windows 系统文件按照不同的格式和用途分很多种类，为便于管理和识别，在对文件命名时，是以扩展名加以区分的。文件扩展名一般由多个字符组成，标示了文件的类型，不可随意修改，否则系统将无法识别。系统对扩展名与文件类型有特殊的约定，常见的文件类型及其扩展名如表 2.4 所示。

表 2.4　　常用的文件类型及扩展名

文件类型	扩展名
文档文件	txt、docx（doc）、hlp（adobe acrobat reader 可打开）、wps、rtf（Word 及 WPS 等软件可打开）、html、pdf
压缩文件	rar、zip、arj、gz（UNIX 系统的压缩文件）、z（UNIX 系统的压缩文件）
图形文件	bmp、gif、jpg、pic、png、tif
声音文件	wav、aif、au、mp3、ram、wma、mmf、amr、aac、flac
动画文件	avi、mpg、mov、swf
系统文件	int、sys、dll、adt
可执行文件	exe、com
语言文件	c、asm、for、lib、lst、msg、obj、pas、wki、bas
备份文件	bak
批处理文件	bat

（2）文件的特性

① 唯一性。文件的名称具有唯一性，即在同一文件夹下不允许有同名的文件存在。

② 可移动性。文件可以根据需要移动到硬盘的任何分区，也可通过复制或剪切移动到其他移动设备中。

③ 可修改性。文件可以增加或减少内容，也可以删除。

（3）文件的属性

文件的属性信息如图 2.23 所示。在文件属性“常规”选项卡中包含文件名、文件类型、打开方式、位置、大小、占用空间、创建时间、修改时间及访问时间等。文件的属性有 3 种：只读、隐藏、存档。

① 只读。文件只可以做读操作，不能对文件进行写操作，即文件写保护。

② 存档。用来标记文件改动，即在上一次备份后文件有所改动，一些备份软件在备份时会只备份带有存档属性的文件。

③ 隐藏。即为隐藏文件，是为了保护某些文件或文件夹。将其设为“隐藏”后，该对象默认情况下将不会显示在储存的对应位置，即被隐藏起来了。

2. 文件夹

文件夹是用来组织和管理磁盘文件的一种数据结构，是计算机磁盘空间中为了分类储存文件而建立独立路径的目录，它提供了指向对应磁盘空间的路径地址。文件夹的命名规则与文件名相同，一般文件夹命名不使用扩展名。

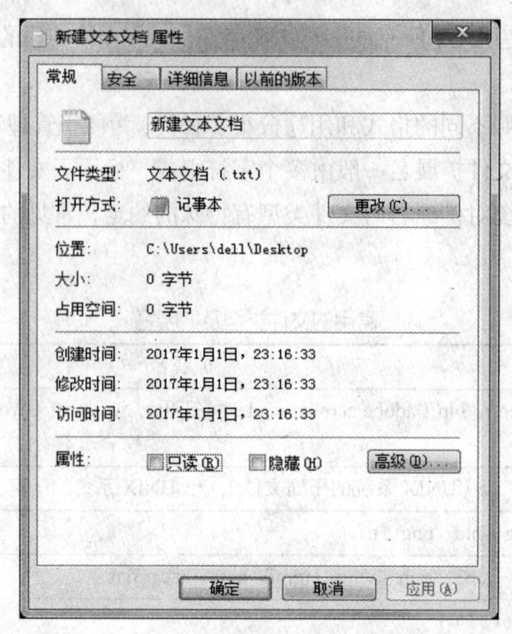

图 2.23　文件属性

（1）文件夹的结构

文件夹一般采用多层次结构（树状结构），在这种结构中，每一个磁盘有一个根文件夹，它可包含若干文件和文件夹，如图 2.24 所示。文件夹不但可以包含文件，而且可以包含下一级文件夹，这样类推下去形成的多级文件夹结构既帮助用户将不同类型和功能的文件分类储存，又方便用户查找文件，还允许不同文件夹中的文件拥有相同的文件名。

（2）文件夹的路径

用户在磁盘上寻找文件时，所历经的文件夹线路称为路径。例如，c:\文件夹 1\文件夹 3。

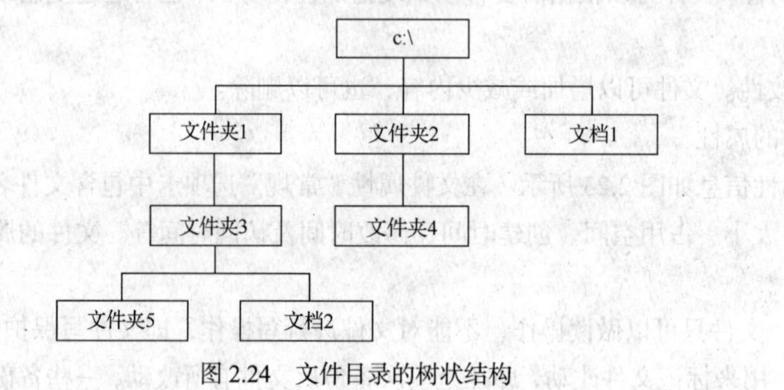

图 2.24　文件目录的树状结构

2.6.2　文件与文件夹操作

1．选定文件或文件夹

（1）选定单个对象

选择单一文件或文件夹只需用鼠标单击选定的对象即可。

（2）选定多个对象

① 选定连续对象的操作步骤如下。

步骤1：单击第一个要选择的对象。

步骤2：按住Shift键不放，用鼠标单击最后一个要选择的对象，即可选择多个连续对象。

② 选定非连续对象操作步骤如下。

步骤1：单击第一个要选择的对象。

步骤2：按住Ctrl键不放，用鼠标依次单击要选择的对象，即可选择多个非连续对象。

③ 选定全部对象的操作步骤如下。

按Ctrl+A组合键选择全部文件或文件夹。

2. 新建文件或文件夹

例如，在C盘根目录下建立文件夹，操作步骤如下。

步骤1：双击打开"计算机"。

步骤2：双击C盘图标，进入C盘根目录。

步骤3：右击C盘根目录空白处，在弹出的快捷菜单中选择"新建"命令，单击"文件夹"，此时在C盘根目录下建立一个名为"新建文件夹"的文件夹。

步骤4：双击进入"新建文件夹"，右击"新建文件夹"窗口空白处，在弹出的快捷菜单中选择"新建"命令，单击"文本文档"，此时在"新建文件夹"下建立一个名为"新建文本文档.txt"的文本文件。

在建立文件或文件夹时，一定要记住保存文件或文件夹的位置，以便今后查阅。

3. 重命名文件或文件夹

（1）显示扩展名

默认情况下，Windows系统会隐藏文件的扩展名，以保护文件的类型。若用户需要查看其扩展名，就要进行相关设置，使扩展名显示出来。操作步骤如下。

步骤1：在文件夹窗口的菜单栏，选择"组织"菜单中的"文件夹和搜索选项"。

步骤2：在弹出的"文件夹选项"对话框中，选择"查看"选项卡，在"高级设置"的列表中，取消勾选"隐藏已知文件类型的扩展名"复选框，如图2.25所示，单击"确定"按钮，即可显示扩展名。

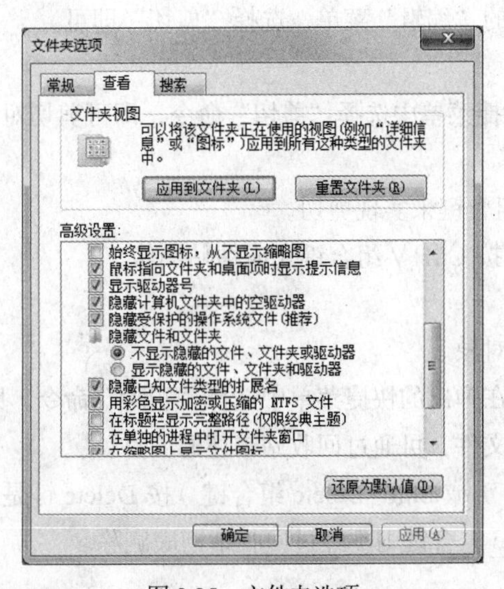

图2.25　文件夹选项

（2）重命名

将C盘根目录下的“新建文件夹”命名为“stu”，将其中的“新建文本文档.txt”命名为“file.txt”，具体操作步骤如下。

步骤1：双击打开“计算机”，双击进入“C盘”根目录。

步骤2：右击“新建文件夹”，选择“重命名”，在文件名文本框中将其更名为“stu”。

步骤3：右击“新建文本文档.txt”，选择“重命名”，在文件名文本框中将其更名为“file.txt”。为文件或文件夹命名时，要选取有意义的名字，尽量做到“见名知意”。修改文件名时要保留文件扩展名，否则会导致系统无法正常打开该文件。

4. 复制和剪切文件或文件夹

复制和剪切对象都可以移动对象，区别在于：复制对象是将一个对象从一个位置移到另一个位置，操作完成后，原位置对象保留，即一个对象变成两个对象放在不同位置。剪切对象是将一个对象从一个位置移到另一个位置，操作完成后，原位置没有该对象。

（1）复制

复制的方法有以下几种。

① 使用菜单栏。

步骤1：选择对象。

步骤2：单击菜单栏中的“编辑”菜单，选择“复制”即可。

② 快捷菜单。

右击对象，在弹出的快捷菜单中选择“复制”命令，即可复制对象。

③ 使用组合键。

选中对象，按Ctrl+C组合键实现复制。

（2）剪切

剪切的方法有以下几种。

① 使用菜单栏。

步骤1：选择对象。

步骤2：单击菜单栏中的“编辑”菜单，选择“剪切”即可。

② 使用快捷菜单。

右击对象，在弹出的快捷菜单中选择“剪切”命令，即可剪切对象。

③ 使用组合键。

选择对象，按Ctrl+X组合键来实现剪切。

复制或剪切完对象后，按Ctrl+V组合键完成粘贴操作。

5. 删除文件或文件夹

步骤1：选择要删除的对象。

步骤2：右击该对象，在弹出的快捷菜单中选择“删除”命令，即可删除对象。

步骤3：若用户想找回文件，可通过回收站来还原文件。

删除时还可使用Delete键或Shift+Delete组合键。按Delete键是临时删除，删除的对象可从回收站还原。按Shift+Delete组合键则不经过回收站彻底删除。

6. 修改文件属性

将 C 盘“stu”文件夹中的 file.txt 文件属性更改为“只读”，操作步骤如下。

步骤 1：右击“C：\stu\file.txt”，在弹出的快捷菜单中选择“属性”。

步骤 2：在弹出的“file.txt 属性”对话框中，选中“只读”复选框。

7. 创建快捷方式

在桌面上创建 C 盘 stu 文件夹中的 file.txt 文件的快捷方式。

操作步骤：右击“C：\stu\file.txt”，在弹出的快捷菜单中选择“发送到”→“桌面快捷方式”。快捷方式仅仅记录文件所在路径，当路径指向的文件更名、被删除或更改位置时，快捷方式不可使用。

8. 搜索文件或文件夹

搜索即查找。Windows 7 的搜索功能强大，搜索的方式主要有两种，一种是使用“开始”菜单中的“搜索”文本框进行搜索；另一种是使用“计算机”窗口的“搜索”文本框进行搜索。

通配符是用在文件名中替代一个或一组文件名的符号。通配符有问号“？”和星号“*”两种。

- ？为单个通配符，表示在该位置处可以是一个任意的合法字符。
- *为多个通配符，表示在该位置处可以是若干任意的合法字符。

在计算机中查找文件名为任意三个字符的文本文件，操作步骤如下。

步骤 1：单击“开始”菜单。

步骤 2：在“搜索”文本框中输入“？？？.txt”，即可看到搜索出的部分文件。

步骤 3：再单击“查看更多结果”，在弹出的搜索结果窗口中会显示全部符合要求的文件。

如果想在某个文件夹下搜索文件，应该首先进入该文件夹，在窗口的搜索框中输入关键字即可。在文件夹窗口中的搜索框内还有“添加搜索筛选器”选项，它可以提高搜索精度，其中“库”窗口的“添加搜索筛选器”最为全面。

2.7　磁盘管理

2.7.1　磁盘格式化

磁盘格式化的操作步骤如下。

步骤 1：右击要格式化的磁盘，在弹出的快捷菜单中选择“格式化”命令。

步骤 2：在弹出的“格式化”对话框中，选择“文件系统”类型，输入该卷名称，如图 2.26 所示。

步骤 3：单击“开始”按钮，即可格式化该磁盘。

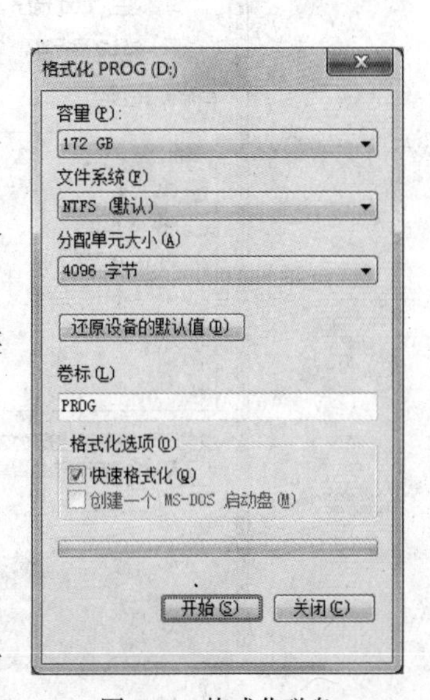

图 2.26　格式化磁盘

2.7.2　磁盘清理

磁盘清理的操作步骤如下。

步骤 1：单击“开始”菜单，依次选择“所有程序”→“附件”→“系统工具”，单击“磁盘清理”命令。

步骤 2：在弹出的“磁盘清理：驱动器选择”对话框中，选择待清理的驱动器，如图 2.27 所示。

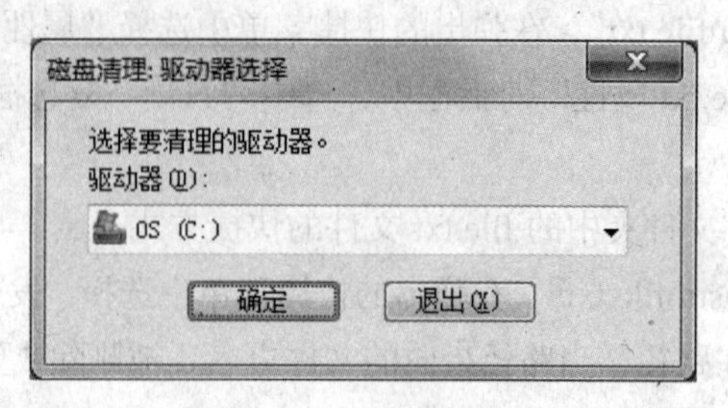

图 2.27　磁盘清理

步骤 3：单击“确定”按钮，系统自动进行磁盘清理操作。

步骤 4：磁盘清理完成后，在“磁盘清理结果”对话框中，勾选要删除的文件，单击“确定”按钮，即可完成磁盘清理操作。

2.7.3　磁盘碎片整理

磁盘碎片整理的操作步骤如下。

步骤 1：单击“开始”菜单，选择“所有程序”→“附件”→“系统工具”，单击“磁盘碎片整理程序”。

步骤 2：在弹出的“磁盘碎片整理程序”窗口中，选择待整理的驱动器，如图 2.28 所示。

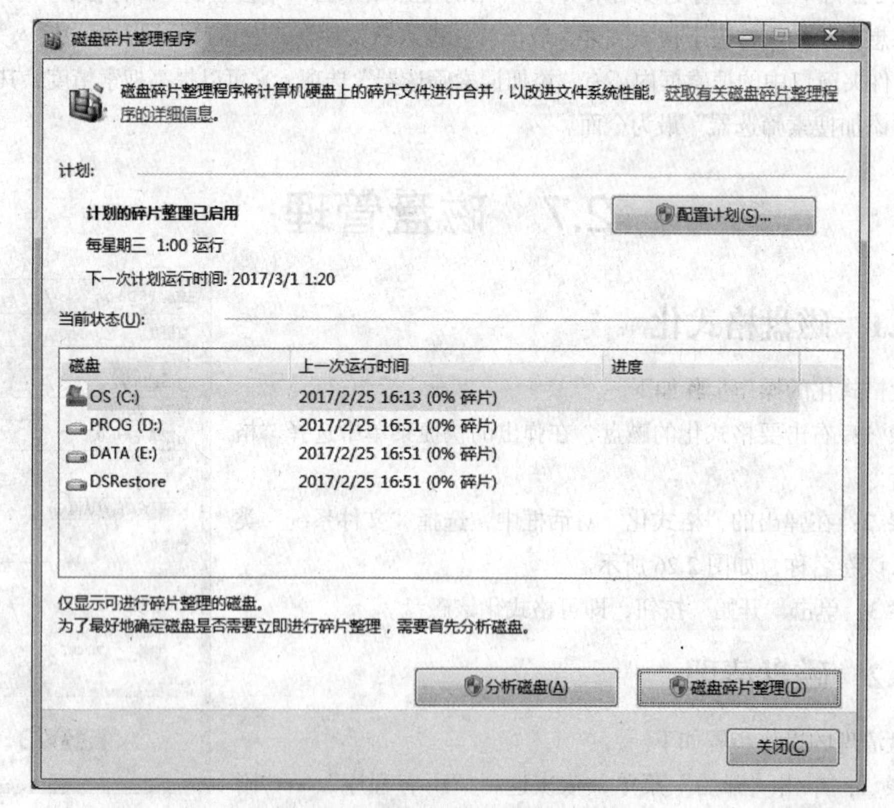

图 2.28　“磁盘碎片整理程序”窗口

步骤 3：单击“分析磁盘”按钮，系统将分析磁盘的碎片。

步骤 4：碎片分析完成后，若需要碎片整理，则单击“磁盘碎片整理”按钮；否则单击“关闭”按钮即可。

习　题　2

1. 计算机系统都包含哪些部件？
2. 计算机的工作原理是怎样的？
3. 什么是机器语言、汇编语言、高级语言？
4. 什么是计算机的软件？
5. 操作系统的功能有哪些？

第3章 数制和信息编码

学习目标

- 了解数制和编码知识
- 了解音频、图形图像和视频数字编码原理
- 掌握计算机常用数制转换方法
- 掌握计算机中数据常用存储单位
- 掌握计算机信息编码的基本知识及其应用

日常生活中人们会用到各种信息和数据，在计算机中，无论是数值型数据，还是非数值型数据，都是以二进制的形式存储的。这些信息和数据必须转换后才能在计算机中存储。本章主要介绍数制基本概念及编码知识、计算机中常用存储单位、数值和非数值信息存储在计算机中的基本原理。

3.1 数制与运算

虽然计算机能快速地进行运算和数据处理，但其内部并不像人类在实际生活中那样，使用十进制数，而是使用只包含 0 和 1 数码的二进制数。当人们使用计算机时，输入计算机的是十进制数，十进制数在计算机内部被转换成二进制数，然后再进行运算；运算后的结果再由二进制数转换成十进制数，这都由计算机系统自动完成的，并不需要人们手工去做。因此学习和使用计算机，就必须了解和掌握数制及编码等基础知识。

计算机不仅可以处理数值数据，而且可以处理非数值数据，而计算机内部使用的基本数据都是二进制数，即数字 0 和 1，因为计算机内部采用二进制具有以下几个优点。

（1）易于物理器件实现

由于二进制只有 0 和 1 两种数码，可以用物理器件的两种稳定状态来实现，如电压的高低、电灯的亮和灭、开关的通和断、继电器的闭合与断开等。这样的两种状态恰好可以用二进制数的 0 和 1 表示。如果计算机中采用十进制，则需要 10 种稳定状态的物理器件，实际上制造出这样的器件是很困难的。

（2）运算规则简单

二进制的加法和乘法规则各只有三条，而十进制的加法和乘法运算规则各有 55 条，若用电子

线路来实现，其运算器的结构将会相当庞大，控制线路也相当复杂，而采用二进制数运算，不但其规则简单，而且简化了运算器等物理器件的设计。

（3）工作可靠性高

由于电压的高和低、电流的有和无、电灯的亮和灭等，用二进制 0 和 1 表示其状态分明，不会出现模糊不清的情况，因此采用二进制的数字信号可以提高信号的抗干扰能力，可靠性高。

（4）方便逻辑运算

计算机不仅进行算术运算，还要执行逻辑运算。由逻辑代数可知，基本逻辑运算有与、或、非三种情况，而逻辑值只有“真”和“假”两种情况，完全可以用二进制的 0 和 1 表示。因此采用二进制很容易实现逻辑运算。

总之，二进制编码形式易于实现，运算简单且可靠，是计算机内部采用二进制的必然结果。但二进制计数书写冗长，不便阅读和记忆，为此常常简约为八进制或十六进制。而日常生活中人们习惯使用十进制数。因此学习和使用计算机，就需要熟练地掌握这些进位计数制以及它们之间的换算关系。

3.1.1　进位计数制

1. 数制基本知识

数制又称“计数制”，是用一组固定的数码和一套统一的规则来表示数值的方法。在日常生活中人们通常使用的是十进制，除此之外，还有其他进制。例如，一星期有 7 天，为七进制；一年有 12 个月，为十二进制；一小时有 60 分钟，为六十进制等。

数据无论用哪种进制表示，都涉及数码、基数和权这三个基本概念。

（1）数码

数码是数制中表示基本数值大小的不同数字符号。例如，十进制有 10 个数码：0，1，2，3，4，5，6，7，8，9。二进制有 2 个数码：0 和 1。

（2）基数

数制使用数码的个数，用 R 表示。例如，二进制的基数为 R=2；十进制的基数为 R=10，八进制的基数为 R=8，十六进制的基数为 R=16，R 进制的进位规则是“逢 R 进一”。

（3）权

数制中的一个数可以由有限个数码排列在一起构成，数码所在的数位不同，其代表的数值也不同，这个数码表示的值等于该数码乘以一个与它所在数位有关的常数，这个常数称为权。例如，十进制数 123，由 1，2，3 三个数码排列组成，数位 1 的权是 10^2（百位），数位 2 的权是 10^1（十位），数码 3 的权是 10^0（个位），显然权是基数的幂（权=R^n），其中值 n 从小数点开始向左为 0，1，2，3，…，n，向右为−1，−2，−3，…，$-n$。

2. 计算机中常用数制

计算机中常用的数制有二进制、八进制、十进制和十六进制。

（1）二进制数

基数 R=2，数码有 0 和 1，有 2 个数码；计数规则为“逢二进一”，各数位的权为 2^n；为了区分不同数制，采用括号外面加数字下标 2 或数字后面加相应英文字母 B（Binary）来表示。例如，二进制数 10101100 可以表示为$(10101100)_2$或 10101100B。

（2）八进制数

基数 R=8，数码可取 0，1，2，3，4，5，6，7，有 8 个数码；计数规则为“逢八进一”，各数位的权为 8^n；采用括号外面加数字下标 8 或数字后面加相应英文字母 Q（Octal）（为区别数字 0 而用 Q）表示。例如，八进制数 1236 可以表示为$(1236)_8$或 1236Q。

（3）十进制数

基数 R=10，数码可取 0，1，2，3，4，5，6，7，8，9，有 10 个数码；计数规则为“逢十进一”，各数位的权为 10^n；采用括号外面加数字下标 10 或数字后面加相应英文字母 D（Decimal）表示。例如，十进制数 1236 可以表示为$(1236)_{10}$或 1236D。由于人们习惯了十进制数，十进制数也可以不加下标或英文字母 D，直接写为 1236 表示十进制数。

（4）十六进制数

基数 R=16，数码可取 0，1，2，3，4，5，6，7，8，9，A，B，C，D，E，F，有 16 个数码；计数规则为“逢十六进一”，各数位的权为 16^n；采用括号外面加数字下标 16 或数字后面加相应英文字母 H（Hexadecimal）表示。例如，十六进制数 1A3E 可以表示为$(1A3E)_{16}$或 1A3EH。

计算机内部采用二进制表示，但二进制在表达一个数值时，位数太长，书写烦琐，不易识别，容易出错；因此在书写计算机程序时经常用到十进制、八进制、十六进制。表 3.1 为常用数制的基数和数码。

表 3.1 常用数制的基数和数码表

数制	基数	数码	标识
二进制	R=2	0，1	B
八进制	R=8	0，1，2，3，4，5，6，7	Q
十进制	R=10	0，1，2，3，4，5，6，7，8，9	D
十六进制	R=16	0，1，2，3，4，5，6，7，8，9，A，B，C，D，E，F	H

3.1.2 计算机中的数制转换

1. R进制数转换为十进制数

转换方法：将 R 进制数按权展开，然后按十进制运算法则将数值相加，就得到 R 进制数对应的十进制数。

【例 3.1】 将二进制数$(1011.101)_2$转换为十进制数。

$$(1011.101)_2=1\times2^3+0\times2^2+1\times2^1+1\times2^0+1\times2^{-1}+0\times2^{-2}+1\times2^{-3}$$
$$=8+0+2+1+0.5+0.125$$
$$=11.625$$

【例 3.2】 将八进制数$(26.5)_8$转换为十进制数。

$$(26.5)_8=2\times8^1+6\times8^0+5\times8^{-1}$$
$$=16+6+0.625$$
$$=22.625$$

【例 3.3】 将十六进制数$(2CF.A)_{16}$转换为十进制数。

$$(2CF.A)_{16}=2\times16^2+12\times16^1+15\times16^0+10\times16^{-1}$$
$$=512+192+15+0.625$$
$$=719.625$$

2. 十进制数转换为 *R* 进制数

将十进制数转换为 *R* 进制数的方法为：将整数部分和小数部分分别进行转换，然后相加即可。整数部分采用“除 *R* 逆序取余”法，即将十进制数除以 *R*，得到一个商和余数，再将商除以 *R*，又得到一个商和余数，如此继续，直到商为 0 为止；然后将每次得到的余数按逆序排列，即为 *R* 进制的整数部分。小数部分采用“乘 *R* 顺序取整”法，即将小数部分连续乘以 *R*，取出每次相乘的整数部分，直到小数部分为 0 或满足要求的精度为止；然后将每次得到的整数按得到的顺序排列，即为 *R* 进制的小数部分。

【例 3.4】 将十进制数$(121.8125)_{10}$转换为二进制数。

整数部分

除数	被除数/商	取余
2	121	1
2	60	0
2	30	0
2	15	1
2	7	1
2	3	1
2	1	1
	0	

小数部分

计算	取整
0. 8125	
× 2	
1. 6250	1
× 2	
1. 250	1
× 2	
0. 50	0
× 2	
1.0	1

转换结果：$(121.8125)_{10}=(1111001.1101)_2$。

【例 3.5】 将十进制数$(132.525)_{10}$ 转换为八进制数（小数部分保留两位）。

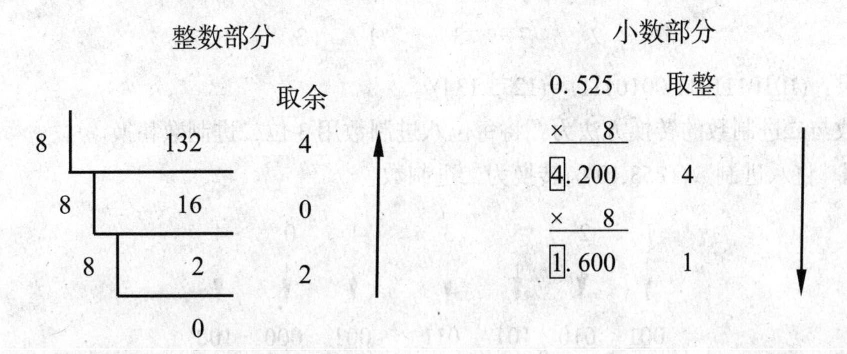

转换结果：$(132.525)_{10}=(204.41)_8$。

【例 3.6】 将十进制数$(121.525)_{10}$转换为十六进制数（小数部分保留两位）。

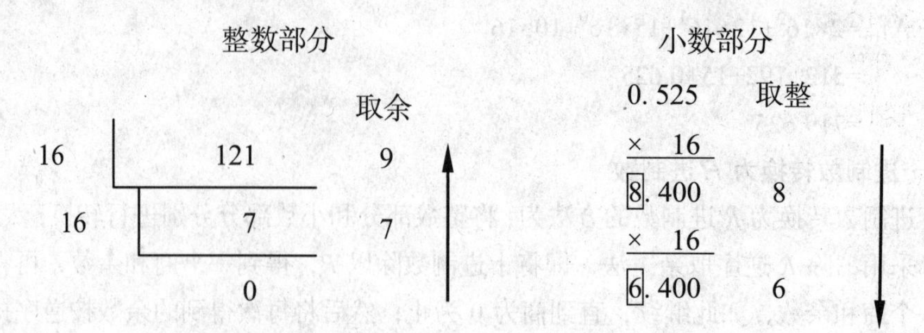

转换结果：$(121.525)_{10}$=$(79.86)_{16}$。

3. 二进制数与八进制数相互转换

由于 2^3=8，因此 3 位二进制数可以对应 1 位八进制数，或 1 位八进制数可以对应 3 位二进制数，利用此对应关系可以方便地进行二进制数和八进制数的相互转换。表 3.2 为二进制数与八进制数的相互转换对照表。

表 3.2 二进制数与八进制数相互转换对照表

二进制	八进制	二进制	八进制
000	0	100	4
001	1	101	5
010	2	110	6
011	3	111	7

二进制数与八进制数的转换方法为：以小数点为界，整数部分从小数点开始向左，将二进制数每 3 位分为一组，若不够 3 位，在左面补 0，补足 3 位；小数部分从小数点开始向右，将二进制数每 3 位分为一组，不足 3 位的在右面补 0，补足 3 位；然后将每组 3 位二进制数用 1 位八进制数表示，即可转换完成。

【例 3.7】 将二进制数$(1010111011.0010111)_2$转换为八进制数。

001 010 111 011 . 001 011 100

↓ ↓ ↓ ↓ ↓ ↓ ↓

1 2 7 3 . 1 3 4

转换结果：$(1010111011.0010111)_2$=$(1273.134)_8$。

八进制数与二进制数的转换方法为：将每位八进制数用 3 位二进制数替换。

【例 3.8】 将八进制数$(1253.104)_8$转换为二进制数。

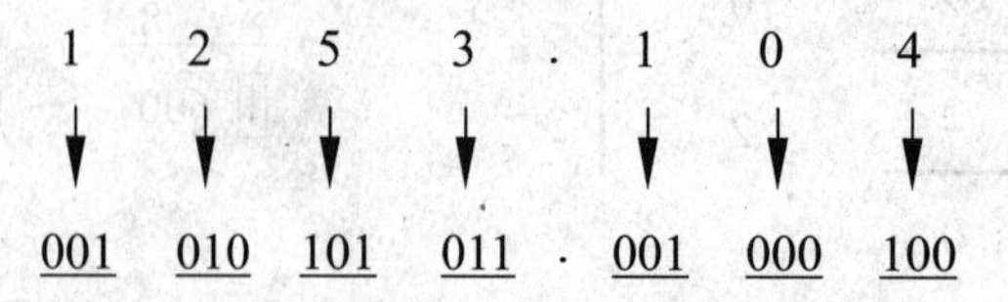

转换结果：$(1253.104)_8$ =$(001010101011.001000100)_2$。

4. 二进制数与十六进制数相互转换

由于 2^4=16，因此 4 位二进制数可以对应 1 位十六进制数，或 1 位十六进制数可以对应 4 位二进制数，利用此对应关系可以方便地进行二进制数和十六进制数的相互转换。表 3.3 为二进制数与十六进制数的相互转换对照表。

表 3.3　二进制数与十六进制数相互转换对照表

二进制	十六进制	二进制	十六进制
0000	0	1000	8
0001	1	1001	9
0010	2	1010	A
0011	3	1011	B
0100	4	1100	C
0101	5	1101	D
0110	6	1110	E
0111	7	1111	F

二进制数与十六进制数的转换方法为：以小数点为界，整数部分从小数点开始向左，将二进制数每 4 位分为一组，若不够 4 位，在左面补 0，补足 4 位；小数部分从小数点开始向右，将二进制数每 4 位分为一组，不足 4 位的在右面补 0，补足 4 位；然后将每组 4 位二进制数用 1 位十六进制数表示，即转换完成。

【例 3.9】 将二进制数$(1010111011.0010111)_2$转换为十六进制数。

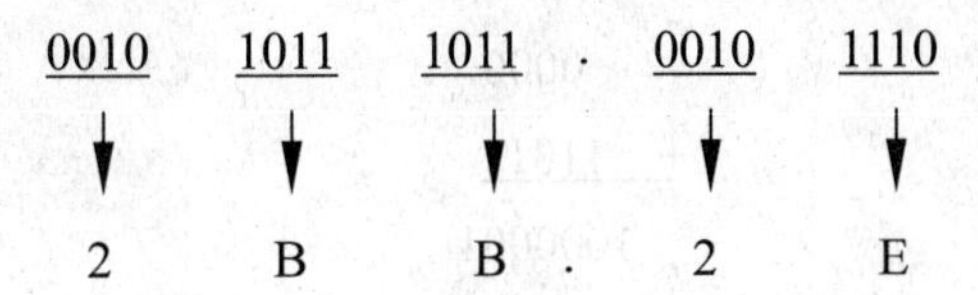

转换结果：$(1010111011.0010111)_2$=2BB.2EH

十六进制数与二进制数的转换方法为：将每位十六进制数用 4 位二进制数替换。

【例 3.10】 将十六进制数 2F3.5EH 转换为二进制数。

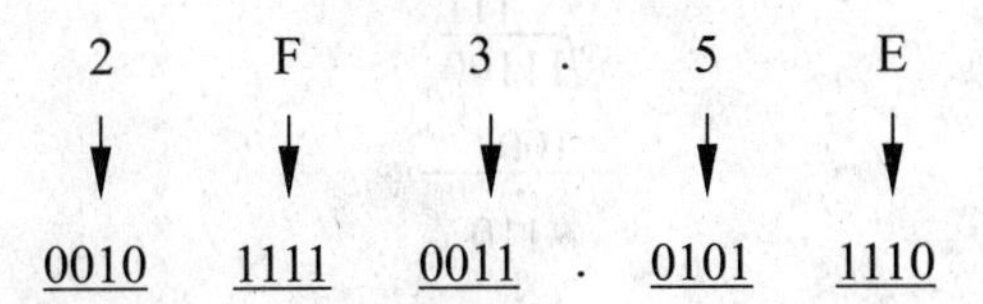

转换结果：2F3.5EH=$(001011110011.01011110)_2$。

3.1.3　二进制数的算术运算

二进制的运算主要包括算术运算和逻辑运算。二进制的算术运算与十进制十分相似，包括加法、减法、乘法和除法 4 种运算，其基本运算是加、减，只不过二进制数的运算更简单。其实计算机中只有一种运算，就是加法运算，这是因为乘法和除法都可以通过加法和减法来实现，而减法又可以通过加法来实现，这样可以使计算机的运算器结构更加简单。为了了解二进制的算术运算，下面给出二进制加、减、乘、除4种运算的例子。

1. 加法

运算规则：0+0=0，0+1=1，1+0=1，1+1=10（向高位进位）。

【例3.11】 计算$(1101)_2+(1011)_2=(11000)_2$

```
   1101
+  1011
  11000
```

2. 减法

运算规则：0-0=0，1-1=0，1-0=1，0-1=1（向高位借位)。

【例3.12】 计算$(1101)_2-(1011)_2=(10)_2$

```
   1101
-  1011
   0010
```

3. 乘法

运算规则：0×0=0，0×1=0，1×0=0，1×1=1。

【例3.13】 计算$(1011)_2×(101)_2=(1000001)_2$

```
     1101
×     101
     1101
    0000
+  1101
  1000001
```

4. 除法

运算规则：0÷1=0，1÷0无意义，1÷1=1。

【例3.14】 计算$(11100)_2÷(100)_2=(111)_2$

```
        111
100 ) 11100
      100
       110
       100
        100
        100
          0
```

3.1.4 二进制数的逻辑运算

逻辑运算是逻辑代数研究的内容，也是计算机具有的基本运算。计算机中的信息以二进制形式表示，只有 1 和 0 两种状态，用它们可以表示逻辑运算的“真”与“假”、“有”与“无”、“是”与“非”等。计算机的逻辑运算与算术运算的主要区别是：逻辑运算是按位进行的，位与位之间不存在进位和借位问题，位与位的运算结果只有一位数字 0 或 1。

逻辑运算包括 3 种基本运算：“与”运算（逻辑乘法）、“或”运算（逻辑加法）、“非”运算（逻辑否）；此外还包括逻辑异或、逻辑等于、逻辑蕴含三种逻辑运算。假设 A、B 为逻辑变量，则逻辑运算的运算规则参见表 3.4。

表 3.4　逻辑运算规则

逻辑量	逻辑量	逻辑与	逻辑或	逻辑非	逻辑异或	逻辑等于	逻辑蕴含
A	B	$A \wedge B$	$A \vee B$	$\overline{A}$	$A \oplus B$	A EQV B	A IMP B
0	0	0	0	1	0	1	1
0	1	0	1	1	1	0	1
1	0	0	1	0	1	0	0
1	1	1	1	0	0	1	1

1. 逻辑“与”运算

逻辑“与”的运算符可以用∧表示，也可以用英文字母 AND 表示；运算规则为：只有当两个逻辑量 A、B 的值都为 1 时，其运算的结果才为 1，否则为 0。

【例 3.15】 完成逻辑“与”运算：$(10101101)_2 \wedge (00101001)_2=(00101001)_2$

$$\begin{array}{r} 10101101 \\ \wedge\ \underline{00101001} \\ 00101001 \end{array}$$

2. 逻辑“或”运算

逻辑“或”的运算符可以用∨表示，也可以用英文字母 OR 表示；运算规则为：当两个逻辑量 A、B 的值有一个为 1 时，其运算的结果就为 1，否则为 0。

【例 3.16】 完成逻辑“或”运算：$(10101101)_2 \vee (00101001)_2=(10101101)_2$

$$\begin{array}{r} 10101101 \\ \vee\ \underline{00101001} \\ 10101101 \end{array}$$

3. 逻辑“非”运算

逻辑“非”的运算符可以用逻辑变量上加一条横线表示，如 A 的逻辑“非”为 $\overline{A}$，也可以用英文字母 NOT 表示；运算规则为：逻辑量值为 1，其运算结果为 0，逻辑量值为 0，其运算结果 1。

【例 3.17】 $A=(10101101)_2$，则 $\overline{A}=(01010010)_2$

4. 逻辑“异或”运算

逻辑“异或”的运算符可以用⊕表示，也可以用英文字母 XOR；运算规则为：当逻辑量 A、B 的值相异时，其运算结果为 1，否则为 0。

【例 3.18】 完成逻辑“异或”运算：$(10101101)_2 \oplus (00101001)_2=(10000100)_2$

$$\begin{array}{r} 10101101 \\ \oplus\ \underline{00101001} \\ 10000100 \end{array}$$

5. 逻辑“等于”运算

逻辑“等于”的运算符用英文字母 EQV 表示；运算规则为：只有当两个逻辑量 A、B 的取值相等时，其运算的结果才为 1，否则结果为 0。

6. 逻辑“蕴含”运算

逻辑“蕴含”的运算符用英文字母 IMP 表示；运算规则为：前一逻辑量取 0 或后一逻辑量取 1 时，其运算结果为 1，否则结果为 0。

【例 3.19】 完成逻辑蕴含运算：$(10101101)_2$ IMP $(00101001)_2$=$(01111011)_2$

$$
\begin{array}{r}
10101101 \\
\text{IMP}\ \underline{00101001} \\
01111011
\end{array}
$$

3.2 数据存储单位和内存地址

3.2.1 数据的存储单位

计算机只能识别和处理二进制数据，在计算机内部，运算器运算的是二进制数据，控制器发出的各种操作命令要表示成二进制形式，存储器中存储的程序和数据也都是二进制数据，因此需要掌握二进制数据的存储单位，主要包括最小数据单位、基本数据单位和常用数据单位。

1. 最小数据单位

位（bit）是度量计算机数据的最小单位，表示一位二进制数字 0 或 1，称为比特；通常用小写字母 b 表示。位代表某一设备的状态，这些设备只能处于两种状态之一。例如，开关有开和关两种状态，那么可以用 1 表示合上，用 0 表示断开，一个开关能存储一位的信息。

2. 基本数据单位

字节（Byte）是计算机数据组织和存储的基本单位，通常用大写字母 B 表示，计算机中规定 1 字节由 8 个二进制位组成，即 1B=8bit。一字节的 8 位二进制从左至右排列起来，最左边的一位是高位（b_7），最右边的一位是低位（b_0），如图 3.1 所示，8 位二进制可以表示 2^8=256 种状态。

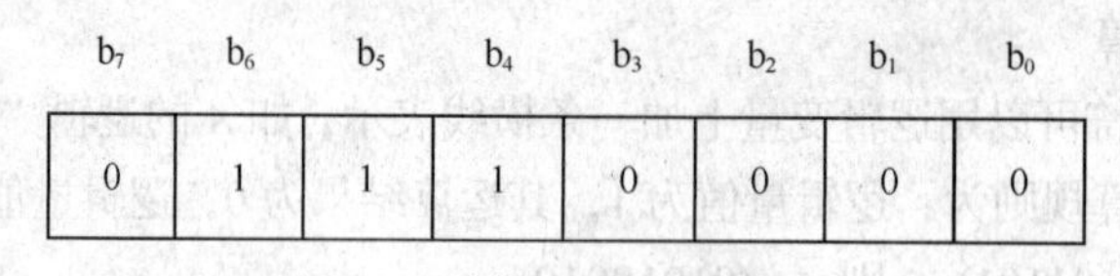

图 3.1 计算机基本数据单位

3. 常用数据单位

随着计算机中表示和存储数据量的日益增大，字节作为基本数据单位已经不能满足计算机信息量的表示，因此出现了常用单位千字节（KB）、兆字节（MB）、吉字节（GB）、太字节（TB）等，它们之间的换算关系如下。

1KB = 1 024B=2^{10} B

1MB = 1 024KB =1 024×1 024B= 2^{20}B

1GB = 1 024MB =1 024×1 024KB=1 024×1 024×1 024B=2^{30}B

1TB = 1 024GB =1 024×1 024MB=1 024×1 024×1 024×1 024B =2^{40}B

4. 字和字长

（1）字

字又称为计算机字，是位的组合，也是计算机独立处理信息的单位，即计算机在同一时间内处理的一组二进制位的数目称为一计算机字。它的含义取决于计算机的类型和用户的要求。

（2）字长

组成一字具有的二进制位的数目称为字长，一计算机字可由若干字节组成，计算机中通常用字长表示数据和信息的长度，它决定寄存器、加法器、数据总线等设备的位数，因而直接影响硬件的性能，同时字长标志计算机的计算精度和表示数据的范围。一般计算机的字长在8～64位之间，即一字由1～8字节组成，微型计算机的字长有8位、16位、32位、64位等。在其他指标相同时，字长越大，计算机处理数据的速度就越快。

3.2.2　内存地址和数据存放

存储器是计算机的记忆装置，主要用来存放程序和数据。计算机为了实现自动执行，各种程序和数据必须预先存放在计算机内的某个部件中，这个部件就是存储器。图3.2为存储器存储结构示意图。

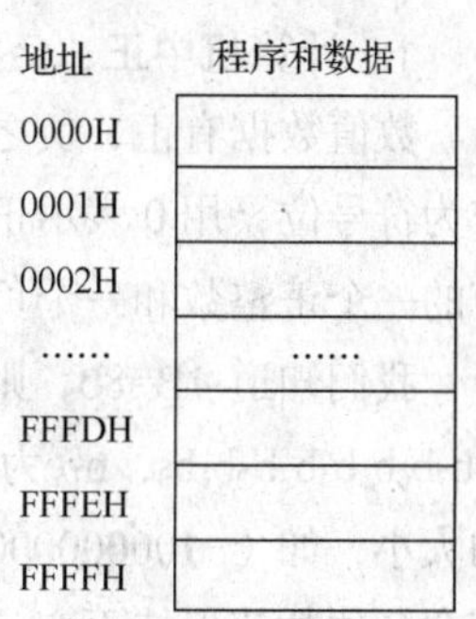

图3.2　存储器存储结构示意图

注意，不论是程序还是数据，在存放到存储器之前，它们已经全部变成由0或1表示的二进制代码。因此存储器中存放的也全是0或1的二进制代码，那么大量的数据在计算机中如何保存呢？目前采用半导体存储器担当此任务，半导体存储器中存储二进制的0或1两种状态的记忆装置称为触发器。一个存储器是由无数个这样的触发器组成的。由于存储器的基本单位是字节，即以8个二进制位为读取信息的基本单位，对存储器中的每8个触发器为一组进行编号，这个编号就是存储器的地址，通常采用十六进制数编码表示。

假设一个数字用16位二进制编码表示，那么需要有16个触发器来保存这些编码。通常将保存一个数据需要的存储空间称为一个存储单元，在存储器中存储这个数据需要占用2字节，那么第一字节的地址编号就是这个存储单元的地址。向存储器中存入数据或者从存储器中取出数据，都要按给定的地址来寻找所选的存储单元。存储单元的总数称为存储器的存储容量，常用单位有KB、MB、GB、TB等存储单位，存储容量越大表示存储的信息就越多。

3.3　信息编码

人们在日常生活中会遇到各种信息，这些信息必须转换成数据才能在计算机中处理。因此，数据的定义是信息的载体，是描述客观事物的数、字符以及所有能输入计算机中并被计算机程序识别和处理的符号的集合。数据大致可分为两类，一类是数值数据，包括整数、浮点数、复数、双精度数等，主要用于工程和科学计算；另一类是非数值数据，主要包括字符和字符串，以及文字、图形、图像、语音等数据。本节讨论不同类型的数据以及它们如何存储在计算机中。

3.3.1 数值数据

数值型数据是指数学中的代数值，具有量的含义，且有正负、整数和小数之分。为了节省内存，计算机中数值型数据的小数点的位置是隐含的，且小数点的位置既可以是固定的，也可以是变化的。因此计算机中常用的数据表示方法有定点格式和浮点格式两种。一般来说，定点格式容许的数值范围有限，但要求的处理硬件实现比较简单；而浮点格式容许的数值范围很大，但要求的处理硬件实现比较复杂。

1. 计算机中正、负数的表示

数值数据有正、负之分，在计算机内部如何表示正号和负号呢？一般规定，用该数的最高位作为符号位，用 0 表示正号，用 1 表示负号，余下的其他位表示数值。下面举例说明字长为 2 字节的一个正整数和一个负整数在计算机内部的存储格式。

我们知道 1B=8b，则 2 字节由 16 位二进制位组成，设其各位上的数码为 $b_{15}b_{14}b_{13}b_{12}b_{11}b_{10}b_9b_8b_7b_6b_5b_4b_3b_2b_1b_0$，$b_{15}$ 为符号位，b_{15}=0 表示正数，b_{15}=1 表示负数；b_{14}～b_0 为数值位，表示数值的大小，如（-1000000001011011B）= -91，则计算机内部存储格式如图 3.3 所示。当 b_{15}=0 时，其余各位数值保持不变，0000000001011011B= +91。

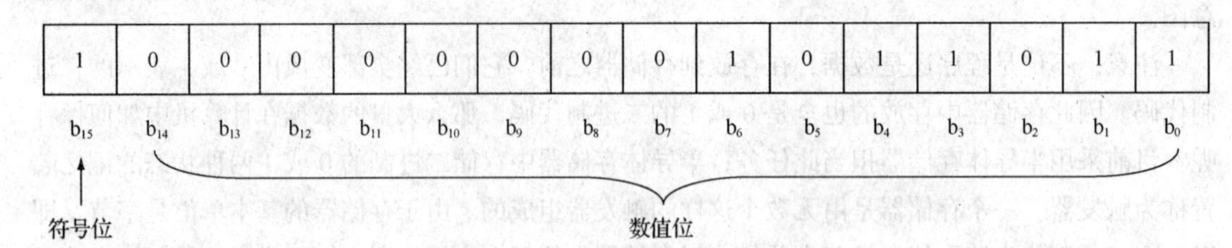

图 3.3 计算机中-91 的存储表示

数值数据在计算机内部采用符号数字化处理后，计算机便可以识别和处理符号位了，为了改进符号数的运算方法和运算器的硬件结构，人们研究出了多种符号数的二进制编码方法，这就是后面将要介绍的原码、反码和补码。

2. 计算机中定点数的表示

所谓定点格式，就是约定所有数据的小数点位置固定不变。由于小数点在固定位置，小数点就不再使用“.”来标记，原则上小数点固定在哪一位都可以。常用的定点数有两种表示形式，如果小数点位置约定在最低数值位的后面，则该数只能是定点整数，表示定点纯整数；如果小数点位置约定在最高数值位的前面，则该数只能是定点小数，表示定点纯小数。

3. 计算机中实数的浮点表示

当计算机中需要处理实数类型的数据时，就出现了如何表示小数点的问题。目前的计算机都不采用专门的元器件表示小数点，因为那样会给设计运算线路带来很大的困难，而是采用浮点形式表示，并隐含设定的小数点位置。

在科学计数法中，一串数字不但可以表示数值的大小，而且可以表示数值的有效位数，既精度。我们知道，对于任何一个十进制实数 X，当数值很大，而有效位较少时，就采用以 10 为底的幂的方法表示，如 $2\,345=234.5\times10^1=23.45\times10^2=2.345\times10^3=0.234\,5\times10^4=0.023\,45\times10^5$，虽然小数点位置浮动，但表示的数值是一样的，只是精度不同。因此对十进制数 X 可以表示成：$X=\pm M\times10^{\pm E}$，同理二进制数 X 也可以表示如下。

$$X=\pm M\times2^{\pm E}$$

其中，式中 M 称为 X 的尾数，采用二进制纯小数表示，它代表 X 的全部有效数字，其位数表示了数据的精度；E 为 X 的阶码，采用二进制整数表示，它决定数据的范围。M 和 E 都可以是正数或负数。这就是计算机中实数的浮点表示，即浮点数由尾数和阶码组成。

用浮点数表示数据，首先要确定计算机的字长。字长是指 CPU 一次操作中加工处理的最大数据单位。字长是计算机硬件设计的一个指标，它代表计算机的精度。例如，字长为 32 位，则可以用 8 位表示阶码，用 24 位表示尾数，在计算机中，一个浮点数的存储格式如下。

阶符（1位）	阶码（7位）	数符（1位）	尾数（23位）

数符（1位）	尾数（23位）	（1位）	阶码（7位）

其中数符和阶符各占一个二进制位，表示尾数和阶码的正负，0 表示正数，1 表示负数。阶码和尾数表示数值，为便于运算，通常用补码表示。

下面举例说明浮点数在计算机内部的存储形式。假设计算机字长为 8 位，这里可以用 3 个二进制位表示阶码，用 5 个二进制位表示尾数；设有实数 $X=2.5=0.312\,5\times2^3$，进行数制转换后，阶码 E=+11B，尾数 M=+0.0101B，则 2.5 的浮点存储格式如图 3.4 所示。

阶符	阶码		数符	尾数			
0	1	1	0	0	1	0	1

图 3.4　计算机中浮点数表示示例

4．原码、反码和补码

任何一个非二进制整数输入计算机中，都必须以二进制格式存放在计算机的存储器中，且用最高位作为数值的符号位，并规定二进制数 0 表示正数，二进制数 1 表示负数，每个数据占用一或多字节。计算机在运算过程中，是将符号位和数值位一起参与运算的，这种数值与符号组合在一起的二进制数称为机器数，为了运算方便、可靠，机器数还进一步分为原码、反码和补码。通常将一般书写表示的数叫作真值，即机器数表示的实际值。

（1）原码

原码表示法是机器数的一种最简单的表示方法，把数值的符号位用 0 表示正数，用 1 表示负数即可。设机器字长为 8 位，则−105 和+105 的原码表示形式如下。

$X1$=+105　　　$[X1]_{原}$=**0** 1101001

$X2$=−105　　　$[X1]_{原}$=**1** 1101001

用原码表示+105 和−105 时，数值位相同，符号位不同。

数值 0 有两种表示方法：$[+0]_{原}$=**0** 0000000，$[-0]_{原}$=**1** 0000000。可见 0 的原码表示不是唯一的。

原码表示简单，转换为真值也很方便。但进行加法运算时，先要判断两数的符号，如果相同则进行加法运算。而符号不同时，先要判断哪个数的绝对值大，再由大数减去小数，运算结果同大数的符号一致。这样必然使运算器运算线路复杂，运算时间长。若能找到一种表示符号数的新形式，使负数转化为正数，减法转换为加法，从而使正、负数的加、减运算转换为单纯的正数加法运算，就可以简化运算器设计线路，提高运行速度。反码和补码就是这样应运而生的。

（2）反码

反码是一种过渡性的编码，采用它主要是为了计算补码。反码的编码规则是：正数的反码和原码相同，负数的反码则是它对应的数值位按位取反，符号位不变。举例如下，为了简单且容易理解，设机器字长为 8 位。

*X*1=+105　　[*X*1]$_{反}$=**0** 1101001

*X*2=−105　　[*X*1]$_{反}$=**1** 0010110

数值 0 有两种表示方法：[+0]$_{反}$=**0** 0000000，[−0]$_{反}$=**1** 1111111；因此 0 的反码表示不是唯一的，由此引出下面的补码表示方法。

（3）补码

补码的编码规则是：正数的补码和原码、反码相同，负数的补码则是该数的反码末位加 1。举例如下，为了简单且容易理解，设机器字长为 8 位。

*X*1=+105　　[*X*1]$_{补}$=**0** 1101001

*X*2=−105　　[*X*1]$_{补}$=**1** 0010111

补码编码方法中，0 的问题得到了统一，[+0]$_{补}$=**0** 0000000，[−0]$_{补}$=**1** 1111111+00000001=00000000（高位 1 自然丢失）。当负数采用补码表示时，就可以把减法运算转换为加法运算了。举例说明如下，为了简单且容易理解，设机器字长为 8 位。

设 *X*=64−10=64+（−10）=54，则

[*X*]$_{补}$=[64]$_{补}$+[−10]$_{补}$=**0** 1000000+**1** 1110110=**<u>1</u>0** 0110110

由于机器的字长为 8 位，则高位的 <u>1</u> 自然丢失，故减法和补码的加法结果相同。另外，采用补码可以不用判断符号位及数值位谁大谁小等问题，使计算机内部线路设计简单，便于实现各种运算。

3.3.2 字符编码

前面介绍了数值数据、正负号、定点数和浮点数等在计算机中如何用二进制表示的问题，其实在计算机中所有非数值数据（如字母、符号和汉字），乃至内存地址、计算机控制命令、程序命令也都是用二进制数表示的。下面介绍控制符、字母、符号、汉字等在计算机内部的二进制编码。不同的编码有不同的表示形式，为了实现国家或国际范围内的信息表示、交换、处理等的一致性，编码通常都在国家或者国际标准范围内颁布实施。下面介绍常用标准编码——ASCII 编码、Unicode 编码和国标汉字编码。

1. ASCII 编码

ASCII 码是美国标准信息交换代码（American Standard Code for Information Interchange），诞生于 1963 年，是一种比较完整的字符编码，它已经由国际标准化组织确定为国际标准字符编码。

由于 1 位二进制有 0 和 1 两种状态，即 $2^1=2$；2 位二进制位有 00、01、10、11 共 $2^2=4$ 种状

态，以此类推，n 位二进制位就可以表示 2^n 种不同的状态。一字节由 8 位二进制位组成，因此一字节可以有 2^8=256 种不同的状态。

ASCII 码由一字节组成，有 7 位版本和 8 位版本。国际上通用的是 ASCII-7 位版本，其字节的最高位 b_7 为 0，用其余 7 位表示字符编码，有 128（0～127）种状态，最多可以表示 128 种字符。7 位 ASCII 编码包括 10 个阿拉伯数字 0～9、52 个大小写英文字母、33 个标点等符号共 95 个可显字符，这些字符可以通过计算机键盘输入并在显示器上输出显示或在打印机上打印；还有 33 个控制字符，具体编码参见表 3.5。例如，大写字母 A 的 ASCII 编码为 1000001，对应十进制数 65，十六进制数 41H；大写字母 Z 的 ASCII 编码为 1011010，对应十进制数 90，十六进制数 5AH；小写字母 a 的 ASCII 编码为 1100001，对应十进制数 97，十六进制数 61H；小写字母 z 的 ASCII 编码为 1111010，对应十进制数 122，十六进制数 7AH；字符‘0’的 ASCII 编码为 0110000，对应十进制数 48，十六进制数 30H；字符‘9’的 ASCII 编码为 0111001，对应十进制数 57，十六进制数 39H。

ASCII 编码的 8 位版本是使用 8 位二进制数表示字符的一种编码，可以表示 256 种字符，当高位 b_7 为 0 时，其编码与 7 位编码相同，称为基本 ASCII 编码；当高位 b_7 为 1 时，形成扩展编码。通常，各国都把扩展编码部分作为本国语言字符的编码。

表 3.5　　标准 ASCII 编码表

$b_6 b_5 b_4$ / $b_3 b_2 b_1 b_0$	000	001	010	011	100	101	110	111
0000	NUL	DLE	SPACE	0	@	P	`	p
0001	SOH	DC1	!	1	A	Q	a	q
0010	STX	DC2	“	2	B	R	b	r
0011	ETX	DC3	#	3	C	S	c	s
0100	FOT	DC4	$	4	D	T	d	t
0101	ENQ	NAK	%	5	E	U	e	u
0110	ACK	SYN	&	6	F	V	f	v
0111	BEL	ETB	‘	7	G	W	g	w
1000	BS	CAN	(	8	H	X	h	x
1001	HT	EM	)	9	I	Y	i	y
1010	LF	SUB	*	:	J	Z	j	z
1011	VT	ESC	+	;	K	[	k	{
1100	FF	FS	,	<	L	\	l	|
1101	CR	GS	-	=	M	]	m	}
1110	SO	RS	.	>	N	^	n	~
1111	SI	US	/	?	O	_	o	DEL

为了和国际接轨，我国据此制定了国家标准，即 GB/T1988—1998《信息技术信息交换用七位编码字符》，其中除了将美元符号$置换为人民币符号￥外，其他都相同。

2. Unicode 编码

世界上存在多种编码方式，同一个二进制数字可以被解释成不同的符号。因此，要想打开一个文本文件，就必须知道它的编码方式，否则用错误的编码方式解读，就会出现乱码。为什么电子邮件常常出现乱码？就是因为发信人和收信人使用的编码方式不一样。

可以想象，如果有一种编码，将世界上所有的符号都纳入其中。每一个符号都给予一个独一无二的编码，乱码问题就会消失，这就是 Unicode 编码，它是所有符号的编码。Unicode 编码的作用是使计算机实现跨语言、跨平台的文本转换及处理。

Unicode 编码是硬件和软件制造商联合起来共同设计一种代码，这种代码使用 32 位二进制位表示，最大表达 2^{32}=4 294 967 296 个符号，代码的不同部分被分配用于表示世界上不同语言的符号，其中还有些部分用于表示图形和特殊符号，如今 ASCII 是 Unicode 的一部分。

3. 汉字编码

我国使用计算机处理信息时，一般都要用到汉字。因此必须解决汉字的输入、输出以及汉字处理问题。汉字信息处理的根本问题就是汉字代码化。由于汉字是表意文字，数量庞大、构造复杂，是世界上最庞大的字符集，数量可达 7 万以上。很显然，别说一字节编码，就是两字节也难以完全进行编码。但是按其使用的频度来说，常用和比较常用的汉字只有六七千个，因此用两字节编码就成为可能。汉字信息处理编码主要包括国标码、机内码、汉字输入码和汉字字型码等编码。

（1）国标码

国标码也称中文信息编码。为了汉字信息交换的需要，1981 年国家标准局颁布了《GB2312—1980 信息交换用汉字编码字符集——基本集》，简称国标码。国标 GB2312—1980 字符集共收录了 6 763 个汉字和 682 个图形符号，根据汉字使用的频度分为两级。第一级有 3 755 个汉字，属常用汉字，按汉语拼音字母的顺序排列；第二级有 3 008 个汉字，为次常用汉字，由于不容易记忆它的汉字发音，所以按部首和笔画排列。

国标码编码采用两字节编码，分别称为高字节和低字节，其中每字节的最高位 b_7 设置为 0。汉字的输入、输出以及在计算机内部的编码则以 GB2312—1980 标准为基础。例如，汉字“巧”的国标码的十六进制编码是 3941H，即高位字节为 39H，低位字节为 41H，则“巧”字国标码的二进制编码格式如图 3.5 所示。

b_7	高字节	b_7	低字节
0	011　1001	0	100　0001

图 3.5 “巧”字国标码编码格式

（2）机内码

机内码简称内码，是计算机系统内部处理和存储汉字使用的编码。为了使英文字符 ASCII 编码与汉字（机内码）混合存储时不发生冲突，在计算机内部不直接使用国标码，而是分别在国标码的高字节和低字节的最高位 b_7 都置 1（相当于每字节加上 80H），这就是汉字机内码，即机内码=国标码+8080H。因此汉字机内码既兼容英文 ASCII 码，又不会与 ASCII 编码产生二义性。因此，机内码是计算机系统用来存储西文和中文信息的编码。例如，汉字“巧”的国标码为 3941H，则机内码=3941H+8080H=B9C1 H，其机内码的二进制编码格式如图 3.6 所示。

b_7	高字节	b_7	低字节
1	011 1001	1	100 0001

图 3.6 “巧”字机内码编码格式

（3）区位码

为了方便查询和使用，在 GB2312—1980 基本字符集中，将 7 445 个汉字和图形按规则排列在一张 94 行 94 列的二维表格中，共有 94×94=8 836 个编码；每一行称为区，每一列称为位，通过行（区）和列（位）坐标就可以确定一个汉字或图形的编码，其中 1～9 区是各种图形符号，10～15 是空区，16～55 区是一级汉字，56～87 区是二级汉字，88～94 区是自定义汉字。区号和位号各用 2 位十进制数表示，这样组成的一组编码就叫区位码。

（4）汉字输入码

数字、英文字符和一些符号都可以通过键盘直接敲入，但是汉字却无法通过键盘直接敲入。如果利用键盘上的各键对汉字进行编码，可以让一组键码表示一个汉字。于是就可以在键盘上敲入一组键码，通过相应的码表可以转换为相应的机内码，计算机就可以进行汉字存储和处理，这样的编码叫汉字输入码，也叫汉字外码。由于编码设计思路不同，各种汉字键盘编码方法层出不穷，每一种编码方法都各有千秋；在众多的键盘汉字编码输入方法中，比较典型的输入方法有五笔字型、智能拼音、智能 ABC 等。

（5）汉字字型码

为显示和打印输出汉字而形成的汉字编码称为汉字字形码。全部汉字字形码的集合叫汉字字库。汉字库可分为软字库和硬字库。软字库以文件的形式存放在硬盘上；硬字库则将字库固化在一个单独的存储芯片中，再和其他必要的器件组成接口卡，插接在计算机上，通常称为汉卡。

汉字字库分为点阵字库和矢量字库。点阵字库存储的是汉字点阵信息。所谓点阵，就是将单个汉字离散成若干网点，每个网点以一个二进制位 0 或 1 表示，0 表示没有笔画，1 表示有笔画，这些点横向或列向每 8 个点为一字节，由此组成汉字点阵字形，即汉字字形码，如图 3.7 所示。

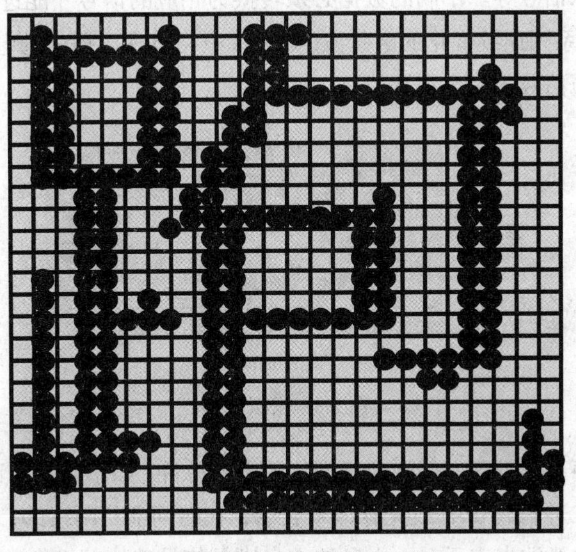

图 3.7 点阵汉字“跑”示意图

常用的汉字字形点阵有 16×16、24×24、32×32、48×48、64×64 等。同一个汉字的字体不同，其字形编码也不同，汉字分为宋体、楷体、仿宋、隶书等几十种字体，因此汉字字库也相应有几十种字体库。

如果已知汉字点阵的大小，就可以计算出存储一个汉字需占用的存储空间。一个汉字所占存储空间计算方法为：行点数×列点数÷8B。例如，24×24 点阵需要 24×24÷8B=72B 的存储空间。如果有 8 000 个汉字，采用 24×24 点阵，则需要 8 000×72B =562.5KB 的存储空间。因此，汉字点阵规模小，分辨率差，字形不美观，但占用存储空间小；反之，分辨率好，字形美观，但需要占用的存储空间多。

矢量字库用数学方法描述并存储汉字的外形和基本笔划，再由程序将这些基本笔划组成各种汉字，它的特点是将汉字放大后不会产生变形。Windows 系统下的所用字库一般都是矢量字库，可以无级别放大或缩小，而不会像点阵字库那样放大后笔画有明显的锯齿状。

3.3.3 声音编码

1. 基本概念

各种各样的声音都起始于物体的振动。凡能产生声音的振动物体统称为声源。声音是振动的波，是随时间连续变化的物理量。声音有 3 个重要指标：振幅、周期和频率。振幅是波的高低幅度，表示声音的强弱；周期是两个相邻波之间的时间长度；频率是每秒钟振动的次数，以 Hz 为单位。其中声音信号的两个基本参数是频率和幅度。人们把频率小于 20Hz 的信号称为亚音信号，或称为次音信号；频率范围为 20Hz～20kHz 的信号称为音频（Audio）信号；虽然人的发音器官发出的声音频率大约是 80～3 400Hz，但人说话的信号频率通常为 300～3 000Hz，人们把在这种频率范围的信号称为话音信号；高于 20kHz 的信号称为超音频信号，或称超声波信号。超音频信号具有很强的方向性，而且可以形成波束，在工业上广泛使用。

音频信号包括模拟音频信号和数字音频信号。模拟音频信号是指用连续变化的物理量表示的信息，是将机械波转换成电信号，播放时再将电信号还原。如图 3.8 所示；模拟音频信号如目前广播的声音信号或图像信号等。不同的数据必须转换为相应的信号才能进行传输，模拟数据一般采用模拟信号，如用一系列连续变化的电磁波（如无线电与电视广播中的电磁波），或电压信号（如电话传输中的音频电压信号）来表示。

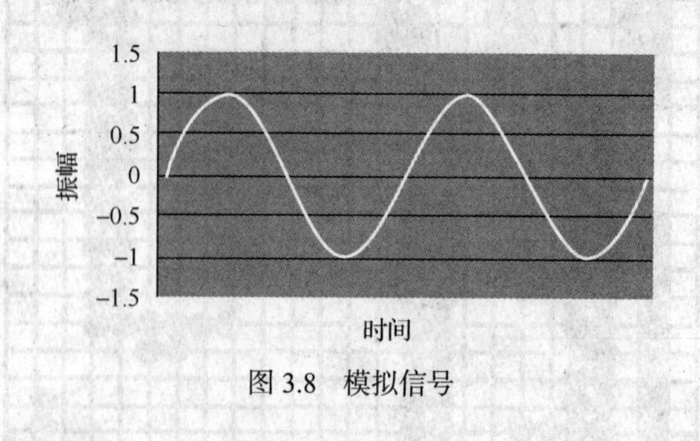

图 3.8 模拟信号

数字音频信号是声音信号以一系列断续变化的电压脉冲（如用恒定的正电压表示二进制数 1，用恒定的负电压表示二进制数 0），或光脉冲来表示，在时间上是断续的，如图 3.9 所示。当模拟信号采用连续变化的电磁波来表示时，电磁波本身既是信号载体，又作为传输介质；当模拟信号采用连续变化的信号电压来表示时，它一般通过传统的模拟信号传输线路（如电话网、有线电视网）来传输。当数字信号采用断续变化的电压或光脉冲来表示时，一般需要用双绞线、电缆或光纤介质将通信双方连接起来，才能将信号从一个节点传到另一个节点。

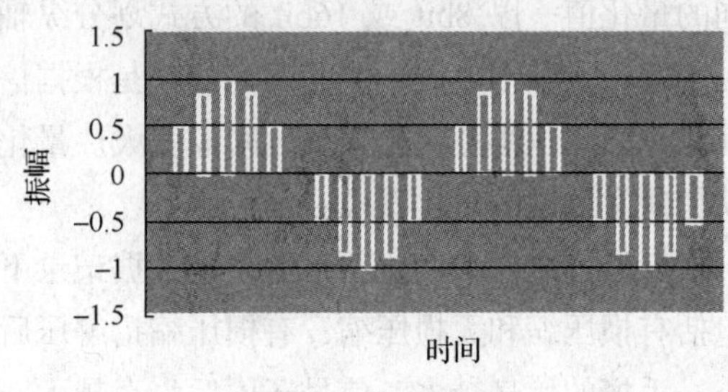

图 3.9　数字信号

2. 声音的数字化过程

在计算机内部，一切信息都必须转化为二进制数字 0 和 1，声音信息也不例外。只有把连续变化的模拟音频信号转换成间隔断续的（即离散的、不连续的）数字信号的数列，才能由计算机进行编辑和存储，完成这一工作的主要部件是多媒体部件——声卡。声音先由麦克风转换成模拟音频电信号，再由声卡的模数转换电路将模拟信号转换为数字信号，最后以适当的文件格式保存在磁盘上。

在声音数字化过程中，采样、量化和编码是音频数字化的关键技术。模拟信号经过采样和量化，形成一系列离散信号。这种数字信号可以以一定方式编码，形成计算机内部存储运行的数据，经过编码后的声音信号就是数字音频信号。图 3.10 所示为声音的数字化过程示意图。

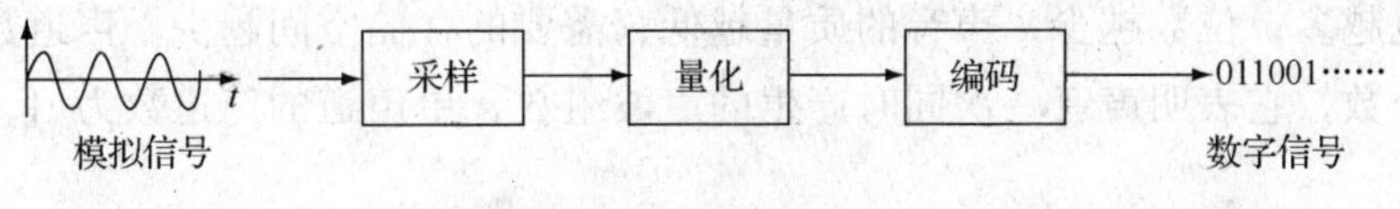

图 3.10　声音的数字化过程

所谓采样，就是在某些特定的时刻对模拟信号进行取值，如图 3.11 所示。采样的过程是每隔一个时间间隔在模拟声音的波形上取一个幅值，把时间上的连续信号变成时间上的离散信号。采样时间间隔称为采样周期 t，其倒数为采样频率 $f_s=1/t$，典型的采样频率有 44.1Hz、22.05 Hz、11.025 Hz。根据采样定律，采样频率不应低于声音信号最高频率的两倍，这样就能把以数字表达的声音还原为原来的声音，这叫作无损数字化。一般采样频率越高，在单位时间内，计算机得到的声音样本数据就越多，对声音波形的表示也越精确，声音失真越小，但用于存储音频的数据量越大。

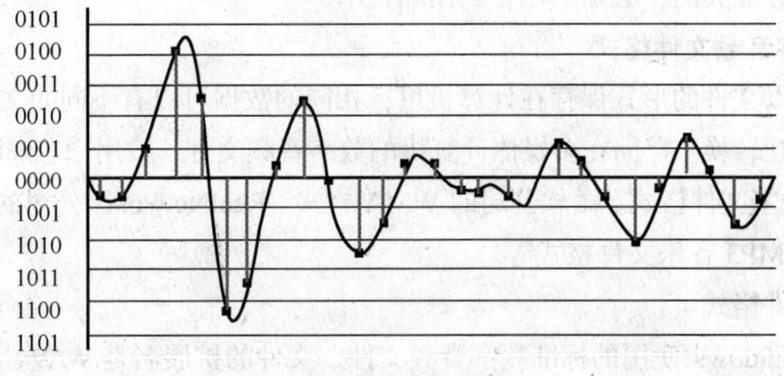

图 3.11　模拟信号的采样

截取模拟声音信号振幅值的过程叫作采样，得到的振幅值叫作采样值，采样值用二进制的形式表示，每个采样值在幅度上进行离散化处理的过程称为量化。量化可分为均匀量化和非均匀量化。均匀量化是把采样后的信号按整个声波的幅度等间隔分成有限个区段，把落入某个区段内的样值归为一类，并赋予相同的量化值。以 8bit 或 16bit 的方式划分纵轴为例，其纵轴将会被划分为 2^8 个和 2^{16} 个量化等级，用以记录其幅度大小。非均匀量化是根据信号的不同区间来确定量化间隔。信号值小的区间，其量化间隔也小；反之，量化间隔就大。量化会引入失真，并且量化失真是一种不可逆失真，这就是通常所说的量化噪声。

编码就是采用一定的格式把经过采样和量化得到的离散数据记录下来，并采用一定的算法来压缩数字数据。压缩算法包括有损压缩和无损压缩；有损压缩指解压后数据不能完全复原，要丢失一部分信息。压缩比越小，丢掉的信息越多，信号还原后失真越大。根据不同的应用，可以选用不同的压缩编码算法，如 PCM、ADPC、MP3、RA 等。

3. 数字音频的技术指标

衡量数字音频的主要指标包括：采样频率、量化位数和声道数；数据传输率是计算机处理音频信号的基本参数。未经压缩的数字音频数据传输率可按下式计算，数据传输率（bit/s）=采样频率（Hz）×量化位数（bit）×声道数。

采样频率是每秒钟抽取声波幅度样本的次数，量化位数又称取样大小，它是每个采样点能够表示的数据范围。量化位数的大小决定了声音的动态范围，即被记录和重放的声音最高与最低之间的差值，样本位数大小反映了度量声音波形幅度的精度。一般量化位数为 16 位、32 位、64 位、128 位。样本位数大小影响到声音的质量，位数越多，声音质量越高，而需要的存储空间也越多；位数越少，声音的质量越低，需要的存储空间越少。声道数是指使用的声音的通道个数，它表明声音一次同时产生的声波组数，单声道的声道数为 1，立体声的声道数为 2。

模拟波形声音被数字化后，音频文件的数据量计算公式如下。

数据量（B）=采样频率（Hz）×量化位数（bit）×声道数/8×时间（s）

例如，计算用 44.1kHz 采样频率，量化位数 16 位，录制 1s 立体声声音，其波形文件的数据量是多少？

数据量（B）=（44.1×1 000×16×2×1）/8=176 400 B≈1.76MB

如果一个汉字在计算机中占用两字节，那么 1.76MB 的空间可以存储 8 800 个汉字，也就是说 1 秒的数字音频资料量与近 9 万个汉字（一部中篇小说）的资料量相当。由此可见，数字音频文件的资料量是十分庞大的，必须采用音频压缩技术。

4. 常用的数字音频文件格式

数字音频数据以文件的形式保存在计算机里，相同的数据可以有不同的文件格式，不同的文件格式之间可以相互转换。存储在多媒体计算机的数字音频文件，按用途、来源分为 WAVE 波形文件、MIDI 音乐数字文件格式、微软公司的 WMA 格式、RealNetworks 公司的 RealAudio 格式以及目前非常流行的 MP3 音乐文件格式等。

（1）WAVE 文件格式

波形文件是 Windows 使用的标准数字音频文件，文件的扩展名是.WAV，它记录了对实际声音进行采样的数据。WAVE 文件易于生成和编辑，在适当的硬件及计算机控制下，使用波形文件能够重现各种声音，但在保证一定音质的前提下压缩率不够，导致它产生的文件太大，不适合长时间记录，也不适合在网络上播放。

（2）MIDI 文件格式

MIDI 文件的扩展名是.MID，MIDI 文件记录的不是声音本身，因此它比较节省空间，适合网络播放。与波形文件相比，MIDI 文件要小得多。例如，同样半小时的立体声音乐，MIDI 文件只有 200KB 左右，波形文件则要差不多 300MB。MIDI 格式文件缺乏重现真实自然声音的能力，不适合需要语音的场合，主要用于原始乐器作品、流行歌曲的业余表演等。

（3）MP3 文件格式

MP3 文件广泛用于计算机及数码产品的音乐播放，音质可与 CD 媲美，以.MP3 为后缀名。

MP3 全称为 MPEG Audio Layer 3，即 Motion Picture Expert Group，是运动图像专家小组制定的音频三层压缩标准，将音频信息用 10：1 甚至 12：1 的压缩率进行压缩，变成容量较小的文件。例如，1 分钟 CD 音质的 WAV 文件约需 10MB，而 MP3 文件只有 1MB 左右。

（4）WMA 文件格式

WMA（Windows Media Audio）格式是微软公司开发的一种高压缩率、适合网络播放的音频文件格式。WMA 格式的一个优点就是内置了版权保护技术，可以限制播放时间和播放次数，甚至于播放的机器等，这对保护知识产权起到了积极作用；另外 WMA 还支持音频流（Stream）技术，适合在网络在线播放。

（5）RealAudio 文件——RA/ RM/ RAM

RealAudio 文件是 RealNetworks 公司开发的一种新型流式音频（Streaming Audio）文件格式，也是一种具有较高压缩比的音频文件，它包含在 RealNetworks 公司制定的音频、视频压缩规范 RealMedia 中，主要用于在低速率的广域网（如 Internet）上实时传输音频信息，是目前在线收听网络音乐最好的一种格式。

3.3.4　图形和图像编码

图形和图像包含的信息具有直观、易于理解、信息量大等特点，是多媒体应用系统中最常用的媒体形式。图形和图像不仅用于界面美化，还用于信息表达，在某些场合，图形和图像媒体可以表达文字、声音等媒体无法表达的含义。计算机中处理的图像分为两大类：位图和矢量图。下面主要介绍两种图像涉及的基本概念和图像数字处理技术及其应用。

1．位图图像与矢量图形

（1）位图图像

位图是用矩阵形式表示的一种数字图像，也称点阵图像；矩阵中的元素称为像素，每一像素对应图像中的一个点，像素的值对应该点的灰度等级或颜色，所有像素的矩阵排列构成了整幅图像，如图 3.12 所示。位图图像文件保存的是组成位图的各像素点的颜色信息，颜色的种类越多，图像文件越大。在将图像文件放大、缩小和旋转时，会产生失真。位图图像的放大与缩小是通过增加或减少像素实现的，当放大位图时，可以看见构成整个图像的无数个小方块，线条和形状也显得参差不齐。同样，缩小位图尺寸也会使原图变形。由于位图图像是一个像素矩阵，所以局部移动或其他操作会破坏原图形状，但这也是数字位图处理的途径所在。位图图像的处理质量与整个处理环节采用的分辨率密切相关。

（2）矢量图形

矢量图形由矢量定义的基本图形元素组成，如图 3.13 所示。按照面向对象的思想，可以把矢量图元看作一个个图形对象，每个对象都有自己的属性，如颜色、形状、轮廓、大小和输出位置等。每个图形对象都具有相对独立性，可以分别移动或编辑而不会影响其他对象。因此，矢量图形处理的基本单位是图形对象。矢量图形文件存储的是绘制图形中各图形元素的命令。输出矢量图时，需要相应的软件读取这些命令，并将命令转换为组成图形的各个图形元素。矢量图形由于采用数学方法描述图形，所以通常生成的图形文件相对较小，而且颜色的多少与文件的大小基本无关。矢量图形的输出质量与分辨率无关，可以任意放大和缩小，是表现文字（小文字）、线条图形（标志）等的最佳选择。

图 3.12　位图图像

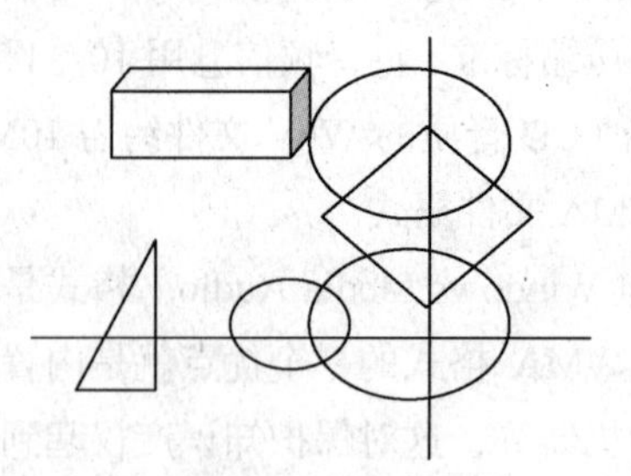

图 3.13　矢量图形

（3）图形和图像处理的基本内容

矢量图形处理是计算机信息处理的一个重要分支，被称为计算机图形学，主要研究二维和三维空间图形的矢量表示、生成、处理、输出等内容。具体来说，就是利用计算机系统对点、线、面、曲面等数学模型进行存放、修改、处理（包括几何变换、曲线拟合、曲面拟合、纹理产生与着色等）和显示等操作，通过几何属性表现物体和场景。矢量图形处理技术广泛应用于计算机辅助设计、计算机辅助制造、计算机动画（建模阶段）、创意设计、可视化科学计算、地形地貌和自然资源模拟等领域。

图像处理是指对位图图像所进行的数字化处理、压缩、存储和传输等内容，具体的处理技术包括图像变换、图像增强、图像分割、图像理解、图像识别等。在处理过程中，图像以位图方式存储和传输，而且需要通过适当的数据压缩方法来减少数据量，图像输出时再通过解压缩方法还原图像。图像处理技术广泛应用于遥感、军事、工业、农业科技、航空航天、医学影像等领域。

尽管矢量图形与位图图像的处理思想与应用各不相同，但在实际应用中，两者是相互联系的，它们相互结合可以创造更完美的视觉效果。

2. 图形和图像的基本概念

（1）分辨率

分辨率用于衡量图像细节的表现能力，分辨率对处理数码图像非常重要，与图像处理有关的分辨率有图像分辨率、打印机分辨率、显示器分辨率和扫描分辨率等。

① 图像分辨率。

图像分辨率是指单位图像线性尺寸中所包含的像素数目，单位为 PPI（Pixel Per Inch）。图像分辨率直接影响图像的清晰度，图像分辨率越高，图像的清晰度越高，图像占用的存储空间也越大。

② 显示分辨率。

显示分辨率是指显示器上每单位长度显示的像素或点的数目，通常以 DPI（Dot Per Inch）为计量单位。PC 显示器典型的分辨率为 96 DPI。当图像的分辨率高于显示器的分辨率时，图像在屏幕上显示的尺寸比实际的打印尺寸大。

人们通常理解的显示分辨率与所用的显示模式有关，显示模式不同，屏幕纵、横向的像素点个数也就不同，单位长度像素点的数目也就不同。同一图像的显示尺寸会随着分辨率的增大而变小。

③ 打印机分辨率。

打印机分辨率是指打印机每英寸产生的油墨点数，单位是 DPI（Dot Per Inch），表示每平方英寸上印刷的网点数。大多数激光打印机的输出分辨率为 600DPI，高档的激光照排机在 1 200DPI 以上。需要说明的是，印刷上计算的网点大小（Dot）和计算机屏幕上显示的像素（Pixel）是不同的。

④ 扫描分辨率。

扫描分辨率是指每英寸扫描所得到的点，单位也是 DPI，它表示一台扫描仪输入图像的细微程度，数值越大，表示被扫描的图像转化为数字化图像越逼真，扫描仪质量也越好。

（2）颜色深度

位图图像中各像素的颜色信息是用二进制数据描述的，二进制的位数就是位图图像的颜色深度。颜色深度决定了图像中可以出现的颜色的最大数。目前，颜色深度有 1，4，8，16，24 和 32 几种。当图像的颜色深度≥24 时，称这种表示为真彩色。

（3）颜色模式

颜色模式用来确定如何描述和重现图像的色彩。颜色模式（颜色空间）是用来定义或描述颜色的一组规则。利用不同的规则，可形成不同的颜色模式。在多媒体计算机的图像处理过程中，通常使用 RGB（红色、绿色、蓝色）、HSB（色相、饱和度、亮度）、CMYK（青色、品红、黄色、黑色）和 LAB 等多种颜色模式。

（4）图像尺寸

图像尺寸分为像素尺寸和输出尺寸两种。图像的像素尺寸是指数字化图像像素的多少，用横向与纵向像素的乘积来表示。描述一幅图像时，这两个参数都要用到。图像的输出尺寸则是指在给定的输出分辨率下，图像输出的大小。图像输出尺寸的大小与输出分辨率有直接的关系。

（5）图像的数据量

图像数据大小与分辨率、颜色深度有关。设图像垂直方向的像素数为 H，水平像素数为 W，颜色深度为 C 位，则一幅图像拥有的数据量大小为 $H \times W \times C/8$ 字节（B）。例如，一幅未被压缩的位图图像，如果它的水平像素为 480，垂直像素为 320，颜色深度为 16 位，则该幅图像的数据量为 480×320×16/8=307 200B=300KB。

3. 图像的数字化过程

图像的数字化过程，实际上就是对连续图像 $f(x, y)$ 进行空间和颜色离散化的过程，主要经过采样、量化、压缩编码三个步骤。

（1）采样

采样将二维空间上连续的灰度或色彩信息转化为一系列有限的离散数值的过程。具体方法是把图像在水平方向和垂直方向上等间隔地分割成矩形网状结构，所形成的矩形微小区域，称为像素点。被分割的图像若水平方向有 *M* 个间隔，垂直方向上有 *N* 个间隔，则一幅图像画面就被采样成由 $M \times N$ 个像素点构成的离散像素的集合，如图 3.14 所示。$M \times N$ 表示采样图像的像素尺寸。

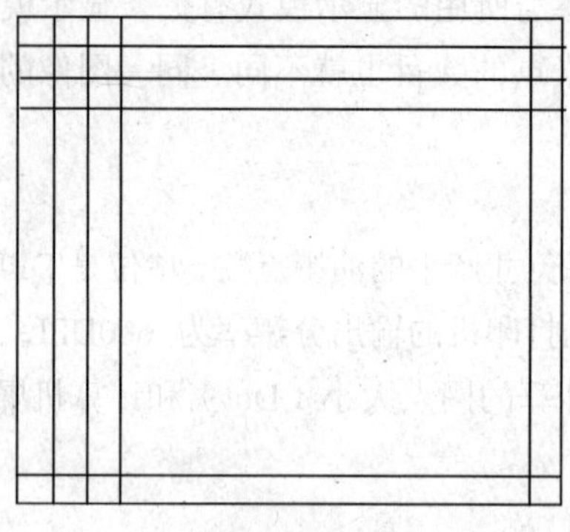

图 3.14　图像采样

（2）量化

量化是对采样得到的灰度或者颜色样本进行离散化的过程 。基本思想是将图像采样后的灰度或颜色样本值划分为有限多个区域，把落入某区域中的所有样本用同一值表示，用有限的离散数值来代替无限的连续模拟量，从而实现样本信息的离散化。

量化时确定的离散取值个数称为量化级数，表示量化的色彩（或亮度）值所需的二进制位数，称为量化字长。一般可用 8 位、16 位、24 位或更高的量化字长来表示图像的颜色。量化字长越大，越能真实地反映原有图像的颜色，但得到的数字图像的数据量也越大。

（3）压缩编码

数字化得到的图像数据量巨大，必须采用编码技术来压缩信息。目前，已有许多成熟的编码算法应用于静止图像的压缩，压缩比大约在 30：1。为了使图像压缩标准化，国际标准化组织（ISO）和国际电报电话咨询委员会（CCITT）联合组成的图像专家小组，制定了名为 JPEG 的图像压缩标准。

实现图像的数字化，需要专门的数字化设备。常见的图像数字化设备有图像扫描仪和数码照相机等。图像信息数字化的关键部件是电荷耦合器件（Charge Coupled Device，CCD），可以称为 CCD 图像传感器。CCD 广泛应用在数码摄影、天文学，尤其是光学遥测技术、光学与频谱望远镜。

4. 数字图像处理与输出

（1）数字图像处理

数字图像处理的主要内容包括图像内容编辑、图像效果优化和添加特殊效果 3 个方面。

① 图像内容编辑。

图像内容编辑主要指通过各种编辑技术实现图像内容的拼接、组合、叠加等，具体编辑技术包括选择、裁剪、旋转、缩放、修改、图层叠加等，还可加入文字、几何图形等。

② 图像效果优化。

图像效果优化是对采集的图像根据需要进行增强、滤噪、校畸、锐化、恢复等处理，使图像质量更好。

③ 添加特殊效果。

添加特殊效果是在图像内容编辑和效果优化处理的基础上，根据应用需要采取的图像创意效果处理，即在取得较好的图像质量的同时，对图像进行艺术加工和效果处理。无论是利用图像处理软件，还是其他的图像处理系统，在完成以上处理后，还需要确定适当的图像存储格式。这需要依据图像的具体特点和不同的应用目的而定。

（2）图像打印与显示

根据前面介绍的颜色模式，多媒体计算机用 RGB 模式显示图像，而用 CMYK 模式打印图像，这就需要把图像从 RGB 模式转换到 CMYK 模式。

打印驱动程序通过“色彩转换”和“半色调转换”两个步骤把计算机图像从 24 位 RGB 模式转换成单色和彩色打印所使用的 4 位 CMYK 模式。

5. 常用图形和图像文件格式

（1）图像文件的内容

图像文件由图像说明和图像数据两部分组成。图像说明部分保存用于说明图像的高度、宽度、格式、颜色深度、调色板及压缩方式等信息；图像数据部分是描述图像每一像素颜色的数据，存储方式由文件格式确定。

（2）图像文件的格式

目前研发图形图像软件的厂商众多，由于在存储方式、存储技术及发展观点上的差异，因而也就导致了图像文件格式众多，下面介绍一些常见的图像文件格式。

① BMP 格式。

BMP 格式是一种与设备无关的图像文件格式，是标准的 Windows 操作系统的基本位图格式。由于作为图像资源使用的 BMP 文件是不压缩的，因此，BMP 文件占磁盘空间较大。

② JPG 格式。

JPG 格式是由联合图像专家组（JPEG）制定的压缩标准产生的压缩图像文件格式。JPG 格式文件占磁盘空间较小，适用表现人物肖像或风景的图片，是 Internet 上支持的主要图像文件格式之一。

③ GIF 格式。

GIF（Graphics Interchange Format）格式是 CompuServe 公司指定的图像格式，GIF 文件格式支持黑白、16 色和 256 色图像，支持动画和透明，但不支持真彩。在 Internet 上 GIF 格式和 JPG 格式一样，GIF 格式已成为页面图片的标准格式。

④ TIF 格式。

TIF（Tagged Image File Format）标记图像文件格式，通常标识为*.TIF 类型。它是由 Aldus 和 Microsoft 公司为扫描仪和台式计算机出版软件开发的用来为存储黑白、灰度和彩色图像而定义的存储格式，文件能保存为压缩和非压缩的格式。几乎所有的绘画、图像编辑和页面排版应用程序，都能处理 TIFF 文件格式。

⑤ PCD 格式。

PCD 格式是美国 Kodak 公司开发的电子照片文件存储格式，是 Photo CD 专用格式。Photo CD

应用广泛，是计算机图形图像的主要来源之一。

⑥ PNG 格式。

PNG 格式是为了适应网络传输而设计的一种图像文件格式。在大多数情况下，它的压缩比大于 GIF 图像文件格式，它可取代 GIF 和 TIF 图像文件格式，一个图像文件只能存储一幅图像。

⑦ PSD 格式。

PSD 格式是 Photoshop 特有的图像文件格式，支持 Photoshop 中的所有图像类型。在编辑图像的过程中，将文件保存为 PSD 格式，可重新读取需要的信息，而且图像没有经过压缩，但会占很大的硬盘空间。

（3）图形文件的格式

矢量图形具有以下的特点：矢量图形无论是放大、缩小，还是旋转等都不会失真，具有高度的可编辑性，能够表示三维物体并生成不同的视图，而在位图图像中，三维信息已经丢失，难以生成不同的视图，并且矢量图形文件尺寸很小；但矢量图像缺乏真实感，难以表现色彩层次丰富的逼真图像效果。下面介绍一些常见的矢量图形文件格式。

① 3DS 格式。

3DS 是 3D MAX 中的一个格式，用于导出文件模型时使用，使用 3DS 导出文件，可以导出文件模型，而 3DS 文件的优点就是，不必拘泥于软件版本。3D Studio Max 常简称为 3ds Max 或 MAX，是 Autodesk 公司基于 PC 系统的三维动画渲染和制作软件，最新版本是 3ds Max 2016。

② WMF 格式。

WMF（Windows MetaFile）简称图元文件，它是微软公司定义的一种 Windows 平台下的图形文件格式，Word 中内部存储的图片或绘制的图形对象采用这种格式。它具有文件短小、图案造型化的特点。

③ EPS 格式。

EPS（Encapsulated PostScript）是 Adobe 公司矢量绘图软件 Illustrator 本身的矢量图格式，是印刷系统中功能最强的图形格式，矢量图及位图皆可包容，是分色印刷美工排版人员最爱使用的图形格式。

④ DFX 格式。

DXF（Drawing Interchange Format）格式文件是传统图形开发中最常用的图形交换格式之一，众多第三方开发的图形软件均加入了对 DXF 文件的支持。DXF 格式是 AutoCAD 图形文件中包含的全部信息的标记数据的一种表示方法，是 AutoCAD 图形文件的 ASCII 码或二进制文件格式。

⑤ CDR 格式。

CDR 是著名绘图软件 CorelRAW 使用的图形文件保存格式，CDR 文件属于 CorelDRAW 专用文件存储格式，它在兼容度上比较差，需要安装 CorelDRAW 相关软件后才能打开该图形文件。

3.3.5 数字视频及处理技术

视频是多媒体的重要组成部分。在计算机中采用动态视频处理技术，实现了图像/图形从静止到动态的过渡。动态图像包括动画和视频，动画是人为创作的，视频往往是真实世界的再现。视频和动画具有直观和生动的特点，不是语言和文字描述能达到的，然而与其他信息相比，动态视频信息复杂、信息量大，对计算机要求高，处理技术也在不断发展中。

1. 基本知识

视频（Video）是由一幅幅内容连续的图像组成的，当连续的图像按一定的速度快速播放时，由于人眼的视觉暂留现象，就会产生连续的动态画面效果，也就是所谓的视频。视频又称运动图像或活动图像，它是连续地随着时间变化的一组图像，每幅画面称为一帧（Frame），每秒播放的帧数称为帧率，主要的有24帧每秒、25帧每秒和30帧每秒。我国的电视制式是每秒钟播放25帧画面。

图像与视频是两个既有联系又有区别的概念，静止的图片称为图像（Image），运动的图像称为视频。图像与视频两者的信源方式不同，图像的输入靠扫描仪、数字照相机等设备；视频的输入是电视接收机、摄像机、录像机、影碟机以及可以输出连续图像信号的设备。

按照处理方式的不同，视频分为模拟视频和数字视频。模拟视频是用于传输图像和声音的随时间连续变化的电信号。早期视频的记录、存储和传输都采用模拟方式，模拟视频不适合网络传输，在传输效率方面先天不足，而且图像随时间和频道的衰减较大，不便于分类、检索和编辑。

数字视频是对模拟视频信号进行数字化后的产物，它是基于数字技术记录视频信息的。数字视频克服了模拟视频的局限性，这是因为数字视频可以大大降低视频的传输费用，增加交互性以及带来精确再现真实情景的稳定图像。如今，数字视频的应用已非常广泛，包括直接广播卫星、有线电视、数字电视在内的各种通信应用均需要采用数字视频技术。

2. 视频的数字化

要使计算机能处理视频，就必须把视频源——来自于电视机、模拟摄像机、录像机、影碟机等设备的模拟视频信号转换成计算机要求的数字视频形式，这个过程称为视频的数字化。视频的数字化需要经过采样、量化和编码三个步骤。

① 采样是指通过周期性地以某一规定间隔截取模拟视频信号，从而将模拟视频信号转换为数字视频信号的过程。

② 量化就是把经过抽样得到的瞬时值进行幅度离散，即用一组规定的电平把瞬时抽样值用最接近的电平值表示。

③ 经过采样和量化后得到的数字视频量非常大，要进行压缩编码。视频信号压缩的目标是在保证视觉效果的前提下减少视频数据，方法是从时间域和空间域两方面去除冗余信息，减少数据量。

多媒体计算机视频图像采用的是数字信号，得到数字视频图像可以有两个途径，一是将模拟视频信号经过模拟/数字转换后输入计算机中，对彩色视频的各个分量进行数字化，经压缩编码后生成数字视频信号。另一种是使用数字化视频捕捉设备，直接拍摄外界影像，将得到的数字视频信号输入计算机中，直接通过软件进行编辑处理，这是真正意义上的数字视频技术。

数字化视频的优点如下。

① 适合于网络应用。在网络环境中，视频信息可方便地实现资源共享，视频数字信号便于长距离传输。

② 再现性好。模拟信号由于是连续变化的，所以不管复制时精确度多高，失真不可避免，经

多次复制后，误差就很大。数字视频可不失真地进行无限次拷贝，其抗干扰能力是模拟图像无法比拟的。它不会因存储、传输和复制而产生图像质量的退化，能准确再现图像。

③ 便于计算机编辑处理，模拟信号只能简单调整亮度、对比度和颜色等，限制了处理手段和应用范围。而数字视频信号可以传送到计算机内进行存储、处理，很容易进行创造性地编辑与合成，并进行交互。

数字视频的缺陷是处理速度慢，数据存储空间大，数字图像处理成本高，通过压缩数字视频，可以节省大量存储空间，光盘技术的应用也使得大量视频信息的存储成为可能。

3. 常用的视频文件格式

通常视频文件可以分为两大类，一类是影音文件，即本地视频，如常见的 VCD、DVD；另一类是流式视频文件，即网络视频。下面介绍常见的视频文件格式。

（1）AVI 格式

AVI 是 Audio Video Interleave（音频/视频隔行扫描）的缩写，是一种音视频交叉记录的视频容器文件格式，微软公司在 1992 年推出 AVI 文件及其应用软件 Video for Windows，故通用性好，使用广泛，文件扩展名是.AVI。

（2）ASF 格式

ASF（Advanced Streaming Format）格式是流媒体视频格式之一，是 Microsoft 为了和 RealPlayer 竞争而发展起来的一种可以直接在网上观看视频节目的文件压缩格式，文件扩展名是.ASF。使用 Microsoft Windows Media Player 可以直接播放该格式的文件。

（3）WMV 格式

WMV（Windows Media Video）的文件扩展名是.WMV，也是微软公司推出的一种采用独立编码方式，并且可以直接在网上实时观看视频节目的文件压缩格式。

（4）MOV 格式

MOV 格式是美国 Apple 计算机公司开发的一种视频格式，默认的播放器是苹果的 Quick Time Player。文件扩展名是.MOV。

（5）MPG 格式

PC 上的全屏幕活动视频的标准文件为 MPG 格式文件，MPG 文件是使用 MPEG（Moving Pictures Experts Group，运动图像专家组）方法进行压缩的全运动视频图像，文件扩展名一般是.MPG 或.MPEG。

（6）RA/RMVB 格式

RM 格式是 Real Networks 公司制定的音频视频压缩规范，称为 Real Media，文件扩展名是.RM，是目前主流的网络视频格式。RM 采用“边传边播”的方法，即先从服务器上下载一部分视频文件，形成视频流缓冲区后实时播放，同时继续下载，为接下来的播放做好准备。RMVB 格式则是一种由 RM 视频格式升级延伸出的新视频格式，它的文件扩展名是.RMVB，是流媒体格式。

（7）DAT 格式

DAT 是 VCD 数据文件的扩展名，也是基于 MPEG 压缩方法的一种文件格式。DAT 文件实际上是在 MPEG 文件头部加上了一些运行参数形成的变体，但大多数视频编辑软件都不直接支持 DAT 格式，一般要用 DAT2MPG 软件来转换。

（8）FLV 格式

FLV（Flash Video）流媒体格式是一种新的视频格式。它形成的文件极小、加载速度极快。它的出现有效地解决了视频文件导入 Flash 后，导出的 SWF 文件体积庞大，不能在网络上很好地使用等缺点。

3.3.6　数据压缩技术

多媒体计算机技术、计算机网络技术以及现代多媒体通信技术正在向着信息化、高速化、智能化方向迅速发展。随着各个领域的应用与发展，各个系统的数据量越来越大，这给数据的存储、传输以及有效、快速获取信息带来了严重的障碍。数字化后的视频和音频等媒体信息具有数据海量性，与当前硬件技术提供的计算机存储资源和网络带宽之间有很大差距，因此数据压缩技术成为解决这一问题的关键技术。本节主要介绍数据压缩的基本概念、基本原理，常用的数据压缩技术及分类，数据压缩标准以及数据压缩技术的应用。

1. 数据压缩的必要性

由于媒体元素种类繁多、构成复杂，即数字计算机所要处理、传输和存储等的对象为数值、文字、语言、音乐、图形、动画、静态图像和视频图像等多种媒体元素。目前，虚拟现实技术要实现逼真的三维空间、3D 立体声效果和在实境中进行仿真交互，带来的突出问题是媒体元素数字化后数据量大得惊人。对诸如声音、图像等信号的海量表现，下面举例说明。

（1）图像文件的数据量

例如，一幅未压缩的位图图像，它的水平像素为 640，垂直像素为 480，颜色深度为 24 位，则该幅图像的文件大小为（640×480×24）/（8×1 024）= 900KB。一张 650MB 的 CD-ROM 大约存储 738 幅图像。

（2）音频文件的数据量

例如，双通道立体声激光唱盘，采用脉冲码调制采样，采样频率为 44.1kHz，采样精度为 16 位，其一秒时间内的采样数据量为（44.1×1 000×16×2）/（8×1 024）≈172.3KB，一张 650MB 的 CD-ROM 大约可存 1 小时的音乐。

（3）视频文件的数据量

例如，彩色电视信号采用 PAL（25 帧/秒）制，720×576 分辨率，24 位真彩，则 1s 电视信号的数据量为（720×576×24×25）/（8×1 024× 1 024）×1≈29.7 MB，一张容量为 650MB 的 CD-ROM 仅能存储约 22s 的原始电视数据。

从以上的例子可以看出，数字化信息的数据量十分庞大，这无疑给存储器的存储量、通信干线的信道传输率以及计算机的速度都带来了极大的压力。如果单纯靠扩大存储器容量、增加通信干线传输率的办法来解决问题是不现实的。通过数据压缩技术可以大大降低数据量，以压缩的形式存储和传输，既节约了存储空间，又提高了通信干线的传输效率，也使计算机得以实时处理音频、视频信息，保证播放出高质量的视频和音频节目。

2. 数据压缩的基本原理

数据压缩是指在不丢失信息的前提下，缩减数据量以减少存储空间，提高其传输、存储和处理效率的技术方法，或按照一定的算法对数据进行重新组织，减少数据的冗余和存储的空间。视频压缩与语音相比，语音的数据量较小，且基本压缩方法已经成熟，目前的数据压缩研究主要集中于图像和视频信号的压缩方面。

数据压缩处理有两个过程，即编码过程和解码过程。编码过程是将原始数据经过编码进行压缩，以便存储与传输；解码过程是对编码数据进行解码，将其还原为可以使用的数据。

数据之所以可以被压缩，是因为数据自身具有冗余性，同时对于人的感觉来说，数据也存在着冗余性。数据本身的冗余性主要表现在以下几个方面。

（1）空间冗余

空间冗余是图像数据中经常存在的一种冗余。在同一幅图像中，规则物体和规则背景（规则是指表面是有序的而不是杂乱无章的排列）的表面物理特性具有相关性，这些相关性的光成像结果在数字化图像中就表现为数据冗余。

（2）时间冗余

时间冗余是序列图像（电视图像、运动图像）和语音数据中经常包含的冗余。图像序列中两幅相邻的图像，后一幅图像与前一幅图像之间有较大的相关，这反映为时间冗余。同理，在语音中，由于人在说话时其发音的音频是连续和渐变的过程，而不是完全时间上独立的过程，因而存在时间冗余。

（3）知识冗余

许多图像的理解与某些背景知识有相当密切的相关性。对于图像中重复出现的部分，我们可以构造出基本模型，并创建对应各种特征的图像库，使图像的存储只需要保存一些特征参数，从而大大减少数据量。知识冗余是模型编码主要利用的特性。

（4）视觉冗余

人眼的时间分辨率为每秒 25～30 幅图像，人类的视觉系统受生理特性的限制，对于图像环境的变化并不是都能感知的。这些变化如果不被视觉察觉的话，我们仍认为图像是完好的或足够好的，这样的冗余称为视觉冗余。

（5）结构冗余

在有些图像的纹理区，图像的像素点存在明显的分布模式。例如，方格状的地板图案等，称此为结构冗余。如果已知分布模式，就可以通过某一过程生成图像。

3. 数据压缩方法的分类

多媒体技术中常用的数据压缩算法可分为两大类：无损压缩和有损压缩。无损压缩格式是指利用数据的统计冗余进行压缩，可完全恢复原始数据而不引起任何失真，但压缩率受到数据统计冗余度的理论限制，一般为 2∶1～5∶1。这类方法广泛用于压缩文本数据、程序和特殊应用场合的图像数据（如指纹图像、医学图像等）。有损压缩是指利用了人类对图像或声波中的某些频率成分不敏感的特性，允许压缩过程中损失一定的信息，虽然不能完全恢复原始数据，但是所损失的部分对于理解原始图像的影响缩小，而且换来了大得多的压缩比。有损压缩广泛应用于语音、图像和视频数据的压缩。

4. 数据压缩的标准

数据压缩的标准分为静止图像压缩标准 JPEG、运动图像压缩标准 MPEG 和视频通信编码标准 H.261。

（1）H.261

H.261 是在可视电话、电视会议中采用的视频、图像压缩编码标准，由 CCITT 制定，1990 年

12 月正式批准通过。

（2）JPEG

JPEG（Joint Photographic Expert Group）即联合图像专家组，它是由国际标准化组织 ISO、国际电报电话咨询委员会 CCITT、国际电工委员会 IEC 共同联合于 1986 年正式开始制定的标准。

JPEG 是静态图像压缩方法，JPEG 压缩是有损压缩，它利用了人的视觉系统的特性，去掉了视觉冗余信息和数据本身的冗余信息。在压缩比为 25∶1 的情况下，压缩后的图像与原始图像相比较，非图像专家难辨“真伪”。

（3）MPEG

MPEG（Moving Picture Expert Group）即活动图像专家组，是由 ISO 和 CCITT 研究制定的视频及其伴音国际编码标准。MPEG 是以 H.261 标准为基础发展而来的，MPEG 的主要任务是把计算机系统和广播电视系统结合起来，建立统一的信息网络，即多媒体网络。

MPEG 压缩标准于 1990 年制订，是一种既可以通过软件实现，也可以通过硬件实现的标准。MPEG 又是一个标准系列，依据发布的时间顺序为 MPEG-1、MPEG-2、MPEG-4、MPEG-7、MPEG-21 等，各系列有不同的特点和应用。MPEG-1 是 1992 年正式发布的数字电视标准，MPEG-2 是 1994 年数字电视标准，这两个标准分别用于不同电子产品；MPEG-3 于 1996 年合并到高清晰度电视（HDTV）工作组；MPEG-4 是 1999 年发布的多媒体应用标准；MPEG-7 是多媒体内容描述接口标准；MPEG-21 的正式名称是多媒体框架，又称数字视听框架，目前还在研究中。

5. 数据压缩技术的应用

数据压缩技术广泛应用于工业、农业、国防、军事、科技、机械电子、航空航天、影视新闻、天文、气象、卫星、遥感、物探、海洋、环保等各个领域，成为人类生活中不可缺少的重要组成部分，如多媒体网络存储、传输系统、多媒体通信、移动通信等。但数据压缩技术在各个方面应用时，采用哪种压缩方法，要根据信号类型和应用目的差异等具体需要而定。最常用的两个压缩软件是 WinZip 和 WinRAR，它们的压缩率一般在 10%以上，大大方便了文件的传输与保存。在 Internet 上，通过搜索引擎可以很方便地找到并下载最新版本的 WinZip 和 WinRAR 软件。

习　题　3

一、单选题

1. 在计算机内部，加工处理、存储、传运的数据和指令都采用________。

   A. 二进制码　　B. 拼音码　　C. 补码　　D. ASCII 码

2. 下列 4 个不同进制的无符号整数中，数值最小的是________。

   A. $(10010010)_2$　　B. $(221)_8$　　C. $(147)_{10}$　　D. $(94)_{16}$

3. 有关计算机内部信息的表示方法中，下面不正确的叙述是________。

   A. 用补码表示有符号数可使减法运算用加法运算实现

   B. 定点数与浮点数都有一定的表示范围

   C. ASCII 码是由联合国制定的计算机内部唯一使用的标准代码

   D. 机器语言较为难懂，是由于机器语言是用二进制编码表示的

4. 计算机中，浮点数由________两部分组成。

A. 整数和小数　　B. 阶码和基数　　C. 基数和尾数　　D. 阶码和尾数

5. 下列字符中，ASCII 码值最大的是________。

A. k　　B. a　　C. Q　　D. M

6. 存储一个 24×24 点阵汉字字形需要的字节数为________。

A. 24B　　B. 48B　　C. 72B　　D. 96B

7. 图像序列中的两幅相邻图像，后一幅图像与前一幅图像之间有较大的相关，这是________。

A. 空间冗余　　B. 时间冗余　　C. 信息熵冗余　　D. 视觉冗余

8. 目前多媒体计算机中对动态图像数据压缩常采用________。

A. JPEG　　B. GIF　　C. MPEG　　D. BMP

9. 一幅 120×80 大小的 24 位真彩色图像，所占用的存储空间为________字节。

A. 9 600　　B. 19 200　　C.28 800　　D. 16 777 216

10. 下列属于音频文件扩展名的是________。

A. WAV　　B. MID　　C. MP3　　D. 以上都是

二、思考题

1. 计算机内部为什么采用二进制编码表示?
2. *R* 进制数与十进制数的转换规则是什么?
3. 什么是 ACSII 编码?
4. 列举 5 种计算机可以处理的数据。
5. 为什么要压缩多媒体信息?
6. 计算机中常用的数制有哪些?
7. 列举逻辑运算的三种基本运算。
8. 在 MPEG 视频压缩中，为了提高压缩比，主要使用哪两种技术?

第 4 章 文字处理软件 Word 2010

学习目标

- 了解文字处理软件 Word 2010 的基本界面，包括快速访问工具栏、标题栏、功能区、工作区等内容
- 掌握 Word 文档的基本操作，包括文档的创建与保存、文本的录入与编辑、查找与替换等操作
- 掌握 Word 文档的字符、段落、页面格式的设置，背景与水印的设置
- 掌握 Word 文档的图文处理操作，包括图片、文本框、自选图形、艺术字、SmartArt、屏幕截图以及图文混排等
- 掌握 Word 文档的表格制作和处理，包括创建和编辑表格，表格的计算和排序等

Word 2010 是目前流行的文字处理软件，用于处理日常办公事务，Word 2010 适于制作各种文档，如信函、论文、报告和小册子等。Word 2010 与以前的版本相比较，界面更友好、更合理，功能更强大，为用户提供了智能化的工作环境。

4.1 文档的创建与保存

1. Word 2010 的启动和退出

系统在安装 Office 2010 后就可以使用 Word 2010 了，同时提供了多种启动方式。

① 在桌面左下角选择“开始→所有程序→Microsoft Office→Microsoft Office Word 2010”命令，即可启动 Word 2010。

② 双击桌面上的 Word 2010 快捷方式，也可启动 Word 2010。

同样，Word 2010 的退出也有多种方式。

① 单击 Word 2010 的“文件”选项卡，选择“退出”菜单命令。

② 单击 Word 2010 窗口标题栏右上角的关闭按钮 ☒。

③ 按 Alt+F4 组合键。

④ 单击 Word 2010 窗口标题栏左上角的控制图标 W。

2. Word 2010 的操作界面

成功启动 Word 2010 后，屏幕上会出现 Word 2010 的工作界面，如图 4.1 所示。窗口由动态

命令选项卡、快速访问工具栏、标题栏、功能区、工作区、垂直滚动条和状态栏等部分组成。下面逐一介绍这些组成部分的作用。

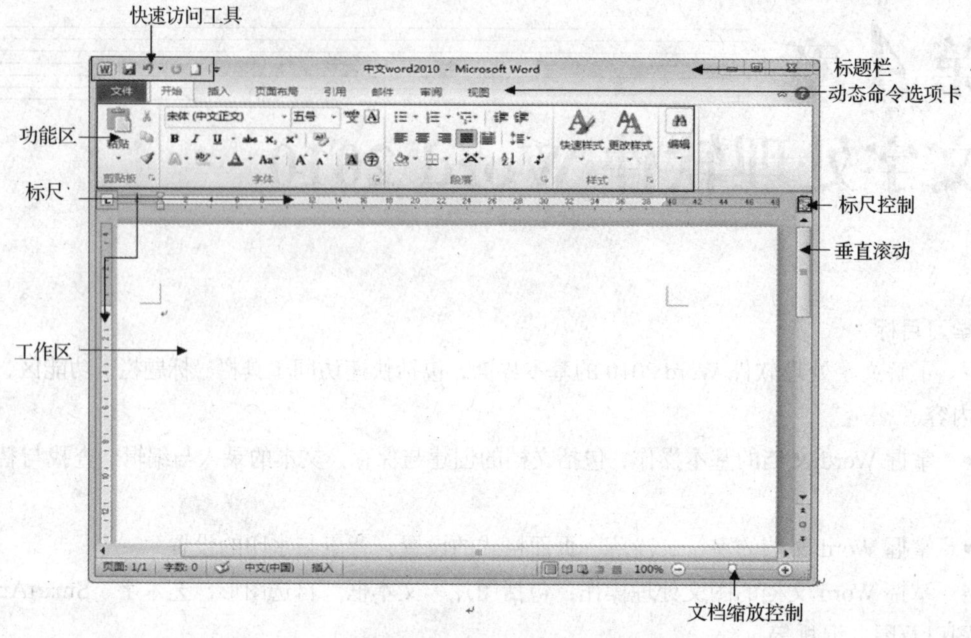

图 4.1 Word 2010 工作窗口

3. 创建文档

Word 2010 的创建非常简单，用户只要启动 Word 2010，系统就会自动创建一个名为“文档 1”的 Word 文档，当然并不是说创建每一个新文档都需要启动一次 Word 2010，系统还提供了多种创建文档方法。

方法 1：选择“文件→新建”菜单命令，从“可用模板”中选择合适的模板。

方法 2：单击快速访问工具栏中的“新建”按钮，可创建一个空白文档。

方法 3：在 Word 2010 工作环境中，按 Ctrl+N 组合键也可生成一个新文档。

4. 打开文档

打开文档是最基本的操作，任何文档都必须先打开然后才能进行编辑、修改等其他操作。Word 2010 提供了几种打开文档的方法。

方法 1：选择“文件→打开”菜单命令，在弹出的“打开”对话框中选中想要打开的文档，然后单击“打开”按钮即可；也可以直接双击要打开的文档。Word 2010 允许同时打开多个文档，因此在选择文档时可以同时选择多个。可按住 Shift 键连续选择，按住 Ctrl 键非连续选择。

方法 2：单击快速访问工具栏中的“打开”按钮，在弹出的“打开”对话框中选择要打开的文件。

方法 3：在 Word 2010 工作环境中，按 Ctrl+O 组合键也可弹出“打开”对话框，从中选择要打开的文件。

5. 文档的保存和安全设置

（1）保存文档

文档在创建和修改完毕之后，最后的操作就是保存，Word 2010 提供了几种保存方法。

方法 1：选择“文件→保存”菜单命令，在弹出的“另存为”对话框中确定保存的路径、名称、格式，单击“保存”按钮。

方法 2：单击快速访问工具栏“保存”按钮，保存文件。

方法 3：在 Word 2010 工作环境中，按 Ctrl+S 组合键，保存文件。

（2）设置密码

为了保护个人的隐私，建立文档时可以设置密码。打开密码设置打开权限，修改密码设置修改权限，密码一定要是自己易于记住的。要取消密码保护只需将对应文本框中的密码删除即可。设置密码有 3 种方式。

方法 1：选择“文件→信息”菜单命令，在右侧单击“保护文档”按钮，在下拉菜单中选择“用密码进行加密”命令，弹出“加密文档”对话框。在对话框中输入密码并单击“确定”按钮即可设置密码。

方法 2：选择“文件→保存”按钮，在打开的“另存为”对话框中单击“保存”按钮左边的“工具”下拉按钮，选择“常规选项”命令。

方法 3：选择“文件→限制编辑”按钮，选中“限制对选定的样式设置格式”和“编辑限制”两个复选框后，单击“是，启动强制保护”按钮。使用这种保护办法后，其他用户虽然可以打开文件，但是无法编辑文档。

4.2　文档的简单编辑

4.2.1　文本输入

Word 2010 可输入的文本内容包括中文、英文、标点符号和特殊符号等，在输入时还可以控制输入字符的全半角。

1. 输入法

在文档中输入文本时，经常需要中英文输入来回切换，最简单的方式就是快捷键，同时按 Ctrl+空格键，可在中英文输入之间切换，不必考虑使用的是哪种中文输入法；按 Ctrl+Shift 组合键可在系统所有的输入法之间循环切换；按 Shift+空格键可在字符全半角之间切换。输入法的选择也可以通过鼠标来完成，单击输入法控制按钮，在对应菜单中选择输入法，如图 4.2 所示。

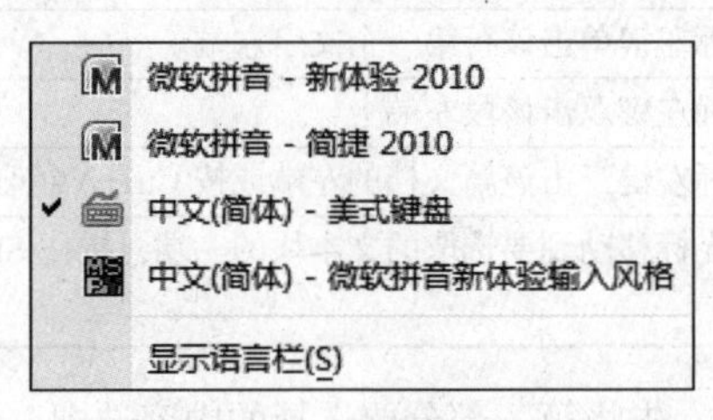

图 4.2　选择输入法

Word 文字的输入有两种状态，一种是系统默认的插入式，还有一种是改写式。两种输入方式可以按 Insert 键相互切换，也可以双击状态栏的“改写”来实现。当“改写”为灰色时，为插入状态，否则为改写状态。

2. 符号

Word 除了能输入汉字、英文和标点之外，还可以输入一些系统规定的符号，实现方法如下。

① 在要插入的位置单击，在“插入”选项卡的“符号”组中单击“符号”按钮，在下拉菜单中选择要插入的符号；如果要插入的符号不能直接找到，可以单击两个组内的下箭头，选择更多的符号。

② 在弹出的“符号”对话框中选择要插入的符号，然后单击“插入”按钮，如图 4.3 所示。

图 4.3 “符号”对话框

4.2.2 文字编辑

1. 选取文字

Word 中，常常要对文档的某一部分进行操作，如某个段落、某些句子等，这时必须先选取要进行操作的部分，被选取的文字以黑底白字的高亮形式显示在屏幕上，这样就很容易与未选取的部分区分来，下面介绍几种常见的选取方法。

① 连续内容的选取方法如表 4.1 所示。

表 4.1 连续内容的选取方法

选择范围	选择方法
一个英文单词或汉语词汇	用鼠标左键双击该单词或词汇
一行文字	用鼠标左键单击该行第一个文字左端
一段文字	用鼠标左键双击该段左端
正篇文档	用鼠标左键三击该篇文档的左端或按 Ctrl+A 组合键
非规则文本块	先将光标移动到要选取的文本块的一端，按住 Shift 键的同时，在文本块的结尾处单击

② 非连续内容的选取方法。先将第一部分要选择的内容选中，然后按住 Ctrl 键，用鼠标拖曳的形式选中第二部分，然后选择第三部分，依次选择其余部分，所有内容选择完毕后，松开 Ctrl 键。

2. 文本内容的移动、复制与删除

向文档输入文本时，有些文本需要重复输入，这时可以使用 Word 提供的复制与粘贴功能，节省输入文字的时间，提高工作效率。

（1）移动

移动是指改变选中的数据内容的位置，将其放置到目标位置。有以下两种实现方法。

① 选中要移动的内容右击，从弹出的快捷菜单中选择“剪切”命令或按 Ctrl+X 组合键，将光标移动到目标位置右击，从弹出的快捷菜单中选择“粘贴”命令或按 Ctrl+V 组合键。

② 选中要移动的内容，鼠标指向选中内容，按住左键，拖动鼠标到目标位置处，松开左键。

（2）复制

复制是指将选中的数据内容复制一份，放到目标位置。

① 选中要移动的内容右击，从弹出的快捷菜单中选择“复制”命令或按 Ctrl+C 组合键，将光标移动到目标位置右击，从弹出的快捷菜单中选择“粘贴”命令或按 Ctrl+V 组合键。

② 选中要移动的内容，按住 Ctrl 键，同时鼠标指向选中内容，按下鼠标左键，拖动鼠标到目标位置处，松开 Ctrl 键和鼠标左键。

（3）删除

在编辑文档过程中，经常要删除一些文字。如果要删除一个字符，则可将光标定位到要删除字符的前面，按 Delete 键，该字符即被删除，同时被删除字符后面的文字依次前移；将光标定位在该文字后面，然后按 Backspace 键，同样可以删除，但是 Backspace 键称为退格键，不是删除键。如果要删除一段内容，则先选取要删除部分的文字，然后按 Delete 键删除。

4.2.3　查找与替换

1. 查找

查找功能帮助用户快速查找指定的数据内容。

选择“开始→编辑→查找”按钮，系统窗口右侧弹出“导航”窗格，在“导航”窗格内输入要查找的内容后，系统会自动查找出结果，并显示在输入框下方，用户可以单击内容切换到该页面下，如图 4.4 所示。关于“导航”窗格的内容，下文会有详细介绍。

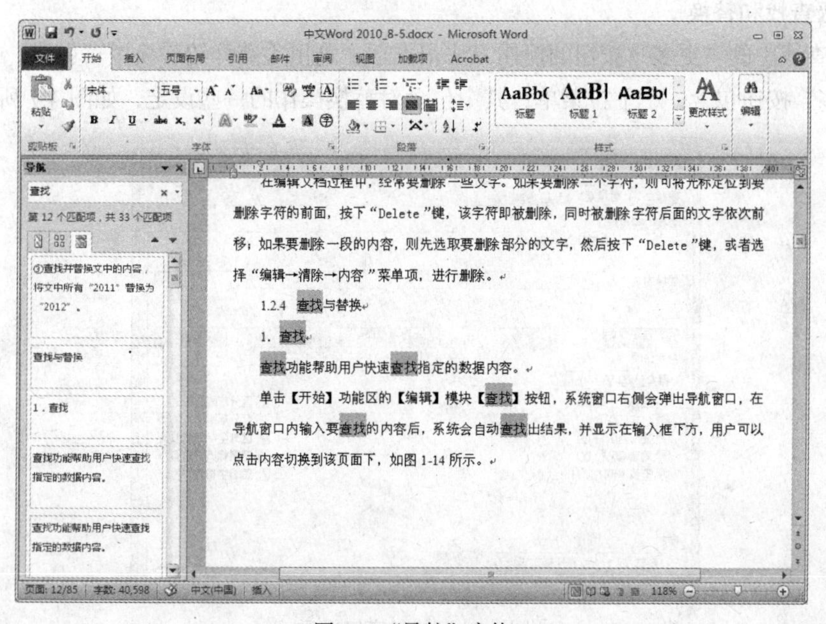

图 4.4　“导航”窗格

如果对查找内容有进一步的要求，可单击“查找”下拉菜单中的“高级查找”命令，弹出“查找和替换”对话框，如图 4.5 所示。在“查找内容”文本框中输入要查找的内容，然后单击“查找下一处”按钮即可。用户还可以单击“更多”按钮来设定查找内容的格式，具体设定方法在替换部分再具体讲解。

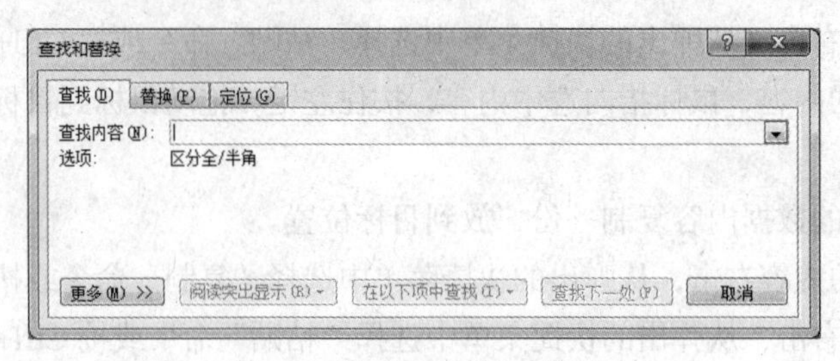

图 4.5 “查找和替换”对话框

2. 替换

替换功能帮助用户将指定的内容快速替换为想要的内容，查找和替换位于同一个对话框的不同选项卡，如图 4.6 所示。替换时也有两种方式。

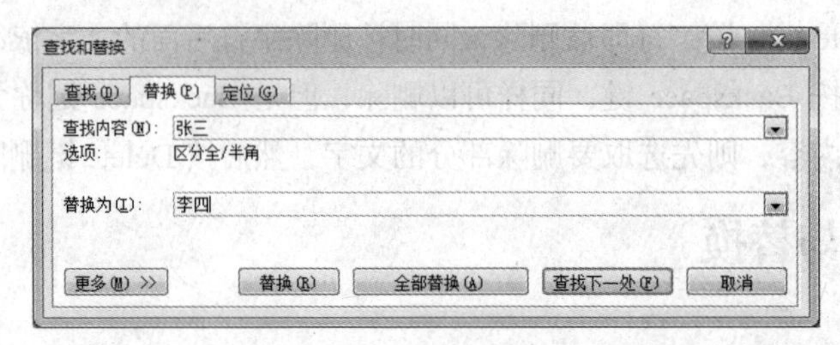

图 4.6 “替换”选项卡

① 逐个替换。首先选择“查找下一处”按钮，找到后再决定是否替换，如果替换，则单击“替换”按钮。

② 全部替换。单击“全部替换”按钮，系统会将文中所有的“张三”全都替换成“李四”。

3. 高级查找和替换

替换和查找中的“更多”按钮的使用方法很类似，这里重点介绍替换中“更多”按钮的使用方法。“更多”按钮包含一个下拉菜单，其中包含对替换操作的一些设定，如图 4.7 所示。

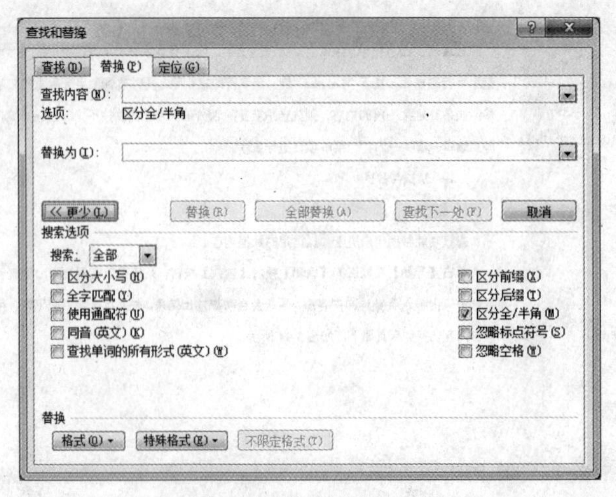

图 4.7 替换的高级选项

Word 2010 还提供了替换和查找非标准数据内容功能，例如某种文字或段落格式的查找替换、对一些键盘无法输入的特殊字符的查找和替换等。在选项卡最下端的“格式”和“特殊字符”按钮，就提供了这样一个工具接口。

在文档排版时，用户可能需要将文中某些相同的文字设置成特定的格式，例如，将所有“张三”设定为“红色加粗”的“张三”，由于文中“张三”出现的位置较多且分散，在排版时逐个设定比较烦琐，而格式替换可以迅速并准确地完成，方法如下。

首先在“查找内容”和“替换为”文本中分别输入“张三”，然后将光标定位于“替换为”文本框内，单击对话框中的“更多”按钮，再单击“格式”下拉菜单的“字体”命令，在弹出的“查找字体”对话框中选择“字形”为“加粗”，“字体颜色”选择“红色”，最后进行替换。

在使用格式替换时，注意设定文字的格式是“查找内容”还是“替换为”，一定首先要将光标置于对应的输入框内再设定字体格式。

4. 通配符

上文中提到了通配符，这里简单介绍通配符的概念和使用。通配符是一类键盘字符，包括星号（*）和问号（?）两种。查找某些内容时，可以使用它来代替一个或多个真正字符；当不知道真正字符或者不想键入完整的名字时，常常使用通配符代替一个或多个真正字符。

星号（*）：可以使用星号代替 0 个或多个字符。

问号（?）：可以使用问号代替一个字符。

表示匹配的数量不受限制，而 ? 的匹配字符数受到限制。这个技巧主要用于英文搜索中，如输入“computer”，就可以找到“computer、computers、computerised、computerized”等单词，输入“comp?ter”，则只能找到“computer、compater、competer”等单词。当然对于汉字的查找和替换同样有效。

5. 撤销与恢复

在编辑文档时，用户常会出现错误的操作，例如在删除某些内容时，可能会由于操作不当删除了一些不该删除的内容。此时，可以利用撤销操作来取消上次的删除操作，恢复文本内容。可以单击快速工具栏的“撤销”按钮 或按 Ctrl+Z 组合键来恢复操作前的文本，Word 会自动记录最近的一些操作情况，可以在单击“撤销”按钮的下拉菜单中选择要退回到的那次操作。同样还可以使用“恢复”按钮 来重新执行刚才取消的操作。

“恢复”按钮 只有在“撤销”按钮 被使用时才会出现，正常情况下显示为“重复输入”按钮 ，其功能是重复输入以前输入的内容，这两个功能按钮放在“快速访问工具栏”内。

4.3 文档格式编辑

Microsoft Office Word 2010 软件界面友好，提供了丰富的工具，利用鼠标就可以完成选择、排版等操作，可以编辑文字图形、图像、声音、动画，可以插入用其他软件制作的信息，也可以用 Word 软件提供的绘图工具进行图形制作、编辑艺术字和数学公式，满足用户的各种文档处理要求，Word 软件提供了强大的制表功能，不仅可以自动制表，也可以手动制表。Word 的表格线自动保护，表格中的数据可以自动计算，还可以对表格进行各种修饰。在 Word 软件中，还可以直接插入电子表格。用 Word 软件制作表格，轻松、美观、方便、快捷。

4.3.1 字体设置

在文章中适当地改变字体，可以使文章结构分明、重点突出。常见文本内容可以是汉字，也可以是字母、数字或符号，文本的格式包括字符的字体、大小、粗细、字符间距等。

1. 字体和字号

常见的文本格式可以通过工具栏的按钮来进行操作，例如设置字体加粗按钮、设置字体字号按钮等；还可以在选择字体下画线按钮的下拉列表中选择下画线的线形。

（1）选择字号。改变字号的目的通常是将不同层次的文字从大小上区分开来。在 Word 中，表述字体大小的计量单位有两种，一种是汉字的字号，如初号、小初、一号、…、七号、八号；另一种是用国际上通用的“磅”来表示，如 4, 4.5, 10, 12, …, 48, 72 等。

（2）设置字体。字体是指文字在屏幕上或输出纸张上呈现的书写形式，如汉字的楷书、行书、草书、黑体，英文的 Arial、Time New Roman 等。字体的选择可以通过“开始”选项卡的“字体”组的许多功能按钮完成，也可以单击“字体”组右下角的扩展按钮，在弹出的“字体”对话框中设置。

2. 字形效果

在编辑文档时，有时为了达到强调和突出的效果，可以通过“开始”选项卡中的按钮来设定字形。常用的按钮包括以下几种。

表示使用粗体效果；表示使用斜体效果；给所选字符加下画线，可以在其下拉列表中选择不同的线型；给所选字符加边框；表示所选字符带底纹效果；给所选的字符添加删除线；将所选的字符设置为下标；将所选的字符设置为上标；对所选文本设置外观效果，如轮廓、阴影、映像、发光等，该按钮是 Word 2010 新添加的功能。

设置字形的按钮有边框时表示该字形效果有效，否则表示该字形效果无效。例如，图 4.8 中的斜体按钮和边框按钮有效，其他无效。

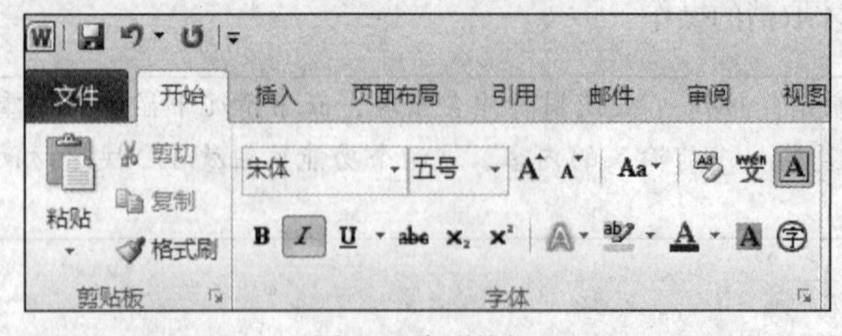

图 4.8　字形按钮

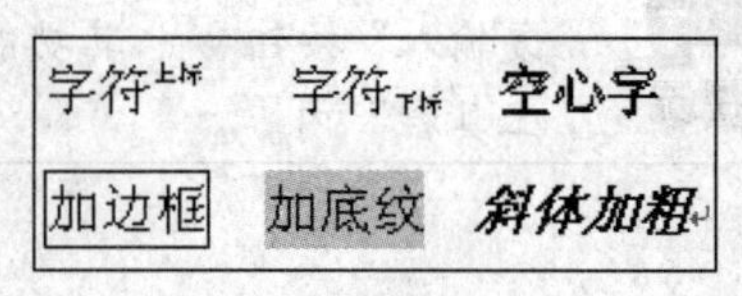

图 4.9　字形效果

除了以上几种简单的字形效果之外，Word 还有其他多种修饰效果，单击“开始”选项卡的“字体”组右下角的扩展按钮，打开“字体”对话框，进行具体修饰。图 4.9 所示为部分字形效果。

3. 间距和缩放

（1）字符宽度。在一些特殊的排版中需要设置字符的宽与高有一定的缩放比例，从而得到字符的缩放效果。

操作步骤如下。

① 在“开始→字体”组中单击右下角的扩展按钮，在弹出的“字体”对话框中，选择“高级”选项卡。

② 在“缩放”下拉列表框中选择需要缩放的比例，也可以直接输入百分比值，单击“确定”按钮即可。

选择的缩放比例大于 100%时，值越大，得到的字体就越趋于宽扁；选择的缩放比例小于 100%时，值越小，得到的字体就越趋于瘦高。如选择 100%，则表示没有缩放。缩放效果如图 4.10 所示。

字符的缩放效果 150　　字符的缩放效果 66↵

图 4.10　字符缩放

（2）字符间距。利用 Word 编辑排版时，为了适应篇幅大小或美观的要求，需要将仅占用 1～2 个字符的一行压缩到上一行。这时可以使用“紧缩”字符间距的办法来实现。同样，要将刚好占满一行的文字拆成两行，也可采用加宽字符的方法来实现。具体操作方法如下。

单击“开始→字体”组右下角的扩展按钮，在弹出的“字体”对话框中选中“高级”选项卡，在“间距”下拉列表中进行相应选择。

（3）颜色和效果。“字体”对话框提供了“字体颜色”按钮下拉列表框来设置颜色，但是最简单的方法是先选中文本，再从“字体”组的“字体颜色”调色板中选择一种颜色。字体颜色调色板是一个浮动面板，可以单击下拉列表框的“其他颜色”按钮，从弹出的“字体颜色”对话框中选择，直到所选颜色适合为止。

4. 更改文字方向

在 Word 文档中，有两种方法改变文字方向。

① 选择“页面布局→页面设置→文字方向”按钮，下拉菜单中有 5 种选项，水平、垂直、将所有文字旋转 90°、将所有文字旋转 270° 和将中文字符旋转 270°。

② 使用“文字方向”对话框。

a. 单击下拉菜单中的“文字方向选项”命令，在弹出“文字方向- 主文档”对话框中具体设定，如图 4.11 所示。

b. 在“方向”框中单击选择所需的文字方向。

c. 在“应用于”文本框中选择作用的范围。

提示

根据是否选中文字、文档中的分节情况，有“所选文字”“所选节”“本节”“插入点之后”“整篇文档”等选项。

d. 单击“确定”按钮。

图 4.11　设定文字方向

关于字体的设置，系统提供了更加方便的使用方式，当用户选中要处理的文字时，将鼠标指针沿着选中的字体缓慢向上移动时，系统会显示关于字体设置的简单工具栏，能够实现一般的字体设定，如图 4.12 所示。

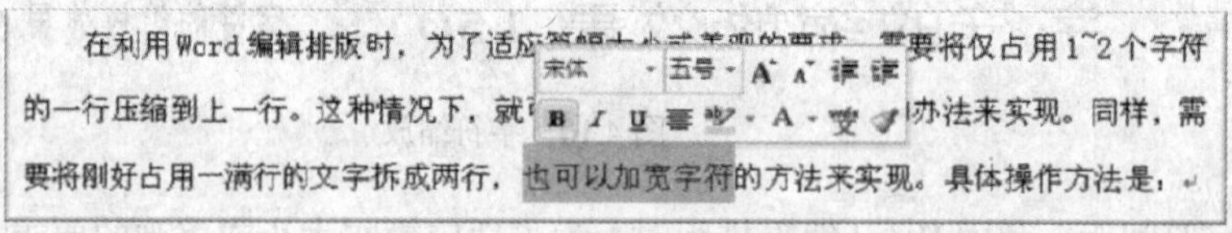

图 4.12　字体设置快捷工具栏

4.3.2　段落格式设置

段落是指两个 Enter 键之间的内容，段落的内容包括文字、图片、各种特殊字符等。在 Word 2010 中可以为整个段落设置特定的格式，如行间距、段前段后间距等，这些格式可以通过“段落对话框”设置。本节将介绍如何通过对话框来设置段落缩进、段落间距、换行、分页，以及为段落添加边框和底纹。

1. 段落缩进

在编辑文档时，经常需要让某段落相对于别的段落缩进一些，以显示不同的层次，在文章中，通常都习惯在每一段落的首行缩进两个字符，这对于中文文字的处理特别有用，这些缩进都需要设置段落缩进，Word 提供了 3 种缩进的方式。

（1）段落缩进

单击“开始”选项卡“段落”组右下角的扩展按钮，弹出的“段落”对话框。在“缩进和间距”选项卡的“缩进”栏中，在“左侧”和“右侧”数值框中直接输入数值，可以调整段落相对左、右页边距的缩进值。例如，在“左侧”“右侧”数值框中分别输入“4 字符”，则光标所在段落或选定段落将相对左右页边距各缩进 4 个字符。

（2）悬挂缩进

在有的情况下，又可能需要首行不缩进，而其他行要缩进，这时可以使用悬挂缩进方式。在“缩进”栏的“特殊格式”下拉列表中选择“悬挂缩进”选项，然后在“磅值”数值框中输入要缩进的值即可。

（3）首行缩进

按照中文行文的习惯，每段第一行会缩进 2 个字符，此时就需要用特殊格式进行设置。在“缩进和间距”选项卡中，在“缩进”选项区的“特殊格式”下拉列表框中选择“首行缩进”选项，然后在“磅值”数值框中输入要缩进的值，如图 4.13 所示。

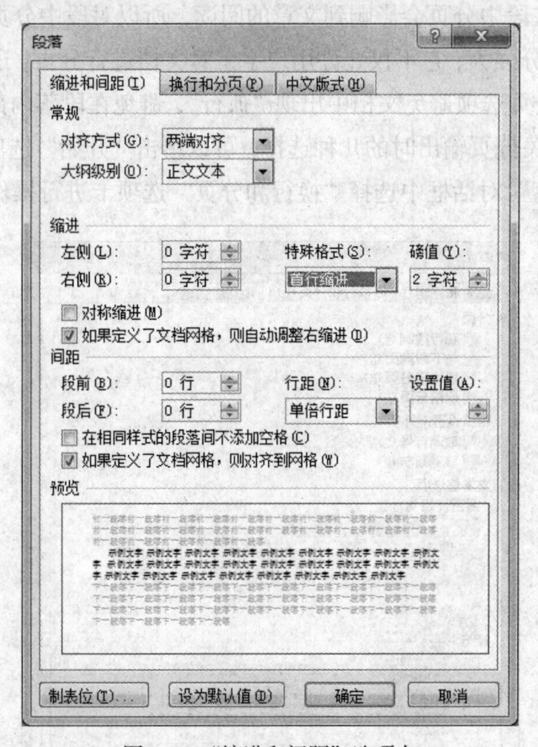

图 4.13　“缩进和间距”选项卡

另外，调整缩进量大小，可以使用“段落”组中的“减少缩进量”按钮 和“增加缩进量”按钮 。

应尽量避免用空格键来控制段落首行和其他行的缩进，也不要利用 Enter 键来控制一行右边结束的位置。

2. 行间距

在 Word 2010 中，通常情况下有默认的行间距，但是，在许多情况下，需要修改和调整行间距，因此 Word 2010 为用户提供了调整段落间距的方法，其操作过程如下。

① 选中要设置行距的文本，如果是整段的话，也可以将光标置于该段落中。

② 选择“开始→段落→缩进和间距”选项卡，如图 4.13 所示。

③ 在“行距”下拉菜单中选择对应的选项，也可以在“设置值”框中输入设置的大小。

也可以通过“段落”组的行距按钮 直接设定。另外，一般情况下，文本行距取决于各行中文字的字体和字号。如果某行包含大于周围其他文字的字符，如图形或公式等，Word 就会增加该行的行距。

控制段间距时，不要使用 Enter 键在段前段后添加空行，正确的方法是通过“缩进和间距”选项卡中的“段前”和“段后”选项设定。

3. 段落与分页

排版时，Word 一般会自动按照用户设置的页面大小自动分页，以美化文档的视觉效果、简化用户的操作，但是有时在段中分页会影响到文章的阅读，所以对段中分页有较严格的限制。

Word 的分页功能十分强大，它不仅允许用户手工对文档进行分页，还允许用户调整自动分页的有关属性，可以利用分页选项避免文档中出现“孤行”，避免在段落内部、表格行中或段落之间分页等。Word 提供了有关分页输出时的几种选择，可以单击“开始”选项卡“段落”组右侧的扩展按钮，在弹出的“段落”对话框中选择“换行和分页”选项卡进行操作，如图 4.14 所示。

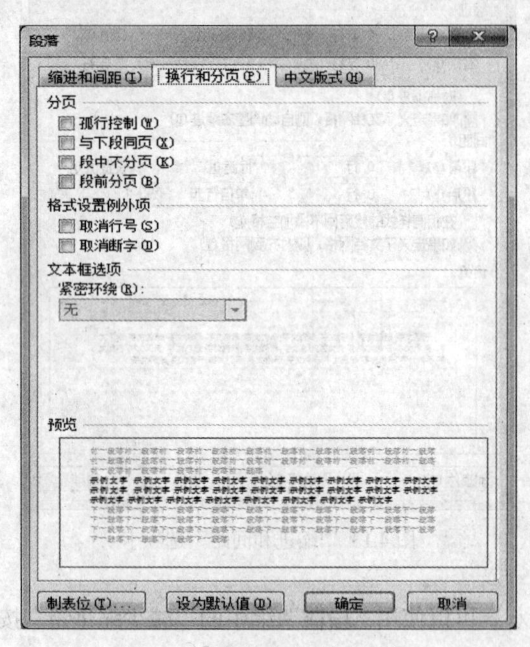

图 4.14 “换行和分页”选项卡

① 孤行控制。避免在一页的开始处留有段落的最后一行（页首孤行），或在前一页的结束处开始输出后一页的第一行文字（页末孤行）。

② 与下段同页。用来确保当前段落与他后面的段落处于同一页。

③ 段中不分页。强制一个段落的内容必须放在同一页上，以保持段落的可读性。一般在表格中使用得较多，在一般正文中也有使用。

④ 段前分页。从新的一页开始输出这个段落。

4. 对齐方式

段落的对齐方式直接影响到版面效果，段落的对齐方式主要有水平对齐和垂直对齐两种。

段落的水平对齐方式控制段落中文本行的排列方式，段落的水平对齐方式有左对齐、右对齐、中间对齐、两端对齐和分散对齐 5 种。通过“开始”选项卡“段落”组的“缩进和间距”选项卡中的“对齐方式”下拉菜单设置对齐方式。通常文章的标题居中对齐，最后的落款右对齐。

设置段落的垂直对齐，可以快速定位段落的位置。例如，要制作一个封面标题，设置段落垂直居中对齐可以快速将封面标题置于页面的中央。垂直对齐有 4 种：底端对齐、居中对齐、两段对齐和顶端对齐。

设置段落垂直对齐的方法为，单击“页面布局”选项卡的“页面设置”组右下角的扩展按钮，弹出“页面设置”对话框。在“版式”选项卡中“页面”栏的“垂直对齐方式”下拉列表框中选择一种对齐选项。

5. 项目符号和编号

在文档中，为了使段落之间的逻辑关系更加清楚，便于读者阅读，可以为段落添加编号或符号，操作过程如下。

① 选中要添加编号或项目符号的几个段落。

② 在“开始→段落”组中单击项目符号按钮☰·为段落添加符号，单击编号按钮☰·为段落添加编号。

③ 如果下拉菜单中没有合适的项目符号，也可以单击“定义新编号格式”菜单，从中选择合适的编号类型和起始值。

项目编号的添加与项目符号的添加方法相同，在项目编号按钮☰·中设置；与此相同的方法还包括添加多级项目编号☰·。

6. 制表位

制表位是指在水平标尺上的位置，用于指定文字缩进的距离或一列文字的开始之处。多次单击水平标尺左端的按钮，直至出现所需的制表位类型，然后单击标尺，即可设置制表位。

（1）制表位的使用

使用制表位能够向左、向右或居中对齐文本行；或者将文本与小数字符或竖线字符对齐。也可在制表符前自动插入特定字符，如句号或画线。

在水平标尺上单击要插入制表位的位置。按 Tab 键，会出现一个制表符，然后输入文字，就会按照设置的制表位对齐输入的文字。设置完第 1 行之后，必须在第 2 行相同的位置重新设置相同的制表位，然后按 Tab 键，才有与第 1 行相同的效果。

（2）制表位的设置

设置制表位的前导符的方法是，在“开始”选项卡的“段落”组中单击右下角的扩展按钮，在打开的“段落”对话框中单击“制表位”按钮，打开如图 4.15 所示的“制表位”对话框。在“制表位位置”文本框中，输入新制表符的位置，然后单击“设置”按钮，也可在列表框中选择要为其添加前导符的已有制表位。

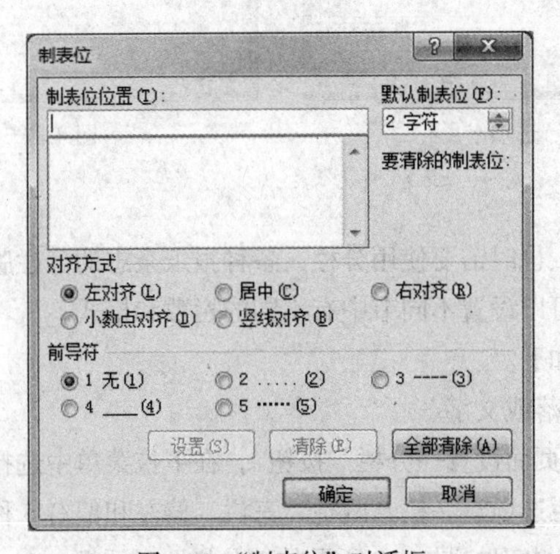

图 4.15 “制表位”对话框

在“制表位”对话框的“对齐方式”栏中，选择在制表位输入文本的对齐方式，这里的设置意义与上面的设置制表位的对齐方式形式相同。在“前导符”选项组中，选择所需的前导符选项，单击“确定”按钮。

7. 边框和底纹

需要对文档的部分文本或段落添加边框时，可执行如下步骤。

① 要添加边框的文本。

② 选择“开始→段落→边框”按钮，在下拉菜单中选择边框的种类。

对文档添加底纹的方法与添加边框的方法很相似，选择“开始→段落→底纹”按钮。

添加边框和底纹也可以单击“边框”按钮，在弹出的菜单中选择最底端的选项“边框和底纹”，打开“边框和底纹”对话框，如图 4.16 所示。在“设置”选项区选择外观，在“样式”列表框中选择边框的线形，在“颜色”下拉列表框中选择边框的颜色，在“宽度”下拉列表框中选择边框的粗细，在“应用于”下拉列表框中选择应用的范围，然后单击“确定”按钮，完成设置。

在“边框和底纹”对话框的“应用于”下拉列表框中有“文字”和“段落”两项，分别是指对单个文字添加边框和对整段文字添加边框。如果要对整个页面添加边框就需要选择“边框和底纹”对话框的“页面边框”选项卡，其设置方法与上文相同。

添加底纹的操作过程与添加边框非常类似，不同的是在打开对话框后选择“底纹”选项卡，然后在该选项卡内的“填充”和“图案”选项区中操作，如图 4.17 所示。操作结束后，注意“应用于”的问题，这里就不再详细介绍了。

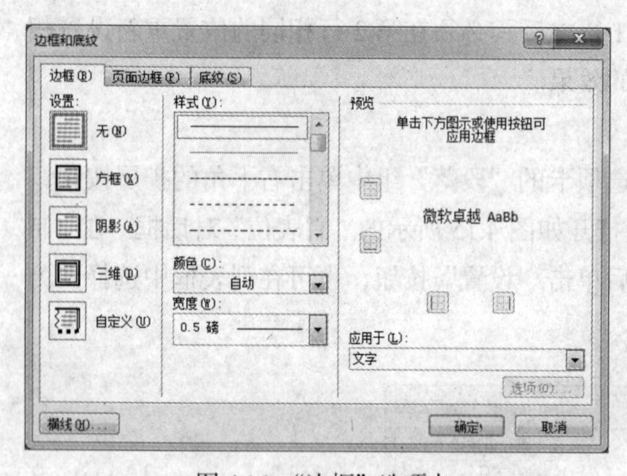

图 4.16 “边框”选项卡

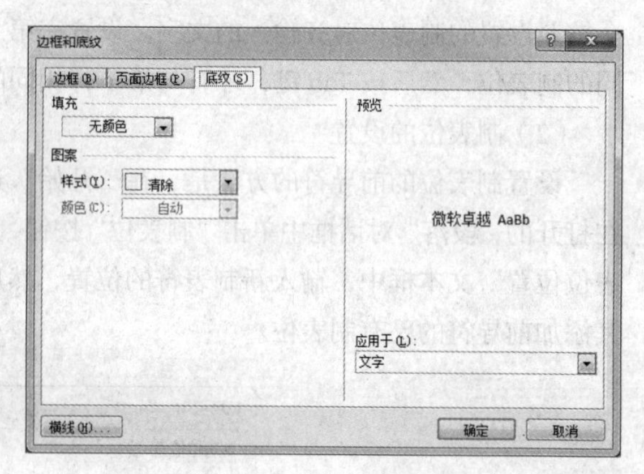

图 4.17 “底纹”选项卡

8. 分栏显示

在排版文档的操作中，也时需要使用分栏，各种报纸杂志的分栏版面随处可见。在 Word 中可以容易地生成分栏，还可以设置不同节中有不同的栏数和格式。

版面分栏的操作步骤如下。

① 选中需要分栏的段落或文字。

② 选择“页面布局→页面设置→分栏”按钮，在下拉菜单中选择分栏的种类，可以快速实现简易的分栏。弹出的分栏选项有一栏、两栏、三栏、偏左和偏右 5 种。也可以单击下拉菜单的底端的“更多分栏”选项，出现如图 4.18 所示的“分栏”对话框，在“预设”选项组中选择分栏

的格式。

③ 如果对“预设”选项组中的分栏格式不太满意，可以在“栏数”微调框中输入要分割的栏数。微调框中的值为 1～11（根据所定的版心不同而不同）。

④ 选中“栏宽相等”复选框，在“宽度和间距”选项组中设置各栏的栏宽和间距，选中“分隔线”复选框，就可以在各栏之间设置分隔线。

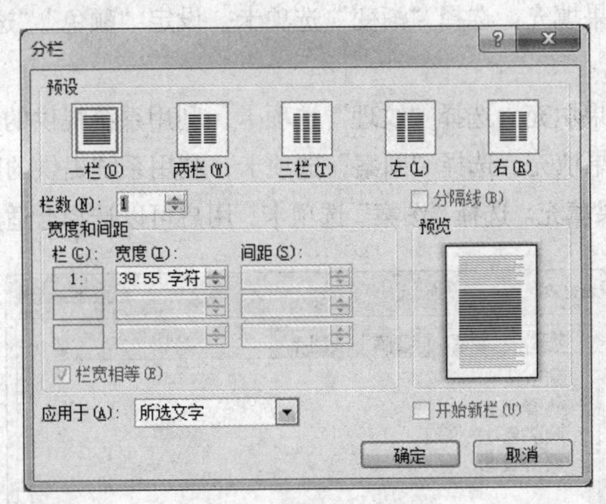

图 4.18　“分栏”对话框

⑤ 在“应用于”下拉列表框中选择分栏的范围，可以是“本节”“整篇文档”和“插入点之后”，单击“确定”按钮。

有时，用户希望文章标题位于所有各栏的上面，标题本身不分栏，此时就需要对文档进行分节处理。文档中的每节都可以设置不同的栏数，只要将标题单独作为一节，该节只设置 1 栏（也就是标题不分栏），即可产生跨栏标题。操作步骤如下。

① 选中文章标题，用上面的方法设置为 1 栏。

② 选中其余文档，按照上面的方法，设置成需要的栏数和栏宽。

注意在选择第二段文字时，不要选中第二段末的回车符，选中的内容到第二段的句号止，否则结果也是不同的。

4.3.3　背景和水印

背景显示在页面最底层，合理运用背景会使文档活泼明快，使用户在阅读过程中有美的享受。背景的设置主要包括设置背景颜色、设置背景填充效果和设置背景水印效果。

1. 设置背景颜色

设置背景颜色的操作步骤如下。

① 选择“页面布局→页面背景→页面颜色”按钮，在下拉菜单中选择颜色。

② 也可以单击下拉菜单底部的“其他颜色”按钮，在弹出的调色板上单击需要的颜色块，即可将该颜色作为文档背景色。

如果要取消背景颜色，选择下拉菜单中的“无填充颜色”选项即可。

2. 设置背景填充效果

设置背景填充效果的操作步骤如下。

① 选择“页面布局→页面背景→页面颜色”按钮，在下拉菜单中选择“填充效果”命令，打开“填充效果”对话框，如图 4.19 所示。

② 按需要进行如下设置。

a. 使用“渐变”效果填充。选择“渐变”选项卡，设定“颜色”“透明度”和“底纹样式”来设定渐变效果。

b. 使用“纹理”效果填充。选择“纹理”选项卡，利用系统提供的纹理进行填充。

c. 使用“图案”效果填充。选择“图案”选项卡，利用系统提供的图案进行填充。

d. 使用“图片”效果填充。选择“图案”选项卡，用户可以选择合适图片文件作为背景图片。

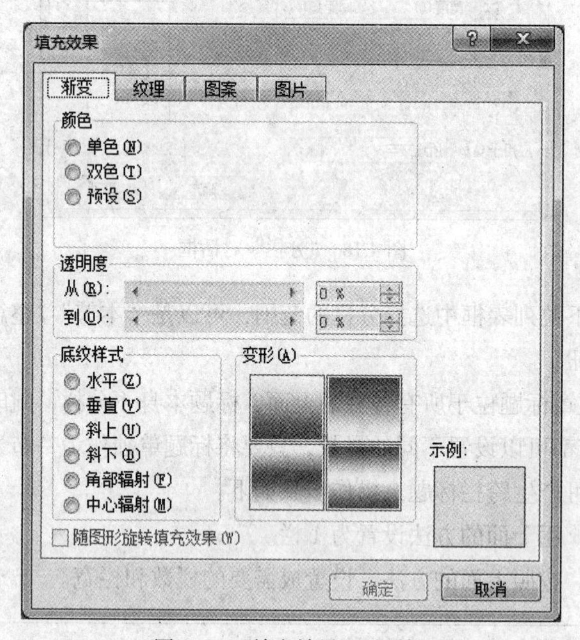

图 4.19 “填充效果”对话框

3. 设置背景水印

在打印一些重要文件时给文档加上水印，如“绝密”“保密”的字样，可以让获得文件的人都知道该文档的重要性。Word 2010 具有添加文字和图片两种类型水印的功能，水印将显示在打印文档文字的后面，它是可视的，不会影响文字的显示效果。

（1）添加文字水印

制作好文档后，在“页面布局”选项卡的“页面背景”组中单击“水印”按钮，在下拉菜单中选择已有的 4 种文字水印，包括“机密 1”“机密 2”“严禁复制 1”和“严禁复制 2”；也可以从下拉菜单中选择“自定义水印”命令，在弹出的“水印”对话框中的“文字”菜单中选择水印的文字内容，也可自定义水印文字内容。设计好水印文字的字体、尺寸、颜色、透明度和版式后，单击“确定”按钮应用，可以看到文本后面已经生成了设定的水印字样。

（2）添加图片水印

在“水印”对话框中选中“图片水印”单选按钮，然后找到要作为水印图案的图片。添加后，设置图片的缩放比例、是否冲蚀。冲蚀的作用是让添加的图片在文字后面降低透明度显示，以免影响文字的显示效果。

（3）打印水印

在“文件”选项卡中选择“选项”命令，在弹出的“Word 选项”对话框中，选择“显示”，在右侧的“打印选项”栏中选中“打印在 Word 中创建的图形”复选框，再打印文档，水印才会一同打出。

Word 2010 只支持在一个文档添加一种水印；若是添加文字水印后又定义了图片水印，则文字水印会被图片水印替换，在文档内只会显示最后制作的水印。

4.4　图文混排

4.4.1　图片

1. 插入图片

图片的应用无疑起到给文档锦上添花的作用，给文档添加图片通常有两种方式，一种是添加系统剪切库中的剪切画，一种是添加其他图片文件。

下面简单介绍在文档中插入其他图片文件的方法。

① 单击文档中要插入图片的位置。

② 选择“插入→插图→图片”按钮，在弹出的“插入图片”对话框中选择图片。

③ 单击“插入”按钮。

2. 编辑图片

单击插入的图片，在“图片工具→格式”选项卡中对图片进行处理。“图片工具→格式” 选项卡包括调整、图片样式、排列和大小 4 个组，如图 4.20 所示。

图 4.20　“图片工具→格式”选项卡

（1）“调整”组

删除背景：帮助用户快速从图片中获得有用的内容，它会智能地采用与“人脸识别术”类似的手段来保留图片的主景，不过，任何图片处理软件都无法完全将要保留的部分“猜”出来。此时，可单击“标记要保护的区域”，在要保留之处画线或打点，凡是鼠标指针经过之处都将保留。同样，也可以使用“标记要删除的区域”来定义不保留的区域，然后单击“保留更改”即可看到“除去背景”后的效果，如图 4.21 所示。

更正：此按钮具有两大功能，其一用来调整图片的亮度和对比度，其二还可以对图片进行锐化和柔化处理。

颜色：用来调整图片的饱和度和色调。

艺术效果：该效果体现了 Office 2010 强大的图片处理功能，为图片提供多种艺术效果，这部分内容会在 PowerPoint 中简要介绍。

重新着色：用来为图片重新着色。

压缩图片：在 Word 2010 文档中插入很多大尺寸图片后，文档的文件大小自然会增大很多，Word 2010 提供了设置图片压缩选项，这样在保存文档时，可以按照用户的设置自动压缩图片尺寸。

更改图片：更新插入的图片。

重设图片：可以将图片恢复到原始状态。

图 4.21　删除背景

（2）“图片样式”组

图片样式：包括 28 种图片的样式，通过单击相应的样式设定。

图片形状：将图片设定为规定的形状。

图片边框：给图片添加边框，可以设置边框的颜色和线形。

图片效果：给图片添加各种效果，包括 7 大类若干种效果。

（3）“大小”组

剪切：单击该按钮可以手动剪切图片，调整显示的区域。

高度和宽度：设定图片的高度和宽度。

可以单击“大小”组右下角的扩展按钮，在弹出的“布局”对话框中设定图片的具体大小，也可以在“可选文字”选项卡中为图片设置图片无法显示时的替代文字。

上文中强大的图片处理功能在 Excel 2010、PowerPoint 2010 下都可这样使用，还可右击图片，选择“另存为图片”来单独保存处理后的图片。

（4）“排列”组

“排列”组主要实现图片的图文混排、组合等功能，组合功能将在后边的内容中详细介绍。这里介绍图文混排的方法。

Word 图文混排使用到的基本对象有图片、艺术字、文本框等，基本的方法是设置对象的环绕方式及上下层叠加的关系。图文混排是将文字与图片混合排列，文字可在图片的四周、嵌入图片下面、浮于图片上方等。

图片与文字的关系有 7 种，可以在“图片工具|格式”选项卡的“排列”组中单击“位置”按钮下拉菜单中的“其他布局选项”按钮，如图 4.22 所示，弹出如图 4.23 所示的“布局”对话框。

4.4.2　自选图形

Word 2010 还提供了绘制各种形状的图形，包括线条、矩形、圆形、连接符、标注等，统称为自选图形。

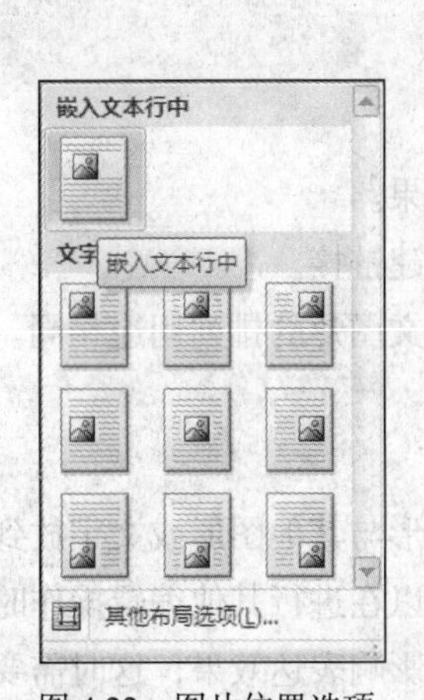

图 4.22　图片位置选项

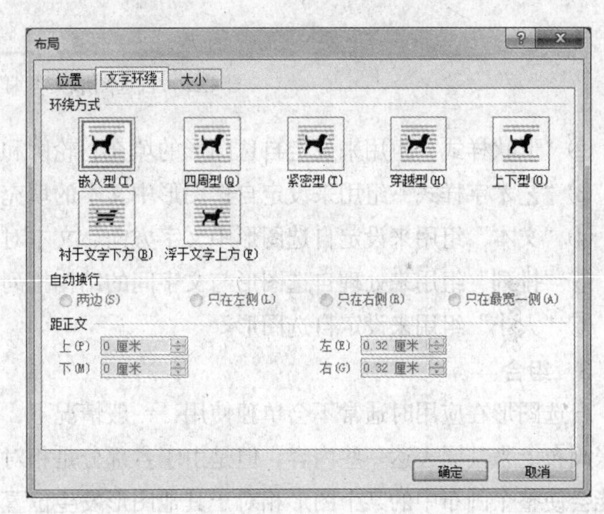

图 4.23　“布局”对话框

1. 插入自选图形

使用自选图形按钮绘制图形的操作步骤如下。

① 将光标置于要绘制图形的位置。

② 选择“插入→插图→形状”按钮，在弹出菜单中显示线条、基本形状、箭头总汇、流程图、标注和星与旗帜 7 种基本形状。

③ 菜单的顶端显示“最近使用的形状”，菜单的底端还有“新建绘图画布”命令，用户也可以先创建画布，然后在画布上设计自选图形。

④ 在同一画布内绘制的图形，会与画布为整体一起移动。

2. 编辑自选图形

单击插入的自选图，使用“绘图工具→格式”选项卡对图片进行处理，主要包括“插入形状”“形状样式”“艺术字样式”“文本”“排列”和“大小”6 个组，如图 4.24 所示。

① 插入形状组主要是选择自选图形的类型以方便继续向文档中插入图形，还可以在选定自选图形后，单击右侧的“添加文字”按钮给自选图形添加文字，如图 4.25 所示。

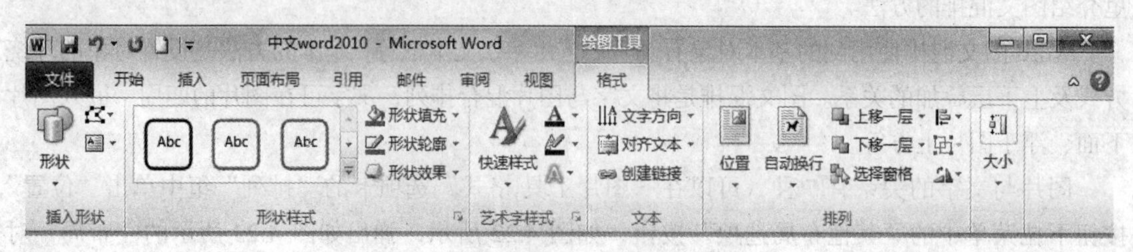

图 4.24 “绘图工具→格式”选项卡

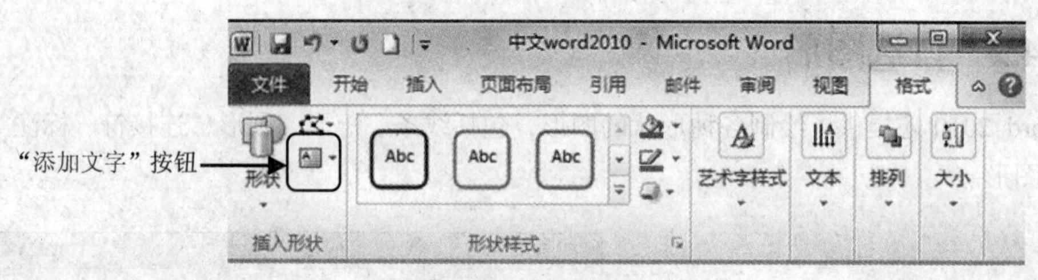

图 4.25 自选图形文本编辑区

② “形状样式”组用来设定自选图形的填充、轮廓和形状。

③ “艺术字样式”组用来设定自选图形中文本的填充、轮廓和效果。

④ “文本”组用来设定自选图形中文字方向、文本对齐方式和创建链接。

⑤ “排列”组用来处理自选图形与文字间的结构排列关系，与上文图片的排列用途相同。

⑥ “大小”组用来设定自选图形。

3. 组合

自选图形在应用时通常不会单独使用，一般情况下，会将自选图形与其他图形或文字放到同一张画布上来共同表达一些内容，但是由于各部分是相对独立的，所以在进行其他编辑操作时，可能会使整个画布中的某个图形相对于其他图形发生位置移动，从而影响表达效果，这时需要将已经编辑好的整个画布或几个图形设置为一个整体，其中各部分的相对位置不变，实现这个功能的操作称为组合，下面介绍组合自选图形的操作过程。

① 按住 Ctrl 键的同时，单击要组合为一个整体的几个自选图形，右击选中的某个图形，在弹出的快捷菜单中选择“组合”→“组合”命令。

② 要分别编辑已经组合的图形，可以选择“组合→取消组合”命令来实现。

几个简单自选图形组合的效果如图 4.26 所示。

4.4.3 SmartArt

Word 2010 在工具的细化方面做得很好，一个突出的亮点就是增加了 SmartArt 工具，它使用户制作出精美的文档图表对象变得简单易行。

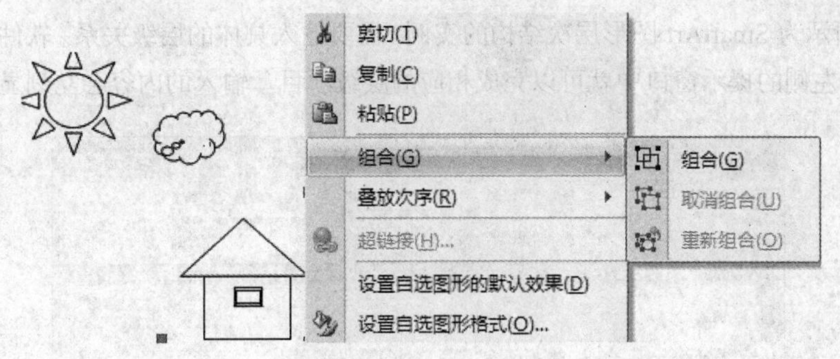

图 4.26　自选图形的组合

可以将 SmartArt 翻译为“精美艺术”，它用于在文档中演示流程、层次结构、循环或者关系。SmartArt 图形包括水平列表和垂直列表、组织结构图以及射线图与维恩图。Word 2010 将上几个版本中与 SmartArt 图形有关的内容整合后进一步完善了其内容。配合使用图形样式，展示出意想不到的效果。

1. 插入 SmartArt 图形

选择“插入→插图→SmartArt”按钮，弹出“选择 SmartArt 图形”对话框，在其中可以看到版本内置的 SmartArt 图形库，Word 2010 提供了 80 套不同类型的模板，首先从视觉上就给人以冲击力。

2. SmartArt 图形的使用

单击插入的 SmartArt 图形，弹出“SmartArt 工具→格式”和“SmartArt 工具|设计”两个新的选项卡，如图 4.27 所示。

“SmartArt 工具→格式”选项卡主要设置 SmartArt 图形中的单位文本模块，包括“形状”“形状样式”“艺术字样式”“排列”和“大小”5 个组。“形状”组主要用来设定 SmartArt 图中单位文本组的大小和形状；“形状样式”组用来设定 SmartArt 图形中单位文本组的填充、轮廓和形状；“艺术字样式”组、“大小”组和“排列”组的功能与自选图形中对应的组非常相似，这里不做详细介绍。

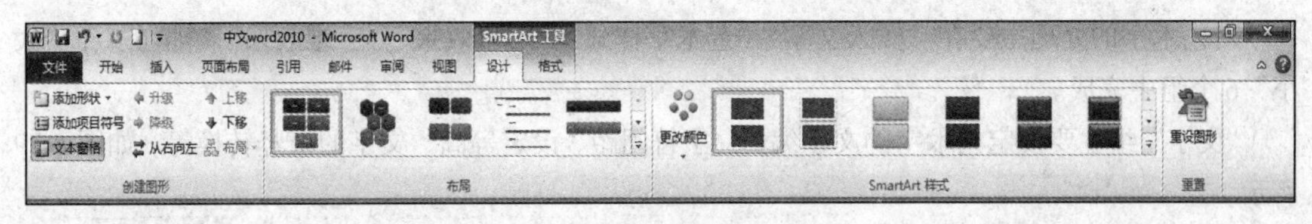

图 4.27　“SmartArt 工具”选项卡

“SmartArt 工具→设计”选项卡主要用来设置 SmartArt 图形整体的相关属性，包括“创建图形”“布局”“SmartArt 样式”和“重置”4 个组。

“创建图形”组主要用于为 SmartArt 图添加形状、添加项目符号、改变顺序和布局以及改变单位文本组的级别等。

“布局”组主要用来设定 SmartArt 图形的布局。

“SmartArt 样式”组用来设定 SmartArt 图形的颜色和样式。

“重置”组用来将更改后的 SmartArt 图形恢复到最初的格式。

图 4.28 所示为 SmartArt 图形层次结构的实例，需要输入具体的层级关系。软件提供了良好的输入界面，在左侧的提示窗口中就可以完成相应的层级项目。输入的内容会立刻显示在图表中。

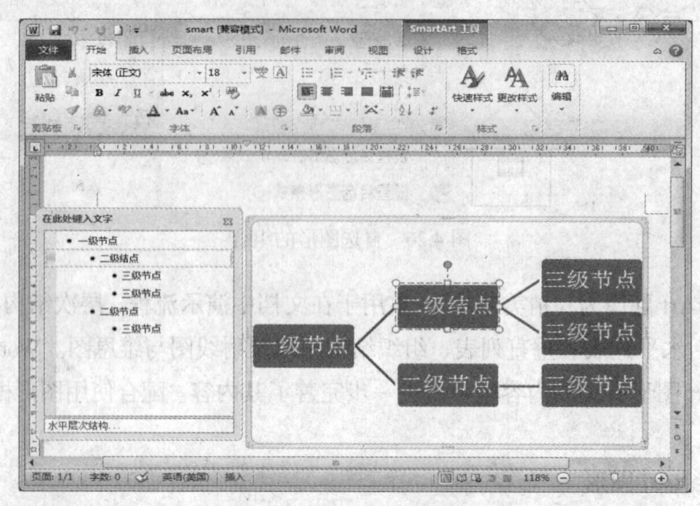

图 4.28　SmartArt 图形实例

4.4.4　艺术字

Word 虽然可以插入各式各样的字体，但是要想做出广告效果，还需要艺术字。

1. 插入艺术字

① 艺术字的插入方式与自选图形的插入方式非常相似，选择“插入→文本→艺术字”按钮，从弹出的下拉菜单中选择艺术字的种类。

② 选中想要的艺术字后，在弹出的“编辑艺术字文字”对话框中输入文本内容，设定字号、字体等，完成设置。

2. 编辑艺术字

单击插入的自选图形，弹出“艺术字工具→格式”选项卡。

对艺术字的处理主要在“插入文字”“艺术字样式”“阴影效果”“三维效果”“排列”和“大小”6 个组中完成。

“文字”组主要设定艺术字的文字编辑、字符间距、设定等高、文字的横竖转换等，如图 4.29 所示。

其他组的使用方法与自选图形对应的组基本相同，这里不再详细介绍。

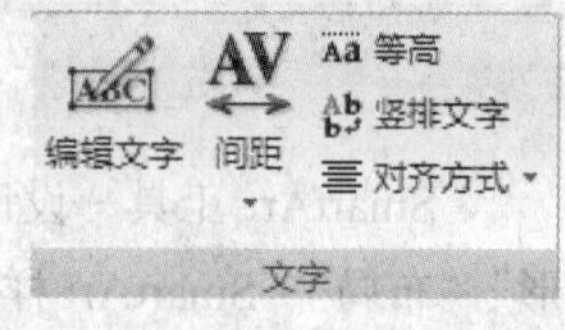

图 4.29　“文字”组

3. 首字下沉

报刊上常常可以见到“首字下沉”的效果。所谓“首字下沉”，就是指文章或者段落的第一个字或前几个字比文章其他字的字号要大，或者是不同的字体。这样可以突出段落，吸引读者的注意。

设置首字下沉的操作步骤如下。

① 将光标置于要做“首字下沉”的文字段的第一段中。

② 选择“插入→文本→首字下沉”按钮，在弹出的下拉列表框中选择首字下沉的种类，包

括“无”“下沉”和“悬挂”，或者直接单击下拉列表框中的“首字下沉选项”，在弹出的“首字下沉”对话框中设定首字下沉的相关属性。最后，单击“确定”按钮。

使用“首字下沉”的情形比较多，也比较适合中文的习惯。通常下沉行数不要太多，大概 2～5 行比较适合。

4.4.5　文本框

1. 插入文本框

在文档中灵活使用文本框，可以使文字、图片、表格等文档内容独立于正文放置而便于定位。根据文本框中内容的排列方向，可以将文本框分为“横排”和“竖排”两种，文本框中的内容可以文字、图片、表格等。

在文档中插入文本框并输入内容的方法如下。

将光标定位到要插入文本框的位置，选择“插入→文本→文本框”按钮，在弹出的下拉列表框中选择文本框的类型，Word 2010 提供了 36 种文本框。

Word 2010 还提供了手动绘制文本框的方法，“文本框”按钮的下拉列表框还包括 3 个子菜单。

① 绘制文本框。可以用鼠标通过滑动实现绘制文本框操作方法略。

② 绘制竖排文本框。可以用鼠标实现竖排文本框操作方法略。

③ 将所选内容保存到文本框库。用户可以创建文本框库类型。

2. 编辑文本框

单击插入的自选图形，弹出“文本框|格式”选项卡。

对文本框的处理主要在“插入文本”“文本框样式”“阴影效果”“三维效果”“排列”和“大小”6 个组中进行。

这 6 个组的使用方法与自选图形对应的组基本相同，这里不再详细介绍。

4.4.6　其他可插入内容

Word 2010 中能插入的内容还有很多，“插入”选项卡的“页”组中的“封面”“空白页”和“分页”3 个按钮用于设置整个页面的插入内容。

（1）“封面”按钮

该按钮是 Word 2010 新增加的内容，用于为文档添加封面，系统提供 15 种封面，也可以删除封面和添加封面模板。

（2）“空白页”按钮

为文档添加空白页。

（3）“分页”按钮

在光标所在位置添加分页符，也就是从光标位置开始的文字将会出现在下一页。

Word 2010 还可以插入剪切画和图表，方法与插入图片和自选图形非常相似，所以就不详细介绍了。

有时候需要在文档中插入一些专业的数学公式，Word 2010 提供了使用方便的数学公式插入和编辑功能，下面简要介绍。

将光标定位于要插入公式的位置，在“插入”选项卡的“符号”组中单击“公式”按钮π，在下拉列表中选择公式的种类。另外，插入公式后可以对公式进行编辑，方法是单击公式，在“公式工具→设计”选项卡中进行编辑，如图 4.30 所示。

选中插入的公式后，单击右侧的下拉按钮，在弹出的下拉列表框中可以进行公式形式转换和其他操作。

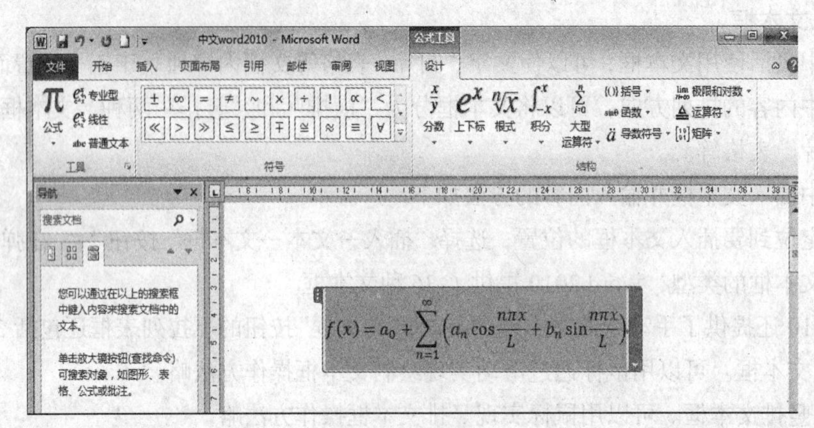

图 4.30　编辑公式

4.4.7　屏幕截图

用户在编辑文档时，经常需要截图，Word 2010 提供了“屏幕截图”按钮，当用户需要截图时，在“插入”选项卡的“插图”组中单击“屏幕截图”按扭，在弹出的菜单中，用户可以从当前所有打开的窗口中选择要截图的窗口；当然也可以单击弹出菜单中的“屏幕剪辑”按扭，然后用鼠标划选的方式对选定的区域进行截图，系统会将截取的图片自动添加到光标所在的位置，如图 4.31 所示。

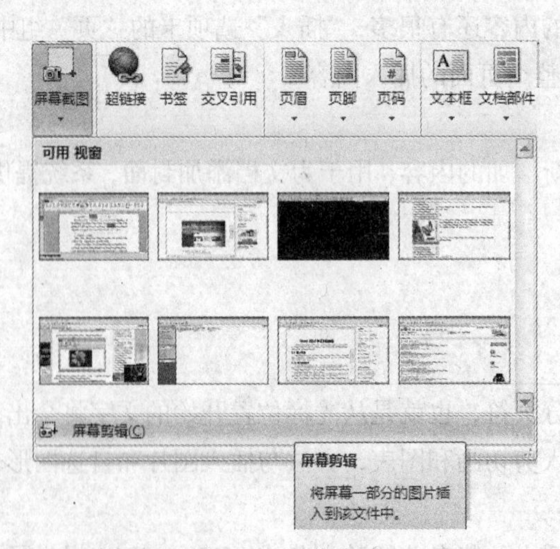

图 4.31　屏幕截图

“屏幕截图”只适用于文件扩展名为.docx 的 Word 2010 文档，在 Word 2003 中保存的.doc 文档无法使用该功能。当使用“兼容模式”打开 doc 文件时，“屏幕截图”按钮为灰色不可用状态。

4.4.8　脚注和尾注

在同一文档中可以既有脚注，又有尾注。一般脚注是对某一页有关内容的解释，常放在该页的底部；尾注常用来标明引文的出处或对文档内容的详细解释，一般放在文档的最后。

脚注和尾注都由“注释标记”（一般以上标的形式紧跟在要注释的内容后面）和“标记所指的注释内容”（置于注释标记所在当页的下面或文尾）两部分组成。

插入脚注和尾注的方法如下。

① 将插入点定位于要插入脚注标记或尾注标记的位置。

② 单击“引用”选项卡“脚注”模块右下角的按钮。

③ 在对话框的“位置”栏，选择在文档中是添加脚注还是尾注，如图 4.32 所示。

④ 在“格式”栏中确定文档中显示注释标记的方式：有自动编号和自定义标记两种。若选择自定义标记，则可以键入作为注释标记的字符，或单击“符号”按钮后，在“符号”对话框选择某一符号，将它作为自定义的注释标记。若用户采用自动编号格式，在“编号格式”中进行选择。

⑤ 单击“确定”按钮，在文档中插入脚注标记或尾注标记，如果是插入脚注，则插入点自动移到当前页底部，用户可键入注释内容；如果是插入尾注，则插入点自动移到文档尾部，可键入注释内容。

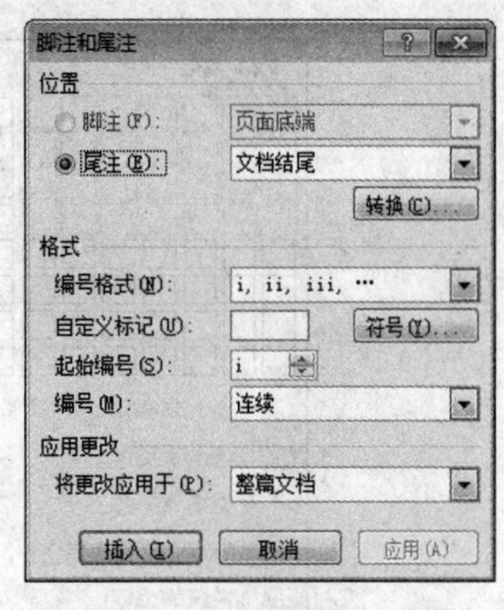

图 4.32　“脚注和尾注”对话框

4.5　表格排版

表格是一种简明、概要的表意方式。其结构严谨，效果直观，往往一张表格可以代替许多说明文字。因此，在编辑排版过程中，就常常要处理表格。

文档表格还可以当作数据库，对它们执行简单的数据库功能，如数据的添加、检索、分类、排序等，这些功能给用户管理文档表格提供了很大的方便，简化了对表格的处理工作。熟练运用文档的数据库功能，可以提高对表格的处理能力，从而提高工作效率。

4.5.1　创建表格

Word 具有功能强大的表格制作功能。其所见即所得的工作方式使表格制作更加方便、快捷，可以满足制作中式复杂表格的要求，并且能对表格中的数据进行较为复杂的计算。

Word 中的表格在文字处理操作中有着举足轻重的作用，利用表格排版和文本排版有许多相似之处，也各有其独特之处，表格排版功能能够处理复杂的、有规则的文本排版，大大简化了排版操作。

因为表格可以看作是由不同行列的单元格组成，用户不但可以在单元格中输入文字和插入图片，还可以将表格内容按列对齐，对数字进行排序和计算，用表格可以创建美观的页面版式以及排列文本和图形等。

1. 创建表格

Word 2010 中创建表格的方法多种多样，下面介绍两种方法。

① 将光标定位到要插入表格的位置，选择“插入→表格→表格”按钮▦，在下拉菜单中按住鼠标并拖动到所需的行数和列数，如图 4.33 所示。

② 也可选择“插入→表格→表格”按钮▦，在下拉菜单中选择“插入表格”命令，在弹出的“插入表格”对话框中设定列数和行数，如图 4.34 所示。

图 4.33 选择表格行列数

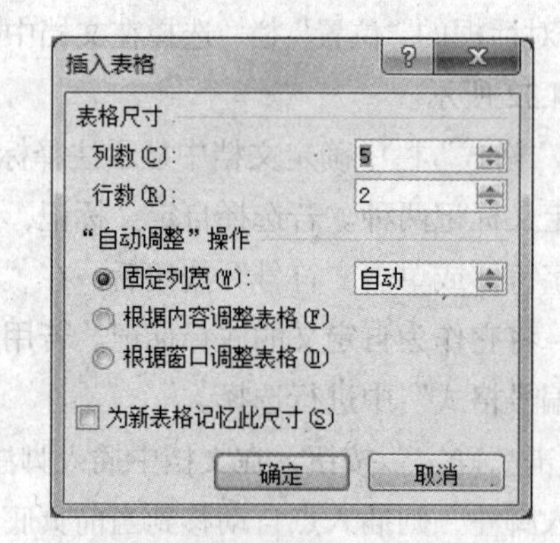

图 4.34 “插入表格”对话框

2. 绘制表格

使用“绘制表格”工具可以创建不规则的复杂表格，可以使用鼠标灵活地绘制不同高度或每行包含不同列数的表格，其方法如下。

选择“插入→表格→表格”按钮▦，在下拉菜单中选择“绘制表格”命令，这时光标变成笔的形状，可以用光标来绘制表格。单击“表格工具→设计”选项卡，该选项卡功能区包括“表格样式选项”“表格样式”和“绘图边框”3 个组。其中“绘图边框”组包含设置图表的线条颜色、线型、粗细以及擦除线条等功能。

4.5.2 编辑表格

在 Word 2010 中，可以对制作好的表格进行修改，如在表格中增加、删除行、列及单元格，合并和拆分单元格等。

使用键盘可以快速增加、删除表格。

① 如果要在表格的后面增加一行，则首先将光标移到表格最后一个单元格，然后按 Tab 键。

② 如果要在位于文档开始的表格前增加一行，可以将光标移到第 1 行的第 1 个单元格，然后按 Enter 键。

③ 把光标移到该表格所在单元格的右边，然后按 Enter 键，可以在当前单元格的下面增加一行单元格。

④ 如果要删除表格的行或列，可以选择要删除的行或列，然后按 Ctrl+X 组合键或退格键。

1. 拆分、合并表格

使用合并表格可将几个表格合并为一个。具体操作步骤如下。

① 合并上下两个表格，只要删除上下两个表格之间的内容或回车符即可。

② 要将一个表格拆分为上、下两部分表格，先将光标置于拆分后的第 2 个表格中，然后在“表格工具|布局”选项卡的“合并”组中单击“拆分表格”按钮，或者按 Ctrl+Shift+Enter 组合键即可。

2. 合并和拆分单元格

（1）合并单元格

选择需要合并的单元格，选择“表格工具→布局→合并→合并单元格”按钮，或右击表格，在弹出的快捷菜单中选择“合并单元格”命令对单元格进行合并。

（2）拆分单元格

选择要拆分的单元格，选择“表格工具→布局→合并→拆分单元格”按钮，或右击表格，在弹出的快捷菜单中选择“拆分单元格”命令，打开“拆分单元格”对话框。从该对话框中选择要拆分的行与列数，单击“确定”按钮，对单元格进行拆分。

如果选择了多个单元格，可以在“拆分单元格”对话框中，选中“拆分前合并单元格”单选项，得到平均拆分的效果。选择“表格工具→布局→合并”组中的“绘制表格”按钮和“擦除”按钮，在表格中需要的位置添加或擦除表格线，同样可以拆分、合并单元格。

3. 表头跨页设置

在制作表格时，为了说明表格的作用或内容，经常需要有一个表头，如果一个表格行数很多，可能横跨多页，需要在后继各页重复表格标题，虽然使用复制、粘贴的方法可以给每一页都加上相同的表头，但显然这不是最佳选择，因为调整页面设置后，粘贴的表头位置就不一定合适了，另外表头的修改也成了麻烦事。下面就介绍简单、方便方法，能圆满地解决这一问题。

选择组成表头的全部内容后，选择“表格工具→布局→数据→标题行重复”按钮，可在每页生成一个相同表头。但值得注意的是，只有第一页的表头才可以修改，并且第一页的表头修改后，以后各页自动改变。但如果在文档中插入了换页符，下一页就不会出现重复标题。

重复表格标题只有在“页面视图”状态下才能看到。

还有一个办法是，在“表格工具→布局”选项卡的“数据”组中单击“属性”按钮，打开“表格属性”对话框，单击“行”选项卡，如图 4.35 所示，选中“在各页顶端以标题行形式重复出现”复选框。

通常情况下，Word 允许表格行中的文字跨页拆分，这就可能导致表格内容被拆分到不同的页面上，影响了文档的阅读效果。防止表格跨页断行的方法是，选定需要处理的表格，在“表格工具→布局”选项卡的“数据”组中单击“属性”按钮，在“表格属性”对话框的“行”选项卡取消选中“允许跨页断行”复选框，然后单击“确定”按钮即可。

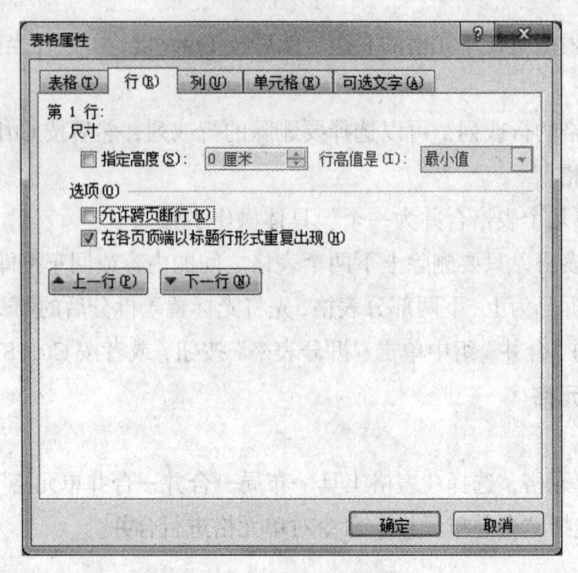

图 4.35 设置重复标题

4. 插入行和列

经常需要在表格中添加行或列，并且需要设定插入的位置，“表格工具→布局”选项卡的“行和列”组中提供了“在上方插入”“在下方插入”“在左方插入”和“在右方插入”按钮。其中前两项指定行的插入位置，后两项指定列的插入位置。

5. 对齐方式

Word 中主要的对齐方式有两种，一种是表格在页面中的对齐方式，另一种是文字在单元格中的对齐方式。其中表格在页面中的对齐方式与其他对象以及文字的对齐方式相同，在 “开始”选项卡的“段落”组中设定；文字在单元格中的对齐方式通过“表格工具→布局”选项卡的“对齐方式”组内设定，包括在水平和垂直两个方向组合出的 9 种对齐方式。

该组还提供设置单元格内文字的方向以及设定单元格边距的功能。

6. 表格的格式

设置表格的格式有两种方式，一种是手动设置表格的边框和底纹，另一种是套用 Word 格式。

（1）手动设置

手动设置表格的边框和底纹是在“表格工具→设计”选项卡的“表格样式”组中单击“边框”和“底纹”按钮进行设置。底纹的设置方法与第 1 章中段落底纹的设置相同，这里不再介绍。另外系统提供了绘制表格的接口，在“表格工具→设计”选项卡的“绘图边框”组中可以选择线型、线宽以及颜色来用画笔的形式修饰表格，这部分内容与新建表格方法一样。

（2）自动套用格式

在“表格工具→设计”选项卡的“表格样式”组中查找合适的样式，“样式”下拉列表中提供了“内置”的多种表格样式，以及修改表格样式、清除样式和保存新样式的功能。

4.5.3 表格中的公式计算和排序

1. 公式

表格中的数据往往和计算有密切的联系，Word 提供了比较简单的四则运算和函数运算工具。

Word 的表格计算功能在表格项的定义方式、公式的定义方法、有关函数的格式及参数、表格的运算方式等方面都与 Excel 基本一致。

为了便于引用单元格，Word 为每个单元格设置了引用编号，Word 表格的行号是 1，2，3，4……列号是 A、B、C、D……这样就根据单元格的行号和列号来引用，列号在前，行号在后，例如第 3 列第 2 行交叉点的单元格就是 C2。

对一列数值求和时，光标要放在此列数据最下端的单元格上，而不能放在上端的单元格上；对一行数据求和时，光标要放在此行数据最右端的单元格上，而不能放在左端的单元格上，当求和单元格的左方或上方表格中都有数据时，列求和优先。

Word 的计算公式是由等号、运算符号、函数以及数字、单元格地址表示的数值和数值范围、指代数字的书签、结果为数字的域的任意组合组成的表达式。表达式可以引用表格中的数值和函数的返回值。

在表格中使用公式的方法是，将光标定位在要记录结果的单元格中，在“表格工具→布局”选项卡的“数据”组中单击“公式”按钮 *fx*，弹出“公式”对话框，在等号后面输入运算公式，单击“确定”按钮。在弹出的“公式”对话框中设置以下选项。

在“公式”文本框中输入正确的公式中。

在“粘贴函数”下拉列表框中选择所需的函数粘贴于公式中。

在“编号格式”下拉列表框中选择计算结果的表示格式（例如，结果需要保留 2 位小数，则选择“0.00”）。

对于 Word 表格中单元格的引用形式，在这里再做一些补充说明，以一个 5 行 4 列的表格为例。

① 要在函数中引用的单元格之间用逗号分隔。例如，求 A1、B2 及 A3 三者之和，公式为“=SUM（A1,B2,A3）”或“=A1+B2+A3”。

② 如果需要引用的单元格相连为一个矩形区域，则不必一一罗列单元格，可表示为“首单元格：尾单元格”。例如，公式“=SUM（A1:B2）”表示以 A1 开始，以 B2 结束的矩形区域中所有单元格之和，效果等同于公式“=SUM（A1,A2,B1,B2）”。

③ 有两种方法可表示整行或整列。例如，第 2 行可表示为“A2:D2”或“2:2”；同理第 2 列可表示为“B1:B5”或“B:B”。需要注意的是，用 2:2 表示行，当表格中添加一列后，计算将包括新增的列；而用 A2:D2 表示一行时，当表格中添加一列后，计算只包括新表格的 A2、B2、C2 以及 D2 等 4 个单元格。整列的引用同理。

2. 排序

对表格中的数据进行排序的具体操作方法如下。

① 选中用来排序的行，在“表格工具→布局”选项卡的“数据”组中单击“排序”按钮。

② 在弹出的“排序”对话框中选择“主要关键字”和“类型”，是“升序”还是“降序”，如果记录行较多，还可以设置按次要关键字和第三关键字排序。

③ 根据排序表格中有无标题行选择下方的“有标题行”或“无标题行”单选按钮。

④ 单击“确定”按钮，各行数据的顺序将按用户的要求进行调整。

4.5.4 文本和表格的互换

处理文字和表格是 Word 最重要的两大功能，在实际应用过程中，有时需要将表格中的内容转换为文本，有时又需要将文本转换为表格。Word 就可以实现表格和文本的相互转换。

1. 表格转换为文本

要将文本转换成表格，首先需要用相同的符号分隔文本中的相关文字，被分隔的文字将被填充到转换后表格的相关单元格中，可以选用的符号有：段落标记、空格、制表符、英文状态下的半角逗号等，方法如下。

① 选中要转换的表格，如图 4.36 所示。

登金陵凤凰台

李白

凤凰台上凤凰游	凤去台空江自流。
吴宫花草埋幽径	晋代衣冠成古丘。
三山半落青天外	二水中分白鹭洲。
总为浮云能蔽日	长安不见使人愁。

登金陵凤凰台

李白

凤凰台上凤凰游，凤去台空江自流。

吴宫花草埋幽径，晋代衣冠成古丘。

三山半落青天外，二水中分白鹭洲。

总为浮云能蔽日，长安不见使人愁。

图 4.36 利用已存在的文本转换成表格

② 在“表格工具→布局”选项卡的“数据”组中单击“转换为文本”按钮，打开“表格转换成文本”对话框。

③ 在“文字分隔符”栏中选中“逗号”单选按钮，单击“确定”按钮，转换结束，如图 4.37 所示。

2. 文本转换为表格

选中要转换的文字，在“插入”选项卡的“表格”组中单击“表格”按钮，从下拉列表中选择“将文本转换成表格”命令，弹出图 4.38 所示的对话框，在“将文字转换成表格”对话框中选中“文字分隔位置”栏中的“空格”单选按钮，在“表格尺寸”栏中确定“列数”和“行数”，最后单击“确定”按钮。

图 4.37 “表格转换成文本”对话框

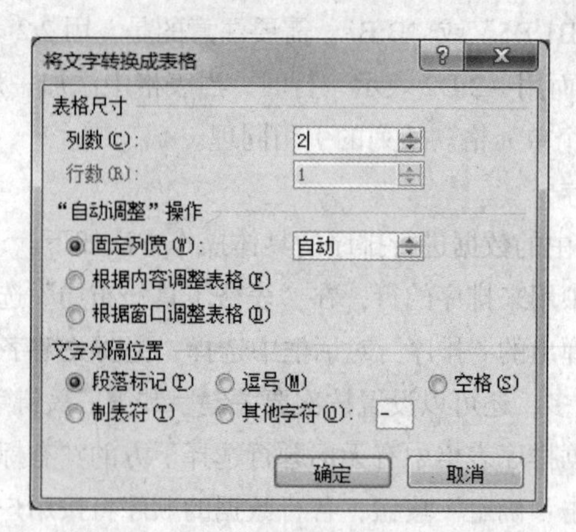

图 4.38 “将文字转换成表格”对话框

4.6　拼写和语法错误的检查

在 Word 2010 文档中经常会看到在某些单词或短语的下方标有红色、蓝色或绿色的波浪线，这是由 Word 2010 提供的“拼写和语法”检查工具根据 Word 2010 的内置字典标示出的含有拼写或语法错误的单词或短语，其中红色或蓝色波浪线表示单词或短语含有拼写错误，绿色下画线表示语法错误。

可以在 Word 2010 文档中使用“拼写和语法”检查工具检查 Word 文档中的拼写和语法错误，操作步骤如下。

① 打开 Word 2010 文档窗口，如果看到该文档中包含红色、蓝色或绿色的波浪线，说明 Word 文档中存在拼写或语法错误。切换到“审阅”选项卡，在“校对”分组中单击“拼写和语法”按钮。

② 打开“拼写和语法”对话框，保持“检查语法”复选框的选中状态，如图 4.39 所示。在“输入错误或特殊用法”文本框中将以红色、绿色或蓝色字体标示出存在拼写或语法错误的单词或短语。

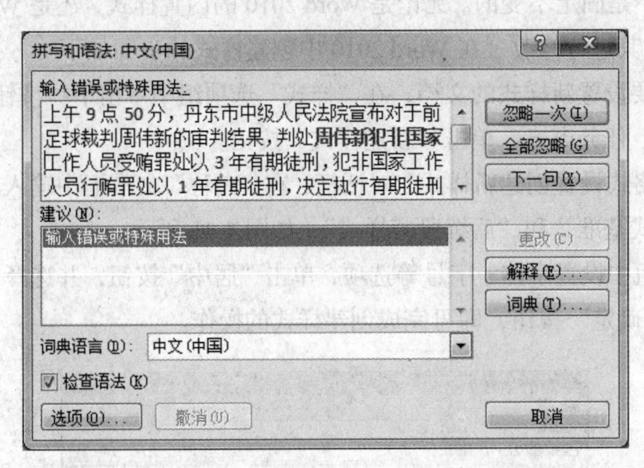

图 4.39　“拼写和语法”对话框

③ 完成拼写和语法检查，在“拼写和语法”对话框中单击“取消”按钮即可。

4.7　样式的使用和定义

Word 2010 中的样式是非常有用的功能之一，它可以快速修改文档的属性、字型、字号、字间距等。样式规定了文档中标题、正文、要点等各个文本元素的格式。用户可以将一种样式应用于某个选定的段落或字符，以使选定的段落或字符具有这种样式定义的格式。

应用样式后，用户可以选择喜欢的快速样式集，快速更改文档的外观以满足需求；使用样式有诸多便利之处，它可以帮助用户轻松统一文档的格式；辅助构建文档大纲，以使内容更有条理；

简化格式的编辑和修改操作。

1．应用样式

开始功能区中的样式组有 4 个控件："快速样式库""样式集""扩展库"和"样式任务窗格启动器"。可以从"快速样式库"中选择为文本快速应用某种样式。

样式组正常可以显示 10 多种样式。单击"扩展库"按钮可以显示"快速样式库"中的更多样式，如图 4.40 所示。

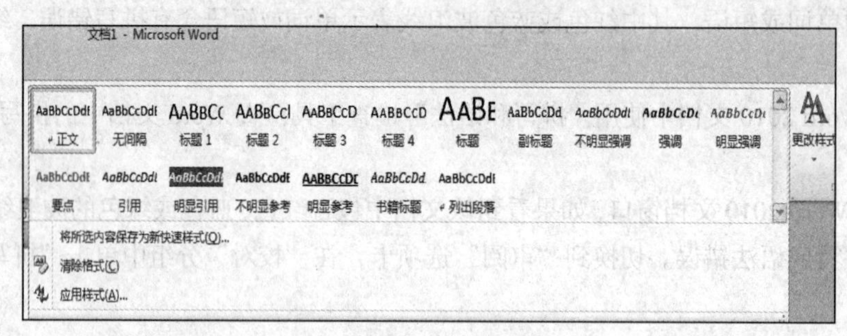

图 4.40　样式选项组

2．创建和修改样式

"快速样式集"不是固定不变的。无论是 Word 2010 的内置样式，还是 Word 2010 的自定义样式，用户随时可以对其进行修改。在 Word 2010 中创建样式的步骤如下。

① 打开一个需要设置新样式的文档，在"样式"选项组中单击下拉按钮。

② 打开"样式"任务窗格，单击"新建样式"按钮。

③ 打开"根据格式设置创建新样式"对话框，在"名称"文本框中输入新建样式的名称，设定"样式类型""样式基准"和"后续段落样式"，如图 4.41 所示。

④ 在"格式"组中设置字体、字号等选项，单击"居中"按钮，并选择"添加到快速样式列表"复选框，单击"确定"按钮，即可完成创建样式的操作。

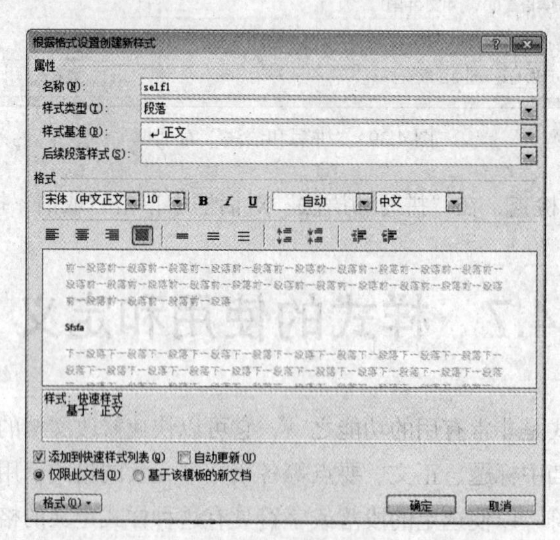

图 4.41　新建样式

如果是修改现有样式，则右击"快速样式库"中的样式，选择"修改"，弹出"修改样式"对话框，根据需要修改样式中的各选项。如果需要更改的选项（如行距、缩进等）在图 4.41 中没有列出来，则单击左下角的“格式”按钮，重新设置需要修改的选项。

4.8　文档的综合编辑

4.8.1　创建大纲

Word 2010 中提供了多种视图模式，在“视图→文档视图”组中有 5 种视图：普通视图、Web 版式视图、页面视图、大纲视图及阅读版式视图。根据不同视图的特点，可以单击不同的按钮，为不同的文档选择适当的视图模式，以方便地浏览及编辑文档。

大纲视图显示文档的结构。Word 使用层次结构来组织文档，大纲级别就是段落所处层次的级别编号，Word 提供 9 级大纲级别，对一般的文档来说足够使用了。

创建大纲的操作步骤如下。

① 选择“视图→文档视图→大纲视图”按钮，弹出“大纲”选项卡，同时系统切换到大纲视图模式，如图 4.42 所示。

② 将插入点置于要在目录中显示的第一个标题中。

③ 在“大纲”选项卡的“大纲级别”下拉列表框中为此标题选择一个大纲级别。

④ 对希望包含在目录中的每个标题重复执行步骤②和步骤③。

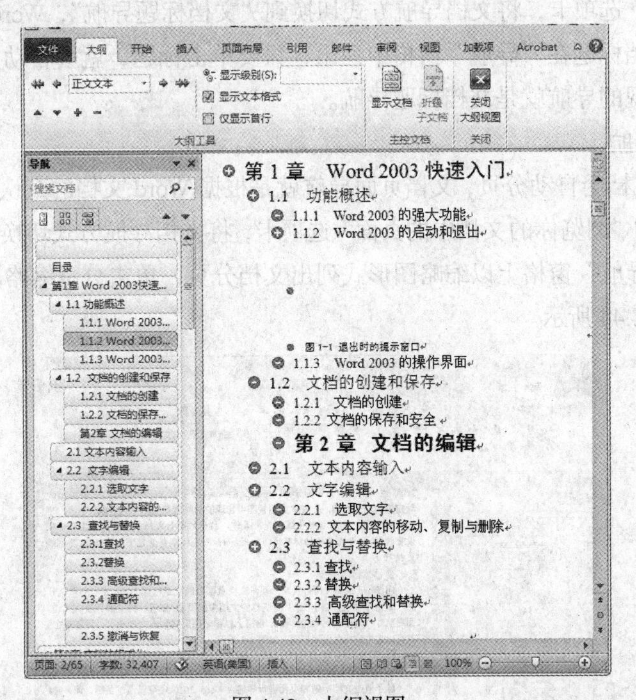

图 4.42　大纲视图

在大纲试图的左侧还有一个“导航”窗格，用于显示当前文档的结构。用 Word 编辑文档，有时会遇到长达几十页，甚至上百页的超长文档，在以往的 Word 版本中，浏览这种超长的文档很麻烦，有时为了查找文档中的特定内容，浪费了很多时间。Word 2010 新增的导航窗格会精确“导航”。

运行 Word 2010，选择“视图→显示→导航窗格”复选框，在 Word 2010 编辑窗口的左侧打开“导航”窗格，如图 4.43 所示。

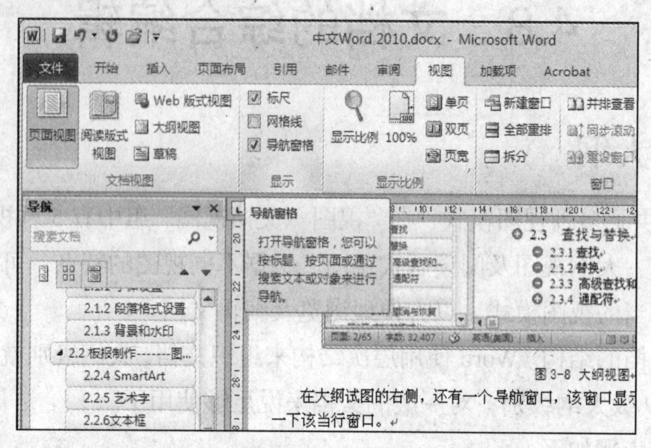

图 4.43　导航窗格

Word 2010 新增的文档导航功能有 4 种导航方式：标题导航、页面导航、关键字（词）导航和特定对象导航，让用户轻松查找、定位到想查阅的段落或特定的对象。

1. 文档标题导航

文档标题导航是最简单的导航方式，使用方法也最简单，打开“导航”窗格后，选中“浏览你的文档中的标题”选项卡，将文档导航方式切换到“文档标题导航”，Word 2010 会对文档进行智能分析，并将文档标题在“导航”窗格中列出，只要单击标题，就会自动定位到相关段落，上文中大纲视图中出现的导航就是文档标题导航。

2. 文档页面导航

用 Word 编辑文档会自动分页，文档页面导航就是根据 Word 文档的默认分页进行导航的。选中“导航”窗格上的“浏览你的文档中的页面”选项卡，将文档导航方式切换到“文档页面导航”，Word 2010 会在“导航”窗格上以缩略图形式列出文档分页，单击分页缩略图，就可以定位到相关页面查阅，如图 4.44 所示。

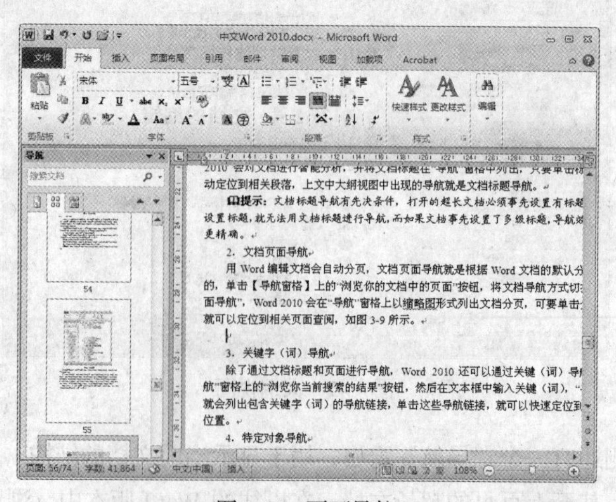

图 4.44　页面导航

3. 关键字（词）导航

除了通过文档标题和页面进行导航外，Word 2010 还可以通过关键字（词）导航。选中“导航”窗格上的“浏览你当前搜索的结果”选项卡，在文本框中输入关键字（词），“导航”窗格上会列出包含关键字（词）的导航链接，单击这些导航链接，可以快速定位到文档的相关位置。

4. 特定对象导航

一篇完整的文档往往包含图形、表格、公式、批注等对象，Word 2010 的导航功能可以快速查找文档中的这些特定对象。单击搜索框右侧放大镜后面的“▼”，选择“查找”栏中的相关选项，可以快速查找文档中的图形、表格、公式和批注。

Word 2010 提供的 4 种导航方式都有优缺点，标题导航很实用，但是事先必须设置好文档的各级标题才能使用；页面导航很便捷，但是精确度不高，只能定位到相关页面，要查找特定内容还是不方便；关键字（词）导航和特定对象导航比较精确，但如果文档中同一关键字（词）或者同一对象很多，就要进行“二次查找”。如果能根据自己的实际需要，将几种导航方式结合起来使用，导航效果会更佳。

4.8.2 制作目录

目录用来列出文档中的各级标题及标题在文档中对应的页码。Word 的目录提取基于大纲级别和段落样式，Normal 模板中提供了内置的标题样式，命名为“标题 1”“标题 2”，…，“标题 9”，分别对应大纲级别的 1～9。

根据大纲创建目录的过程如下。

① 将光标置于要插入目录的位置。

② 选择“引用→目录→目录”按钮，在下拉菜单选择“插入目录”命令，弹出“目录”对话框，如图 4.45 所示。

③ 单击“选项”按钮，从弹出的“目录选项”对话框中取消选择“样式”复选框，单击“确定”按钮，返回“目录”对话框。

④ 设置“显示级别”的数目。一般情况下指定了四级大纲级别，但仅在目录中显示前三级。

⑤ 单击“确定”按钮，在指定位置插入目录。

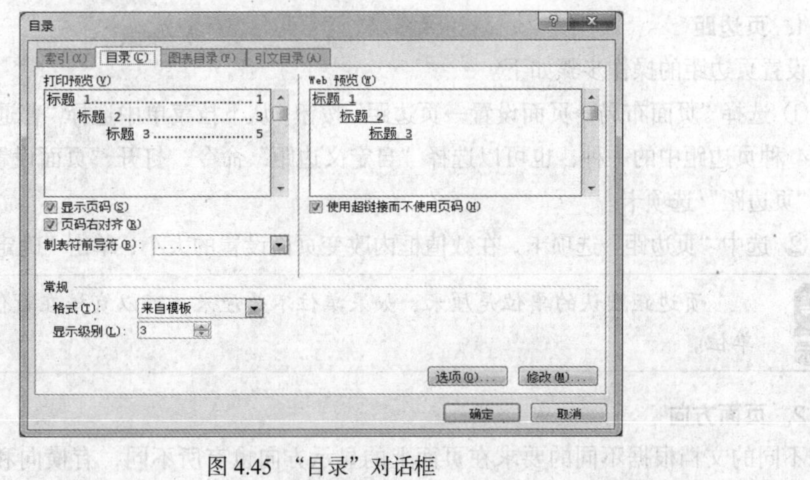

图 4.45 “目录”对话框

4.8.3 分隔符

在编辑长文档时，不同章节之间通常要插入分页符，也就是下一章节从当前页的下一页开始，分页符是分隔符的一种，下面简单介绍分隔符的种类和使用方法。

在“页面布局”选项卡的“页面设置”组中单击“分隔符”按钮，在下拉菜单中选择需要的分隔符，其中包括分页符、分栏符、分节符等。

1. 三种分隔符的区别（在普通视图中可见）

（1）分页符

分页符是插入文档中的表明一页结束而另一页开始的格式符号。“自动分页”和“手动分页”的区别是一条贯穿页面的虚线上有无“分页符”字样（后者有）。

（2）分节符

分节符为在一节中设置相对独立的格式页插入的标记。

① 下一页。光标当前位置后的全部内容移到下一页面上。

② 连续。光标当前位置以后的内容将按新的设置安排分页，但其内容不转到下一页，而是从当前空白处开始。单栏文档同分段符，多栏文档可保证分节符前后两部分的内容按多栏方式正确排版。

③偶数页／奇数页。光标当前位置以后的内容将会转移到下一个偶数页／奇数页上，Word会自动在偶数页／奇数页之间空出一页。

（3）分栏符

分栏是一种文档的页面格式，将文字分栏排列。

2.“分栏符”的使用方法

① 若在不同页中选用不同的分栏排版，首先选择希望分栏的文字，在“页面布局”选项卡的“页面设置”组中单击“分栏”按钮，从下拉菜单中选择希望的栏数。

② 将光标定位于字符分栏处，然后选择“分栏符”。

4.8.4 页面设置

页实际上就是文档的一个版面，只有适当设置页面，才能打印出令读者满意的效果。页面设置主要包括设置页边距、页面方向、纸张以及网格线。

1. 页边距

设置页边距的操作步骤如下。

① 选择“页面布局→页面设置→页边距”按钮，从下拉菜单中选择“普通”“窄”“宽”和“适中”4 种页边距中的一种，也可以选择“自定义边距”命令，打开“页面设置”对话框，默认显示 “页边距”选项卡。

② 选中“页边距”选项卡，在数值框内改变页面设置的大小，单击“确定”按钮，完成设置。

页边距默认的单位是厘米，如果单位不是厘米，可以直接在数值后面填写上要求的单位。

2. 页面方向

不同的文档根据不同的要求在页面上的显示方向也有所不同，有横向和纵向两种，设置页面方向的方法为，单击“页面布局→页面设置→纸张方向”按钮，在下拉列表中选择“横向”或“纵向”。

3. **纸张设置**

Word 2010 支持多种纸张类型，用户可以方便地选择纸张类型，操作步骤如下。

① 选择“页面布局→页面设置→纸张大小”按钮，在下拉菜单中选择纸张的大小。

② 也可以单击下拉菜单中的“其他页面大小”命令，在弹出的“页面设置”对话框的“纸张”选项卡中进行设置，如图 4.46 所示。可以设定宽度和高度任意设定页面大小。

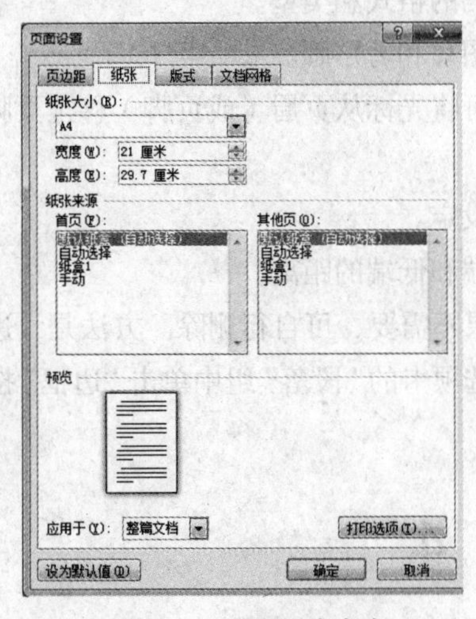

图 4.46　设置纸张大小

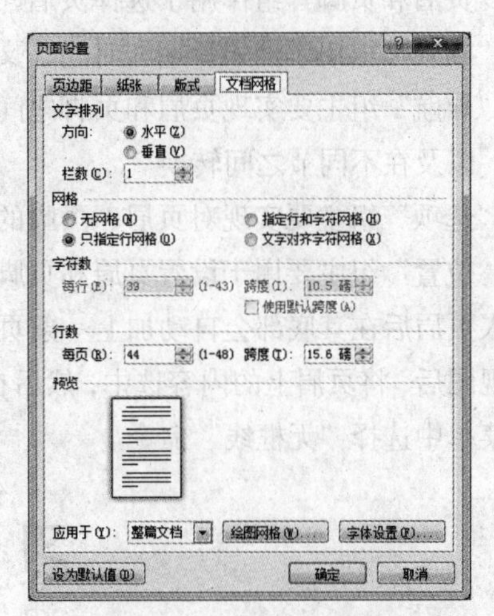

图 4.47　设置文档网格

4. **网格线**

文字较密集阅读起来会比较费力，可以调整文字来解决。通常，很多人都采用增大字号的办法，还可以调整字间距、行间距，这样即使不增大字号，也能使内容看起来更清晰。

单击“页面布局→页面设置”组右下角的扩展按钮，在弹出的菜单中选择“文档网格”页面，在弹出的“页面设置”对话框中显示“文档网格”选项卡，如图 4.47 所示。

选中“指定行和字符网格”单选按钮，“字符数”默认为每行 39 个字符，可以适当减小，例如改为“每行 37”个字符。在“行数”默认为每页 44 行，可以适当减小，例如改为每页 42 行。这样，文字的排列就均匀清晰了。

4.8.5　页眉和页脚

页眉和页脚是文档中每个页面的顶部、底部和两侧页边距（即页面上打印区域之外的空白空间）中的区域，可以在页眉和页脚中插入或更改文本或图形。例如，可以添加页码、时间和日期、公司徽标、文档标题、文件名和作者姓名。

设定页眉和页脚的方法如下。

①“插入”选项卡的“页眉和页脚”组包括“页眉”“页脚”和“页码”3 个按钮。

② 页眉和页脚下拉菜单中提供了很多种类，也可以单击“编辑页眉”或“编辑页脚”按钮，自定义页眉和页脚。

③ 下拉菜单中选择“编辑页眉”或“编辑页脚”命令，系统弹出“页眉和页脚工具→设计”

选项卡，如图 4.48 所示。

图 4.48 页眉和页脚

- "页眉和页脚"组作用于选择页眉、页脚和页码的格式和类型。
- "插入"组用于插入日期和时间、文档部件、图片和剪贴画。
- "导航"组主要实现页眉和页脚之间的切换，可将光标从页眉（或页脚）移至页脚（或页眉）中，以及在不同节之间转换。
- "选项"组主要实现对页眉、页脚的一些特殊设定。
- "位置"组主要用于设置页眉和页脚与页面顶端和低端的距离。

插入页眉后在其底部会自动加上一条页眉线。如果不需要，可自行删除。方法是，进入页眉和页脚视图后，将页眉上的内容选中，然后在"开始"选项卡的"段落"组中单击"边框"按钮，从下拉菜单中选择"无框线"命令。

习　题　4

一、判断题

1. Word 2010 默认的文档扩展名为 doc。(　　)
2. 在 Word 2010 页面视图下显示或关闭页面标尺可以从"视图"选项卡中选择"标尺"复选框。(　　)
3. 表格中的单元格可以横向拆分为多个单元格，也可以纵向拆分为多个单元格。(　　)
4. 剪贴板上的内容可粘贴到文本的多处。(　　)
5. 表格可以转换为文字，文字也可转换为表格。(　　)

二、多选题

1. Word 2010 工作界面包括(　　)。

A. 文档编辑区　B. 功能区　C. 菜单栏　D. 标题栏
E. 状态栏　F. 快速访问工具栏

2. 下列(　　)是 Word 2010 的默认选项卡。

A. 编辑　B. 视图　C. 文件　D. 插入
E. 页面布局　F. 引用　G. 工具　H. 数据

3. Word 2010 的视图可按(　　)的比例显示文档。

A. 10%至 500%　B. 页面宽度　C. 双页　D. 整页

4. Word 2010 的视图方式有(　　)。

A. 大纲视图　B. 页面视图　C. 全屏视图　D. Web 版式
E. 草稿视图

第 5 章 电子表格软件 Excel 2010

学习目标

- 熟练建立表格，对表格进行格式化，输出完美的工作表
- 掌握在工作表中对数据使用公式和函数，快速、准确地计算
- 掌握在工作表中对数据进行排序、筛选、分类汇总，实现快速查找数据，分析结果
- 掌握用图表表示数据，以方便查看数据

Excel 作为电子表格软件，提供表格制作与使用的一系列功能。大到多表格视图的精确控制，小到一个单元格的格式设置，Excel 几乎能为用户做到他们在处理表格时想做的一切。除此之外，利用条件格式功能，用户可以快速标识表格中的特定数据而不必用肉眼逐一查找。利用数据的有效性功能，还可以设置允许输入的数据类型。无论是在科学研究、教育、医疗，还是商业等领域，Excel 都能满足大多数人的数据处理需求。

5.1 Excel 电子表格

5.1.1 电子表格的创建与保存

1. Excel 2010 的启动和退出

（1）启动 Excel 2010

选择桌面左下角的“开始→所有程序→Microsoft Office→Microsoft Excel 2010”命令。

（2）退出 Excel2010

选择 Excel 2010 的“文件”→“退出”命令。

单击 Excel 2010 窗口标题栏右上角的☒按钮。

单击 Excel 2010 窗口标题栏左上角的控制图标，在下拉菜单中选择“关闭”命令。

2. Excel 的界面

Excel 2010 启动成功后，进入如图 5.1 的界面。

行号：是每一行左侧的阿拉伯数字，表示该行的行数，用 1,2,3……表示。

列标：是每一列上方的大写英文字母，表示该列的列名，用 A、B、C……表示。

名称框：显示活动单元格的地址或已经命名的单元格区域的名称。

编辑栏：用于显示、输入、编辑、修改当前单元格中的数据或公式。

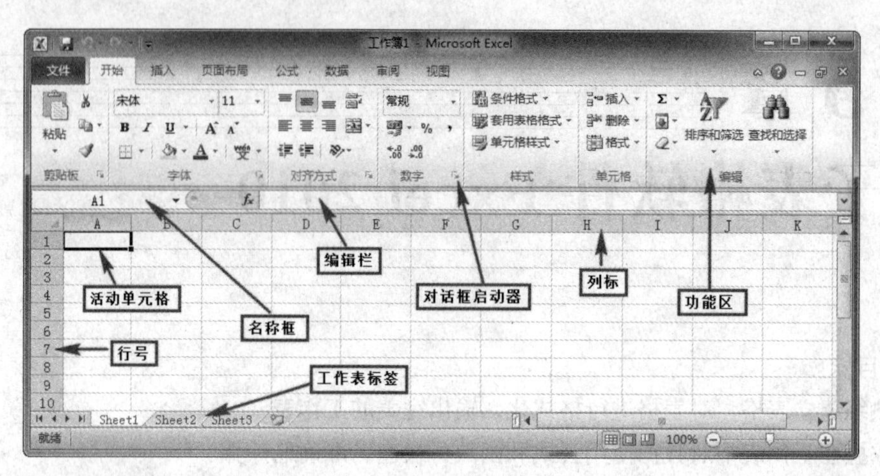

图 5.1　Excel 窗口界面

在 Excel 中使用最频繁的就是工作簿、工作表和单元格，也是 Excel 主要的操作对象。

3. 工作簿

通常情况下，Excel 2010 文件是指工作簿文件，一个工作簿就是一个电子表格文件，Excel 2010 的文件扩展名为 .xlsx（Excel 2003 及以前的版本扩展名为 .xls）。

（1）建立工作簿

启动 Excel 2010，工作窗口中自动建立一个名为“工作簿 1”的空白工作簿。在现有的工作窗口下，再建立新的工作簿可以使用如下方法。

选择“文件”→“新建”命令，打开“新建工作簿”对话框，选择“空白工作簿”→“创建”按钮，如图 5.2 所示。

图 5.2　新建工作簿

（2）保存工作簿

保存工作簿有以下 2 种方法。

① 在快速访问工具栏中单击“保存”按钮。

② 单击“文件”→“保存”命令。

4．工作表

工作表包含于工作簿中，是 Excel 存储和处理数据的重要部分。一个工作簿可以包含多张工作表，它在工作簿中通过工作表标签来标识不同的数据表，默认显示前三个工作表，名称为 Sheet1、Sheet2、Sheet3，如图 5.3 所示。

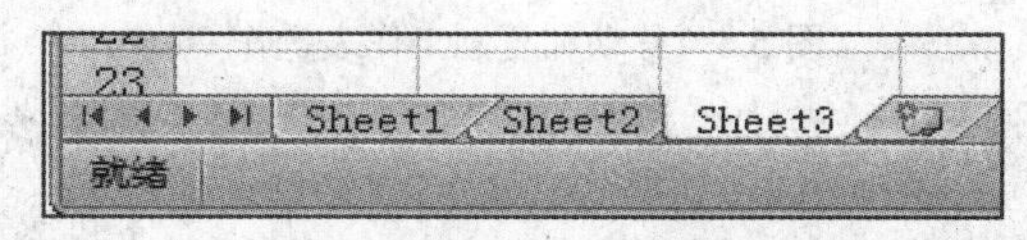

图 5.3　默认工作表标签

（1）插入工作表

一个空白工作簿中包含 3 张工作表，增加新工作表的方法如下。

在当前工作表标签处单击鼠标右键，在弹出的快捷菜单中选择“插入”命令，在弹出的“插入”对话框中选择“工作表”类型。

在工作表标签区单击“插入工作表”按钮。

（2）重命名工作表

为便于记忆和直观反映表中的数据内容，需要对重命名工作表，重命名工作表有以下几种方法。

双击工作表标签，输入工作表名称，按 Enter 键。

在工作表标签单击鼠标右键，在弹出的快捷菜单中选择“重命名”命令，输入工作表名称。

（3）移动和复制工作表

移动工作表，可以在同一个工作簿中改变排列顺序，也可以在不同的工作簿间转移。复制工作表是指工作表可以在同一个工作簿或不同工作簿间建立副本。常用的方法如下。

① 拖动工作表标签

用鼠标左键拖动工作表标签到新位置，可以实现工作表的移动；在拖动工作表标签过程中，按住 Ctrl 键可以实现工作表的复制。

② 使用快捷菜单。

在工作表标签位置单击鼠标右键，在弹出的快捷菜单中选择“移动或复制”命令，打开“移动或复制工作表”对话框，如图 5.4 所示。

从“工作簿”下拉列表中选择要移动或复制到的工作簿。

从“下列选定工作表之前”列表框中选择要移动或复制到的工作表位置。

选中“□建立副本”复选框，则该操作实现复制工作表，否则为移动工作表操作。

（4）拆分和冻结工作表

当工作表数据内容较多时，通过冻结和拆分操作，可以在现有的窗口中显示工作表数据区域的多个位置。

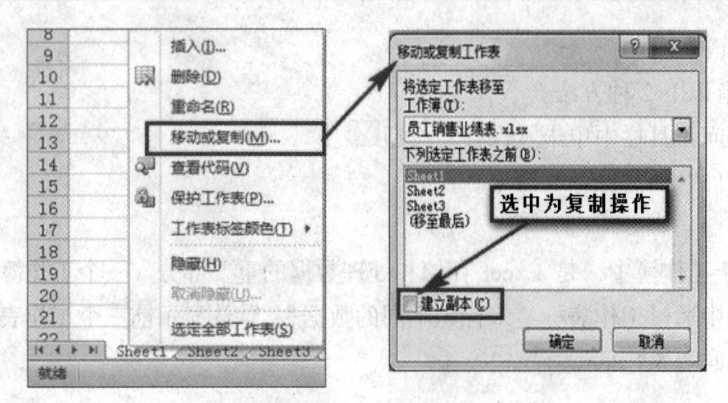

图 5.4 移动和复制工作表操作

① 拆分工作表。

在 Excel 中可以将一个工作表窗口拆分为多个大小可调的窗格，且每个窗格都会显示工作表的一部分内容。拆分工作表窗口的方法主要有两种。

a. 利用“拆分“按钮。

在工作表中，将光标定位到需要拆分的位置，选择“视图”→“窗口”组，单击 拆分 按钮，即可将当前工作表窗口拆分为 4 个区域，如图 5.5 所示。

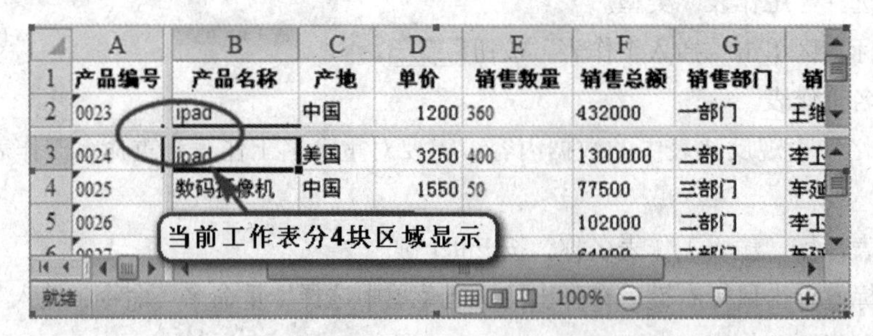

图 5.5 利用“拆分”按钮拆分工作表为 4 个区域显示

再次单击 拆分 按钮，取消工作表多区域显示。

b. 利用“拆分条”。

在 Excel 窗口中，水平滚动条旁边和垂直滚动条顶端各有一个拆分条，用鼠标拖动拆分条，可将当前工作表分成水平拆分或垂直拆分区域，如图 5.6 所示。

② 冻结工作表

冻结工作表的作用，就是让工作表中的某部分区域数据，不会因为工作表数据位置发生改变时而随之变化，如固定显示标题行或标题列。冻结工作表的方法如下。

在“视图”→“窗口”组，单击“冻结窗格”按钮，在下拉菜单中选择冻结的位置，如图 5.7 所示。

如果需要变换冻结位置，需要先取消冻结。要取消工作表的冻结区域，选择“视图”→“窗口”组，从“冻结窗格”下拉列表选择“取消冻结窗格”。

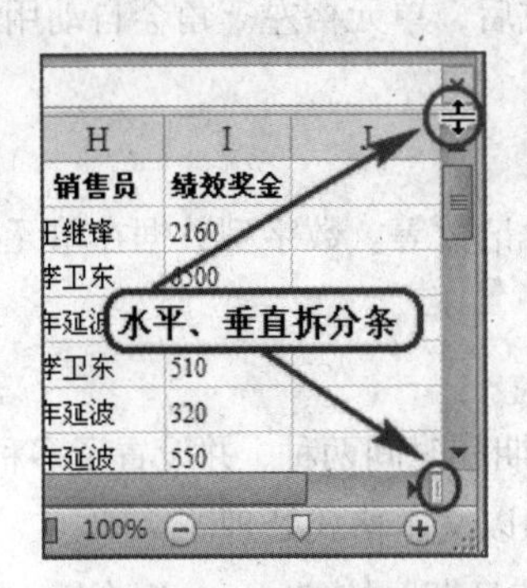

图 5.6　将工作表拆分成两个独立的区域显示

图 5.7　选择“冻结窗格”方式

5.1.2　输入数据

数据的输入和编辑在单元格中完成，行和列交叉的区域为单元格，每个单元格通过单元格地址进行标识。

1. 单元格

每个单元格都有一个名称，为单元格地址。

（1）单元格地址

默认情况下，单元格地址有两种样式：A1 和 R1C1。

① A1 样式，即列标在前、行号在后。其中 A1 表示位于 A 列与第 1 行交汇的单元格。

② R1C1 样式，即行号在前，列号在后。其中 R1C1 表示第 1 行与第 1 列交汇的单元格。

（2）活动单元格

活动单元格是指当前正在操作的单元格，其周围有黑色粗线方框，工作表中只能有一个单元格是活动单元格，如图 5.8 所示。

（3）填充柄

填充柄是活动单元格右下角的一个小实心矩形。拖动填充柄可以向其他单元格进行有规律的数据填充，如图 5.8 所示。

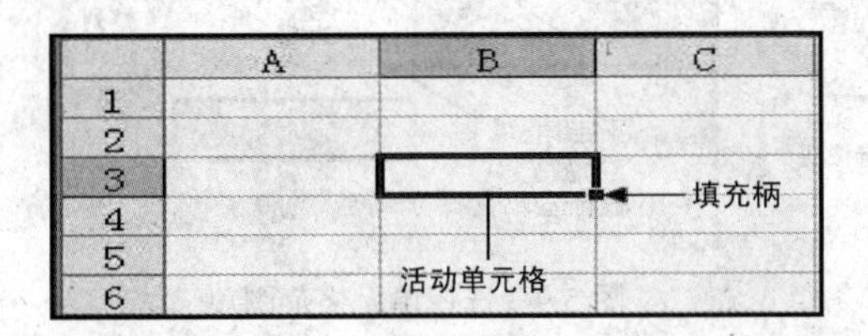

图 5.8　活动单元格和填充柄

2. 输入数据

在 Excel 中，可以输入的数据类型比较丰富，可以分为文本、数值、日期和公式等。数据输入时，Excel 能够自动识别输入数据的类型。

（1）文本型数据

文本型数据包括汉字、英文字母、符号等字符，文本型数据在单元格中默认“左对齐”。许多不代表数量的，不需要进行数值计算的数字也保存为文本型数据，如身份证、电话号码等。在输入时在其前加单引号（ ' ）引导，如'1201061978 ，输入完成后，单元格左上角会自动用绿色三角标志为文本格式数据。

（2）数字型数据

数字型数据有多种表现形式，如数值、货币、分数和科学记数等。数字型数据在单元格中默认"右对齐"。

（3）日期型数据

日期型数据用来显示某个时间的数据，在 Excel 中分为日期和时间两种，并设置了多种格式，可以根据需要选择。如果输入的日期型数据系统无法识别，则以文本格式处理。

日期型数据分隔符：有"－"和"/"两种，输入当前系统日期，按 Ctrl＋；组合键。

时间格式分隔符：用冒号（:）分隔时、分、秒，如果用 12 小时制显示，则在时间后留一空格，并输入 AM（上午）；PM（下午）。输入当前系统时间按 Ctrl+Shift+；组合键。

3. 编辑数据

可以在单元格中执行插入、复制、删除数据等操作，操作首先确定单元格的范围。

（1）选定单元格范围

① 选定一个单元格。单击该单元格即可。

② 选定连续单元格区域。单击开始的单元格，然后按住鼠标左键沿着对角线方向拖到最后一个单元格，松开鼠标即可选定范围；或先选定第一个单元格，然后在按住 Shift 键的同时，单击要选定区域的最后一个单元格。

③ 选定不相邻的单元格区域。先选定第一个区域，在按住 Ctrl 键同时，用鼠标拖曳其他不相邻的单元格区域。

④ 选定整行/列单元格。单击工作表中的行号/列标。

⑤ 选定所有单元格（即整个工作表）。单击工作表左上角行号和列标的交叉处，即"全选"按钮。

选定单元格范围结果如图 5.9 所示。

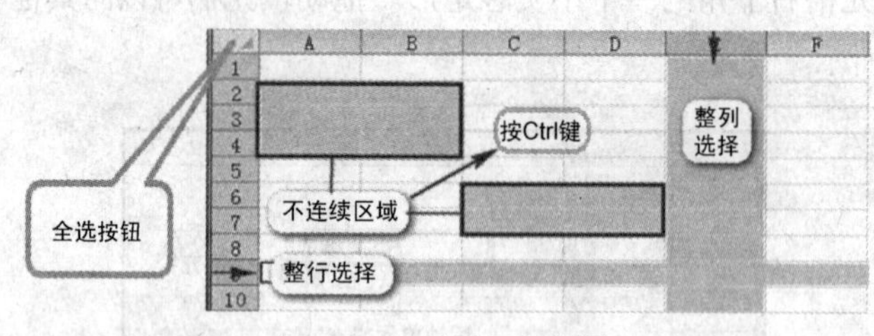

图 5.9 选择单元格范围

（2）设置单元格的行高和列宽

输入的数据超过单元格宽度时，Excel 会改变数据的显示方式。当单元格宽度不足以显示内容时，数字数据会显示成"####"，文字数据则由右边相邻的单元格储存数据决定如何显示。改变单元格的显示状态，可以调整单元格的行高和列宽。设置单元格的行高和列宽有手动调整和自定义调整两种方法。

① 手动调整。拖动行与行或列与列之间的分割线来设置单元格的行高和列宽。

② 自定义调整。选择设置行高/列宽的单元格，在“开始”→“单元格”组的“格式”下拉列表中选择“行高”或“列宽”选项,，在打开的“行高”或“列宽”对话框中设置，如图 5.10 所示。

（3）复制、移动单元格数据

复制、移动单元格数据可以提高工作效率。移动和复制数据可以使用鼠标，也可以使用菜单完成。

① 使用鼠标拖动。选定要移动或复制数据的单元格区域，用鼠标拖动选定单元格区域，实现移动操作；若在鼠标拖动选定单元格区域的同时按住 Ctrl 键，可复制单元格。

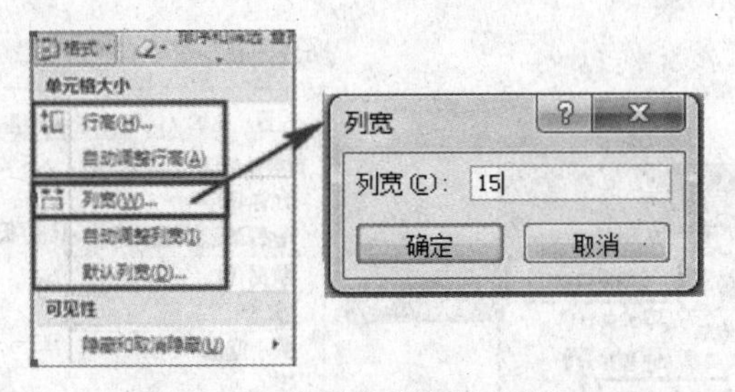

图 5.10　设置单元格“列宽”

当移动含有数据的单元格时，会弹出图 5.11 所示的确认框。单击“确定”按钮，单元格中原有的数据会被新的数据替换。

② 使用剪贴板。默认情况下，“粘贴”操作是将原单元格中的所有内容及格式都粘贴到目标单元格中。但是，有时仅需要复制原单元格的部分数据形式，而不需要它的全部，这时可以选择“粘贴选项”，具体方法如下。

◆ 选定要复制的单元格范围。

◆ 在“开始”→“剪贴板”组中单击“复制”按钮。

◆ 选定目标单元格。

◆ 在“开始”→“剪贴板”组的“粘贴”下拉列表中，选择粘贴选项（包括粘贴、粘贴数值、其他粘贴选项），如图 5.12 所示。

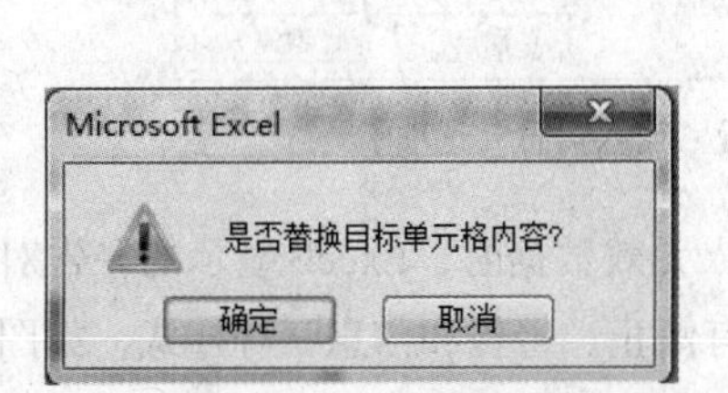

图 5.11　提示是否替换数据

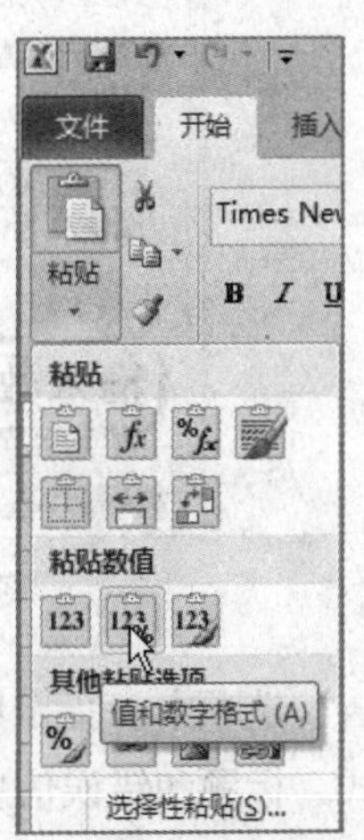

图 5.12　粘贴选项

“粘贴选项”只对“复制”命令有效。

4. 设置数据的有效性

在 Excel 中，可以设置数据的有效类型，以及输入数据的取值范围，以提高输入数据的效率和正确性。

首先选定要设置数据有效性的单元格或者区域，单击“数据”→“数据工具”组中的“数据有效性”按钮，打开“数据有效性”对话框，如图 5.13 所示。

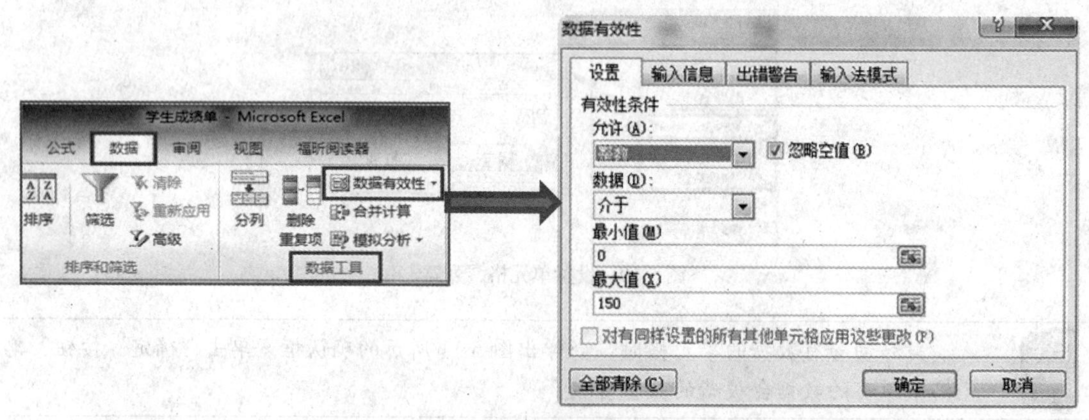

图 5.13 “数据有效性”对话框

①“设置”选项卡。在“允许”下拉列表框中选择数据类型，包括整数、小数、日期、时间、序列、文本长度及自定义。在图 5.13 中选择的是“整数”选项，同时设置整数的限制条件为 0 到 150。

②“输入信息”选项卡。用于指定在单元格输入数据时系统显示的提示信息，如图 5.14 所示。

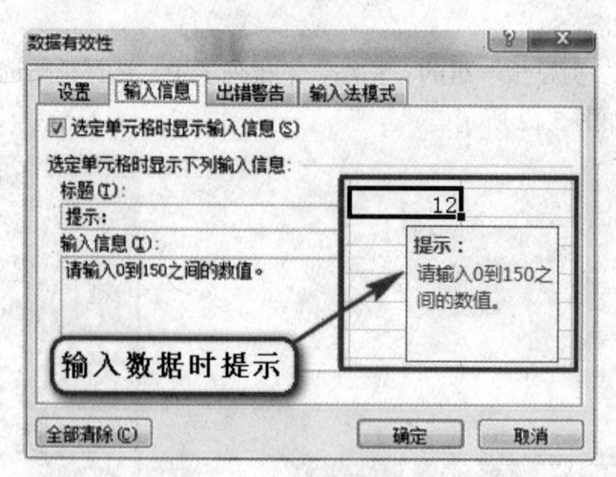

图 5.14 设置“输入信息”选项卡

③“出错警告”选项卡。指定单元格输入无效数据时，Excel 显示的警告对话框，用户可以设置对话框的样式、标题和错误信息。其中有停止、警告和信息三种样式，如图 5.15 所示。

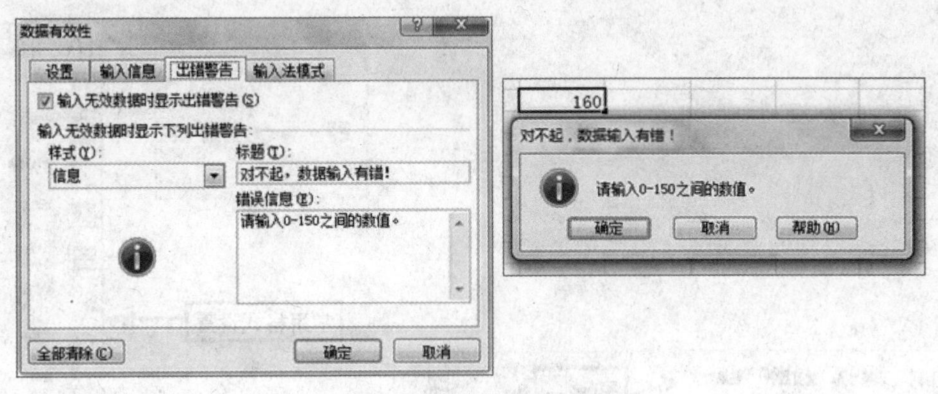

图 5.15　设置“出错警告”提示

5.1.3　格式化工作表

工作表内容是否规范、美观，与单元格格式的设置密不可分。在 Excel 2010 中，设置单元格的格式主要在“开始”→“字体”、“对齐方式”“数字”和“单元格”组中完成。

1. 对表格进行基本整理和修饰

为了增加表格的易读性和美观性，需要对表格进行格式化。

（1）设置文本字体

文本格式设置包括设置文本的字体、颜色、对齐方式和方向，单击“开始”→“字体”组右下角的折叠对话框按钮，打开“设置单元格格式”对话框，如图 5.16 所示，在其中设置文本字体。

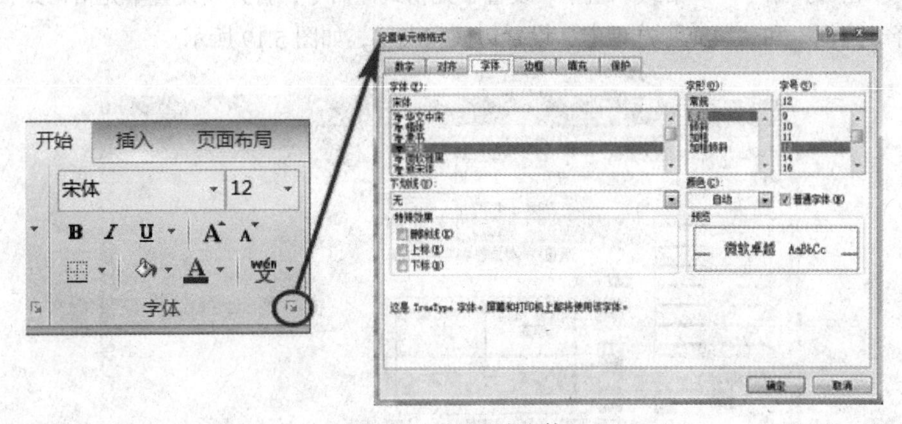

图 5.16　设置文本字体

（2）设置文本对齐方式

设置对齐方式是指设置单元格数据显示在单元格的上、下、左、右的相对位置。在“开始”→“对齐方式”组，单击相应的对齐方式按钮，设置样式如图 5.17 所示。

（3）设置数字格式

设置单元格的数字格式，包括货币格式、小数点保留的位数、百分比和自定义格式等。设置方法如图 5.18 所示。

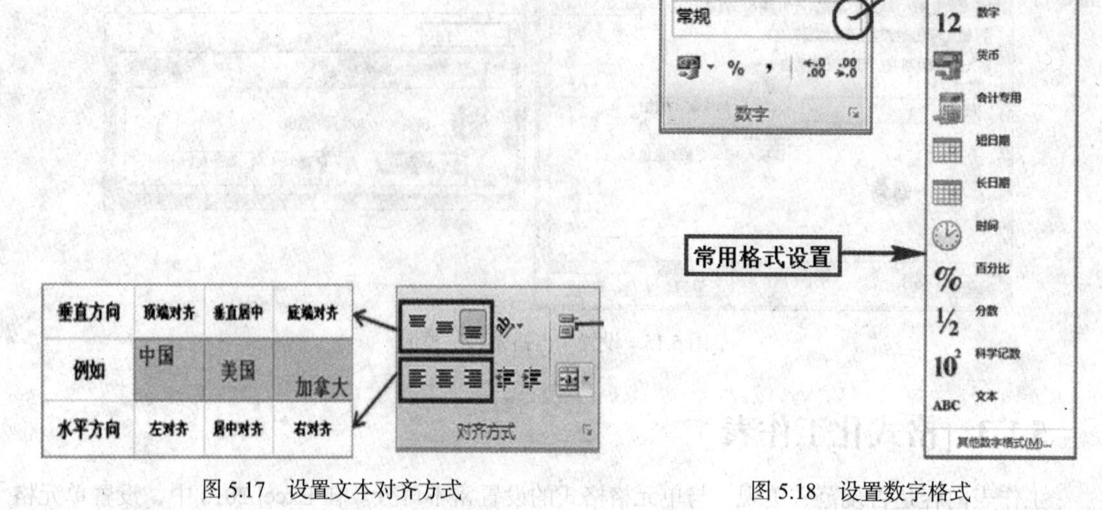

图 5.17　设置文本对齐方式　　　　　　图 5.18　设置数字格式

（4）添加边框和底纹

添加边框和底纹可以增加单元格的视觉效果。默认情况下，工作表的网格线只用于显示，不会打印出来。为了突出显示重点单元格，除了添加边框外，还可以添加底纹。设置方法有如下两种，首先选择设置边框和底纹的单元格区域。

◆　在“开始”→“字体”组，单击设置边框按钮 ，在下拉列表中提供了 13 种边框设置方案；单击 按钮，可以填充底纹颜色。

◆　单击“开始”→“格式”组中“设置单元格式”命令，打开“设置单元格格式”对话框，分别选择“边框”和“填充”选项卡，设置边框和底纹，如图 5.19 所示。

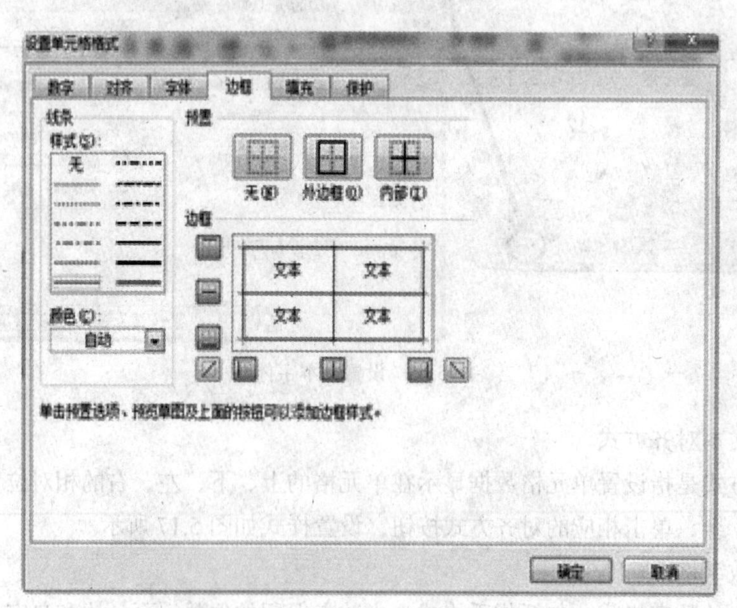

（a）“边框”选项卡

图 5.19　“设置单元格格式”对话框

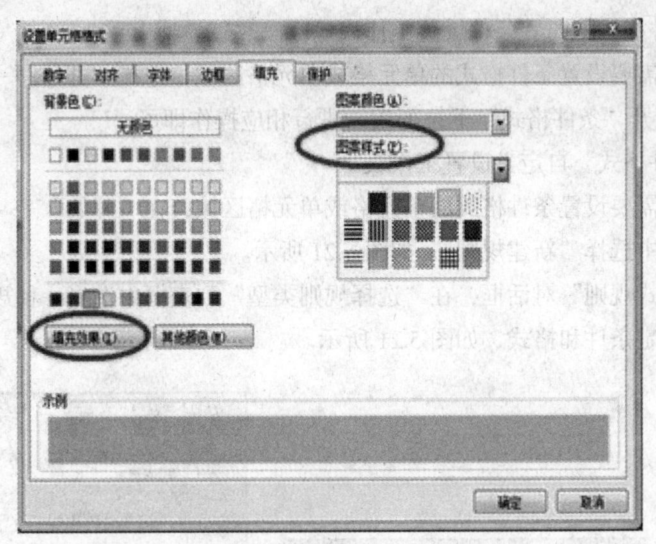

（b）“填充”选项卡

图 5.19　“设置单元格格式”对话框（续）

2. 使用“套用表格格式”格式化表格

Excel 2010 的“套用表格格式”功能提供了多达 60 种表格格式，为格式化数据表提供了丰富的选择，提高了设置工作表的效率。

（1）使用“套用表格格式”设置表格

在“开始”→“样式”组，单击“套用表格格式”按钮，从下拉列表中选择一种样式，如图 5.20（a）所示。

（2）使用“单元格样式”设置表格

可以使用内置单元格样式，创建自定义单元格格式。

选择“开始”→“样式”组，单击“单元格样式”按钮，从下拉列表中选择相应的样式，如图 5.20（c）所示。

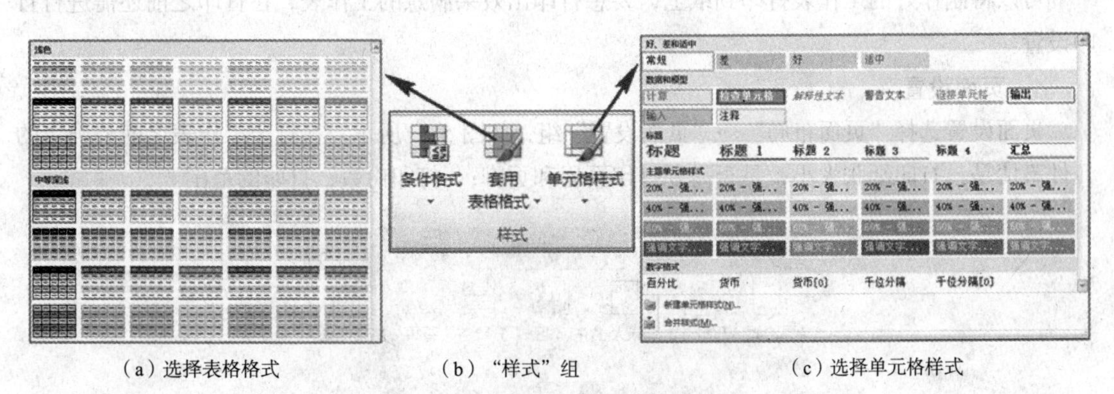

（a）选择表格格式　　（b）“样式”组　　（c）选择单元格样式

图 5.20　使用内置表格样式

（3）使用“条件格式”设置表格

Excel 提供的条件格式功能可以迅速为满足某些条件的单元格或单元格区域设定需要突出显示的数据。

① 利用“条件格式”内置条件设置工作表

选定工作表中需要设置条件格式的单元格或单元格区域，选择“开始”→“样式”组，如图5.20（b）所示，打开“条件格式”下拉列表，进行相应操作即可。

② 利用“条件格式”自定义设置工作表

选定工作表中需要设置条件格式的单元格或单元格区域，在“开始”→“样式”组中的“条件格式”下拉列表中选择“新建规则”，如图5.21所示。

打开“新建格式规则”对话框，在“选择规则类型”列表框中选择一种规则类型，在“编辑规则说明”区中设定条件和格式，如图5.21所示。

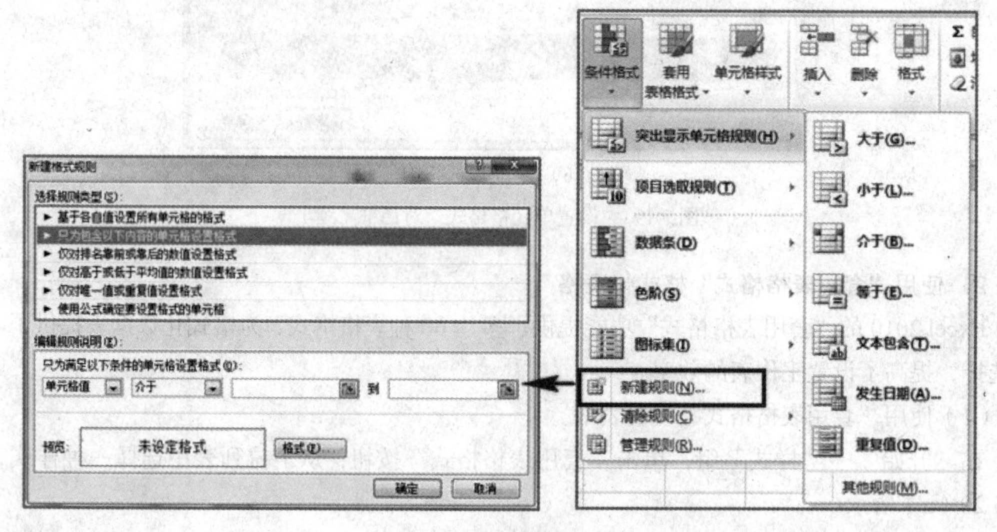

图5.21 “条件格式”设置

5.1.4 打印

可以将制作好的工作表打印到纸上，要想打印出效果满意的工作表，在打印之前还需进行打印设置。

1. 页面设置

页面设置选择“页面布局”→“页面设置”组，如图5.22所示。在打印工作表之前要确定的几件事情是：打印纸张大小；是否需要打印页眉和页脚;，打印份数；打印的范围。

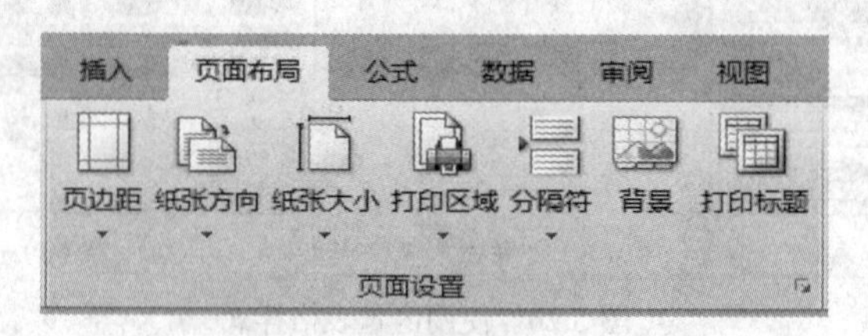

图5.22 “页面设置”组

（1）设置页边距

页边距是指页面中的打印内容与页面上、下、左、右边界的距离。

在“页面布局”→“页面设置”组中单击“页边距”下拉按钮，如图 5.23 所示。单击“自定义边距”按钮，在弹出的“页边距”选项卡中进行相应设置。

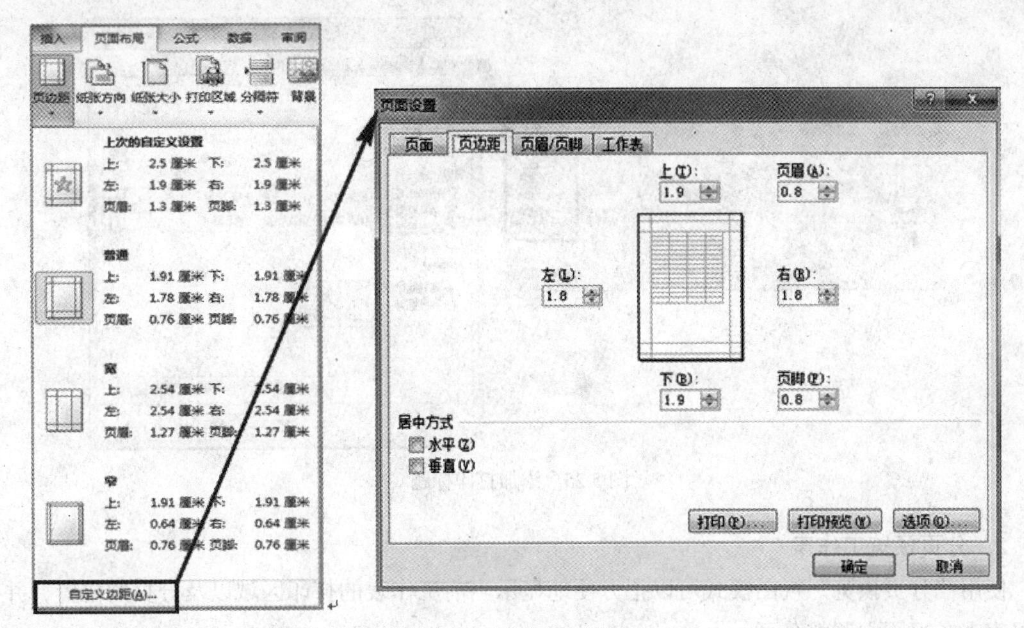

图 5.23　设置页边距

（2）设置页眉与页脚

添加页眉和页脚，不但可以使页面更加美观和便于阅读，而且在打印多页表格时，只需设置一次便可自动出现在每一页上，设置页眉和页脚时，可以使用 Excel 内置的页眉或页脚格式，也可以自定义页眉和页脚。

选择“页面布局”→“页面设置”组，单击 按钮，打开“页面设置”对话框，选择“页眉/页脚”选项卡，如图 5.24 所示，进行相应页眉和页脚设置操作。

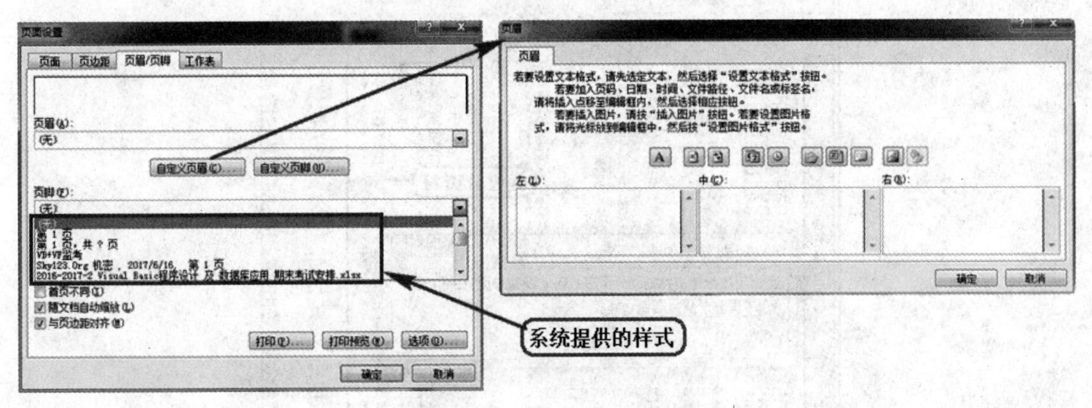

图 5.24　添加页眉、页脚

（3）添加打印标题

如果要打印的工作表有多页，可以在每一页的顶端处显示该工作表的标题。添加打印标题的方法为：在“页面布局”→“页面设置”组，单击“打印标题”按钮，打开“页面设置”对话框，选择“工作表”选项卡，在“打印标题”选项区，选择工作表中顶端标题行和列的范围，如图 5.25 所示。

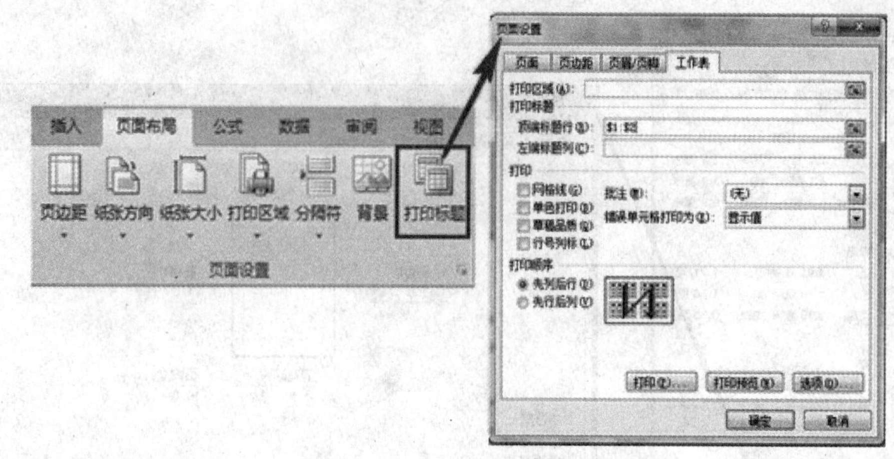

图 5.25　添加打印标题

2. 分页预览工作表

使用“分页预览”视图模式可以很方便地显示当前工作表的打印区域以及分页的位置，并且可以直观在视图中调整分页。

在“视图”→“工作簿视图”组，单击“分页预览”按钮，进入分页预览模式，如图 5.26 所示。其中打印区中蓝色粗虚线为“自动分页符”，拖动粗虚线可以改变水平、垂直分页的位置。在粗虚线左侧的表格区域中，背景上显示“第 1 页”灰色水印。

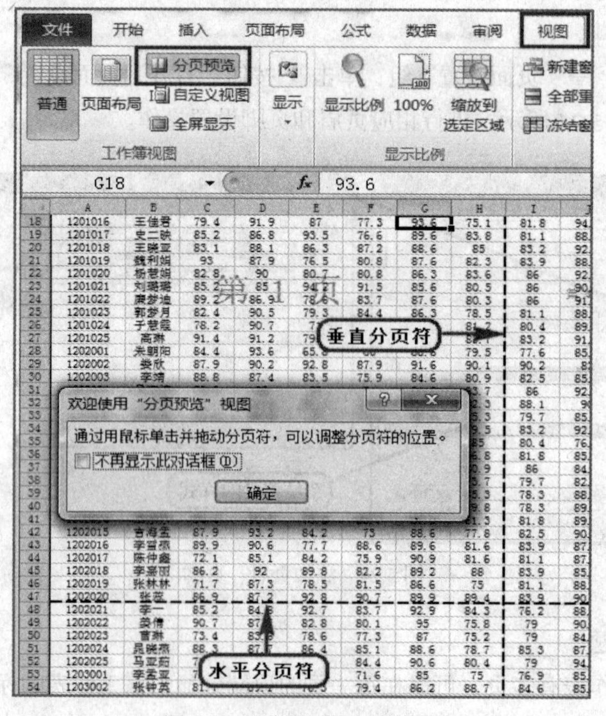

图 5.26 “分页预览”工作表

3. 打印工作表

页面设置好后，在“文件”下拉列表中选择“打印”命令，在右侧窗口设置打印份数、打印范围，还可以预览打印效果，满意后，单击“打印”按钮输出，如图 5.27 所示。

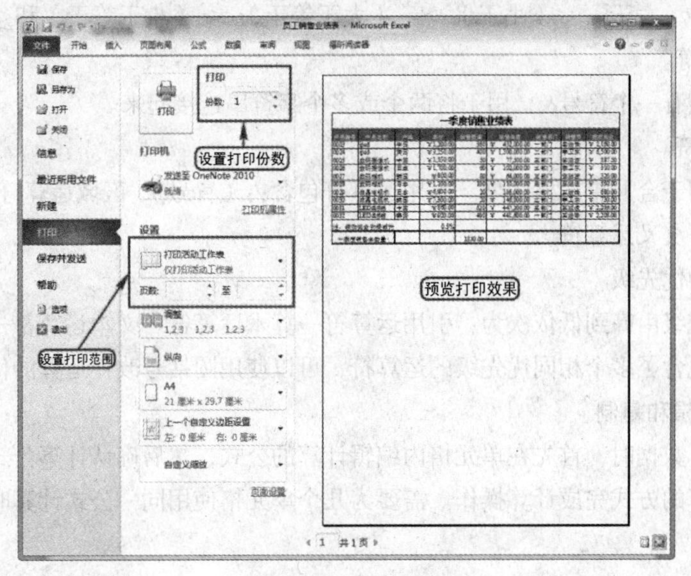

图 5.27　打印设置

5.2　公式和函数应用

使用 Excel 2010 中的公式和函数可以轻松地计算表格中的数据内容。所有公式最前面都是以一个等号“=”开头。函数是一些预定义的内置公式。

5.2.1　公式使用

公式就是一组表达式，由单元格引用、常量、运算符、括号组成，复杂的公式还可以包含函数。当公式包含的数据有变动时，公式计算的结果会自动更新。

1. 认识公式

（1）公式的组成

① 以等号（=）开头。

② 数据对象。数据对象可以是常量、单元格引用、单元格名称和函数。

③ 运算符。

运算符用于说明对运算对象进行何种操作，它取决于运算的类型。

（2）公式中运算符

Excel 中包含 4 种类型的运算符：算术运算符、比较运算符、文本运算符和引用运算符。

① 算术运算符。

算术运算符主要用于数学计算，运算符号包含：+（加）、-（减）、*（乘）、/（除）、%（百分号)、^(乘方)。

② 比较运算符。

比较运算符用于比较两个值，结果为逻辑值：TRUE(真)或FALSE(假)。比较运算符号包含：=(等于)、>(大于)、<(小于)、>=(大于等于)、<=(小于等于)和<>(不等于)。

③ 文本运算符。

文本运算符只有一个符号&，用于将两个或多个字符串连接起来。

④ 引用运算符。

引用运算符用于合并单元格区域。引用运算符包含：:(冒号)，区域运算符；,(逗号)，合并运算符；(空格)，交叉运算符。

(3)运算符的优先级

运算符的优先级由高到低依次为：引用运算符→算术运算符→文本运算符→比较运算符。

如果公式中包含了多个相同优先级的运算符，可以使用圆括号改变运算的优先级。

2. 公式的编辑和复制

使用公式计算数据时，首先在单元格内编辑计算的公式，然后确认计算公式完成，系统就会自动按照公式计算的方式完成计算操作。需要为几个单元格使用同一公式计算时，可以通过复制公式完成。

(1)输入公式

在Excel中，可以利用公式进行各种运算。建立公式的具体方法为：选定要输入公式的单元格，在单元格中输入"="，再输入计算表达式，最后按Enter键确认。

公式中使用的数据对象可以是常量，也可以是引用单元格，如图5.28所示。

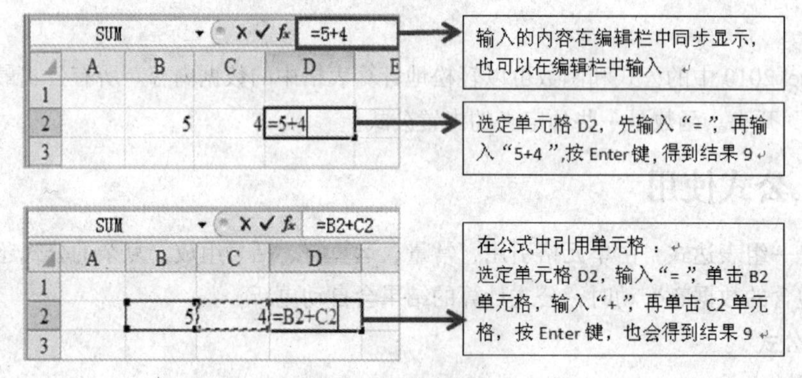

图5.28 输入公式

(2)复制公式

要在其他单元格中输入与某一个单元格中相同的公式，可以复制公式，省去重复输入相同内容的操作。

复制公式可以使用复制和粘贴命令，也可以拖动填充柄完成。

① 拖动填充柄。

拖动填充柄复制公式，比较方便快捷，如图5.29所示。

◆ 选择单元格D3；输入公式"=B3*(1-C3)"；按Enter键。

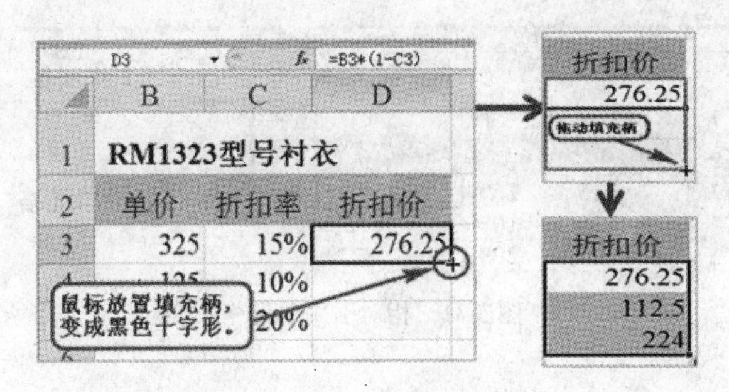

图 5.29　使用填充柄复制公式

◆　将鼠标指针放置 D3 单元格填充柄上，鼠标指针变成黑色十字形，向下拖动填充柄至 D5 单元格，释放鼠标，鼠标指针经过的单元格都被复制了公式。

② 使用选择性粘贴复制公式。

图 5.30 所示为使用选择性粘贴复制公式的过程。

◆　选择 D3 单元格（完成公式计算）。

◆　在“开始”→“剪贴板”组中单击“复制”按钮。

◆　选定单元格区域 D9：D10。

◆　选择性粘贴公式。在“开始”→“剪贴板”组中单击“粘贴”按钮，从下拉列表中单击粘贴“公式”命令。

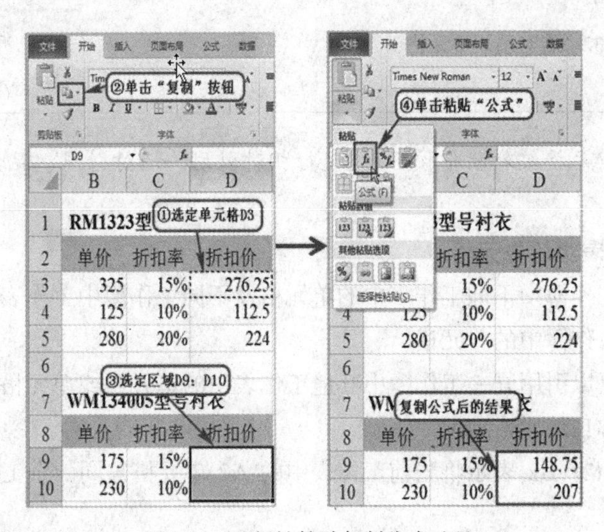

图 5.30　选择性粘贴复制公式过程

3. 单元格引用

在 Excel 工作表中标识单元格位置称为单元格引用。使用公式时，可以通过引用单元格来代替单元格中的实际数据。单元格的引用方式有相对引用、绝对引用和混合引用 3 种。

（1）相对引用

① 概念。相对引用是基于公式引用单元格的相对位置。使用相对引用时，如果公式所在单元格的位置发生改变，那么引用的单元格也会随之改变。

② 形式。列标 + 行号，如图 5.31 所示。

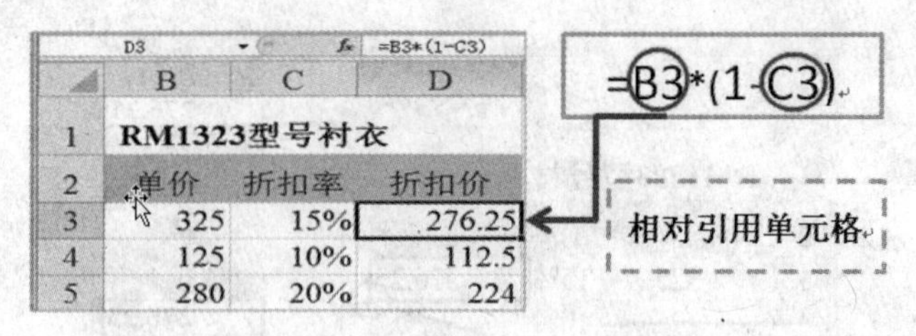

图 5.31 相对引用单元格

（2）绝对引用

① 概念。绝对引用是指将公式复制到新位置时，公式中的单元格的位置固定不变。

② 形式。列标和行号前均加“$”，如$A$1，如图 5.32 所示。

（3）混合引用

① 概念。混合引用具有绝对列和相对行，或绝对行和相对列。

② 形式。列标+$行号或$列标+行号，如 A$1，$A1，如图 5.33 所示。

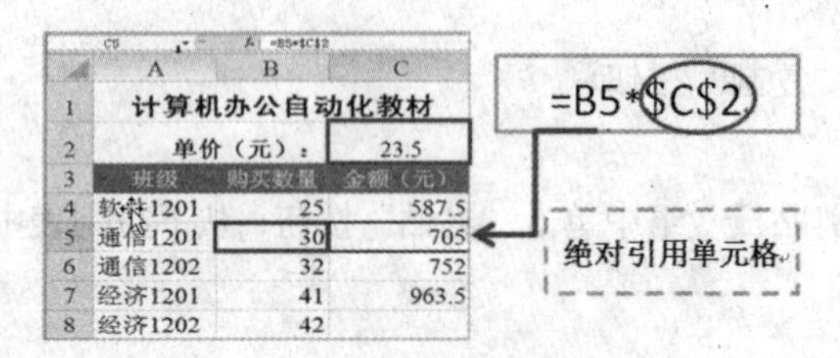

图 5.32 绝对引用单元格

图 5.33 混合引用单元格

可以在单元格编辑栏中按 F4 键进行相对引用、绝对引用、混合引用之间的切换。

4. 引用其他工作表中的单元格

还可以引用同一工作簿中不同工作表中的单元格及不同工作簿中工作表中的单元格。

（1）引用同一个工作簿中的单元格

在当前工作表中可以引用同一工作簿中其他工作表中的单元格或单元格区域内容。

格式：工作表名称！单元格地址。

例如，=A2 + Sheet2！B2 表示将当前工作表中的 A2 单元格与同一个工作簿中工作表 Sheet2 中的 B2 单元格相加。

（2）引用不同工作簿中的单元格

在当前工作表中也可以引用不同工作簿中的单元格或单元格区域内容。

格式：[工作簿名.xlsx]工作表名！单元格。

例如，= A2+[工作簿 2.xlsx]Sheet1！A1。

如果引用的工作簿名称里有一个或多个空格，就一定要用西文单引号把工作簿名和工作表名括起来，如＝A2+'[工作簿 2.xlsx]Sheet1'！A1。

当公式中引用其他工作簿中的单元格时，并不需要打开该工作簿。如果是关闭的，必须在引用前加上完整的路径。

5.2.2　函数使用

在 Excel 2010 中，函数是预定义的内置公式并按照特定的顺序、结构来执行计算，它可方便和简化公式的使用。函数一般包括 3 个部分："等号="" 函数名" 和 "参数"，如图 5.34 所示。

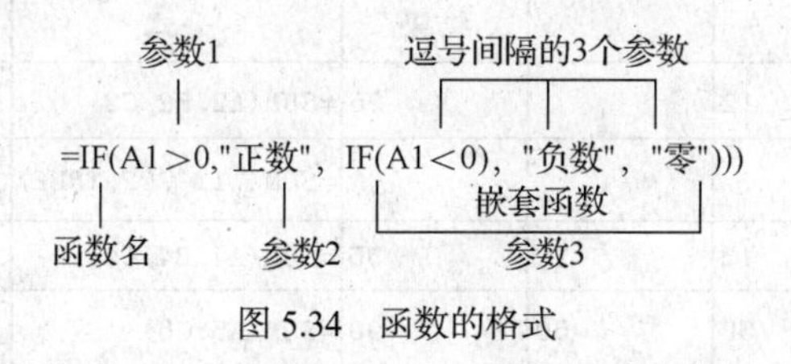

图 5.34　函数的格式

1. 输入函数

在 Excel 2010 中输入函数有两种方法：手工输入和利用向导输入。

（1）手工输入函数

手工输入函数时，要注意函数名称不要写错和漏掉符号。函数名称不区分大小写字母，但是输入完成后，系统会自动识别为大写字母。

（2）利用函数向导输入

利用函数向导输入，不需要记住函数名称、参数顺序，提高函数输入的正确性。

① 选定要进行函数计算的单元格。

② 选择"公式"→"函数库"组，单击"插入函数"按钮，打开"插入函数"对话框，如图 5.35 所示。

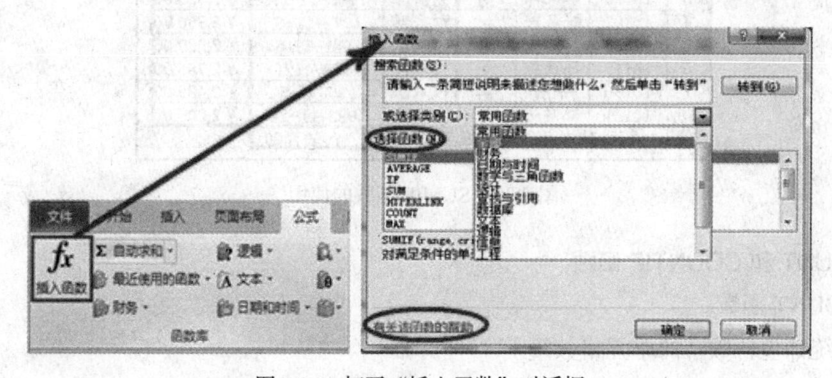

图 5.35　打开"插入函数"对话框

2. SUM 和 SUMIF 函数

（1）SUM 函数

功能：对指定单元格区域中的数值求和。

语法格式：SUM（number1，number2…）。

其中，number1，number2…为 1～30 个需要求和的参数。

直接输入的参数可以是逻辑值或数字的文本形式。文本值被转换为数字，逻辑值 TRUE 被转换成数字 1（FALSE 转为 0），进行计算。

如果参数是引用单元格，那么引用中的空白单元格、逻辑值、文本值和错误值将被忽略。

SUM 函数的使用如图 5.36 所示。

	A	B	C	D	E	F
1				结果	公式	说明
2	13	12		25	=SUM(A2,B2,C2)	忽略空白单元格C2
3				36	=SUM("13",22,TRUE)	数字文本转换成数值，逻辑TRUE转换成数字1计算
4	text	13	22	35	=SUM(A4,B4,C4)	忽略文本text
5	10	30	50	90	=SUM(A5:C5)	可以利用常用工具栏上自动求和按钮 Σ

图 5.36　SUM 函数的使用

（2）SUMIF 函数

功能：对符合指定条件的单元格求和。

语法格式：SUMIF（range，criteria，sum_range）。

其中，range 用于条件判断的单元格区域；criteria 是由数字、逻辑表达式、文本等组成的判定条件；sum_range 是需要求和的实际单元格。SUMIF 函数的使用如图 5.37 所示。

E19　=SUMIF(D3:D18,"技术部",I3:I18)

	A	B	C	D	E	I
1	职工档案表					
2	职工号	姓名	性别	部门	出生日期	工资收入
3	10123	李广林	男	财务部	1975-12-19	￥2,555.00
4	10107	张名兴	女	财务部	1972-11-6	￥2,360.00
5	10136	马屹立	男	财务部	1981-5-13	￥2,280.00
6	10112	马云燕	女	技术部	1958-4-21	￥2,785.00
7	10160	张雷	男	技术部	1963-5-5	￥2,485.00
18	10121	郑俊霞	女	生产部	1982-11-24	￥2,206.00
19	统计技术部工资的总额:				￥ 9,907.00	

图 5.37　SUMIF 函数的使用

3. COUNT 和 COUNTIF 函数

（1）COUNT 函数

功能：统计包含数字的单元格数量。

语法格式：COUNT（value1，value2，…）。

其中，value1, value2, …为包含或引用各种类型数据的参数（1～30 个），但只有数字类型的数据才被计算。

提示

COUNT 函数在计数时，将把数字、日期和以文本代表的数字计算在内；空白单元格、逻辑值、文字和错误值都将被忽略。

如图 5.38 所示，统计单元格区域 A1:D5（共 20 个单元格）中，数字单元格的个数。在第 6 行列举出 COUNT 函数的使用，结果为 12（包含 11 个数字和 B4 单元格的日期数据）。

	A	B	C	D
1	1	TRUE	7	10
2	2	5	8	
3	中国	6		#DIV/0!
4	3	2008－8－8	9	
5	4	abc	FALSE	11
6	COUNT函数	=COUNT(A1:D5)	结果：	12
7	COUNTA函数	=COUNTA(A1:D5)	结果：	17
8				

图 5.38　COUNT 函数和 COUNTA 函数的使用

要统计参数列表中非空值的单元格个数使用 COUNTA 函数。如图 5.39 所示，在第 7 行列举出 COUNTA 函数的使用，结果为 17（除去 3 个带底纹的空白单元格）。

（2）COUNTIF 函数

功能：计算单元格区域中满足给定条件的单元格的个数。

语法格式：COUNTIF（range，criteria）。

其中，range 为需要计算满足条件的单元格数目的单元格区域；criteria 为确定哪些单元格将被计算在内的条件，其形式可以为数字、表达式和文本。图 5.39 说明了 COUNTIF 函数的使用。

	B	C	F	I	J	K
1	学号	姓名	计算机	评定		
2	90220002	张成祥	93	优秀		例题1：统计计算机成绩>90分人数：
3	90220013	唐来云	69	及格	结果	2
4	90213009	张雷	67	及格	公式	=COUNTIF(F2:F13,">=90")
5	90213022	韩文岐	73	良好		
6	90213003	郑俊霞	77	良好		例题2：统计计算机成绩在70至89分的人数：
7	90213013	马云燕	76	良好	结果	7
8	90213024	王晓燕	80	良好	公式	=COUNTIF(F2:F13,">=70")－COUNTIF(F2:F13,">89")
9	90213037	贾莉莉	78	良好		
10	90220023	李广林	60	及格		例题3：统计"及格"的人数
11	90216034	马丽萍	98	优秀	结果	3
12	91214065	高云河	84	良好	公式	=COUNTIF(I2:I13,"及格")
13	91214045	王卓然	77	良好		

Sheet1 Sheet2 Sheet3 Sheet4 Sheet5 数据源 Sheet7

图 5.39　COUNTIF 函数的使用

4. IF 函数

功能：判断逻辑值真假。

语法格式：IF（logical_test，value_if_true，value_if_false）。

其中，logical_test 表示计算结果为 TRUE 或 FALSE 的任意值或表达式；value_if_true，logical_test 表示为 TRUE 时返回的值；value_if_false，logical_test 表示为 FALSE 时返回的值。

IF 函数最多可以嵌套七层。

5. VLOOKUP、HLOOKUP 和 LOOKUP 函数

（1）VLOOKUP 函数

功能：用于在表格或数值数组的首列查找指定的数值，并由此返回表格或数组当前行中指定列处的数值。

语法格式：VLOOKUP（value，table，n，range_lookup）。

其中，value 为需要在数组第一列中查找的数值，可以为数值、引用单元格或文本字符串；table 为需要在其中查找数据的数据表；n 为 table 中待返回的匹配值的列序号；range_lookup 为一个逻辑值，取值为 TRUE 或 FALSE，表示是查找精确匹配值，还是近似匹配值。为 TRUE 时，table 第一列数据必须按升序排列，否则找不到正确结果。

（2）HLOOKUP 函数

功能：用于在表格或数值数组的首行查找指定的数值，并由此返回表格或数组当前列中指定行的数值。

语法格式：HLOOKUP（value，table，n，range_lookup）。

其中，value 为需要在数组第一行中查找的数值，可以为数值、引用单元格或文本字符串；table 为需要在其中查找数据的数据表；n 为 table 中待返回的匹配值的行序号；range_lookup 为一个逻辑值，指明是查找精确匹配值，还是近似匹配值。

（3）LOOKUP 函数

功能：用于返回向量或数组中的数值。

语法格式：向量形式：LOOKUP（value，r1，r2）。

数组形式：LOOKUP（lookup_value，array）。

其中，向量形式表示函数在 r1 所在的行或列查找值为 value 的单元格之后，返回 r2 中与 r1 同行或同列的单元格中的值。value 是要查找的数值，可以为数字、文本、逻辑值和引用单元格。r1 是只包含一行或一列的区域，其值可以为文本、数字和逻辑值。r2 是只包含一行或一列的区域，其大小必须与 r1 相同。

数组形式表示函数是在数组 array 中查找值为 value 的值，如果找到就返回该值在数组中的下标，如果找不到，则使用数组中小于 value 的最大数值。

r1 中的数值必须按升序排序，否则 LOOKUP 函数不能返回正确的结果。
array 中的数据必须按升序排序，否则 LOOKUP 函数不能返回正确的结果。

5.3 数据管理与分析

Excel 2010 在排序、筛选和汇总等数据管理方面具有强大的功能。利用这些功能可以方便地从工作表中提取所需数据，并重新整理数据。

5.3.1 数据排序

数据排序是指按一定规则对数据进行整理和排列，这样可以为进一步处理数据做好准备。Excel 2010 提供了多种方法对数据区域进行排序，即可以按升序、降序的方法，也可以由用户自定义排序的方法。

1. 简单排序

如果数据排序按照某一列字段进行（不包含合并单元格），可以直接在“数据”→“排序和筛选”组单击“升序”按钮 或“降序”按钮 ，如图 5.40 所示。

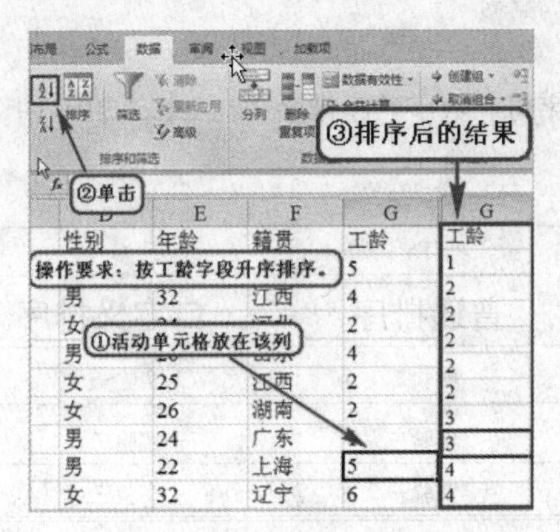

图 5.40　单列排序过程

选定一列数据后，单击“升序”按钮，弹出“排序提醒”对话框，如图 5.41 所示。若选择“以当前选定区域排序”单选按钮，则只会对选定区域排序而其他位置的单元格保持不动，这样就会破坏每条记录原数据的内容。

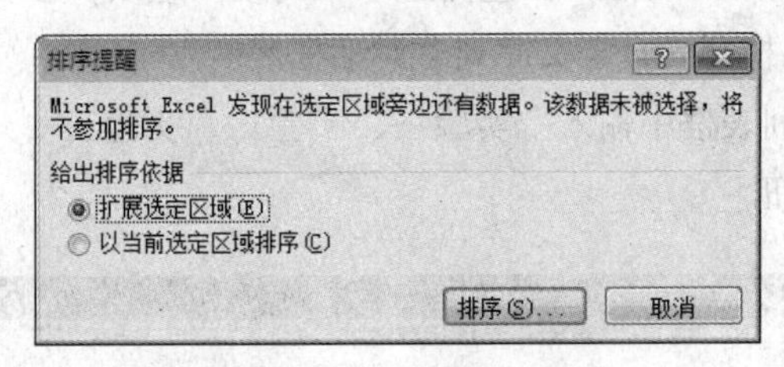

图 5.41　“排序提醒”对话框

2. 多条件排序

多条件排序就是按照多关键字排序。多关键字排序就是对数据表中的数据或格式（包括单元格颜色和字体颜色）按两个或两个以上的关键字进行排序。多关键字排序可使数据或格式在“主要关键字”相同的情况下，按“次要关键字”排序，其余的以此类推。

选择“数据”→“排序和筛选”组中“排序”按钮，打开“排序”对话框，如图 5.42 所示。

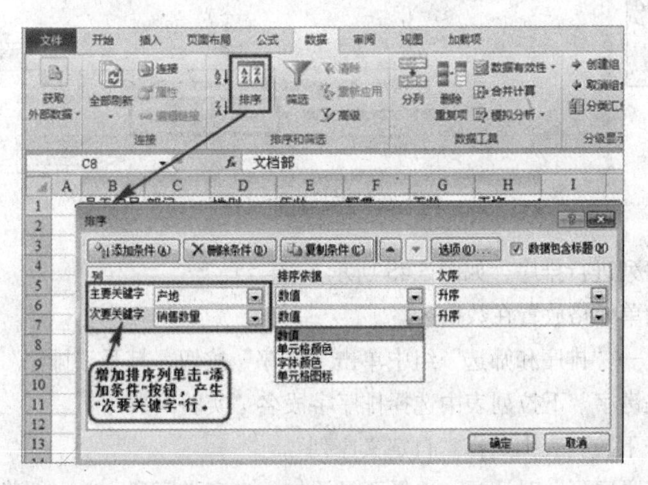

图 5.42　多条件“排序”对话框

3. 自定义排序

自定义排序是指不按照字母和数字顺序排序。在 Excel 2010 中，允许用户根据自己需求定义排序顺序，如图 5.43 所示。

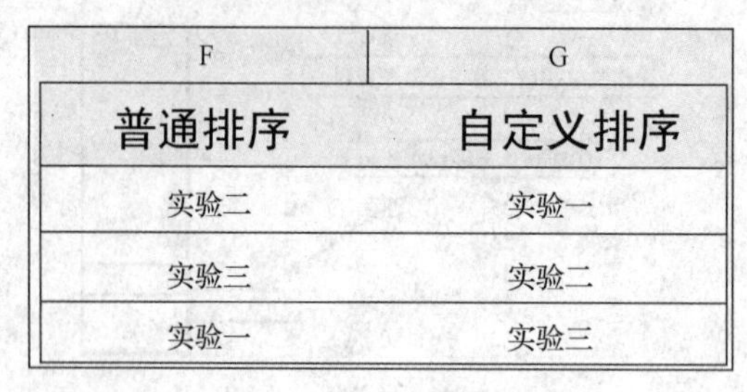

F	G
普通排序	自定义排序
实验二	实验一
实验三	实验二
实验一	实验三

图 5.43　自定义排序与普通排序的对比

下面介绍自定义排序的使用。

① 添加自定义序列，如图 5.44 所示。

◆ 选择“文件”→“选项”命令。

◆ 打开“Excel 选项”对话框，在左侧选中“高级”选项，在右侧的“常规”栏中，单击“编辑自定义列表”按钮，打开“自定义序列”对话框。

◆ 在“输入序列”列表框中输入“实验一、实验二、实验三”，每个名称单独占一行。

◆ 单击“添加”按钮。

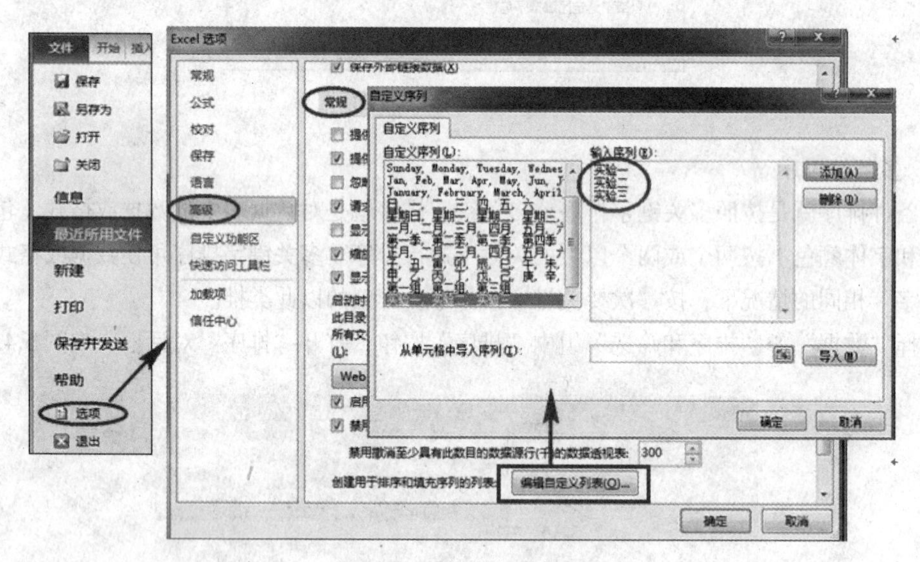

图 5.44　添加自定义序列

② 按自定义序列进行排序，如图 5.45 所示。

a. 首先将活动单元格放置在数据区。

b. 在“数据”→“排序和筛选”组中单击“排序”按钮，打开“排序”对话框。

c. 在“主要关键字”下拉列表中选择排序字段名“实验次数”。

d. 在“次序”下拉列表中选择“自定义序列”。

e. 打开“自定义序列”对话框，选择已经添加的自定义序列，单击“确定”按钮。

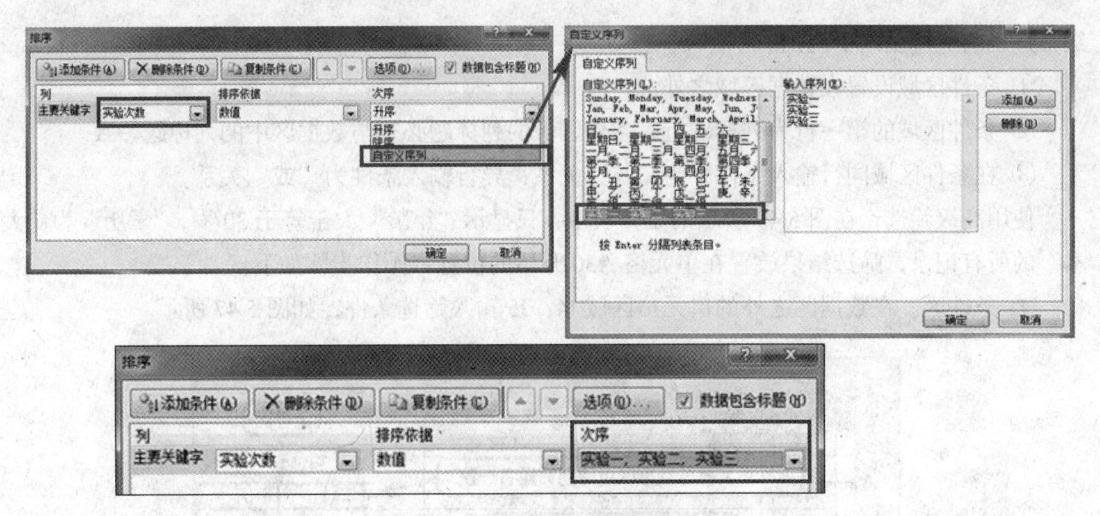

图 5.45　确定自定义排序序列

5.3.2　数据筛选

筛选是从工作表中查找和显示符合特定条件记录的一种快捷方法，Excel 2010 提供了两种筛选数据的方法：自动筛选和高级筛选。

1. 自动筛选

自动筛选的方法如图 5.46 所示。

① 将活动单元格放置在数据区。

② 选择“数据”→“排序和筛选”组，单击“筛选”按钮，工作表的标题行每个字段名所在单元格的右侧出现按钮。

③ 单击需要筛选的字段名旁的按钮，列出该列中的所有项目。

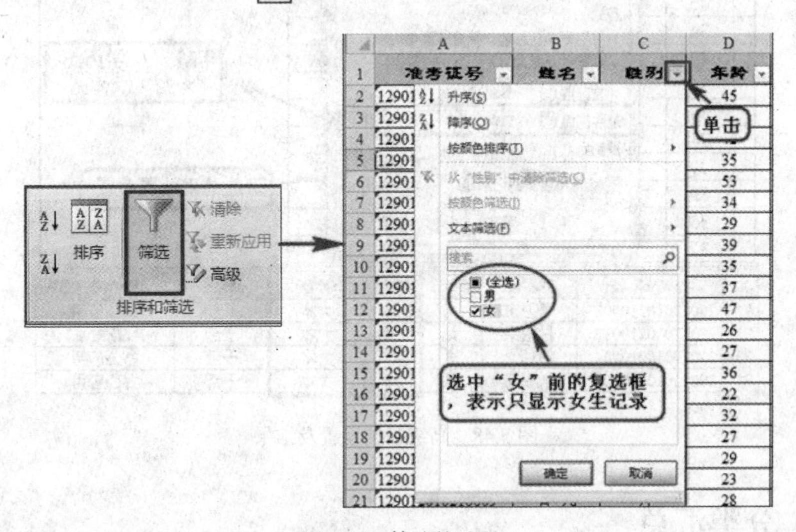

图 5.46　筛选的过程

2. 高级筛选

当筛选的条件比较多，使用自定义筛选的方法难以实现时，可以使用“高级筛选”。使用“高级筛选”前应遵循以下规则。

① 条件区域设置在数据区域之外。

② 条件区域的第一行为列标题行，条件区域的列标题必须与数据区中的列标题一致。

③ 在条件区域同行输入条件，为“与”关系；异行输入条件为“或”关系。

使用高级筛选，在图 5.47 所示的工作表中，只显示“年龄”大于等于 30 岁，“学历”为“大本”的所有记录，筛选结果放置在单元格 A30 开始的位置。操作步骤如下。

① 条件区。在数据区之外的单元格区域 I4：J5 输入筛选条件，如图 5.47 所示。

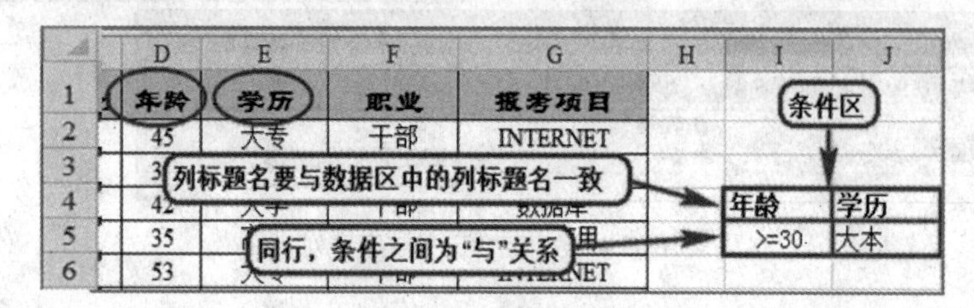

图 5.47 高级筛选使用

② 在“数据”→“排序和筛选”组中单击“高级”按钮，打开“高级筛选”对话框，设置选项如图 5.48 所示。

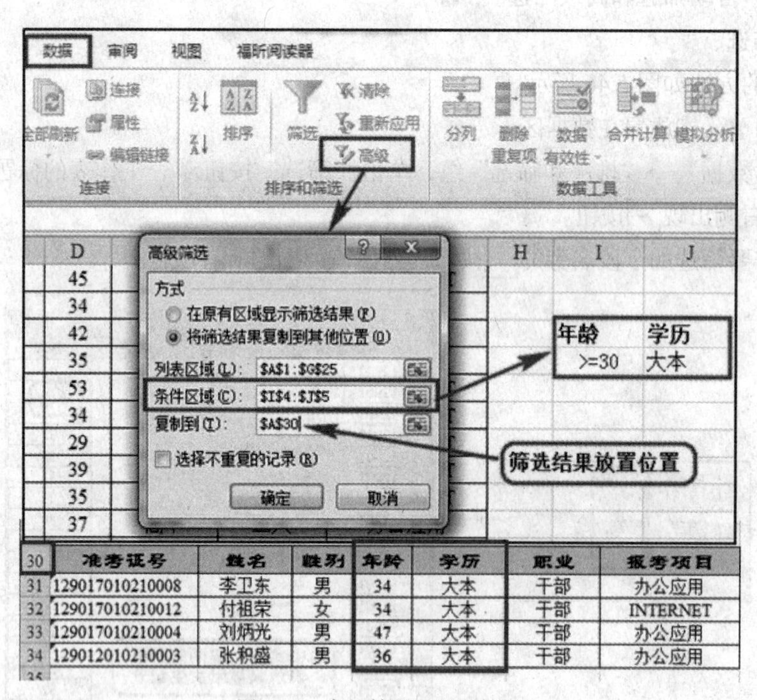

30	准考证号	姓名	性别	年龄	学历	职业	报考项目
31	129017010210008	李卫东	男	34	大本	干部	办公应用
32	129017010210012	付祖荣	女	34	大本	干部	INTERNET
33	129017010210004	刘炳光	男	47	大本	干部	办公应用
34	129012010210003	张积盛	男	36	大本	干部	办公应用

图 5.48 高级筛选设置及结果

5.3.3 分类汇总

当工作表中包含大量数据时，需要一个工具可以分门别类地进行统计操作。分类汇总操作可以根据指定列进行求和、求平均值等汇总工作，汇总后，分级显示不同类别的明细数据。

在进行分类汇总之前，必须先对数据清单按汇总字段名排序。然后选择“数据”→“分级显示”组，单击“分类汇总”按钮，打开“分类汇总”对话框进行相应操作，如图 5.49 所示。

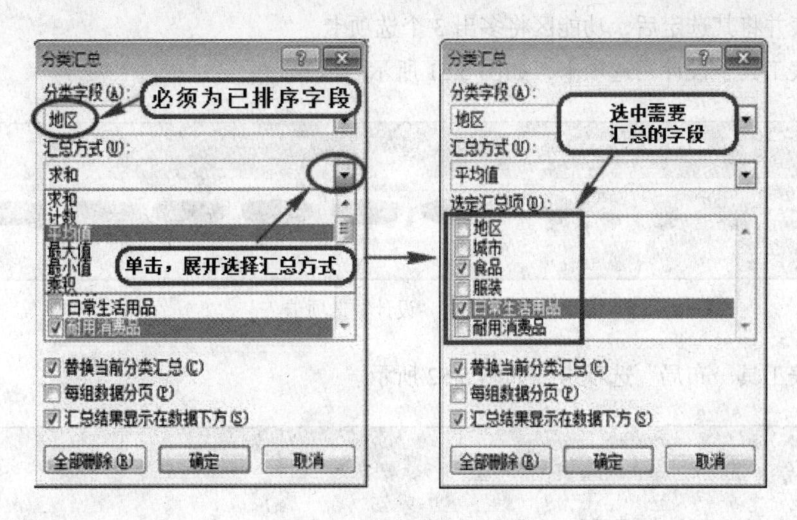

图 5.49　“分类汇总”对话框

5.4　图表的使用

可以将数据以图表的形式展示出来，使工作表中的数据具有更直观的视觉效果，便于分析和处理。

5.4.1　图表

Excel 2010 取消了以前使用的图表向导。用户只需选择数据源，然后选择相应的图表类型，Excel 就会自动生成默认的图表。

在 Excel 2010 中，根据生成图表位置的不同，图表有两种表示形式。

① 图表工作表。制成的图表单独占用一张工作表。

② 嵌入式图表。将制成的图表嵌入当前工作表中。

不同类型的图表可能具有不同的构造要素，如折线图一般都有坐标轴，而饼图一般没有坐标轴。归纳起来，图表基本组成要素有标题、数据系列、图例、图表区和绘图区等，如图 5.50 所示。

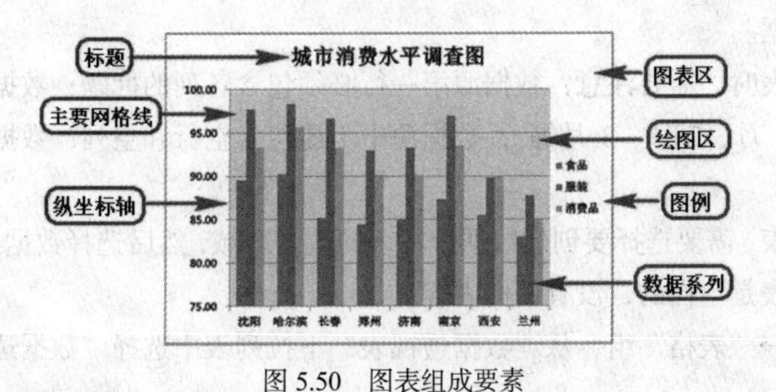

图 5.50　图表组成要素

5.4.2 图表的基本操作

创建图表并将其选定后，功能区将多出 3 个选项卡。

①“图表工具→设计”选项卡，如图 5.51 所示。

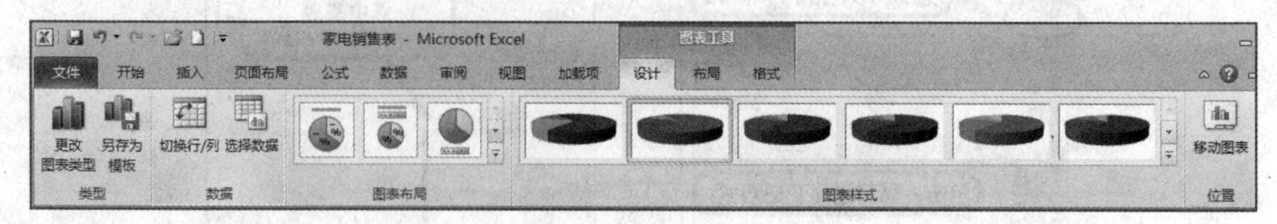

图 5.51 “设计”选项卡

②“图表工具→布局”选项卡，如图 5.52 所示。

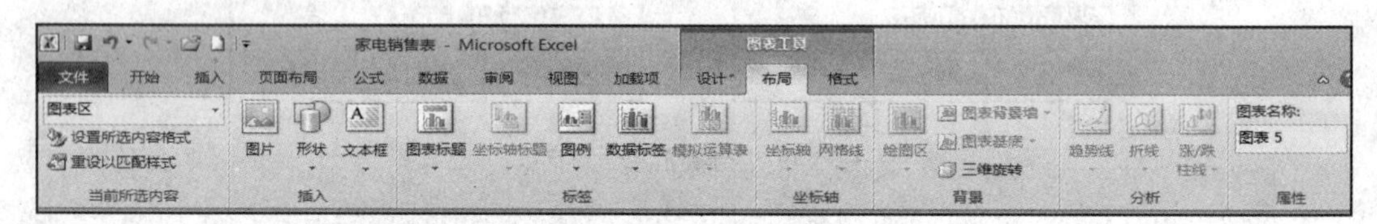

图 5.52 “布局”选项卡

③“图表工具→格式”选项卡，如图 5.53 所示。

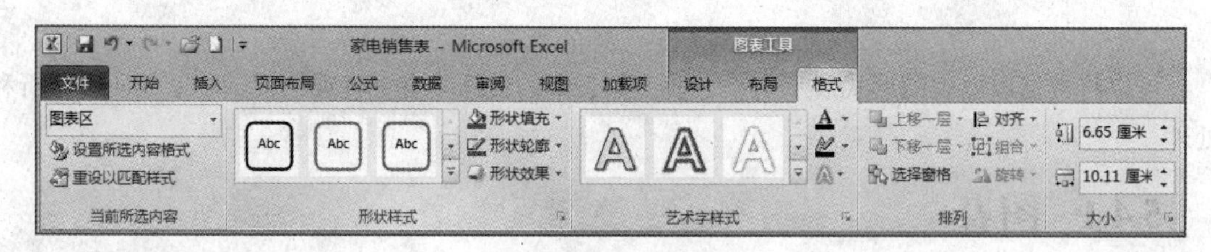

图 5.53 “格式”选项卡

5.5 数据透视表

数据透视表是一种对大量数据快速汇总和建立交叉列表的交互式表格。它可以转换行和列，以显示数据源数据的不同汇总结果，可以显示不同页面来筛选数据，还可以根据用户需要显示数据区域中的明细数据。

创建数据透视表时，需要注意：数据源第一行必须包含各列的标题；数据源中不能包含同类字段（如标题为：1 月、2 月、3 月等）；数据源中不能包含空行和空列；数据源中不能包含空单元格。

创建数据透视表，需要选择要创建数据透视表的数据区域，然后选择数据透视表的创建位置。新创建的数据透视表是空白的，没有任何内容。

选择“插入”→“表格”组，从“数据透视表”下拉列表中选择“数据透视表”，打开“创建数据透视表”对话框，如图 5.54 所示。

使用数据透视表，统计工作表数据的“报考项目”中男生、女生人数，并为数据透视表应用样式“数据透视表样式浅色 16”。

① 选定数据区任意单元格。

② 在“插入”→“表格”组，单击“数据透视表”按钮，打开“创建数据透视表”对话框。

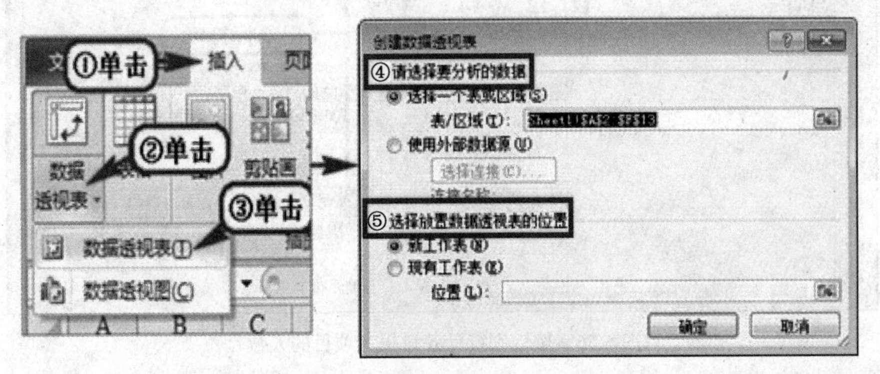

图 5.54　“创建数据透视表”对话框

③ 选择数据源区域和建立数据透视表的位置，单击“确定”按钮，进入数据透视表设计环境，没有任何内容，如图 5.55 所示。

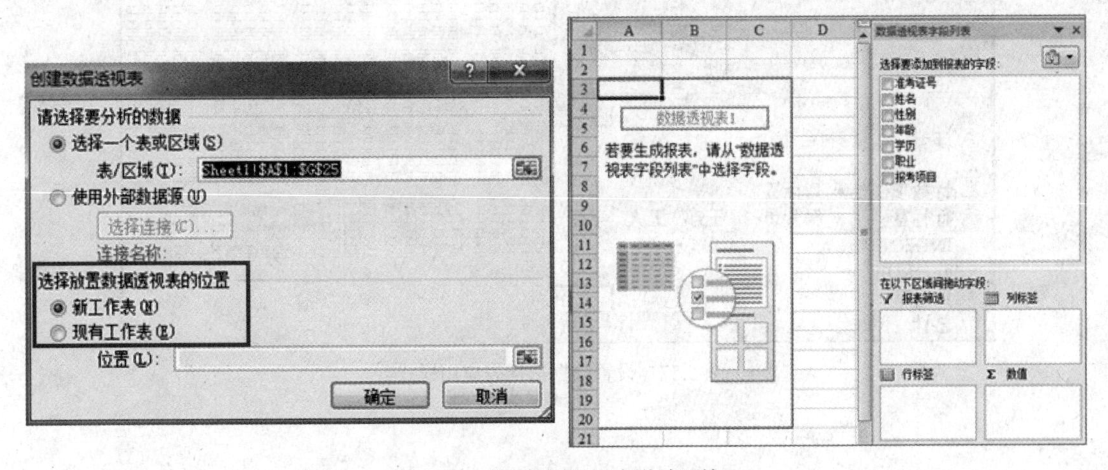

图 5.55　建立数据透视表设计环境

④ 数据透视表设计环境的右侧为设置窗格，左侧为设置结果，如图 5.56 所示。

◆　在“选择要添加到报表的字段”选项区，用鼠标拖动 “报考项目”选项到“行标签”列表中。

◆　在“选择要添加到报表的字段”选项区，用鼠标拖动“性别”选项到“列标签”列表中。

◆　在“选择要添加到报表的字段”选项区，用鼠标拖动“姓名”选项到“数值”列表中。

⑤ 在“数据透视表工具”→“设计”→“数据透视表样式”组的下拉列表中选择“数据透视表样式浅色 16”样式，如图 5.57 所示。

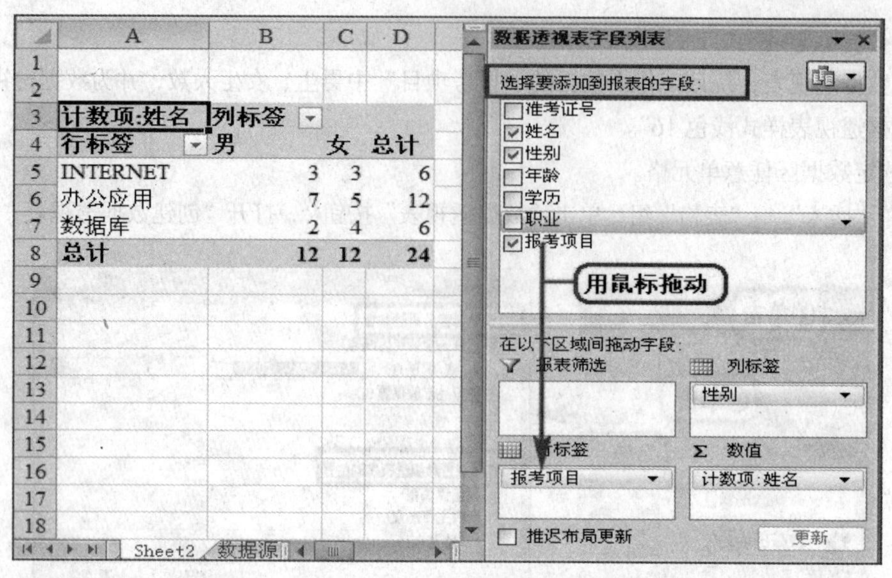

图 5.56　按性别统计各科报考项目的人数

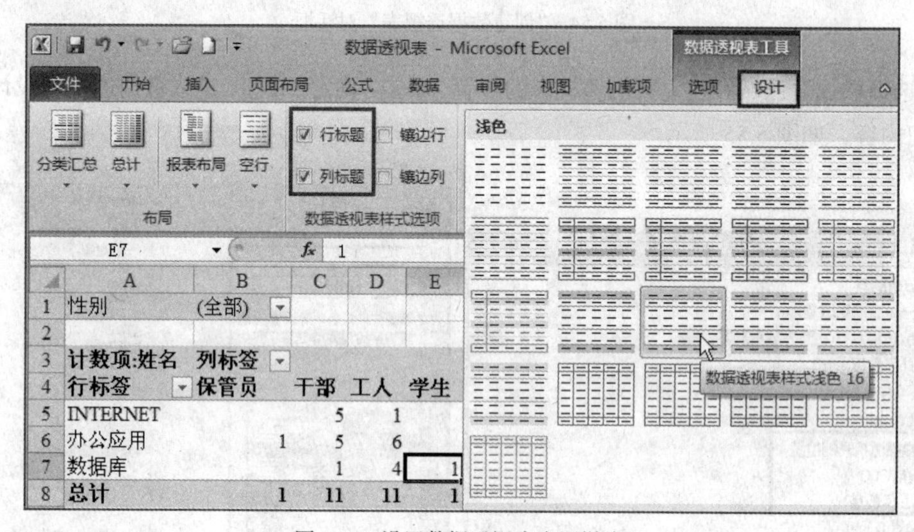

图 5.57　设置数据透视表应用样式

习　题　5

一、选择题

1. 在单元格中输入字符型数据，下面正确的是（　　）。

   A. 245967　　B. ″245967　　C. ′245967　　D. #245967

2. 在 Excel 中，单元格地址引用没有哪种引用？（　　）

   A. 相对引用　　B. 绝对引用　　C. 混合引用　　D. 任意引用

3. 在 Excel 中，对筛选后隐藏的记录不正确的描述是（　　）。

   A. 不显示　　B. 永远丢失　　C. 可以恢复　　D. 不可以复制

4. 在 Excel 的单元格中输入公式或函数，使用（　　）作为前导字符。

A. %　　B. =　　C. &　　D. #

5. 在分类汇总操作叙述中，正确的是（　　）。

A. 先按分类汇总字段进行排序

B. 分类汇总可以实现按多个字段进行分类操作

C. 只能对数值型字段分类

D. 汇总方式只能进行求和运算

二、思考题

1. 工作簿、工作表和单元格之间的关系是什么？

2. 在公式和函数中单元格的引用，绝对引用和相对引用的区别是什么？

3. 自动筛选和高级筛选的区别是什么？

4. 在图表中修改工作表数据的大小，图表的数据有变化吗？

5. 分类汇总前必须对分类字段进行的操作是什么？

第6章 演示文稿软件 PowerPoint 2010

学习目标

- 了解演示文稿软件 PowerPoint 的基本界面，包括基本概念、视图类型等内容
- 掌握 PowerPoint 演示文稿的基本操作，包括创建、编辑等操作
- 掌握 PowerPoint 演示文稿的对象操作，包括表格、图表、图片、页眉页脚、屏幕截图、文本框、视频和音频等内容
- 掌握 PowerPoint 演示文稿的修饰，包括母版、主题设计、背景设置等
- 掌握 PowerPoint 演示文稿的播放效果，包括动画效果、幻灯片切换以及幻灯片播放等
- 掌握 PowerPoint 演示文稿的打包输出方法

本章将介绍功能强大的电子演示文稿的演示、制作工具——PowerPoint 2010，它可以轻松地将用户的想法变成极具专业风范和富有感染力的演示文稿，是人们在各种场合下进行信息交流的重要工具。

PowerPoint 2010 软件是微软公司新推出的办公软件，PowerPoint 不仅能制作包含文字、图形、声音，甚至视频图像的多媒体演示文稿，还可以创建高度交互式的多媒体演示文稿，并充分利用 Microsoft Office 中其他组件的功能，使整个演示文稿更加专业和简洁。

6.1 PowerPoint 的界面组成和基本概念

启动 PowerPoint 后，系统会自动创建一个新的演示文稿，首先出现的是开始工作界面，如图 6.1 所示。要自己建立新的 PowerPoint 文件，则选择“新建演示文稿”；要打开已经存在的 PowerPoint 文件，则在“打开”栏中的最近使用的文件列表中选择。

6.1.1 界面组成

在介绍 PowerPoint 基本操作之前，先简单介绍其工作界面作一些简单介绍。图 6.1 是一个典型的 PowerPoint 工作界面。

PowerPoint 的工作界面自上而下由快速访问工具、标题栏、动态命令选项区、大纲区、工作区、备注区、状态栏等组成，其中快速访问工具栏、标题栏、动态命令选项区与前面章节介绍的

软件的功能相同，在此不再赘述。

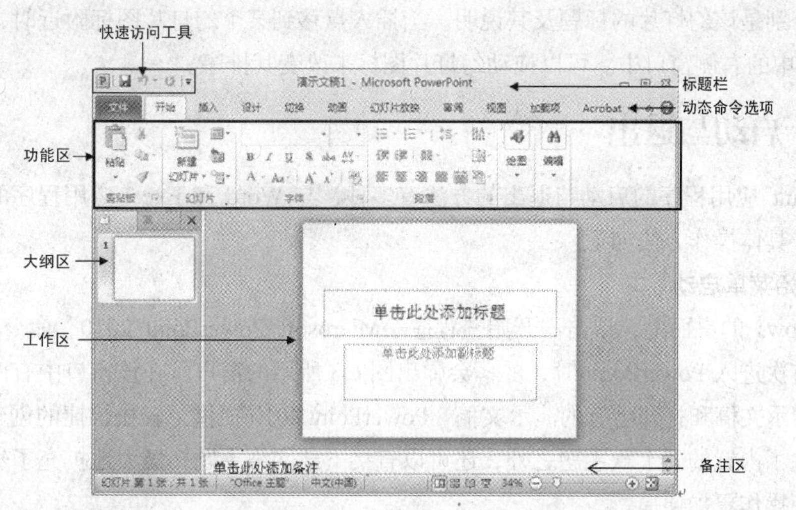

图 6.1　PowerPoint 2010 工作界面

1. 幻灯片工作区

幻灯片编辑区是进行文稿创作的区域。在一张幻灯片中，用户可以插入文字、图片、图表、视频图像、声音等内容。

2. 大纲区

大纲区顶端的选项页按钮可以让用户从不同角度查看、编排幻灯片内容。在视图栏中包含大纲视图和幻灯片视图两种视图。当已经打开或正在编辑幻灯片时，单击大纲选项页，就可以进入大纲显示方式，查看或编辑幻灯片。

图 6.2 为大纲视图方式下的演示文稿，用户可以在大纲视图中查看整个演示文稿的主要构想。

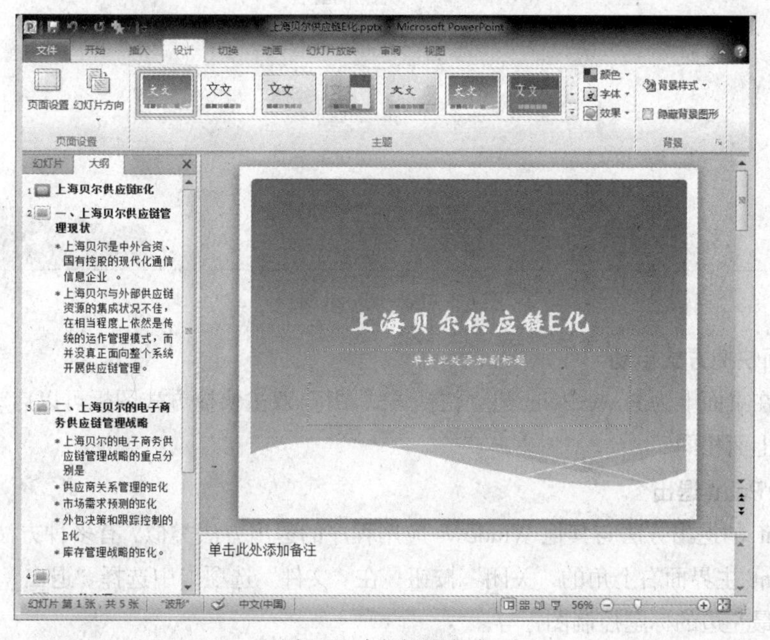

图 6.2　大纲视图方式

在大纲视图中，各幻灯片以图标形式出现，图标左侧的数字是幻灯片排序编号，其右侧和右下方的文本分别是该幻灯片的标题及其说明。当插入点移到某个幻灯片图标附近时，该幻灯片就显示在图 6.2 中的右侧窗口中。可以拖动幻灯片图标来改变其排序。

6.1.2 启动与退出

PowerPoint 应用程序的启动与退出的方法有多种，与 Word 和 Excel 应用程序的启动或退出的方法类似，具体操作方法如下。

1. 从开始菜单启动

在 Windows 的桌面上，单击“开始→程序→Microsoft PowerPoint 2010”命令，PowerPoint 开始启动，首次进入 PowerPoint 时，屏幕会弹出图 6.3 所示的窗口。在该窗口中有两个选项可供选择：新建演示文稿和打开已有的演示文稿。PowerPoint 2010 提供了轻松快捷的创建方式。主题更加丰富，除了内置的几十款主题之外，还可以直接下载网络主题，极大地扩充了幻灯片的美化范畴，也能使操作更加便捷。

图 6.3 PowerPoint 窗口

2. 从桌面快捷方式启动

用户可以在桌面上为 PowerPoint 建立快捷方式图标，双击快捷方式图标可以启动 PowerPoint，其后的操作与上面相同。

3. PowerPoint 退出

PowerPoint 的退出方法与其他 Windows 应用程序的退出方法类似，有多种方法。例如，直接单击 PowerPoint 主界面右上角的“关闭”按钮；在“文件”选项卡中选择“退出”菜单命令；直接双击标题栏最左边的标题控制图标等。

6.1.3　基本概念

1. 演示文稿与幻灯片

用 PowerPoint 制作的文件称为演示文稿，文件的扩展名为.pptx。PowerPoint 提供了很多用于制作演示文稿的工具，包括将文本、图形、图像等各种媒体整合到幻灯片的工具，以及将幻灯片中的各种对象赋予动态效果的工具。

文字、图形、声音和视频等多媒体信息，按信息表达的需要，将被组织在若干张“幻灯片”中，进而构成一个演示文稿。这里的“幻灯片” 一词只是用来形象地描绘文稿的组成形式，实际上它表示一个“视觉形象页”。演示文稿中的幻灯片是其中的每一页，用于在计算机或联机大屏幕上演示。

制作一个演示文稿的过程实际上就是依次制作一张张幻灯片的过程。

与传统的幻灯片相比，PowerPoint 制作的多媒体演示文稿，除了可以演示文字和图表外，还可以包括动画、声音、图像和视频，以及与其他 Office 办公软件及 Internet 交互操作的功能。

2. 幻灯片对象

演示文稿是由一张张幻灯片组成的，而每一张幻灯片又是由若干对象组成的，对象是幻灯片重要的组成元素。在幻灯片中插入的文字、图表、组织结构图及其他可插入元素，都是以一个个对象的形式出现在幻灯片中。用户可以选择对象，修改对象的内容或大小，移动、复制或删除对象；还可以改变对象的属性，如颜色、阴影、边框等。制作一张幻灯片的过程，实际上是制作其中每一个对象的过程。

3. 幻灯片版式

版式是指幻灯片内容在幻灯片上的排列方式。版式由占位符组成。这里的占位符就是指先占住一个固定的位置，等待用户往里面添加内容。它在幻灯片上表现为一个虚框，虚框内部往往有“单击此处添加标题”之类的提示语。一旦单击之后，提示语会自动消失。用户要创建自己的模板时，占位符非常重要，它能起到规划幻灯片结构的作用。在占位符位置上既可放置文字，如标题和项目符号列表，又可以放置表格、图表、图片、剪贴画等。

6.1.4　视图类型

对于演示文稿中幻灯片的创建、编辑与浏览等操作，PowerPoint 2010 提供了两大类视图：演示文稿视图和母版视图，关于母版视图在下文中会详细讲解。演示文稿视图可采用 4 种视图方式，分别是普通视图、幻灯片浏览视图、阅读视图和备注页视图。要切换视图，可以在 PowerPoint 系统菜单中的“视图”选项卡的“演示文稿视图”组中选择合适的视图模式。

1. 普通视图

普通视图是 PowerPoint 的“三框式”结构的视图，包括“大纲”窗格、“幻灯片”窗格和“备注”窗格。在该视图中，可以同时显示大纲、幻灯片和备注内容，是最常用的工作视图。

2. 幻灯片浏览视图

处于幻灯片浏览视图下的演示文稿可使用垂直滚动条来观看其余的幻灯片。在该视图下可以对幻灯片进行各种编辑操作。可以使用“幻灯片浏览”选项卡中的按钮来设置幻灯片的放映时间、选择幻灯片的动画切换方式、制作幻灯片摘要等。

3. 阅读视图

在阅读视图方式下，一张幻灯片的内容占满整个屏幕，这也是将来制成胶片后用幻灯机放映出来的效果。阅读视图可将演示文稿作为适应窗口大小的幻灯片进行放映查看，视图只保留幻灯片窗格、标题栏和状态栏，其他编辑功能被屏蔽。

4. 备注页视图

备注页视图便于演讲者解释幻灯片的内容，每一页的上半部分是当前幻灯片的缩图，下半部分是一个文本框，可以向其中输入该幻灯片的详细解释，有些解释内容不会保存在该幻灯片上。

6.2 演示文稿的建立

在“文件”选项卡中可根据演示文稿的设计要求做出选择。如果选择一个最近使用过的文件或者打开一个已经存在的文件，PowerPoint 就开始了对所选文件的编辑工作；也可以选择“新建演示文稿”来开始创建一个新的演示文稿。

演示文稿包括内容和外观形式两个部分。新建演示文稿可以从幻灯片的内容着手，首先确定演示文稿的基本框架和内容，然后为演示文稿设计外观表现形式。创建演示文稿的另外一种思路是首先确定演示文稿的外观、表现形式，然后再填充演讲内容。

6.2.1 演示文稿制作的一般原则

幻灯片制作的一般原则如下。

① 幻灯片是辅助传达演讲信息的，只列出要点即可，切忌不要成为演讲稿的 PowerPoint 版，全篇都是文字。同时背景不要追求花哨，清爽最佳。

② 每张幻灯片传达 5 个概念效果最好，7 个正好符合人们的接受程度，超过 9 个则会让人感觉负担重。

③ 幻灯片中的字该大则大，建议大标题用 44 磅粗体，标题 1 用 32 磅粗体，标题 2 用 28 磅粗体，再小就不建议了。

④ 标题最好只有 5～9 个字，最好不要用标点符号，至于括号也尽量少用。

⑤ 表格胜于文字，图胜于表格，幻灯片用图和表传达信息时能加强演讲的效果。

⑥ 最好有一张演讲要点预告幻灯片，告诉听众演讲的主要内容。在结束演讲时，应有一张总结幻灯片，让听众再次回顾演讲内容，以加深印象。

⑦ 好的演讲者要能控制时间，所以最好利用 PowerPoint 的排练功能预估演讲用时。

6.2.2 建立演示文稿的方法

新建演示文稿选项组中提供了创建演示文稿的两种方式，PowerPoint 2010 新建文稿比其他版本要方便快捷。在新建过程中选择可用的模板和主题，可以在“在 office.com 上搜索模板”选取空白演示文稿、样本模板、主题等，还可以根据需求选择证书奖状、日历、图标等。

1. 创建空白文档

在“文件”选项卡上选择“新建”命令，根据本机已有的内容也就是“主页”上的内容创建文稿。“主页”模块主要包括“空白演示文稿”“最近打开的模板”“样本模板”“主题”“我的模板”和“根据现有内容创建”。双击“空白演示文稿”按钮，进入如图 6-1 所示的工作界面。

2. 用模板来创建文档

可以根据在线模板 Offfice.com 创建演示文稿，前提是计算机必须接入互联网。系统提供了多种在线模板，但使用时需要先下载后，才能使用模板创建演示文稿。如图 6.4 所示，选择“幻灯片背景”的“体育”下的“游泳设计模板”，单击右侧的“下载”按钮方可使用。

6.2.3　幻灯片的创建

在演示文稿中新建幻灯片主要有以下几种方法。

① 在大纲视图的结尾处 Enter 键，或者 Ctrl+M 组合键，自动添加一张新幻灯片。

② 右击大纲区，从弹出的快捷菜单中选择“新建幻灯片”命令。

③ 在“开始”选项卡“幻灯片”组中单击“新建幻灯片”按钮。

用前两种方法，会立即在演示文稿的结尾出现一张新的幻灯片，该幻灯片直接套用前面那张幻灯片的版式；用第三种方法，“新建幻灯片”按钮由两部分组成，单击该按钮上半部分的效果与前两种方法相同，而单击按钮的下半部分会出现下拉菜单，下拉菜单提供了 11 种主题版式，可以非常直观地选择所需版式。

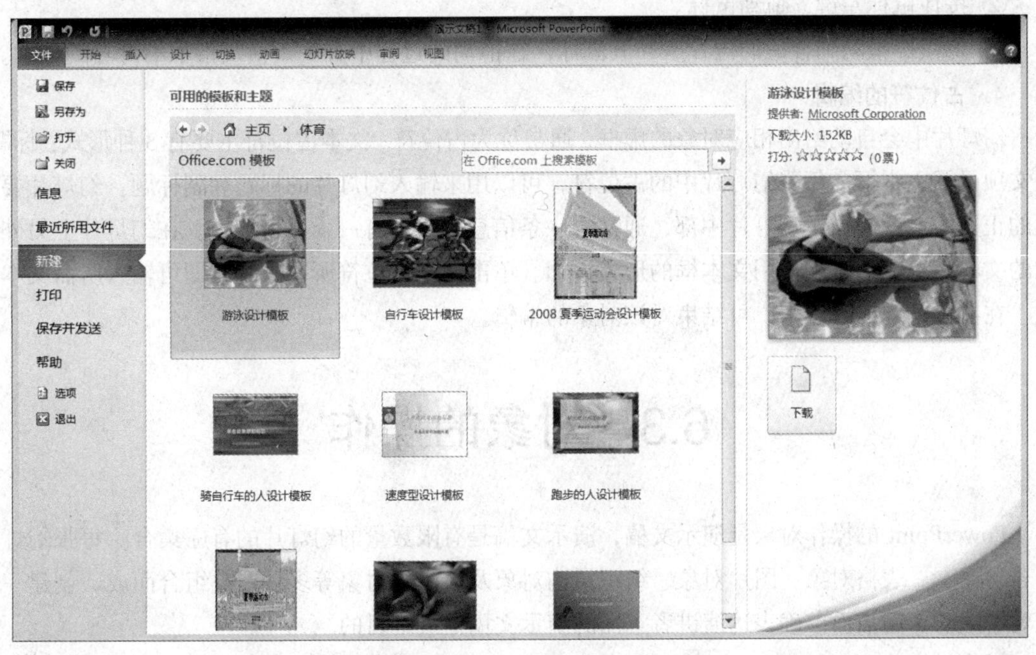

图 6.4　下载模板

6.2.4　幻灯片的编辑

1. 编辑、修改幻灯片

选择要编辑、修改的幻灯片，然后选择其中的文本、图表、剪贴画等对象，具体的编辑方法和 Word 类似。

2. 插入和删除幻灯片

添加新幻灯片既可以在幻灯片浏览视图中进行，也可以在普通视图的大纲视图中进行，其效果是一样的。

（1）插入幻灯片

插入幻灯片的方法与添加新幻灯片的方法非常相似，新建幻灯片是在演示文稿的最后添加新幻灯片，而插入幻灯片是在指定位置添加幻灯片，因此将光标定位于指定位置后，其余操作与新建幻灯片的方法完全一样。

（2）删除幻灯片

① 在幻灯片浏览视图或大纲视图中选择要删除的幻灯片。

② 右击大纲区中的幻灯片，从弹出的快捷菜单中选择“删除幻灯片”命令，或选中欲删除的幻灯片后，按 Delete 键。

③ 若要删除多张幻灯片，需切换到幻灯片浏览视图，按住 Ctrl 键并单击要删除的各幻灯片，然后进行删除操作。

3. 调整幻灯片位置

可以在除“幻灯片放映”视图以外的任何视图中调整幻灯片的位置，操作步骤如下。

① 选中要移动的幻灯片。

② 按住鼠标左键，拖动鼠标。

③ 将鼠标拖动到合适的位置后释放鼠标，在拖动的过程中有一条横线指示幻灯片的位置。

4. 占位符的编辑

幻灯片中会自动给出相应对象的虚框，通常称为占位符。文本占位符主要有 3 种形式：标题、正文项目及文本框。每张幻灯片中的占位符，可以用来输入幻灯片的标题和副标题。幻灯片要表达的正文信息一般位于幻灯片中部，通常每一条信息的前面有一个项目符号。在幻灯片上另外添加的文本信息，通常用户用文本框的形式添加。单击文本占位符所在位置，即可输入所需文本信息。在占位符虚框外单击，可结束对该对象的编辑。

6.3 对象的操作

PowerPoint 的操作对象是演示文稿，演示文稿是有限数量的幻灯片的有序集合。每张幻灯片由若干文本、表格对象、图片对象、组织结构对象及多媒体对象等多种对象组合而成。创建一个美观、生动、简洁而准确表达演讲者意图的演示文稿是最终目的。

制作幻灯片时只需要选择相应的版式，然后按提示操作就可以了，在“开始”选项卡的“幻灯片”组中单击“新建幻灯片”按钮，在下拉菜单中选择 “标题和内容”版式，该版式内容占位符内显示了幻灯片能够插入的对象。

幻灯片中的对象通常包括文本、图形和多媒体对象等。图形对象包括图表、图片和剪贴画；多媒体对象包括声音、视频剪辑以及 Internet 网页的超文本链接等。

6.3.1 插入表格

在 PowerPoint 中也可处理类似于 Word 和 Excel 中的表格对象。创建表格有两种方法。

① 从包含表格对象的幻灯片自动版式中双击占位符，弹出“插入表格”对话框，输入表格的行数和列数，如图 6.5 所示。

② 选择“插入→表格→表格”按钮，下拉菜单可以选择插入表格行列以及其他选项，这方面的内容与在 Word 中插入表格一样。

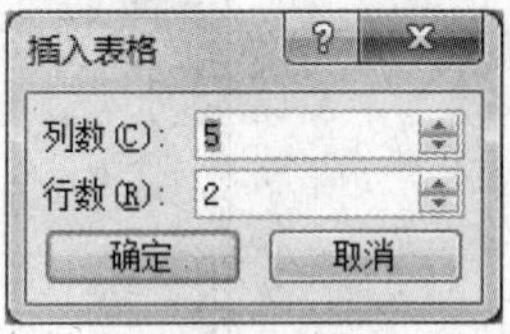

图 6.5 “插入表格”对话框

6.3.2 插入图表

选择“插入→插图→图表”按钮或者将光标定位在内容区域，单击内容区域中的图标，可以打开“插入图表”对话框，如图 6.6 所示。选择合适的图表类型，如从“柱形图”中选择“簇状柱形图”，单击“确定”按钮即可插入一个图表。

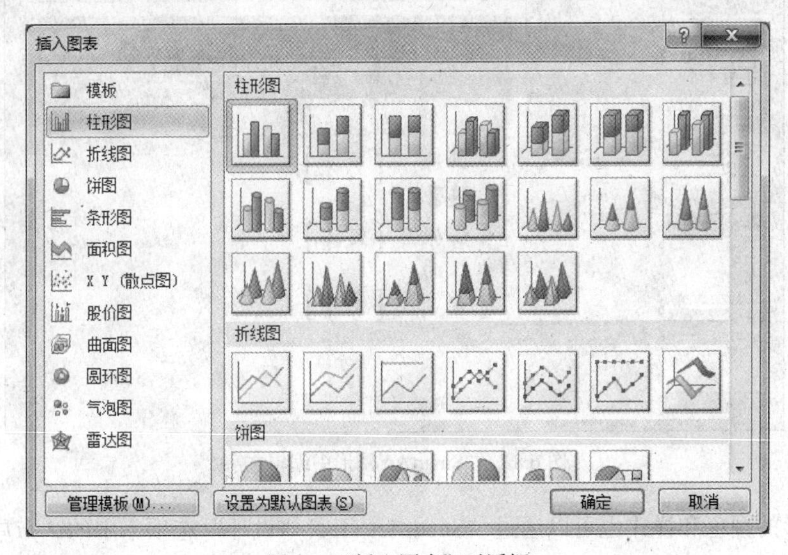

图 6.6 “插入图表”对话框

插入该图表的同时，PowerPoint 2010 界面的右侧会产生一个 Excel 表格，根据需要输入横轴和纵轴的类别以及相应的数值后，关闭 Excel 表格即可。

6.3.3 插入 SmartArt 图形

插入 SmartArt 图形的方法与插入图表相同，选择“插入→插图→SmartArt”按钮，在弹出的“选择 SmartArt 图形”对话框中选择合适的图形类型，如图 6.7 所示。

选择合适的图形类型后，双击该图形按钮，在对应的位置添加图片和文字。如果需要输入的内容行数多于系统提供的行数，则可以在最后一行输入完后按 Enter 键添加一行；也可以在“SmartArt 工具→设计”选项卡的“创建图形”组中单击“添加形状”按钮，为图形添加一行，如图 6.8 所示。

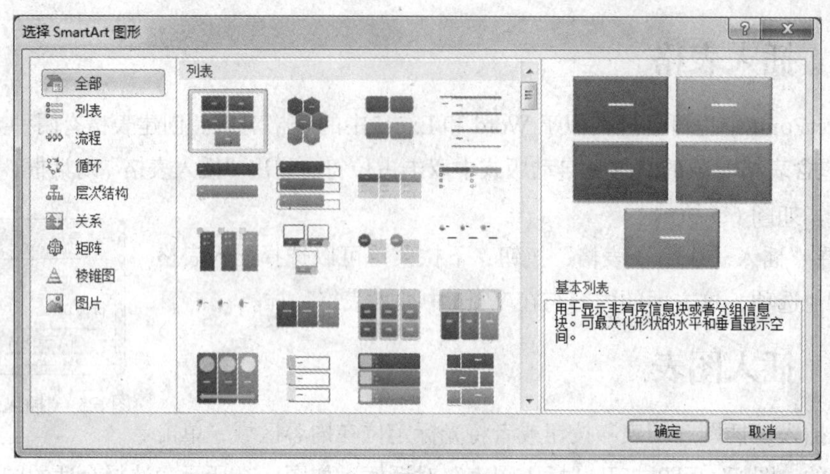

图 6.7 “选择 SmartArt 图形”对话框

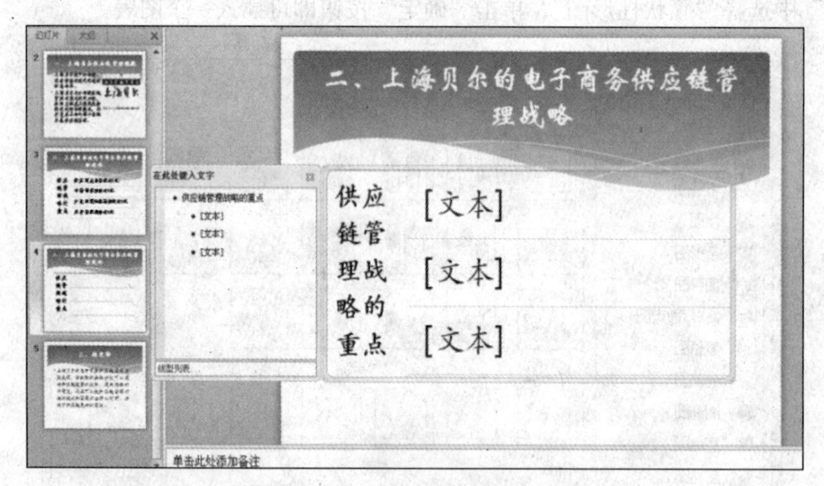

图 6.8 在 SmartArt 图形中编辑文字

更改图形的颜色和样式也可以通过“SmartArt 工具→设计”选项卡中的“布局”“SmartArt 样式”“重置”组中的按钮来进行，如图 6.10 所示。

如果需要更改另外添加的文本内容的等级关系，也可以通过弹出的“SmartArt 工具→设计”选项卡的“创建图形”组中的“升级”“降级”“上移”和“下移”按钮调整等级和前后关系，如图 6.9 所示。

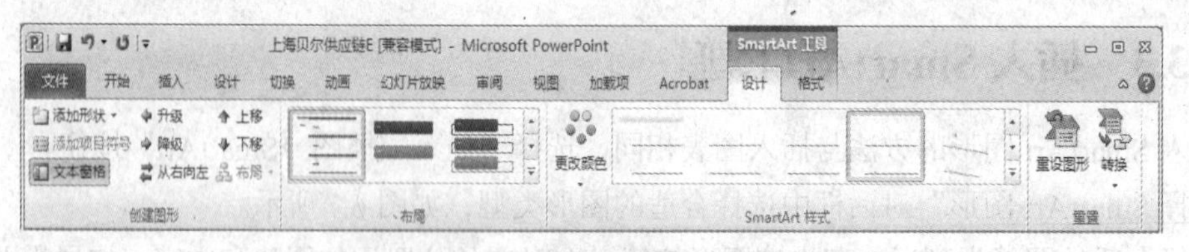

图 6.9 SmartArt 设计

6.3.4 插入图片和剪贴画

在演示文稿中添加图片可以增强演讲的效果。Microsoft Office 设置了剪贴库，演示文稿中添加的图片分为两类，一类来自文件，另一类来自剪切库，它们都能插入演示文稿中使用。

插入剪贴画的方法是，选择“插入→图像→剪贴画”按钮或者将鼠标定位在内容区域，单击内容区域中的“剪贴画”图标，在弹出的“剪贴画”对话框中选择对应的图片。

插入图片的方法是，单击“插入→图像→图片”按钮，在弹出的“插入图片”对话框中选择合适的图片文件，单击“确定”按钮插入图片。

插入图片后，PowerPoint 2010 对图片的处理方法与 Word 非常相似，这里就不一一介绍了。另外 PowerPoint 2010 多了一项强大的功能，那就是艺术效果，如图 6.1 所示。选中图片后，在“格式”选项卡的“调整”组中单击“艺术效果”按钮，下拉列表框中提供多种图片的艺术效果，也可以在“艺术效果选项”子菜单中进一步设定图片效果。

图 6.10　艺术效果

6.3.5　插入幻灯片编号

演示文稿创建完后，可以为全部幻灯片添加编号，其操作方法如下。

选择“插入→文本→页眉页脚”命令或“幻灯片编号”按钮，弹出“页眉和页脚”对话框，如图 6.11 所示。可以单击对话框中的“备注和讲义”选项卡，为备注和讲义添加编号信息。

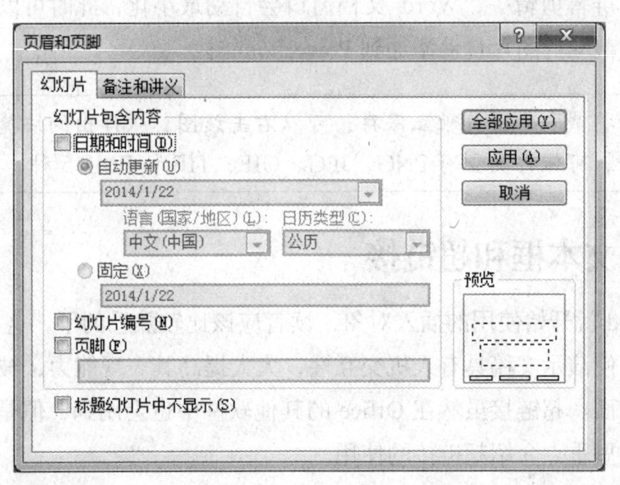

图 6.11　“页眉和页脚”对话框

6.3.6　插入屏幕截图

在以前的 Office 版本中，在 Word、Excel 和 PowerPoint 等 Office 文档中插入屏幕截图时，都需要安装专门的截图软件，或使用键盘上的 PrintScreen 键。安装了 Office 2010 后，这项工作就不用这么麻烦了，因为它已经内置了屏幕截图功能，并可将截图即时插入文档中。方法是在“插入”选项卡的“图像”组中单击“屏幕截图”按钮，在下拉菜单中看到当前所有已开启的窗口缩略图，如图 6.12 所示。

图 6.12　屏幕截图

单击其中一个缩略图，即可将该窗口完整截图并自动插入文档中。

如果只想截取屏幕上的一小部分，则需要先将要截取的地方置于桌面顶层，再单击“屏幕截图”下拉菜单中的“屏幕剪辑”，Word 文档窗口会自动最小化，此时可以手动截取想要的部分了，截取完成后，被截取的图片自动添加到 PowerPoint 中。

如果想将截取的图片独立保存，可以右击该图，从弹出的快捷菜单中选择“另存为图片”命令，可保存类型有 PNG、JPG、GIF、TIF 和 BMP 5 种。

6.3.7　插入文本框和超链接

文本框是从 Word 就开始使用的插入对象，读者应该比较熟悉的了，这里不再详细介绍。

通过超链接可以使演示文稿具有人机交互性，大大提高其表现能力，被广泛应用于教学、报告会、产品演示等方面。超链接虽然在 Office 的其他软件中也会用到，但是都不如在 PowerPoint 中用得频繁，所以这里重点介绍超链接的使用。

创建超链接时，起点可以是幻灯片中的任何对象（文本或图形），激活超链接的动作可以是“单击鼠标”和“鼠标移过”，还可以把两个不同的动作指定给同一个对象，例如，使用单击激活一个链接，使用鼠标移动激活另一个链接。

如果文本在图形中，就可分别为文本和图形设置超链接，代表超链接的文本会添加下画线，并显示配色方案指定的颜色，从超链接跳转到其他位置后，颜色会改变，这样就可以通过颜色来分辨访问过的链接。

通过对象建立超链接的方法为：选中要建立链接的对象，在“插入”选项卡的“链接”组中单击“超链接”按钮，弹出如图 6.13 所示的“插入超链接”对话框，其中主要选项的功能如下。

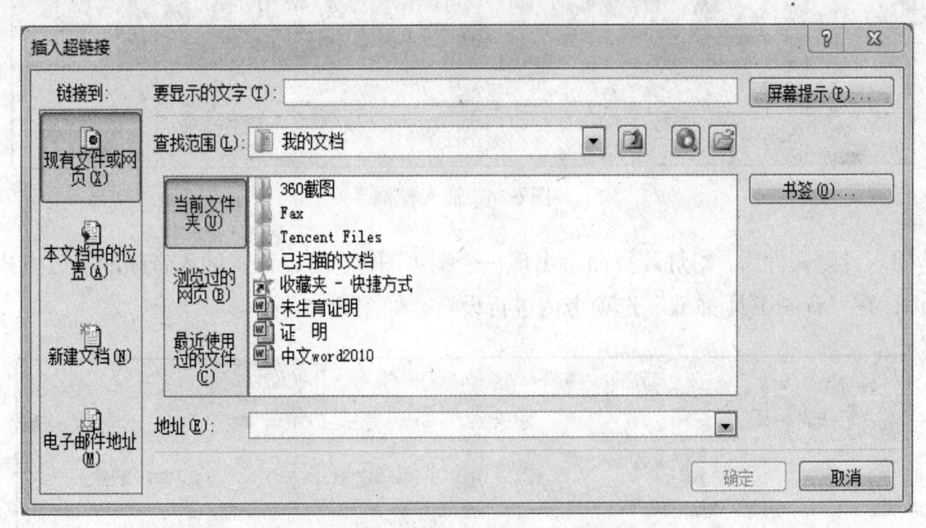

图 6.13　“插入超链接”对话框

现有文件或网页：将超链接链接到计算机现有的文件上，系统提供了最常用的 3 种快捷方式，当前文件夹、浏览过的网页和最近使用过的文件。

本文档中的位置：将超链接链接到当前幻灯片的某一页上，这种链接是幻灯片在播放时各页面之间相互切换。

新建文档：将超链接链接到新建的文件上。

电子邮件地址：将超链接链接到某一电子邮件地址上。

要显示的文字：可以在此处更改超链接显示的文字。

地址：如果要链接的位置不在上述区域，可以直接在地址栏里输入本机或者网络地址进行超链接。

6.3.8　插入音频和视频文件

可以在幻灯片中插入音频和视频，使演示文稿在放映时具有全新的视听效果。在操作演示文稿过程中，有时候希望播放视频文件来增加演示的效果，在 PowerPoint 2010 中可以嵌入视频或链接到视频。嵌入视频时，不必担心在将演示文稿复制到其他位置时会丢失文件，因为所有文件都各自存放。

1．插入声音或音乐

① 搜索并选定与演示文稿相适合的音乐文件，并将声音文件与幻灯片放在同一个文件夹下，如果不将声音文件与幻灯片放在同一文件夹下，在移动文件时可能出现找不到声音文件播放的情况，所以最好将音乐文件与幻灯片文件放在同一文件夹下，并在移动文件时同时移动。

② 选择要插入音频的幻灯片。再选择“插入→媒体→音频”按钮，下拉菜单中有 3 个选项：文件中的音频、剪辑画音频和录制音频，如图 6.14 所示。剪辑画音频与剪辑画相似，是系统为用户提供的声音片段；录制音频提供通过外部录入设备采集声音作为背景音乐的方法。

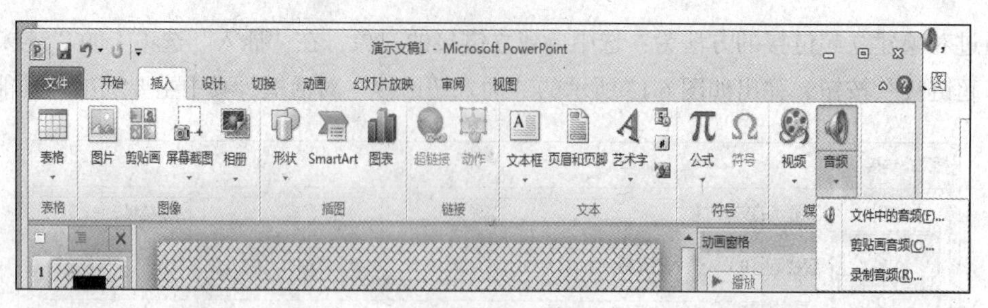

图 6.14　插入音频

③ 插入音频文件后，幻灯片页面会出现一个喇叭图标。可以设置插入音频的播放方式。单击喇叭图标，在“音频工具|播放”选项卡内进行设置，如图 6.15 所示。

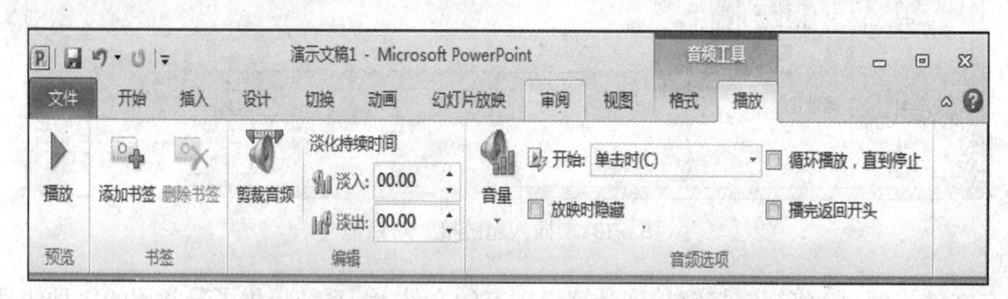

图 6.15　音频播放的设定

a. 预览：在编辑状态下播放声音试听。

b. 书签：为幻灯片添加和删除书签。

c. 编辑：可以对音频进行剪辑，以及设置音频淡入、淡出效果。

d. 音频选项：该选项应用的内容更加常见，主要包括以下设置。

◆ “音量”按钮：用来调节插入音频的音量大小。

◆ “开始”下拉列表：用来设定音频播放的方式，包括自动、单击时和跨幻灯片播放。

“自动”播放模式是在幻灯片播放到音频插入的页面时，音频自动播放。

“单击时”播放模式是单击音频图标时才开始播放，前两种方式播放的音频在幻灯片切换页面后会自动停止。

“跨幻灯片播放”模式能够在幻灯片切换时连续播放音频。

◆ “放映时隐藏”复选框：选中该复选框，在幻灯片播放时音频图标隐藏。

◆ “循环播放，直到停止”复选框：选中该复选框，当幻灯片的播放时间超过音频的时间长度时，重复播放音频。

◆ “播完返回开头”复选框：选中该复选框，在播放完毕后返回至音频编辑。

在 PowerPoint 2010 中，可直接内嵌 MP3 音频文件，不会再担心音频文件丢失。但 PowerPoint 2010 插入的 MP3 音频文件，比较缓慢，而且不能在兼容模式下使用，对方也必须是 PowerPoint 2010 嵌入的 MP3 音频文件才可以完全播放。如果将文件另存为 97-2003 兼容文件，音频文件会自动转换成图片，无法播放。

另外，音频还具备剪辑功能，所谓剪辑，实际只是遮盖了不想听到的部分，并未真正剪辑。选中音频图标后，在“音频工具→播放”选项卡的“编辑”组中单击“剪裁音频”按钮，在弹出的“剪裁音频”对话框中可以拖动左侧滑动柄进行剪裁操作。

2. 插入视频

将视频文件添加到演示文稿中，可增加演示文稿的播放效果。

PowerPoint 支持的视频格式十分有限，一般可以插入 WMV、MPEG－1（VCD 格式）、AVI。插入视频的方法如下。

① 选择要插入音频的幻灯片。再选择“插入→媒体→视频”按钮，下拉菜单中有 3 个选项：文件中的视频、剪辑画视频和来自网站的视频。剪辑画视频与剪贴画音频是系统提供的视频片段；来自网站的视频提供来自互联网的视频。

② 插入视频文件后，选中插入的视频窗口，弹出两个新的选项卡，“视频工具→格式”和“视频工具→播放”选项卡。

a.“视频工具→格式”选项卡：该选项卡主要用于设置插入的视频窗口的外形，主要包括“预览”“调整”“视频样式”“排列”和“大小”5 个组。

“预览”组：只包括“播放”按钮。

“调整”组：主要包括“更正”“颜色”“标牌框架”和“重置设计”4 个按钮。“更正”按钮主要用来设置播出视频的亮度和对比度；“颜色”按钮是对播出的视频进行重新着色，使其更具有特色；“标牌框架”按钮是对播出前的视频窗口进行图片修饰；“重置”按钮主要是将窗口设置为初始大小。

“视频样式”组：用于设置播放视频的窗口边框框架和颜色，包括细微型、中等和强烈 3 种。

“排列”组：用于设置视频窗口的排列方式和层次安排。

“大小”组：用于设置视频窗口的大小以及裁剪播放区域。

b.“视频工具→播放”选项卡：该选项卡的作用和用法与音频的播放设置基本相似，这里不再详细介绍。

6.4　演示文稿的修饰

6.4.1　幻灯片母版

幻灯片母版是存储模板信息提供模板设计的一种元素，这些模板信息包括字形、占位符大小、位置、背景设计和配色方案。PowerPoint 2010 演示文稿中的每一个关键组件都拥有一个母版，如幻灯片、备注和讲义。母版是一类特殊的幻灯片，幻灯片母版控制某些文本特征，如字体、字号、字形和文本颜色；还控制背景色和某些特殊效果，如阴影和项目符号样式。因为包含在母版中的图形及文字将会出现在每一张幻灯片及备注中，所以如果在一个演示文稿中使用幻灯片母版的功能，就可以做到整个演示文稿格式统一，可以减少工作量，提高工作效率。

打开的母版编辑状态后，整个编辑窗口的右侧列表中列出当前幻灯片的所有母版样式，但是这些样式并没有完全应用于当前幻灯片。将光标放在对应母版上稍作停留，系统会弹出消息显示当前母版应用于哪页幻灯片，或者并未被使用，如图 6.16 所示。

如果修改了母版文本的颜色或大小，或是在幻灯片母版上改变了背景色，演示文稿中所有基于该母版的幻灯片都将反映所做的更改。例如，在幻灯片母版上添加了图形，该图形将出现在每张幻灯片上。同样，修改了标题母版的版式，指定为标题幻灯片的幻灯片也将被修改。

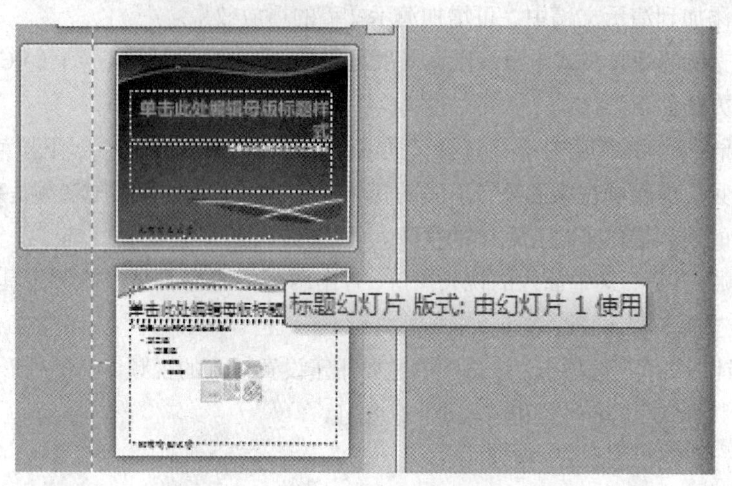

图 6.16　幻灯片使用

幻灯片母版是最常用的母版，它可以控制当前演示文稿中，除“标题幻灯片”以外的所有幻灯片，使它们具有相同的外观格式。在幻灯片母版中预设格式的占位符可以控制标题、文本、页脚内容特征（如字体、字号、颜色、项目符号样式等），在幻灯片母版上添加的图片等对象将出现在每张幻灯片的相同位置上，设置的幻灯片背景效果也将应用到每张幻灯片上。

进入设置幻灯片母版的方法如下。

在打开的演示文稿中选择要设置母版的幻灯片页面，选择“视图→母版视图→幻灯片母版”按钮，PowerPoint 会进入“幻灯片母版”视图方式，并弹出“幻灯片母版”选项卡，如图 6.17 所示。

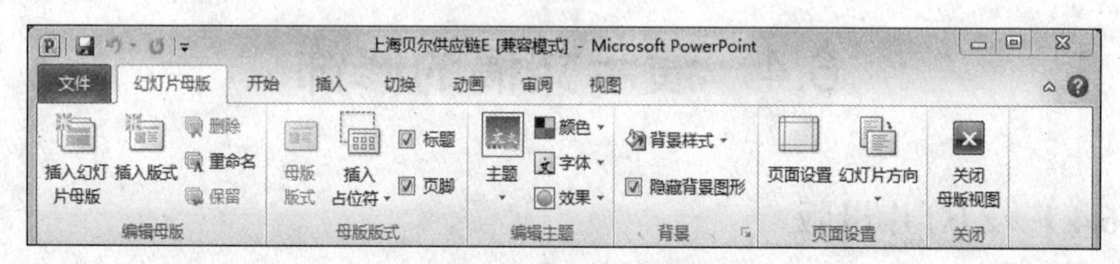

图 6.17　“幻灯片母版”选项卡

该选项卡包括“编辑母版”“母版版式”“编辑主题”“背景”“页面设置”和“关闭”选项卡。

（1）“编辑母版”组

该组包括“插入幻灯片母版”“插入版式”“删除”“重命名”和“保留”按钮。

① 插入幻灯片母版。每一套幻灯片母版都是由多个幻灯片母版页面组成的，其中包含该演示文稿中所有页面的母版，插入幻灯片母版是指插入一整套幻灯片母版。

② 插入版式。与上一功能的区别是该功能仅插入一页母版。

③“删除”按钮。用于删除母版页面。

④“重命名”按钮。用于重命名母版页。

⑤ 保留。删除某幻灯片时，PowerPoint 会自作主张删除这个幻灯片的引用母版，保留母版就是防止这种事情发生。

（2）“母版版式”组

该组包括“母版版式”“插入占位符”“标题”和“页脚”按钮。其中能插入的占位符包括文本、图片、文本框和表格等。

（3）“编辑主题”组

该组包括“主题”“颜色”“字体”和“效果”按钮，每个按钮的下拉菜单中都包含多种选项。这部分内容在 6.4.3 中讲解。

（4）“背景”组

“背景样式”下拉列表框中包括多种现有样式，也可以在下拉列表框中单击“设置背景格式”，这里的背景格式设定与 Word 2010 的背景格式完全一致。

（5）“页面设置”组

该功能与 Office 其他软件的页面设置完全相同。

（6）“关闭”组

用于关闭母版视图，返回幻灯片编辑状态。

6.4.2　讲义母版与备注母版

讲义母版提供在一张打印纸上同时打印 1，2，3，4，6，9 张幻灯片的讲义版面布局，选择设置和“页眉与页脚”的默认样式相同。

备注母版向各幻灯片添加“备注”文本的默认样式。

无论是设定讲义内容还是备注内容的格式，都需要编辑母版，演示文稿中的所有幻灯片都会统一应用其格式，当然还可以再进一步修改每一张幻灯片为需要的效果。

进入讲义母版与备注母版的方法与幻灯片母版类似，在“视图”选项卡的“母版视图”组中单击“讲义母版”按钮，弹出“讲义母版”选项卡，如图 6.18 所示。

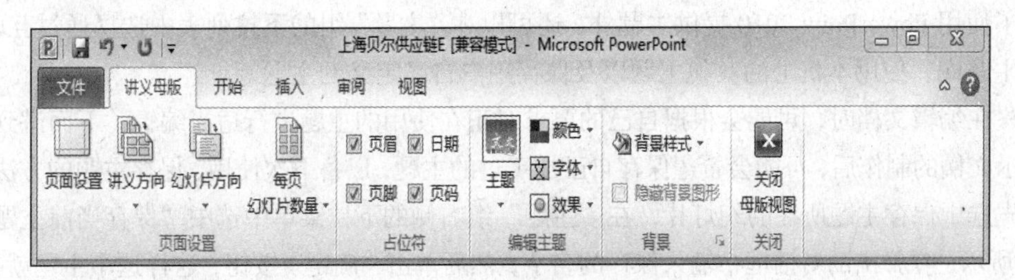

图 6.18　“讲义母版“选项卡

“讲义母版”选项卡包括“页面设置”“占位符”“编辑主题”“背景”和“关闭”组，与“幻灯片母版”选项卡中的组基本相同，在此不再赘述。

备注母版与讲义母版的设定和功能相同，不再赘述。

6.4.3　幻灯片主题设计

使用 PowerPoint 制作演示文稿最大的特色就是使演示文稿呈现一致的外观，而更换一种新的演示文稿主题，是快速改变幻灯片外观的最佳选择。幻灯片设计主题包括演示文稿中用的项目符号、字体、字号、占位符、背景形状、颜色配置、母版等多种组件，只有统一配置这些组件，才能生成风格统一、专业的幻灯片外观。

1. 应用主题

PowerPoint 2010 提供了多种主题，下面简单介绍应用主题的方法。

打开需要设定主题的演示文稿，选中第一张幻灯片，在“设计”选项卡中的“主题”组中选择想要的主题样式，在主题库中选择某一个主题，也可以单击右侧的上下滚动条按钮来选择合适的主题；将鼠标指针移动到某一个主题上，可以实时预览相应的效果。最后单击某一个主题，就可以将该主题快速应用到整个演示文稿中。

上述操作（直接单击主题）默认会应用于所有幻灯片，如果只想改变一张或几张幻灯片的主题，可以选中要更改的幻灯片（配合 Ctrl 键可多选），然后在选定的主题上右击，从弹出的快捷菜单中选择“应用于选定幻灯片”即可，如图 6.19 所示。

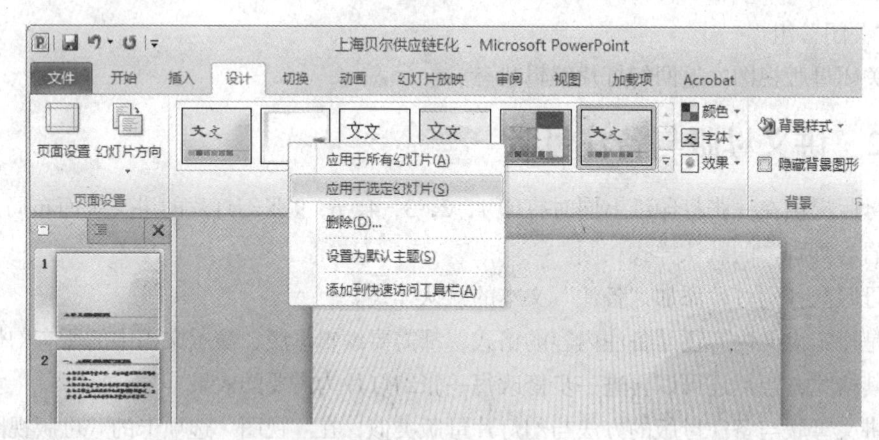

图 6.19 应用主题

除了使用 PowerPoint 2010 提供主题外，还可以在“主题”组的下拉列表中选择通过互联网更新本机主题库、使用本机上的其他主题以及保存用户自己定义的主题等。

用户在编辑文档时，可能会根据自己的要求对正在使用的主题进行适当编辑（下面讲到），在完成演示文稿的制作后，可能会希望保存自己加工过的主题，以备下次使用，保存主题的方法如下。

首先选中保存主题所在的幻灯片，在“主题”组右侧的下拉菜单中选中“保存当前主题”，如图 6.20 所示，在弹出的对话框中输入保存的名字，然后单击“确定”按钮，这样这个主题就被保存下来，在下次单击时，下拉菜单会多一项“自定义”，而且自定义列表中也会有用户自定义的主题。

PowerPoint 2010 与以往版本有很大不同，PowerPoint 2010 中不再有 PowerPoint 2003 及以前版本的设计模板，取而代之的是主题的设计和选取，如果用户在使用 PowerPoint 2010 时想调用以前版本的模板，系统也提供了接口，其调用方式是，单击“主题”右侧滚动条下端的下拉列表框，从中选择“浏览主题”，在弹出的“选择主题或主题文档”对话框中选择以前版本的模板，最后单击“应用”按钮，将该模板应用于当前幻灯片。

图 6.20　自定义主题

2. 主题颜色

PowerPoint 以前版本中的配色方案，也就是 PowerPoint 2010 中的主题颜色配置，包括 12 种组件，配色方案基本上是由所应用的演示文稿设计主题决定的，每一种内置的颜色都是经过精心配置的，而且用户可以自行修改。

修改主题颜色的方式是打开需要设定主题颜色的演示文稿，选中第一张幻灯片，选择“设计→主题→颜色”按钮，从下拉菜单中选择合适的颜色。如果用户对系统提供的颜色不满意，也可以从中选择“新建主题颜色”命令，在弹出的“新建主题颜色”对话框中重新设定 12 个组件的颜色，设定完成后输入名称，单击“确定”按钮。

在“设计→主题”组中还可以设置字体和效果，这两项的设定也是主题设定的重要组成部分，设定的方法与颜色设定的方法相同，这里就不一一介绍了。

3. 主题字体

设置主题字体主要是定义幻灯片中的标题字体和正文字体。

（1）选择内置的主题字体

选择“设计→主题→字体”按钮，在下拉列表中选择字体，将同时改变标题和正文字体。

（2）自定义主题字体

也可以分别设置标题字体和正文字体，新建主题字体。选择“设计→主题→字体”按钮，单击“新建主题字体”命令，在“新建主题字体”对话框中可分别设置标题字体和正文字体，在“名称”文本框中输入字体方案的名称，单击“保存”按钮，如图 6.21 所示。

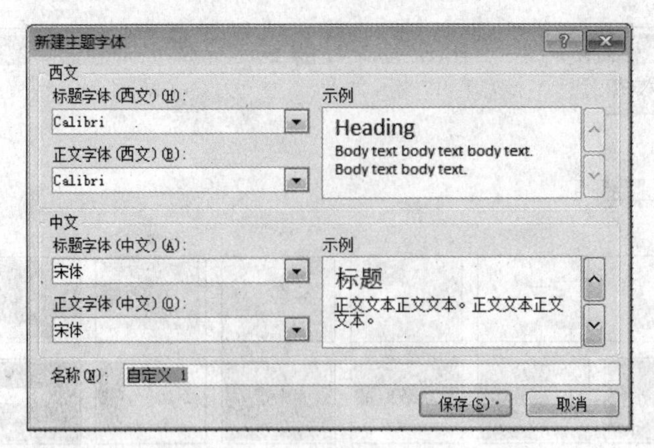

图 6.21　新建主题字体

6.4.4　背景设置

背景设置功能可用于设置主题背景，也可用于设置无主题的幻灯片背景，可自行设计一种幻灯片背景，满足演示文稿的个性化要求。

幻灯片背景和主题颜色二者均与颜色有关，但它们的差别在于，主题颜色针对的是所有与颜色有关的项目，而背景只针对幻灯片背景。换言之，主题颜色包含背景颜色，而背景只是主题颜色的组件之一。

在“设置背景格式”对话框中设置背景，主要是调整幻灯片背景的颜色、图案和纹理等，包括改变背景颜色、图案填充、纹理填充和图片填充等。背景设置同样可用于设置前述的主题背景。

1. 设定背景颜色

设置背景颜色有“纯色填充”和“渐变填充”两种方式，“纯色填充”是选择单一颜色填充背景，“渐变填充”是将两种或更多种填充颜色逐渐混合在一起，以某种渐变方式从一种颜色逐渐过渡到另一种颜色。

其中渐变填充中的预设颜色，是在等级考试等考核中经常要提到的，如“金乌坠地”“漫漫黄沙”等，如图 6.22 所示。

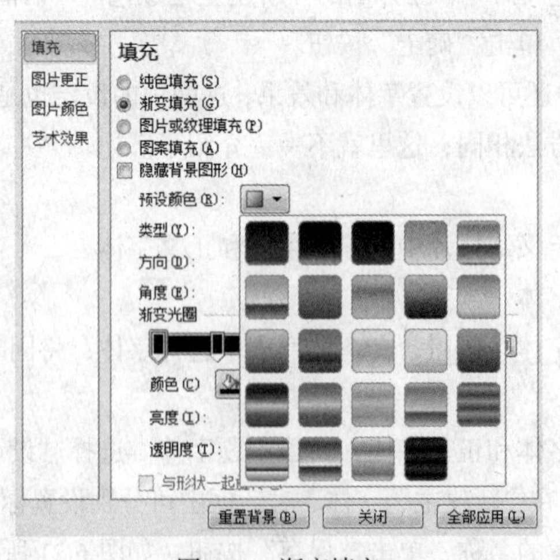

图 6.22　渐变填充

2. 图片和纹理填充

填充还可以是图片或纹理填充，单击不同按钮进行相应填充操作，单击“插入自”中的“文件”，选择图片文档完成操作；单击“纹理”下拉按钮进行纹理填充选择，如图 6.23 和图 6.24 所示。

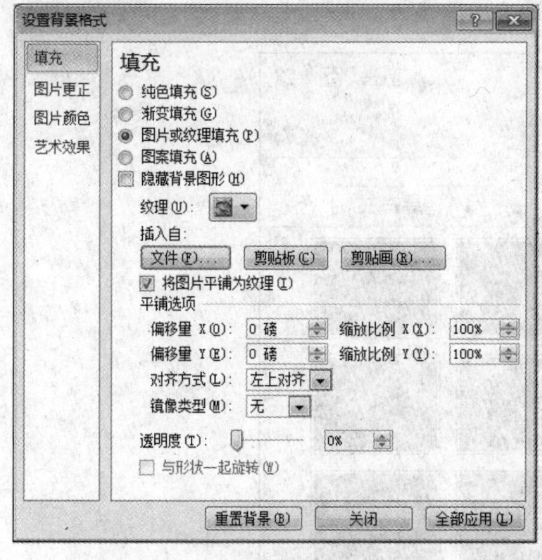

图 6.23　图片填充

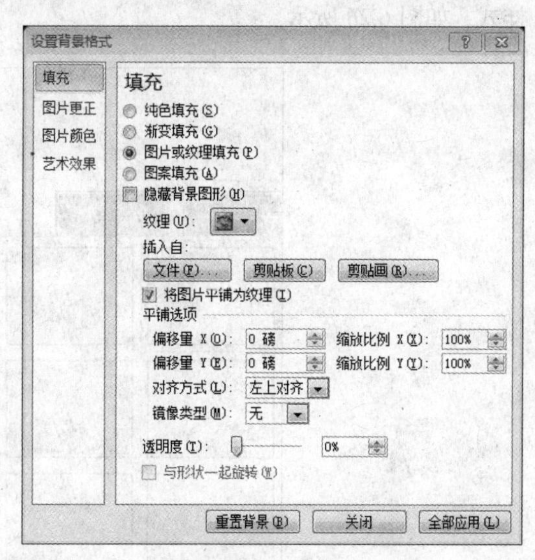

图 6.24　纹理填充

3. 图案填充

图案填充与图形与颜色填充的不同之处是在选好图案之后，还需要设定前景色和背景色，如图 6.25 所示。

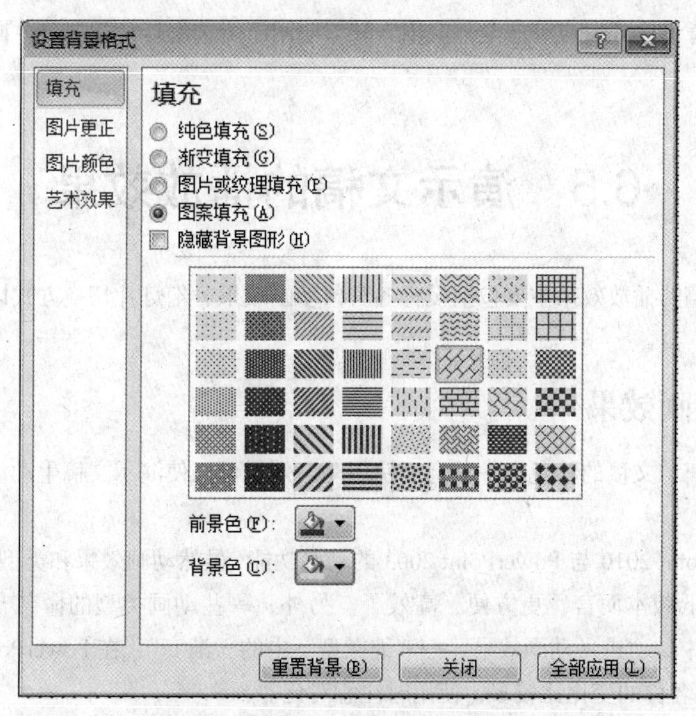

图 6.25　图案填充

4. 设定背景样式

设定背景样式的方法是选择“设计→背景→背景样式”按钮，在下拉列表框中选择合适的背景样式。对于不同的主题，系统提供不同的背景样式，一般情况下系统为每个主题提供 12 种背景样式，如图 6.26 所示。

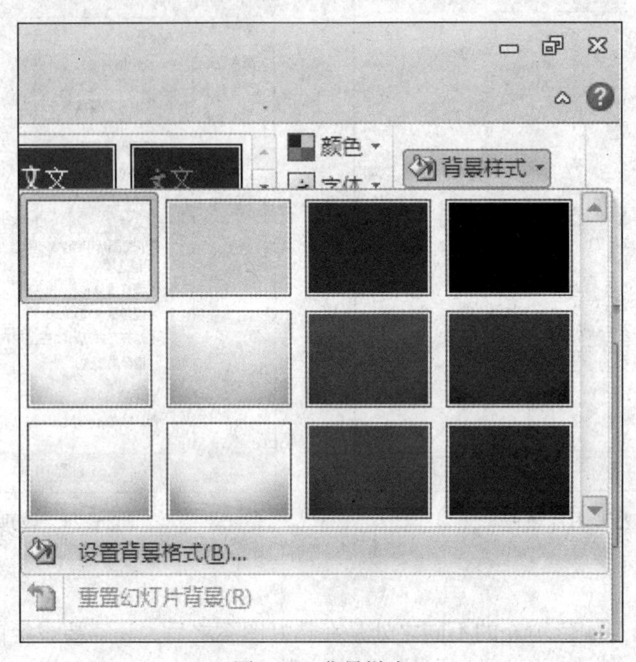

图 6.26 背景样式

同样，改变背景样式，也有“全部应用”和“应用于所选幻灯片”之分，同样也是通过右键快捷菜单来选择。

6.5 演示文稿的播放效果

设置演示文稿的播放效果主要包括设置各对象动画效果、幻灯片切换方式以及幻灯片播放的相关内容。

6.5.1 动画效果

动画效果是演示文稿的特色之一，合理使用动态效果可以使演示文稿生动活泼，吸引观看者的注意力。

比较 PowerPoint 2010 与 PowerPoint 2003 的动画功能，虽然动画效果和类型并没有任何增减，但动画设置较之低版本而言，更方便、高效了。另外，一些动画类型的命名有些变化，比如，PowerPoint 2003 中的“进入动画效果”→“细微型”中的“渐变”，在 PowerPoint 2010 中被命名为“淡出”，此类名称的变化比较多，使用时注意对比。

动画效果主要分为进入效果、强调效果、退出效果、路径动画 4 类。其中，进入效果在播放时是由“不可见到可见”的，共有 52 种效果；相对应的，退出效果在播放时是由“可见到不可见”的，同样也有 52 种效果；强调效果和路径动画效果在播放时则始终处于“可见状态”，强调效果共有 31 种效果，路径动画效果包括 64 种预设效果和 4 种自定义效果。

特定动画效果的实现，需要巧妙组合和精心设计各种动画效果，同时为了增强动画特效，也可以尝试使用触发器来对动画对象加以控制。

PowerPoint 2010 中有以下 4 种类型的动画效果。

① “进入”效果。可以使对象逐渐淡入焦点、从边缘飞入幻灯片或者跳入视图中。

② “退出”效果。包括使对象飞出幻灯片、从视图中消失和从幻灯片旋出。

③ “强调”效果。效果的示例包括使对象缩小或放大、更改颜色或沿着其中心旋转。

④ 动作路径。使用这些效果可以使对象上下移动、左右移动或者沿着星形或圆形图案移动。

1. 进入效果

进入效果是幻灯片中插入的对象在幻灯片播放时以哪种动画形式出现在画面中。设定动画效果的方式如下。

① 选中要添加动画的对象。

② 在“动画”选项卡的“动画”组中选中列举的动画方案，可以调节右侧滚动条来选择动画效果。

③ 也可以单击右侧滚动条下端的按钮，在下拉菜单的“进入”栏中选择合适的效果。

④ 如果这些效果不能满足用户的需要，可以在下拉菜单中选择“更多进入特效”命令，从弹出的“更改进入效果”对话框中选择更多效果，如图 6.27 所示。

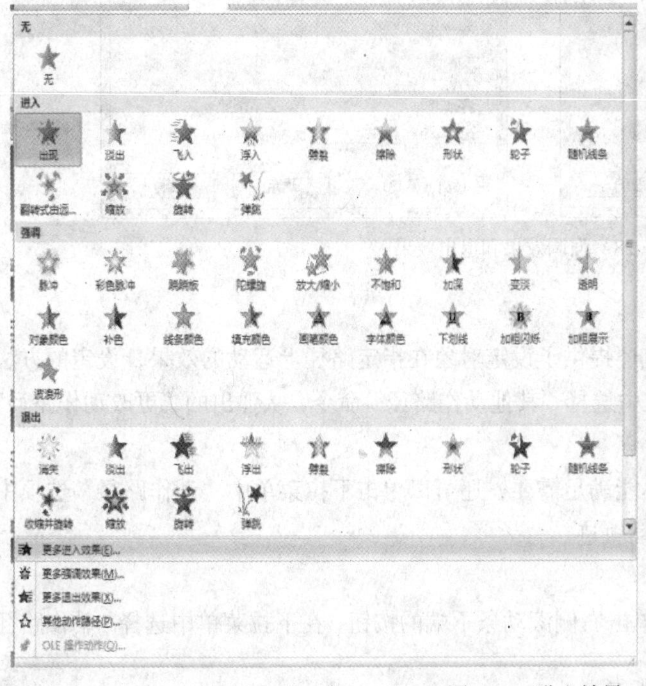

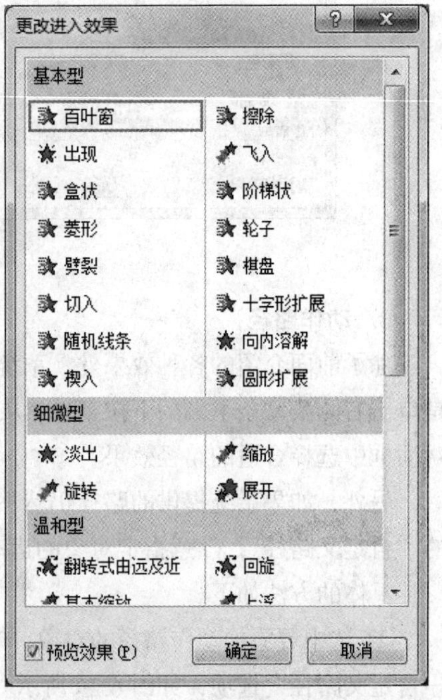

图 6.27　进入效果

“更改进入效果”对话框中的“预览效果”复选框默认为选中的，这样用户在选择窗口中的特效时，可以实时预览效果，对效果有直观的感受，如果不想预览效果，也可以取消选中该复选框。

2. 强调效果和退出效果

强调效果是通过设定效果使演示文稿上已经具有的文字以动画的形式进行强调，通常文字是演示文稿中的重点内容或词汇。退出效果是将演示文稿中出现的文字再次隐去，通常用于演示文稿中内容较多的页面，多个对象可能会出现在同一位置，需要前面出现的对象先行隐去，后面的对象才能出现。设定的方法与进入特效的方式完全一样。不同的是效果选项，如图 6.28 所示。

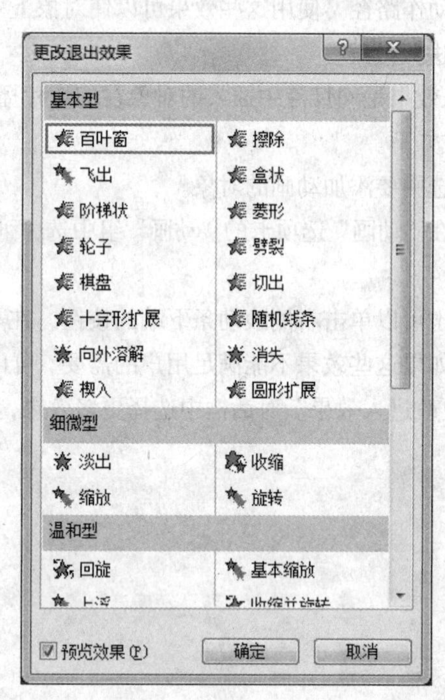

图 6.28　强调效果和退出效果

3. 动作路径

除了前面介绍的各种效果外，系统还提供了设定对象在指定路径上运动的效果，设定的方法是单击右侧滚动条下端的下拉菜单，从中选择“其他动作路径”命令，从弹出的“更改动作路径”对话框中选择合适的路径效果。

另外，如果系统提供的路径仍然不能满足需要，还可以单击下拉菜单中“动作路径”选项中的“自定义路径”，随意指定对象的运动轨迹。

具体的方法如下。

① 选中要添加动作路径的对象，单击右侧滚动条下端的按钮，在下拉菜单中选择“动作路径→自定义路径”选项，如图 6.29 所示。

② 在演示文稿的相应位置单击，设定自定义路径的起点，然后松开左键移动鼠标，再次单击设定移动的节点（通常是路径方向发生变化的节点），设定路径节点的操作可以反复操作，注意，

两个节点之间的路径默认为直线。

③ 在路径设定中也可以设定任意曲线，方法是单击设定起点后，按住鼠标左键移动鼠标，鼠标指针移动的路径完全记录下来作为对象的移动路径。

④ 在设定路径时②、③两种方式可以结合使用，路径设定结束时，双击鼠标左键，双击的位置即是路径结束的位置。

在“动画”组的右侧，还有一个“效果选项”按钮，该按钮在动画的不同方式下，弹出的菜单不尽相同，但都是在设定万动画效果后修改和设定，如图 6.30 所示。自定义路径下效果选项的部分功能如下。

① 类型：设定动作路径的种类，包括直线、曲线和自由曲线。

② 序列：解决设定对象各个部分组成的情况，也就是设定组成对象的各个部分在完成动作路径时是作为一个整体一起完成还是每一部分各自完成。

③ 路径：包括调整动作路径上节点的位置以及设置路径的反方向（起点和终点颠倒）。

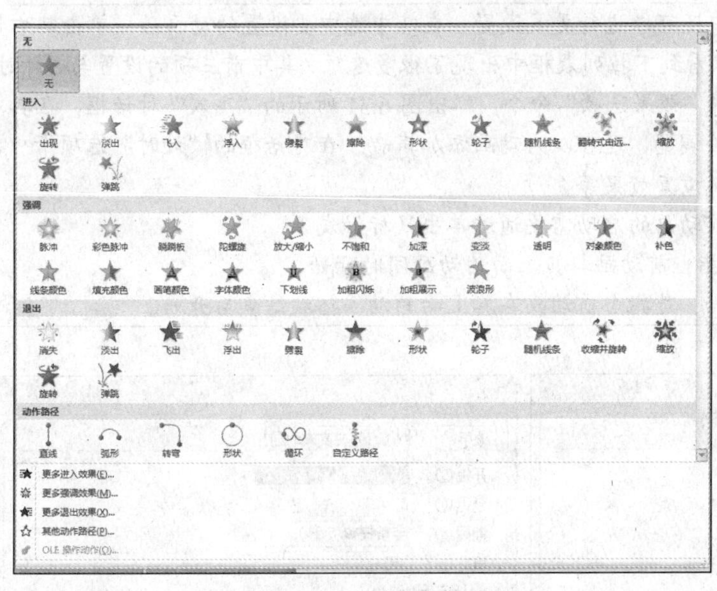

图 6.29　自定义路径

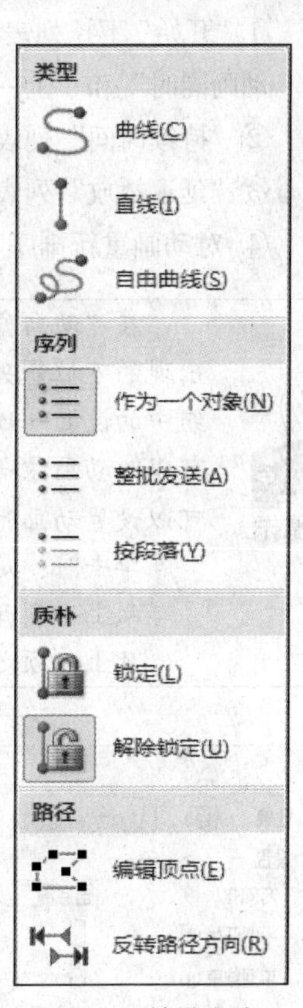

图 6.30　效果选项

4. 动画的高级设定

在“动画”选项卡还有“高级动画”和“计时”两个组。下面介绍这两个组的功能。

（1）“高级动画”组

该选项卡包括“添加动画”“动画窗格”“触发”和“动画刷”4 个按钮。

①“添加动画”按钮。为演示文稿添加一个动画，新添加动画的对象可以是已经有动画的对象，也可以是新对象，其过程与前面讲的添加动画效果完全一样。

②“动画窗格”按钮。单击“动画窗格”按钮，系统会在桌面的右侧弹出一个“动画窗格”窗口，其中显示了当前演示文稿页面的所有动画效果，并对每个效果添加了播放顺序编号。用户可以用上侧的播放按钮预览列表中的动画效果；也可以通过底端的左右方向按钮来设定动画效果的时间；“重新排序”两侧的上下按钮可以调整页面中多个动画效果的播放顺序。当然所有设定都需要首先选定要调整的动画对象。

③“触发”按钮。用于设定动画的特殊开始条件，可以单击开始动画，也可以放置书签设定播放动画。设定单击开始动画时，可以指定单击的对象，可以是动画的对象或其他对象。

④“动画刷”按钮。动画刷的效果与文档编辑时的格式刷非常相似，首先选中要作为效果模板的动画，然后单击“动画刷”按钮，再单击要设定相同效果的对象即可。

（2）“计时”组

在“计时”组中可以设置动画开始的方式、持续的时间、延迟播放的时间以及重新排列动画顺序。

①“开始”下拉列表。选择当前动画与前一动画播放时间的关系，包括 3 个选项：“单击”“与上一动画同时”和“上一动画之后”。

②“持续时间”列表。设定动画播放时间，与动画窗格中制定的效果相同。

③“延迟播放”列表。设定动画播放之前的延迟时间。

④ 对动画重新排序”栏：与动画窗格中的重新排序功能相同。

在“动画窗格”中还可以进行更多设置，在其中选中要设置的动画后，单击其右侧出现的下拉箭头，可以看到下拉列表框中出现了很多选项，其中前三项的设置与“计时”组中的设置一致，选择“效果选项”命令，弹出图 6.31 所示的“飞入”对话框，在其中可以对动画做一些相关调整，还可以为动画添加声音。在对话框的“计时”选项卡中，可以设置动画时间以及重复效果等。

单击时：是指当前动画的启动需要通过单击鼠标触发。

从上一项开始:是指当前动画与其上面的动画同时开始。

从上一项之后开始：是指当前动画在其上面的动画播放结束后开始。

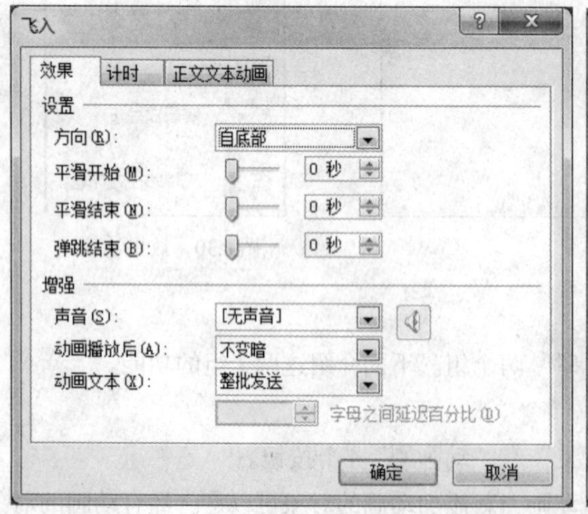

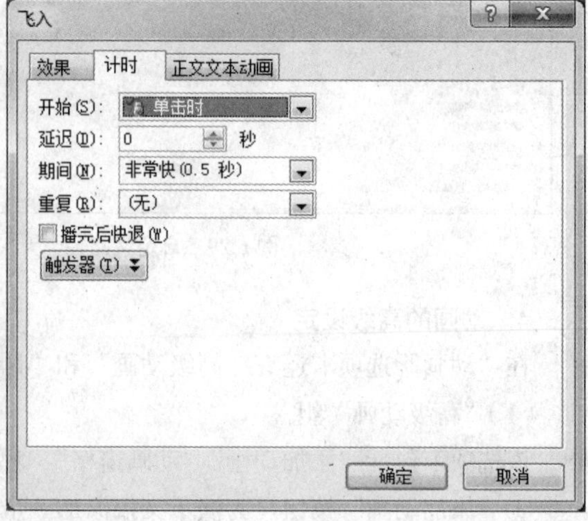

图 6.31　动画效果页

6.5.2 幻灯片切换

幻灯片切换是指从一张幻灯片变换到另一张幻灯片的过程，是向幻灯片添加视觉效果的另一种方式，也称为换页。如果没有设置幻灯片切换效果，则放映时单击鼠标切换到下一张。幻灯片切换效果是在放映幻灯片时，从一张幻灯片移到下一张幻灯片时出现的动画效果，可以控制切换效果的速度，添加声音，还可以自定义切换效果的属性。

为了使幻灯片间的切换具有更好的视觉效果，可以设置翻页动画，使幻灯片的切换方式、切换效果、切换速度等具有更好的动画效果，其操作方法如下。

① 选中要切换的幻灯片页面。

② 在“切换”选项卡中进行设置。

在“切换”选项卡中的“切换到此幻灯片”组中选中切换方案，可以调节右侧滚动条来选择动画效果。

也可以单击右侧滚动条下端的下拉列表框，其中提供了三大类、几十种切换方案。

选中切换效果后，还可以选择“切换→切换到此幻灯片→效果选项”按钮，从下拉菜单中进一步设定切换方式。

③ 在“计时”组中设置，包括设置声音、持续时间、全部应用和切换方式等功能。

“声音”下拉列表：添加幻灯片切换时的声音，系统提供了若干种声音，当然还可以单击下拉菜单中的“其他声音”，选择自己文件中的声音。

“持续时间”列表：设定幻灯片切换的时间。

“全部应用”按钮：一般情况下切换方式设定后只对当前页面有效，单击该按钮可以使切换方式应用于整个演示文稿。

“切换方式”栏：切换方式包含两种：“鼠标单击时切换”和“定时自动切换”，也可同时使用两种方式。

熟练掌握幻灯片切换技巧，能够加强幻灯片放映的生动性。这里需要注意设置切换效果后务必放映一遍，察看效果是否符合主题需要，比如在严肃场合中切换效果过于花哨反而使观者不悦；此外还要注意声音的配合，有些声音过于响亮，并不适合所有场合。

6.5.3 幻灯片放映

放映幻灯片是制作演示文稿的最终目的，在不同的应用场合往往要设置不同的放映方式，选取适当放映方式能够增强演示效果。

1. 放映设置

选择“幻灯片放映→设置→设置幻灯片放映”，弹出“设置放映方式”对话框，如图 6.32 所示。

①“演讲者放映”方式是常规的全屏幻灯片放映方式，在放映过程中既可以人工控制，也可以使用“排练计时”命令让幻灯片自动放映。

② 如果允许观众自己动手操作的话，可选择“观众自行浏览”方式。

③ 如果幻灯片展示的位置无人看管，可以选择“在展台浏览”方式，并自动选择“循环放映，

按 Esc 键终止”复选框。

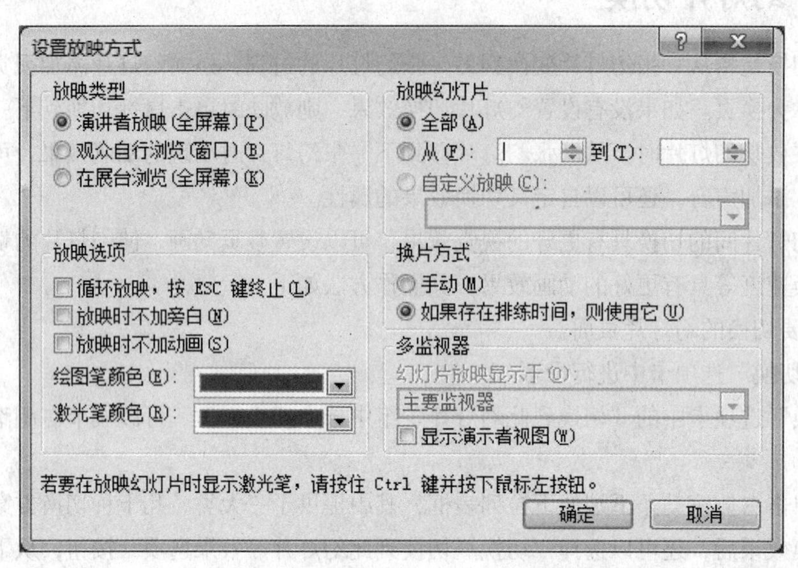

图 6.32 “设置放映方式”对话框

“设置放映方式”对话框的“放映选项”用于设置放映时的旁白和动画，以及绘图笔和激光笔颜色；“放映幻灯片”可以设定幻灯片放映时全部或者局部放映，也可以从原幻灯片中选取放映某些不一定连续的幻灯片，如图 6.32 所示。

设置自定义幻灯片的方式是在“幻灯片放映”选项卡中的“开始放映幻灯片”组中单击“自定义幻灯片放映”按钮，从下拉菜单中选择“自定义放映”命令，弹出“自定义放映”对话框，单击“新建”按钮，弹出的“定义自定义放映”对话框的左侧是幻灯片的完整版，右侧是定义要放映的幻灯片的页面，可以通过单击“添加”按钮或双击的方式将左侧的页面添加到右侧，也可以通过单击“删除”按钮或双击的方式将左侧页面删除，在上方的文本框输入名称后，一个自定义放映就建成了。

2. 其他设置

“幻灯片放映”选项卡中的“设置”组中还有“隐藏幻灯片”“排练计时”和“录制幻灯片演示”等按钮。

（1）隐藏幻灯片

对于制作好的演示文稿，如果希望其中的部分幻灯片在放映时不显示出来，可以使用该功能将其隐藏起来。

（2）排练计时

排练计时有两个用途，一个功能是如果讲述者要进行的是限时讲解，练习演讲时需要用排练时间来自我测试；第二个功能是设定自动切换时间，如果不希望幻灯片自动播放，就可以用排练计时设定切换时间。

（3）录制幻灯片演示

这是 PowerPoint 2010 的新功能，该功能可以记录幻灯片的放映时间，还可以使用鼠标或激光笔为幻灯片添加注释，使幻灯片的互动性大大提高，幻灯片也可以脱离讲演者放映。

习 题 6

一、判断题

1. 在 PowerPoint 2010 中创建和编辑的单页文档称为幻灯片。(　　)
2. 在 PowerPoint 2010 中创建的一个文档就是一张幻灯片。(　　)
3. PowerPoint 2010 是 Windows 家族中的一员。(　　)
4. 幻灯片的复制、移动与删除一般在普通视图下完成。(　　)

二、多选题

1. 在设置幻灯片动画时，可以设置的动画类型有（　　）。

   A. 进入　　B. 强调　　C. 退出　　D. 动作路径

2. PowerPoint 2010 的功能区由（　　）组成。

   A. 菜单栏　　B. 快速访问工具栏　　C. 选项卡　　D. 工具组

3. 可以在（　　）选项卡中设置幻灯片的页面、主题。

   A. 开始　　B. 插入　　C. 视图　　D. 设计

第7章 计算机网络基础与应用

学习目标

- 掌握计算机网络的定义、分类和协议的概念，了解计算机网络的发展、功能和体系结构
- 掌握网络的拓扑结构，了解局域网的硬件和软件组成
- 了解 Internet 的产生、发展、特点和体系结构，掌握 TCP/IP、IP 地址和域名
- 了解 Internet 的接入技术，掌握 Internet 的常用服务
- 了解信息安全技术，掌握网络安全的基本概念

在信息社会里，信息技术代表世界上最新的生产力，信息知识成了社会的重要资源。计算机网络技术是当今信息社会的重要支柱，网络源于计算机与通信技术的结合，始于 20 世纪 50 年代，近 20 年来得到迅猛发展，尤其是以 Internet 为核心的信息高速公路已经成为人们交流信息的重要途径。在未来的信息化社会里，人们必须学会在网络环境下使用计算机，通过网络进行交流、获取信息。

7.1 计算机网络概述

计算机网络经历了一个从简单到复杂的发展过程。计算机网络可定义为：地理上分散的自主计算机通过通信线路和通信设备相互连接起来，在通信协议的控制下，进行信息交换和资源共享或协同工作的计算机系统。计算机网络由通信子网和资源子网构成，如图 7.1 所示。

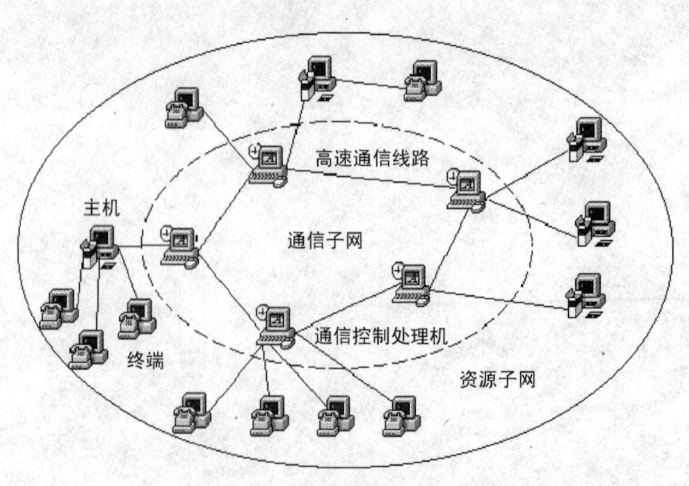

图 7.1　计算机网络组成

通信子网负责计算机间的数据通信，也就是数据传输；资源子网是通过通信子网连接在一起的计算机，向网络用户提供可共享的硬件、软件和信息资源。

7.1.1　计算机网络的发展历史

20 世纪 50 年代，美国建立的半自动地面防空系统（SAGE）使用了总长度约 240 万公里的通信线路，连接了 1 000 多台终端，实现了远程集中控制，将远距离的雷达和测控仪器探测到的信息，通过通信线路汇集到某个基地的一台计算机上进行处理。这种将终端设备（如雷达、测控仪器）、通信线路、计算机连接起来的系统，可以说是计算机网络的雏形。到了 20 世纪 60 年代中期，美国出现了将若干台计算机相互连接的系统，这使系统发生了本质上的变化，成功的典型就是美国国防部高级研究计划署（Advanced Research Project Agency）设计开发的 ARPAnet，它是由美国 4 所大学的 4 台大型计算机采用分组交换技术，通过专门的接口通信处理机和专门的通信线路相互连接的计算机网络，是 Internet 最早的雏形。

概括起来，计算机网络的发展过程可分为以下 4 个阶段。

1．以单计算机为中心的联机系统

第一代计算机网络系统是以单个计算机为中心的远程联机系统，如图 7.2 所示。20 世纪 60 年代中期以前，计算机主机价格昂贵，而通信线路和通信设备的价格相对便宜，为了共享主机资源和进行信息采集及综合处理，由主机通过通信线路连接若干终端设备构成了远程联机系统，其中终端都不具备自主处理的功能。用户可以在远程终端上输入程序和数据，送到主机进行处理，处理结果通过主机的通信装置，经由通信线路返回给用户终端，因此第一代计算机网络又称为面向终端的计算机网络。

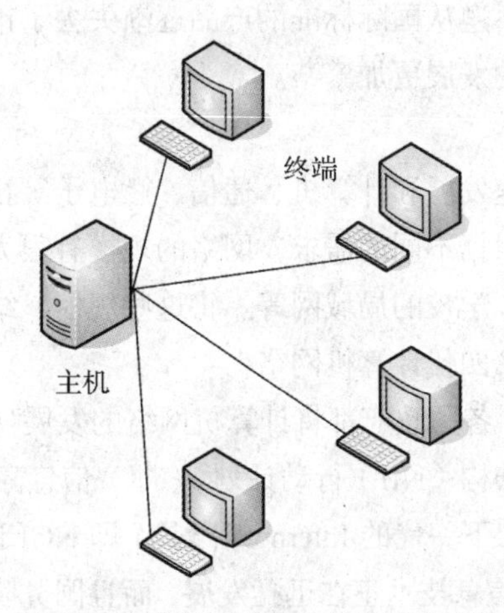

图 7.2　以单计算机为中心的联机系统

2．计算机—计算机网络

第二代计算机网络是由多台计算机通过通信线路互联起来的，即计算机—计算机网络，如图 7.3 所示。从 20 世纪 60 年代中期到 20 世纪 70 年代中期，随着计算机技术和通信技术的进步，将多个单处理机联机终端互相连接起来，形成了以多处理机为中心的网络。利用通信线路将多个计算机连接起来，为用户提供服务。与第一代计算机网络相比，这一代的多台计算机都具有自主处理能力，它们之间不存在主从关系，能够完成计算机与计算机间的通信。第二代计算机网络才是真正的计算机网络，前面提到的 ARPAnet 是这个时代的典型代表。

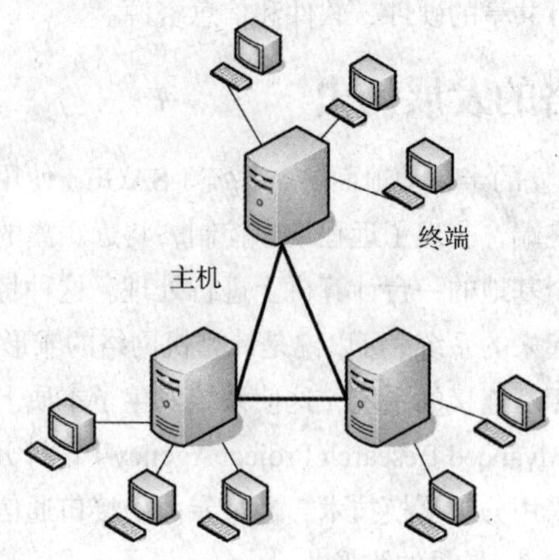

图 7.3　计算机—计算机网络

3. 体系结构标准化网络

经过 20 世纪 60 年代和 20 世纪 70 年代前期的发展，对网络的技术、方法和理论的研究日趋成熟。为了促进网络产品的开发，各大计算机公司纷纷制定自己的网络技术标准，最终促成了国际标准的制定，而这种遵循网络体系结构标准建成的网络称为第三代计算机网络。国际标准化组织（ISO）于 1984 年正式颁布了开放式系统互联参考模型（OSI）的国际标准，这里的开放性是针对第二代计算机网络中只能和同种计算机互联而言的，它可以与任何其他系统通信和相互开放，而标准化就是要有统一的网络体系结构，遵循国际标准化协议。今天，几乎所有网络产品厂商都声称自己的产品是开放系统，不遵从国际标准的产品逐渐失去了市场，这种统一的、标准化的产品互相竞争市场，使网络技术的发展更加繁荣。

4. 网络互联时代

随着社会经济及文化的迅速发展和计算机、通信、微电子等技术的不断进步，计算机网络日益深入现代社会的各个角落。根据不同的需求，网络的规模有很大的不同，从两台计算机连接形成的对等网络，到企业、工厂、学校的局域网等。将这些规模、结构不同的网络互相连接起来形成的一个更大规模的网络称为第四代计算机网络。

自从 20 世纪 90 年代以来，各国政府都将计算机网络的发展列入国家发展计划。1993 年，美国政府提出了“国家信息基础结构（NII）行动计划”（即“信息高速公路”）。1996 年美国总统克林顿宣布在之后的五年里实施“下一代的 Internet 计划”（即 NGI 计划）。在我国，以“金桥”“金卡”“金关”工程为代表的国家信息技术正在迅猛发展，而且国务院已将加快国民经济信息化进程列为经济建设的一项主要任务，并制定了“信息化带动工业化”的发展方针。

计算机技术的发展已进入了以网络为中心的新时代，有人预言未来通信和网络的目标是实现 5W 的通信，即任何人（Whoever）在任何时间（Whenever）、任何地点（Wherever）都可以和任何人（Whomever）通过网络进行通信，传送任何信息（Whatever）。

7.1.2　计算机网络的分类

虽然网络类型的划分标准多种多样，但是从地理范围划分是一种大家都认可的通用网络划分标准。按这种标准可以把网络划分为局域网、城域网、广域网和互联网4种。局域网一般只能是一个较小区域内的网络互连，城域网是不同地区的网络互连，不过在此要说明的一点就是这里的网络划分并没有严格意义上地理范围的区分，只能是一个定性的概念。下面简要介绍这几种计算机网络。

1. 局域网

局域网（Local Area Network，LAN）是最常见、应用最广的一种网络。局域网随着整个计算机网络技术的发展和提高得到充分的应用和普及，几乎每个单位都有自己的局域网，甚至有的家庭都有自己的小型局域网。很明显，所谓局域网，就是在局部地区范围内的网络，它覆盖的地区范围较小。局域网在计算机数量配置上没有太多的限制，少的可以只有两台，多的可达几百台。一般来说在企业局域网中，工作站的数量在几十到两百台次左右。网络涉及的地理距离一般可以是几米至10km以内。局域网一般位于一个建筑物或一个单位内，不存在寻径问题，不包括网络层的应用。

局域网的特点是：连接范围窄、用户数少、配置容易、连接速率高。目前局域网最快的速率要算现今的10G以太网了。IEEE的802标准委员会定义了多种主要的局域网：以太网（Ethernet）、令牌环网（Token Ring）、光纤分布式接口网络（FDDI）、异步传输模式网（ATM）以及最新的无线局域网（WLAN）。

2. 城域网

城域网（Metropolitan Area Network，MAN）一般是在一个城市，但不在同一地理小区范围内的计算机互连。城域网的连接距离可以在10～100km，它采用IEEE 802.6标准。MAN与LAN相比扩展的距离更长，连接的计算机数量更多，在地理范围上可以说是LAN的延伸。在一个大型城市或都市地区，一个MAN通常连接着多个LAN，如连接政府机构、医院、电信、公司企业的LAN等。光纤连接的引入，使MAN中高速的LAN互连成为可能。

城域网多采用ATM技术作为骨干网。ATM技术是一种用于数据、语音、视频以及多媒体应用程序的高速网络传输方法。ATM包括一个接口和一个协议，该协议能够在一个常规的传输信道上，在比特率不变及变化的通信量之间切换。ATM也包括硬件、软件以及与ATM协议标准一致的介质。ATM提供一个可伸缩的主干基础设施，能够适应不同规模、速度以及寻址技术的网络。ATM的最大缺点就是成本太高，所以一般在政府城域网中应用，如邮政、银行、医院等。

3. 广域网

广域网（Wide Area Network，WAN）也称为远程网，其覆盖的范围比城域网更广，它一般是在不同城市之间的LAN或者MAN网络互连，地理范围可从几百千米到几千千米。因为距离较远，信息衰减比较严重，所以这种网络一般要租用专线，通过IMP（接口信息处理）协议和线路连接起来，构成网状结构，解决循径问题。广域网因为连接的用户多，总出口带宽有限，所以用户的终端连接速率一般较低，通常为9.6kbit/s～45Mbit/s。

上面介绍了网络的几种分类，在现实生活中使用最多的还是局域网，因为它可大可小，无论在单位还是在家庭实现起来都比较容易，也是应用最广泛的一种网络。

4. 无线网

随着笔记本电脑（Notebook Computer）和个人数字助理（Personal Digital Assistant，PDA）等便携式计算机的日益普及和发展，人们经常要在路途中接听电话、发送传真和电子邮件，阅读网上信息以及登录到远程设备等。然而在汽车、火车等运输工具上是不可能通过有线介质与单位的网络相连接的，这时就会对无线网络有强烈的需求了。

无线局域网提供了移动接入功能，这给许多需要发送数据但又不能坐在办公室的工作人员提供了方便。当大量持有便携式电脑的用户都在同一个地方同时要求上网时，若用电缆联网，布线就是个很大的问题。这时若采用无线局域网则比较容易。

无线局域网可分为有固定基础设施的和无固定基础设施的两大类。所谓"固定基础设施"是指预先建立起来的、能够覆盖一定地理范围的一批固定基础。大家经常使用的蜂窝移动电话就是利用电信公司预先建立的、覆盖全国的大量固定基站来接通用户手机拨打电话的。

无固定基础设施的无线局域网又叫作自组网络。自组网络没有上述基本服务集中的接入点（AP），而是由一些处于平等状态的移动站之间相互通信组成的临时网络。

无线网的特点是用户可以在任何时间、任何地点接入计算机网络，而这一特性使其具有强大的应用前景。

7.1.3 计算机网络拓扑结构

前面介绍了计算机网络是由若干台独立的计算机通过通信线路连接起来的，那么通信线路如何将多台计算机连接起来，是组建计算机网络的一个重要环节。计算机网络的拓扑结构采用从图论演变而来的"拓扑"（Topology）方法，它是一种研究与大小形状无关的点、线、面特点的方法。在计算机网络中抛开网络的具体设备，将服务器、工作站等网络单元抽象为结点，将网络中的电缆等通信介质抽象为"线"，这样一个计算机网络系统就形成了点和线的几何图形，从而抽象出计算机网络系统的具体结构。计算机网络的拓扑结构主要有星形、总线形、环形、树形和网状等。

1. 星形

星形结构是最古老的一种连接方式，大家每天都使用的电话就采用这种结构。一般网络环境都被设计成星形拓扑结构。星形结构是广泛而又首选使用的网络拓扑设计之一。星形结构是指各工作站以星形方式连接成网。网络有中央结点，其他结点（工作站、服务器）都与中央结点直接相连，这种结构以中央结点为中心，因此又称为集中式网络。

在星形拓扑结构中，网络中的各结点通过点到点的方式连接到一个中央结点（又称中央转接站，一般是集线器或交换机）上，由该中央结点向目的结点传送信息，如图 7.4 所示。中央结点执行集中式通信控制策略，因此中央结点相当复杂，负担比各结点重得多。在星形网中，任何两个结点要进行通信都必须经过中央结点控制。

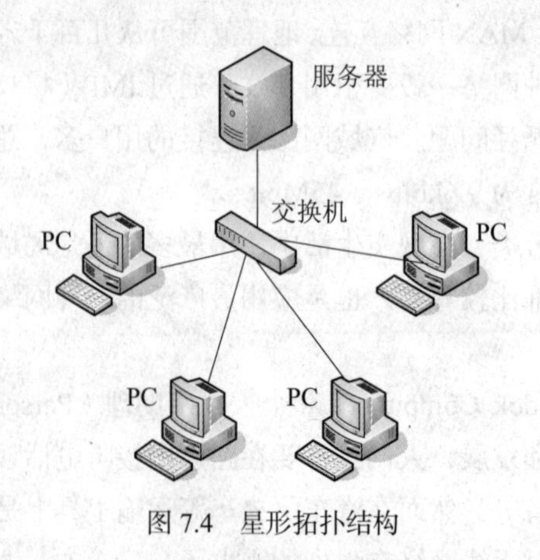

图 7.4 星形拓扑结构

星形拓扑结构便于集中控制，因为用户之间的通信必须经过中心站。这一特点也带来了易于维护和安全等优点。用户设备因为故障而停机时也不会影响其他用户间的通信。同时星形拓扑结构的网络延迟时间较小，系统的可靠性较高。

2. 总线形

总线形拓扑结构是将各个结点通过一根总线相连，如图 7.5 所示，其中一个结点是网络服务器，由它提供网络通信及资源共享服务，其他结点为网络工作站。在总线形结构网络中，作为数据通信必经之路的总线的负载能力是有限的，因此，总线结构网络中工作站结点的数量是有限制的，如果工作站结点的数量超出总线负载能力，就需要采用分段等方法来解决。

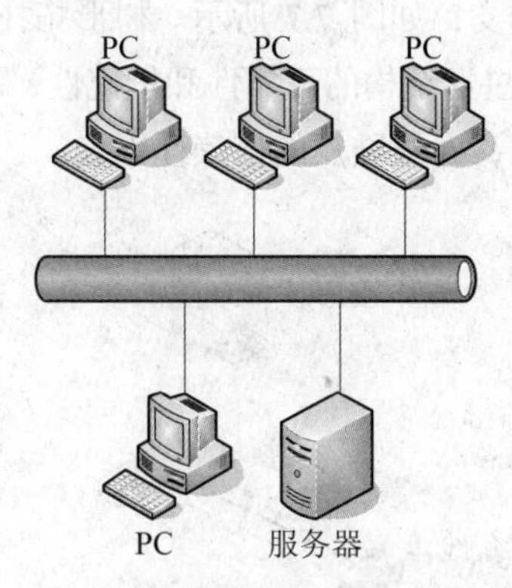

图 7.5　总线形拓扑结构

总线形拓扑结构的优点是结构简单灵活、可扩充、性能好、可靠性高、安装使用方便、成本低等，当某个工作站结点出现故障时，对整个网络系统的影响小。缺点是由于各个结点通信都通过这根总线，线路争用现象较重，实时性较差，并且一旦总线上的任何一点出现故障，都会造成整个网络瘫痪。

3. 环形

环形结构在 LAN 中使用较多。这种结构中的传输媒体从一个用户到另一个用户，直到将所有的用户连成环形。数据在环路中沿着一个方向在各个结点间传输，信息从一个结点传到另一个结点，如图 7.6 所示。这种结构显而易见消除了用户通信时对中心系统的依赖性。

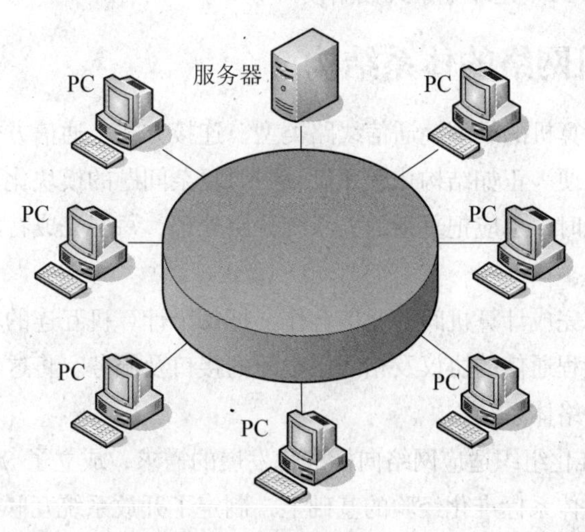

图 7.6　环形拓扑结构

环形结构的特点是：每个用户都与两个相临的用户相连，因而存在点到点链路，但总是以单向方式操作，于是便有上游用户和下端用户之分；信息流在网中是沿着固定方向流动的，两个结点仅有一条道路，故简化了路径选择的控制；环路上各结点都是自举控制，故控制软件简单；由于信息源在环路中是串行地穿过各个结点，当环中的结点过多时，势必影响信息传输速率，使网络的响应时间延长；环路是封闭的，不便于扩充；可靠性低，一个结点故障，将会造成全网瘫痪；维护难，对分支结点故障定位较难。

4. 树形

树形拓扑结构也叫层次结构，是一种分级结构，其形状像一棵倒置的树，顶端有一个带有分支的根，每个分支还可延伸出子分支，如图 7.7 所示。树形拓扑结构的优点是线路利用率高、网络成本低、结构比较简单，改善了星形结构的可靠性和扩充性，缺点是如果中间层结点出现故障，则下一层的结点间就不能交换信息，对根结点的依赖性太大。

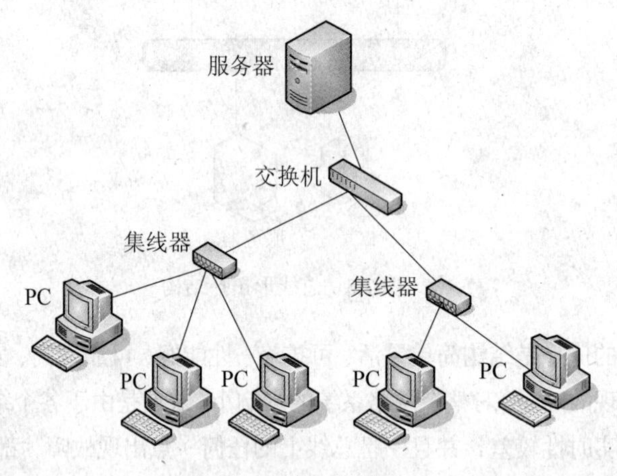

图 7.7　树形拓扑结构

此外，网络中还存在网状、全互连形等网格结构。实际上，复杂网络拓扑结构往往是星形、总线形、环形 3 种基本线形的组合。在日常生活中，常见的网络包括以太网（Ethernet）、令牌环网（Token Ring）和 FDDI（光纤分布式数据接口）等。

7.1.4　计算机网络的体系结构

在网络系统中，计算机的类型、通信线路类型、连接方式、通信方式等的不同，导致网络各结点的通信有很大的不便。正如结构化程序设计中对复杂问题的模块化分层处理一样，在处理计算机网络这种复杂系统时，也应把复杂的大系统分层处理，每层完成特定功能，各层协调起来实现整个网络系统。

网络体系就是为了完成计算机间的通信合作，把每个计算机互连的功能划分成有明确定义的层次，规定了同层次进程通信的协议及相邻层之间的接口及服务。将这些同层次进程通信的协议及相邻层接口统称为网络体系结构。

1977 年，国际标准化组织适应网络向标准化发展的需求，成立了 SC16 委员会，在研究、吸取了各计算机厂商网络体系标准化经验的基础上，制定了开放系统互联参考模型（OSI/RM），从而形成网络体系结构的国际标准。

OSI 构造了顺序式的七层模型，即物理层、数据链路层、网络层、传输层、会话层、表示层和应用层，如图 7.8 所示。不同系统对同层之间按相应协议进行通信，同一系统不同层之间通过接口进行通信。只有最低层物理层完成物理数据传递，其他对等层之间的通信称为逻辑通信，其通信过程为将通信数据交给下一层处理，下一层对数据加上若干控制位后再交给它的下一层处理，最终由物理层传递到对方系统物理层，再逐层向上传递，从而实现对等层之间的逻辑通信。一般用户由最上层的应用层提供服务。

在计算机网络体系层次结构中，各层的功能和作用可简单地归纳为：物理层正确利用传输介质，数据链路层连通每个接点，网络层选择路由，传输层找到对方主机，会话层指出对方实体是谁，表示层决定用什么语言交谈，应用层指出做什么事。

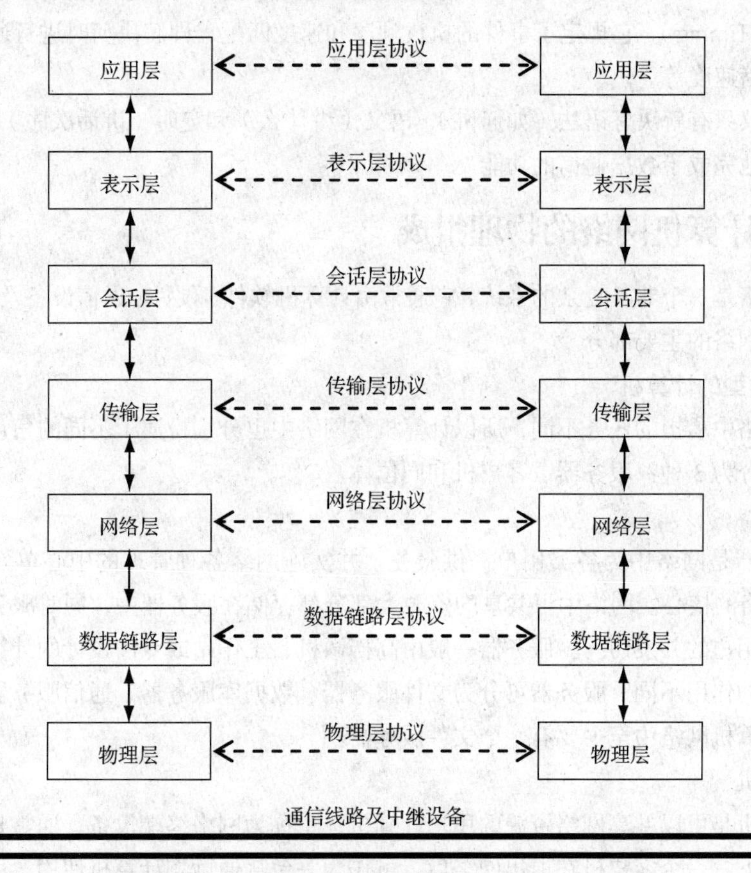

图 7.8　OSI 参考模型

7.1.5　计算机网络通信协议

协议（Protocol）代表着标准化，它是一组规则的集合，是进行交互的双方必须遵守的约定。计算机之间进行通信时，必须使用一种双方都能理解的语言，这种语言被称为“协议”。也就是说，只有能够传达并且可以理解这些“语言”的计算机才能在计算机网络上与其他计算机进行通信。

1. 网络通信协议的概念

在网络系统，为了保证数据通信双方能正确而自动地进行通信，针对通信过程的各种问题，制定了一整套约定，这就是网络通信协议。

只有在协议的控制下，网络上各种大小不同、结构不同、处理能力不同、厂商不同的产品才能连接起来，实现互相通信、资源共享。从这个意义上来说，协议是计算机网络的本质特征之一。

2. 网络通信协议的三要素

一般来说，通过协议可以解决三方面的问题，即协议的三要素。

① 语义（Semantics）。协议的语义是指对构成协议的协议元素含义的解释，即“讲什么”。

② 语法（Syntax）。语法是用于规定将若干协议元素和数据组合在一起来表达一个更完整的内容时应遵循的格式，即对所表达内容的数据结构形式的规定，即“怎么讲”。

③ 定时（Timing）。它规定了事件的执行顺序和速度匹配，即解决何时进行通信、通信内容的先后以及通信速度等。

总之，协议只有解决好语法（如何讲）、语义（讲什么）和定时（讲话次序）这三部分问题，才算比较完整地完成了数据通信的功能。

7.1.6 计算机网络的物理组成

计算机网络是一个非常复杂的系统，它通常由计算机软件、硬件、通信设备及传输介质组成。下面介绍构成网络的主要部分。

1. 各种类型的计算机

由于在网络中承担的任务不同，所以计算机在网络中也分别扮演了不同的角色。网络中常见的计算机可以分为 3 种：服务器、客户机和同位体。

（1）服务器

网络服务器是网络中为各类用户提供服务，并实施网络各种管理的中心单元，也称为主机（Host），是网络的核心。网络中可共享的资源大部分都存储在服务器中，同时服务器还要负责管理资源和多个用户的并发访问。服务器一般由高档微机、工作站或专门设计的计算机充当。根据在网络中所起的作用不同，服务器可分为文件服务器、数据库服务器、通信服务器及打印服务器等，在一个计算机网络中至少要有一个文件服务器。

（2）客户机

网络客户机是可以共享网络资源的用户计算机，也称为网络终端设备，通常是一台微型计算机。一般情况下，一个客户机在退出网络后，可作为一台普通微型计算机使用，用来处理本地事务，客户机一旦联网，就可以使用网络服务器提供的各种共享资源。

（3）同位体

同位体可同时作为客户机和服务器的计算机。

2. 网络传输介质

传输介质是连接网络上各个站点的物理通道。局域网中采用的传输介质主要有同轴电缆、双绞线、光导纤维和无线传输介质。无线传输介质传输的电磁波形式有：微波、红外线和激光。

（1）同轴电缆

同轴电缆（Coaxial Cable）是局域网中使用比较广泛的一种传输介质，不过，随着双绞线传输技术的改进，同轴电缆的应用范围将有可能减小。

同轴电缆由两组导体构成，由一个空心圆柱形导体（网状）围裹着一个实心导体（内导体），如图 7.9 所示。

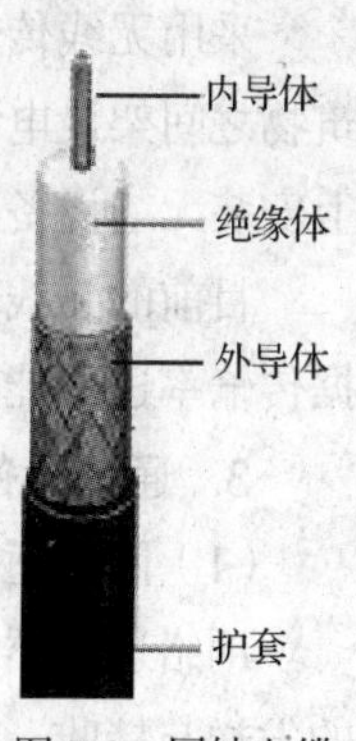

图 7.9　同轴电缆

同轴电缆可分为两种基本类型：基带同轴电缆和宽带同轴电缆。

（2）双绞线电缆

双绞线电缆是由按一定密度的螺旋结构排列的 8 根包有绝缘层的铜线外部包裹屏蔽层或橡塑外皮构成的，如图 7.10 所示。

双绞线电缆分为屏蔽双绞线和非屏蔽双绞线两大类。按传输质量分为 1～5 类双绞线，为适应网络速度的不断提高，现在又出现了超 5 类和 6 类双绞线，其中 6 类双绞线可以满足千兆以太网的高速应用。

双绞线的典型用途是用于建筑物内的布线系统，对于单个建筑物内的局域网来说，双绞线的性价比可能是最好的，但其传输距离限于 100m 内。

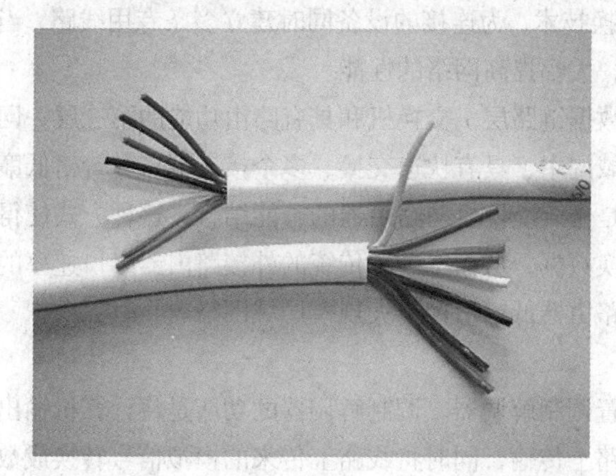

图 7.10　双绞线电缆和水晶头

（3）光纤

在当今的网络系统中，特别是在大型网络系统的主干或多媒体网络应用系统中，几乎都采用光纤作为网络传输介质。相对于其他传输介质，低损耗、高带宽和高抗干扰性是光纤的最主要的优点。在网络传输介质中，光纤的发展是最为迅速的，也将是最有前途的网络传输介质。

光纤大体上分为缆芯和护层两大部分，如图 7.11 所示。缆芯分为集合带式和中心束管式两种，护层分为交叠型和快速接入型两种。

图 7.11　光纤电缆

（4）无线传输介质

最常用的无线传输介质有微波、红外线和激光。由于它们只能直线传输，所以它们都要求在发送方和接受方之间有一条“可视线”通路。

采用无线传输介质与技术，对于连接不同建筑物之间的局域网特别有用。因为有时很难在建筑物之间架设电缆，尤其当电缆通过公共区域时更是困难。而无线局域网络只需要在两个建筑物上安装无线设备即可。

目前的无线网络技术指标与有线的网络技术指标还有一段距离，主要的差距是无线网络的数据传输率还不能满足需求。无线通信主要用于移动通信和不便于铺设有线电缆的场合。

3. 通信设备

（1）网络适配器

网络适配器简称网卡（NIC），它是计算机与网络之间的物理链路，其作用是控制网络上信息的发送与接收，在计算机和网络之间提供数据传输功能。要使计算机连接到网络中，就必须通过网卡连接网络传输介质。

（2）交换机

交换机可以称作“智能型集线器”，采用交换技术，为连接的设备同时建立多条专用线路，当两个终端互相通信时并不影响其他终端的工作，大幅提高网络的性能。

在具体的组网过程中，通常使用第二层（数据链路层）交换机和具有路由功能的第三层（网络层）交换机。第二层交换机主要用在小型局域网中，具有快速交换、多个接入端口和价格低廉的特点。第三层交换机也叫作路由交换机，它是传统交换机与路由器的智能结合，这种方式使得路由模块可以与需要路由的其他模块间高速交换数据，从而突破了传统的外接路由器接口速率的限制，并且接口类型简单，价格比相同速率的路由器低，适用于大规模局域网络。

（3）调制解调器（Modem）

一台计算机要利用电话线联网，就必须配置调制解调器。调制解调器的功能是将计算机输出的数据信号转换成模拟信号，以便能在电话线路上传输，同时将线路上传来的模拟信号转换成数字信号，以便于计算机接收。

4. 网络互连设备

网络的迅速发展，将越来越多的彼此独立的个人计算机带入了网络环境，从而实现共享资源和相互交换信息。然而由于网络规模和类型的不同，不同企业甚至同一企业的不同部门之间无法进行网络与网络之间的资源共享和信息交换，这便是网络互连问题。具体来说，网络互连就是指局域网、广域网和主机之间的连通性和互操作能力。

网络互连设备是实现网络互连的关键，有 4 种主要的互连设备：中继器、网桥、路由器和网关。

（1）中继器（Repeater）

中继器又称转发器，它工作在 OSI 模型的最底层（物理层），是用来扩展局域网覆盖范围的硬件设备。当规划一个网络时，若网络段已超过传输介质规定的最大距离，就可以用中继器来延伸。中继器的功能就是接收从一个网段传来的所有信号，将这些信号放大后发送到另一个网段（网络中两个中继器之间或终端与中继器之间的一段完整的、无连接点的数据传输段称为网段）。中继器有信号放大和再生功能，但它不需要智能和算法的支持，只是将信号从一端传送到另一端。中继器只能用于同构网。

（2）网桥（Bridge）

网桥是一种在 OSI 参考模型的第二层（数据链路层）实现局域网互连的设备。它在两个局域网段之间对数据链路层信号进行接收、存储和转发，它把两个物理网络连接成一个逻辑网络，使这个逻辑网络的行为看起来就像一个单独的物理网络一样。

和中继器相比，网桥可以实现不同类型的局域网互连，并且可以实现大范围的局域网互连。同时，利用网桥还可以提高网络的性能和安全性。

（3）路由器（Router）

路由器是工作在 OSI 参考模型第三层（网络层）上的网络互连设备，它具有在不同网络之间进行信号转换、判断网络地址和选择路径的功能。网络与网络之间互相连接时，必须用路由器来完成。它的主要功能包括过滤、存储转发、路径选择、流量管理、介质转换等。即在不同的多个网络之间存储和转发分组，实现网络层上的协议转换，将在网络中传输的数据正确传送到下一网段上。

（4）网关（Gateway）。

网关实现的网络互连发生在网络层以上，它是网络层以上的互连设备的总称。网关用于实现不同体系结构网络之间的互连，它可以支持不同协议之间的转换，实现不同协议网络之间的通信和信息共享。因此，网关又称为网间连接器、协议转换器，既可以用于广域网互连，也可以用于局域网互连。

5. 网络软件

计算机系统是在计算机软件的控制和管理下进行工作的，同样，计算机网络系统也要在网络软件的控制和管理下才能工作。

在网络系统中，网络上的每个用户，都可享用系统中的各种资源，所以，系统必须对用户进行控制，否则就会造成系统混乱、信息破坏和丢失。为了协调系统资源，系统需要通过软件工具对网络资源进行全面管理、合理调度和分配，并采取一系列的安全保密措施，防止用户对数据和信息的不合理访问，防止数据和信息的破坏与丢失。计算机网络软件主要包括如下两种。

（1）网络操作系统

网络操作系统是指能够控制和管理网络资源的软件系统。它的主要功能是控制和管理网络的运行、资源管理、文件管理、通信管理、用户管理和系统管理等。网络服务器必须安装网络操作系统，以便对网络资源进行管理，并为用户机提供各种网络服务。目前，常用的网络操作系统有 UNIX、Linux、Windows Server、Novell Netware 等。

（2）网络应用软件

网络应用软件是根据用户的需要开发出来的。网络应用软件能够为用户提供各种服务。应用软件随着计算机网络的发展和普及也越来越丰富，如浏览软件、传输软件、电子邮件管理软件、游戏软件、聊天软件等。

7.1.7 计算机网络的性能指标

① 传输速率（传输有效性指标）。每秒传送的二进制位（比特）数，记为 bit/s、Kbit/s，传输速率也叫带宽。

② 误码率（传输可靠性指标）。单位时间内接收到的错误比特数与传输的总比特数之比。

③ 影响性能指标的主要因素。通信设备包括通信介质的性能，传输的距离和网络的拓扑结构。

7.2 Internet 基础知识

简单地说，Internet 是由不同类型、不同规模的计算机网络和大量共同工作、共享信息的计算机主机组成的巨大的计算机网络，有时也称它为国际互联网或因特网，是世界最大的全球性计算机网络。人们可以通过 Internet 共享全球信息，它的出现标志着网络时代的到来。

从信息资源的角度来看，Internet 是一个集各个部门、各个领域的各种信息资源为一体，供网上用户共享的信息资源网。它将全球数万个计算机网络、大量主机连接起来，包含了海量的信息资源，向全世界提供信息服务。

从网络的通信角度来看，Internet 是一个基于 TCP/IP 的连接各个国家、各个地区、各个机构计算机网络的数据通信网。今天的 Internet 已经远远超过了网络的本身涵义，它是信息社会的缩影。

7.2.1 Internet 的产生与发展

Internet 最早起源于美国国防部高级研究计划局建立的一个名为 ARPAnet 的计算机网络，该网络最初是应用于军事，因此要求具有一定的安全性和可扩展性，即在网络的某个物理部分遭破坏后不致影响整个网络的运作；同时易于连接各种独立的网络，在增加或去掉某些网络结点时，不会对整个网络性能造成很大影响。

ARPAnet 于 1969 年投入使用，最初由 4 个网络结点（分布在美国的 4 个地区）进行互连试验，到 1977 年发展到 57 个，连接了各类计算机 100 多台。其间，ARPA 开发了针对于 ARPAnet 的网络协议集，其中最主要的两个协议为 TCP（传输控制协议）和 IP（网际协议），它使得各种计算机网络之间能够彼此通信，因此，加入 ARPAnet 中的计算机网络也越来越多，ARPAnet 的队伍日益壮大。

在 ARPAnet 的发展过程中，美国其他一些机构开始建立自己的面向全国的计算机广域网，这些网络大多采用与 ARPAnet 相同的通信协议。其中美国国家科学基金会（National Science Foundation，NSF）的 NSFnet 有着很大的影响，它为 Internet 的产生起到了积极的推动作用。最初，NSFnet 以 56kbit/s 的速率，连接包括所有大学及国家经费资助的研究机构。构网方式以校园网为基础形成多个区域性网络，并在此基础上互连形成全国性的广域网。到了 1988 年，NSFnet 的主干网升级到 1.5Mbit/s 线路，已经取代了原有的 ARPAnet 而成为 Internet 的主干网。NSFnet 对 Internet 的最大贡献是使 Internet 向全社会开放，而不像以前那样仅仅供计算机研究人员和其他专门人员使用。

随着社会科技、文化和经济的发展，人们越来越重视信息资源的开发和使用，自从 Internet 建立以来，加入 Internet 中的用户、计算机和网络就以指数级速度增长。1985 年年底，Internet 中的网络约有 100 个，主机约有 2 000 台；1990 年年底，网络已有 2 000 多个，主机 31 万多台；进入 21 世纪，Internet 的发展速度更加迅猛，最新的统计数据表明，2014 年互联网渗透率大于 45% 的国家或地区，前五名依次为中国、美国、日本、巴西和俄罗斯，前十五名国家或地区的网民总数已达 16.53 亿（全球网民数为 27.93 亿）。其中美国网民数为 2.69 亿，互联网在总人口中的普及率达 84%（前十五个国家或地区的总人口渗透率为 59%）。而在渗透率小于等于 45%的国家或地区行列中，印度、印度尼西亚、尼日利亚和墨西哥位居前四，前十五个国家或地区的总人口网络渗透率达 23%。

今天的 Internet 还仅是人们所向往的“信息高速公路”的雏形，从它目前发展的广度和应用的深度来看，其潜力还远远没有发挥出来。但可以预料的是，Internet 必将在人类的社会、政治和经济生活中扮演越来越重要的角色。

7.2.2 Internet 在中国

Internet 在中国的发展历史，可以粗略地划分为两个阶段。

第一阶段为 1987—1993 年。在此阶段，我国的一些大学和科研机构通过与国外大学和科研机构的合作，通过拨号 X.25 连通了 Internet 电子邮件系统。1987 由中国科学院高能物理研究所向世界发出第一封来自中国的电子邮件，这标志着我国开始进入 Internet。在这个阶段，国内用户只能通过公用电话网或公用分组交换网使用唯一能得到的 Internet 电子邮件服务。

第二阶段始于 1994 年。这个阶段的特征是：通过与 Internet 的 TCP/IP 连接，实现了 Internet 的全功能服务。由中科院、北京大学、清华大学及国内其他科研教育单位的校园网组成的 NCFC（中关村教育与科研示范网络）于 1994 年 4 月正式开通了与国际 Internet 的 64kbit/s 专线连接，并于 1994 年 5 月完成了我国最高域名主服务器设置，即以 CN 作为我国最高域名在 Internet 网关中心登记注册。至此，我国才算真正加入了国际 Internet。

此后，我国于 1995 年 5 月建成了中国公用计算机互联网（CHINANET），同年 11 月建成了中国教育和科研计算机网（CERNET），又于 1996 年 9 月正式开通了中国金桥网（CHINAGBN）。到目前为止，我国最大的拥有国际线路出口的公用互连网络共有 4 个，分别是：CHINANET、CHINANET、CSTNET 和 CERNET。其中 CSTNET（中国科技网）是在 NCFC 和 CASNET（中科院网络）的基础上建设和发展起来的。负责我国 Internet 域名和域名注册的机构——中国互联网络信息中心（CNNIC）就设在 CSTNET 的网络中心。

2016 年 8 月，中国互联网络信息中心（CNNIC）在京发布《第 38 次中国互联网络发展状况统计报告》。数据显示，截至 2016 年 6 月，我国网民规模达 7.10 亿，上半年新增网民 2 132 万人，增长率为 3.1%。我国互联网普及率达到 51.7%，与 2015 年年底相比提高 1.3 个百分点，超过全球平均水平 3.1 个百分点，超过亚洲平均水平 8.1 个百分点。中国手机网民规模达 6.56 亿，网民中使用手机上网的人群占比由 2015 年年底的 90.1%提升至 92.5%，仅通过手机上网的网民占比达到 24.5%，网民上网设备进一步向移动端集中。随着移动通信网络环境的不断完善以及智能手机的进一步普及，移动互联网应用向用户各类生活需求深入渗透，促进手机上网使用率增长。即时通信作为第一大上网应用，其用户使用率继续上升，微博等其他交流沟通类应用使用率则持续走低；电子商务类应用继续保持快速发展，网络购物用户规模大量增长；对网络流量和用户体验要求较高的手机视频和手机游戏等应用使用率看涨。

7.2.3 Internet 的体系结构与 TCP/IP

1. Internet 的体系结构概述

Internet 也使用分层的体系结构（通常称为 TCP/IP 协议簇），相对于 OSI 开放式层次体系结构，更为简单和实用，只有 4 个层次：网络接口层、网际层、传输层和应用层，如表 7.1 所示。凡是遵循 TCP/IP 协议簇的各种计算机，都能够相互通信。

表 7.1　　　　　　　　　　OSI 与 TCP/IP 协议的层次比较

<table>
<tr><th>OSI 参考模型</th><th colspan="5">TCP/IP 协议层次概念模型</th></tr>
<tr><td>层次名</td><td>概念层次</td><td colspan="4">主要协议</td></tr>
<tr><td>应用层</td><td rowspan="3">应用层</td><td rowspan="3">FTP
（文件传输协议）</td><td rowspan="3">SMTP
（简单邮件传输协议）</td><td rowspan="3">DNS
（域名系统）</td><td rowspan="3">Telnet
（远程登录）</td></tr>
<tr><td>表示层</td></tr>
<tr><td>会话层</td></tr>
<tr><td>传输层</td><td>传输层</td><td colspan="2">TCP（传输控制协议）</td><td colspan="2">UDP（用户数据报协议）</td></tr>
<tr><td>网络层</td><td>网际层</td><td colspan="2">IP（网际协议）</td><td colspan="2">ICMP（控制报文协议）</td></tr>
<tr><td>数据链路层</td><td rowspan="2">网络接口层</td><td rowspan="2">以太网</td><td rowspan="2" colspan="2">令牌环网</td><td rowspan="2">FDDI</td></tr>
<tr><td>物理层</td></tr>
</table>

① 网络接口层位于整个体系模型的最底层，提供了 TCP/IP 与各种物理网络的接口，这些物理网络包括各种局域网和广域网，如 Ethernet、Token Ring、X.25 公共分组交换网等。网络接口层最终将数据报传递到目的主机或其他网络。

② 网际层是整个 Internet 层次模型中的核心部分，网络接口层只提供了简单的数据流传送服务，而在 Internet 中，网络与网络之间的数据传输主要依赖于网络层中的 IP。

③ 传输层的主要服务功能是建立、提供端到端的通信连接，也叫主机到主机层，目的是为任何两台需要相互通信的计算机建立通信连接。在此层可以使用两种协议：一种是面向连接的传输控制协议（Transmission Control Protocol，TCP），另一种是无连接的用户数据报协议（User Datagram Protocol，UDP），因此可以提供面向连接服务或者无连接服务来传输报文或数据流。

④ 应用层是最高层。应用层根据不同用户的各种需求，向用户提供所需的网络应用程序服务，如远程登录服务（Telnet）、文件传输服务（FTP）、简单邮件传送服务（SMTP）等。

2. TCP/IP

在 Internet 中，计算机与网络之间共享信息的思想是采用分组交换技术：把要发送的信息或消息分割成一个一个分组，将这些分组传送到它们的目的地，接收方计算机在收到所有的分组后，再将它们组装到一起，还原为原来的形式。这一系列工作就是由 TCP 和 IP 完成的，这些协议通常我们统称为 TCP/IP。

（1）网际协议（IP）

IP 对应于开放式系统互联模型 OSI/RM 七层中的网络协议，是 TCP/IP 的核心。IP 详细地定义了计算机通信应该遵循的具体细节，如 IP 定义分组如何构成，以及路由器如何将一个分组递交到目的地等。该协议的主要功能包括：定义 IP 数据报、确定网间寻址方案、管理 Internet 中的地址、为 IP 数据报执行路由选择功能、必要时对数据报进行分片与重组以及在网络接口层与传输层之间传送数据。

（2）传输控制协议（TCP）

TCP 对应于开放式系统互联模型 OSI/RM 七层中的传输层协议，它是面向“连接”的。IP 提供了将分组从源地址传送到目的地址的方法，但 IP 是一种不可靠服务，它没有解决诸如数据报丢失或误投递的问题。TCP 是一种可靠传输服务，它解决了 IP 没有解决的问题，二者结合，提供了在 Internet 上可靠传输数据的方法。TCP 的主要功能包括：可靠的分组交换、实现应用程序之间的连接、安全可靠地传输数据以及兼容多种数据流格式。

3. 分组交换原理

从交换技术的发展历史看，数据交换经历了电路交换、报文交换、分组交换和综合业务数字交换的发展过程。分组交换网是继电路交换网和报文交换网之后一种新型交换网络，它主要用于数据通信，也是 Internet 中采用的主要通信技术。

分组交换也称为包交换，它是将用户传送的数据划分成一定的长度，每个部分叫作一个分组。在每个分组的前面加上一个分组头，用以指明该分组发往何地址，然后由交换机根据每个分组的地址标志，将它们转发至目的地，这一过程称为分组交换。分组交换是一种存储转发的交换方式，每个分组标识后，在一条物理线路上采用动态复用技术，同时传送多个数据分组。把来自用户发送端的数据暂存在交换机的存储器内，接着在网内转发。到达接收端，再去掉分组头将各数据字段按顺序重新装配成完整的报文。因此，它比电路交换的利用率高，比报文交换的延时要小，交互性好，而且具有实时通信的能力。

7.2.4　Internet 的地址与域名

1. IP 地址

在 Internet 上每一台计算机都有一个唯一可以标识的地址，我们称之为 IP 地址。所谓 IP 地址，就是给 Internet 上的每台计算机分配一个唯一的 32 位地址，以便可以在 Internet 上很方便地寻址。

IP 地址具有固定、规范的格式。它由 32 位二进制数字组成，通常被分隔为 4 段，段与段之间以小数点分隔，每段 8 位（1 字节），为了便于表达和识别，IP 地址常以 4 组十进制数形式表示，因为一字节所能表示的最大十进制数是 255，所以每段整数的范围是 0～255。例如，某台计算机的 IP 地址为 192.168.10.21。

IP 地址包括网络部分和主机部分，网络部分指出 IP 地址所属的网络，主机部分指出这台计算机在网络中的位置。这种 IP 地址结构在 Internet 上很容易寻址，先按照 IP 地址中的网络号找到网络，然后在该网络中按主机号找到主机。

IP 地址根据使用范围的不同可以分为 5 类。

① A 类地址：A 类网络地址被分配给主要的服务提供商。IP 地址的前 8 位二进制数代表网络部分，后 24 位代表主机部分，最左边的一位为二进制 0。这样 A 类 IP 地址所能表示的网络数范围为 0～127，凡是 1.xxx.xxx.xxx～126.xxx.xxx.xxx 格式的 IP 地址，都属于 A 类地址。

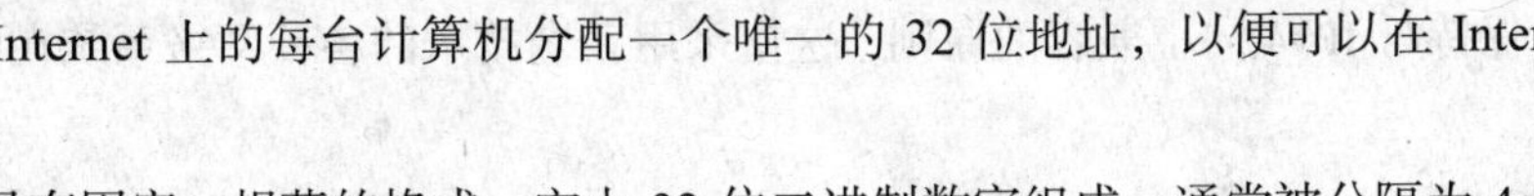

0	1 网络号	8 主机号 31
0	网络号	主机号

② B 类地址：B 类地址分配给拥有大型网络的机构。IP 地址的前 16 位二进制数代表网络部分，后 16 位代表主机部分，最左边的两位为二进制 10。这样 B 类 IP 地址的首组十进制数范围为 128～191，凡是 128.xxx.xxx.xxx～191.xxx.xxx.xxx 格式的 IP 地址，都属于 B 类地址。

0	2	16	31
10	网络号	主机号	

③ C 类地址：C 类地址分配给小型网络。IP 地址的前 24 位二进制数代表网络部分，后 8 位代表主机部分，最左边的三位为二进制 110。这样 C 类 IP 地址的首组十进制数范围为 192～223，凡是 192.xxx.xxx.xxx～223.xxx.xxx.xxx 格式的 IP 地址，都属于 C 类地址。

0	3	24	31
110	网络号	主机号	

④ D 类地址：D 类地址是为多路广播保留的。它的前 8 位二进制数的取值范围是 11100000～11101111（十进制数 224～239）。

⑤ E 类地址：E 类地址是实验性地址，保留未用。它的前 8 位二进制数的取值范围是 11110000～11110111（十进制数 240～247）。

近年来，随着 Internet 用户数的急剧增长，可供分配的 IP 地址数目也日益减少，大部分 B 类地址均已分配，只有 C 类地址尚可分配。目前 IP 的版本是 IPv4，原有 32 位长度的 IP 地址的使用已经相当紧张，迫切需要新版本的 IP 协议，于是产生了 IPv6。IPv6 使用 128 位地址，它支持的地址数是 IPv4 的 296 倍，这个地址空间是足够的。IPv6 在设计时，主要考虑了 4 方面的因素：适应 Internet 用户急速增加的需求，适应不断增加的应用需求，适应人们对提高安全性的企盼，保持与 IPv4 向下兼容的原则，这使采用新老技术的各种网络系统在 Internet 上能够互连。

2. 域名系统

IP 地址是由一串数字组成的，不便于记忆，为此设计了一种字符型的主机命名系统（Domain Name System，DNS），也称域名系统。通过为每台主机建立 IP 地址与域名之间的映射关系，用户在网上可以避开难于记忆的 IP 地址，而使用域名来唯一表示网上的计算机。

DNS 为主机提供一种层次型命名方案，如家庭地址是用城市、街道、门牌号表示的一种层次型地址，主机或机构有层次结构的名字在 Internet 中称为域名。域名的各部分也用“.”隔开。按从右到左的顺序，顶级域名在最右边，代表国家或地区以及机构的种类，最左边的是机器的主机名。域名长度不超过 255 个字符，由字母、数字或下画线组成，以字母开头，以字母或数字结尾，域名中的英文字母不区分大小。例如，http://www.tjcu.edu.cn/最右边的顶级域名 cn 是指中国；edu 二级域名表示属于教育界；tjcu 是下一层的域名，表示该网络属于天津商业大学；www 是主机名，表示一般是基于 HTTP 的 Web 服务器。

常见的顶级域名分为两大类：地理性域名和机构性域名。

地理域名指明了该域名的源自国家或地区，常用两个字母表示，如 cn（中国）、jp（日本）、de（德国）、uk（英国）、au（澳大利亚）等。我国又按照行政区域划分了二级域名，如 bj（北京）、tj（天津）、sh（上海）、gd（广东）。美国没有自己的区域顶级域名，其顶级域名通常采用机构性顶级域名。

机构性域名常见的有：com（盈利性的商业实体）、edu（教育机构或设施）、gov（非军事性政府或组织）、int（国际性机构）、mil（军事机构或设施）、net（网络资源或组织）、org（非营利性组织机构）等。

Internet 主机的 IP 地址和域名具有同等地位。Internet 中的每个域都有各自的域名服务器，由它们负责注册该域内的所有主机，即建立本域中的主机名与 IP 地址的对照表。通信时，通常使用的是域名，计算机经由域名服务器自动将域名翻译成 IP 地址。

7.2.5　Internet 的接入方式

1. 入网方式

Internet 提供了各种接入方式，以满足用户的不同需求，目前入网方式可以分为如下 3 种。

（1）专线直接入网

如果需要随时接入 Internet，就需要一条专用连接。专线入网是以专用光缆或电缆线路为基础直接连入 Internet，线路传输量比较大，需要专用设备，如路由器、交换机、中继器和网桥等。此类连接费用昂贵，主要适用于需要传递大量信息的企业或团体，个人用户还没有这样的条件。

（2）通过局域网接入

如果是局域网中的结点（终端或计算机），就可以通过局域网中的服务器（或代理服务器）接入 Internet。

（3）通过电话线或有线电视网

传统的 Internet 接入方式是利用电话网络，采用拨号方式接入。这种接入方式的缺点是显而易见的，如通话与上网的矛盾、上网费用的问题、网络带宽的限制等，视频点播、网上游戏、视频会议等多媒体功能难以实现。随着 Internet 接入技术的发展，高速访问 Internet 技术已经进入人们的生活。

① PSTN：即公共电话交换网（Published Switched Telephone Network），通过电话线拨号上网，主要适合于传输量较小的单位和个人，连入设备比较简单，只需要一台调制解调器（Modem）和一根电话线。此类连接费用较低，但传输速率也较低，最高速率为 56kbit/s，上网的同时不能再接听或拨打电话。

② ISDN：即综合业务数字网（Integrated Service Digital Network），它将电话、传真、数据、图像等多种业务综合在一个统一的数字网络中进行传输和处理，所以又称“一线通”。ISDN 接入 Internet 方式需要使用标准数字终端的适配器（TA）连接设备将计算机连接到普通的电话线。ISDN 将原有的模拟用户线改造成为数字信号的传输线路，为用户提供纯数字传输方式，即 ISDN 上传送的是数字信号，因此速度较快。可以以 128kbit/s 的速率上网，而且在上网的同时可以打电话、收发传真。

③ ADSL：即非对称数字用户线路（Asymmetric Digital Subscriber Line），它是基于公共电话网提供宽带数据业务的技术，也是目前极具发展前景的一种接入技术，素有“网络快车”的美称。ADSL 是在电话线上分别传送数据和语音信号，数据信号并不通过电话交换机设备，减轻了电话交换机的负载。ADSL 属于专线上网方式，其支持的上行速率为 640kbit/s～1Mbit/s，下行速率为 1Mbit/s～8Mbit/s，具有下行速率高、频带宽、性能优、安装方便等特点，所以受到广大用户的欢迎，成为继 PSTN、ISDN 之后的又一种全新的、更快捷、更高效的接入方式。

接入 Internet 时，用户需要配置一个网卡及专用的 Modem，可采用专线入网方式（即拥有固定的静态 IP 地址）或虚拟拨号方式（PPPOE 方式，不是真正的电话拨号，而是用户输入账号、密码，通过身份验证，获得一个动态的 IP 地址）。

④ Cable-Modem：Cable Modem 又称为线缆调制解调器，它利用有线电视线路接入 Internet，接入速率可以高达 10Mbit/s～30Mbit/s，可以实现视频点播、互动游戏等大容量数据的传输。接入时，将整个电缆（目前使用较多的是同轴电缆）划分为 3 个频段，分别用于 Cable Modem 数字信号上传、数字信号下传及电视节目模拟信号下传，这样，数字数据和模拟数据不会冲突。它的特点是带宽高、速度快、成本低、不受连接距离的限制、不占用电话线、不影响收看电视节目。

⑤ 无线接入技术：用户不仅可以通过有线设备接入 Internet，还可以通过无线设备接入 Internet。无线接入方式一般适用于接入距离较近、布线难度较大、布线成本较高的地区。目前常见的接入技术有蓝牙技术、GSM（Global System for Mobile Communication，全球移动通信系统）、GPRS（General Packet Radio Service，通用分组无线业务）、CDMA（Code Division Multiple Access，码分多址）、3G（3rd Generation Mobile Communication，第三代数字通信）、4G（4th Generation Mobile Communication，第四代数字通信）等。其中，蓝牙技术适用于传输范围在 10m 以内的多设备之间的信息交换，如手机与计算机相连，实现 Internet 接入；GSM、GPRS、CDMA 技术目前主要用于个人移动电话通信及上网；3G 通信技术在我国已经基本完成覆盖，它规定移动终端以车速移动时，其传输速率为 144kbit/s，室外静止或步行时，速率为 384kbit/s，室内为 2Mbit/s；4G 是第四代通信技术的简称，4G 系统能够以 100Mbit/s 的速度下载，比目前的拨号上网快 2 000 倍，上传的速度也能达到 20Mbit/s，并能够满足几乎所有用户对于无线服务的要求。此外，4G 可以在 DSL 和有线电视调制解调器没有覆盖的地方部署，然后再扩展到整个地区。2013 年 12 月 4 日下午，工业和信息化部正式发放 4G 牌照，宣告我国通信行业进入 4G 时代。

第五代移动电话行动通信标准也称第五代移动通信技术，英文缩写为 5G，也是 4G 之后正在研究的新技术。目前还没有任何电信公司或标准制定组织（像 3GPP、WiMAX 论坛及 ITU-R）的公开规格或官方文件提到 5G。中国（华为）、韩国（三星电子）、日本、欧盟都在投入相当的资源研发 5G 网络。根据目前各国研究，5G 技术相比 4G 技术，其峰值速率将增长数 10 倍，从 4G 的 100Mbit/s 提高到几十 Gbit/s。也就是说，1 秒可以下载 10 余部高清电影，可支持的用户连接数增长到 100 万用户/km^2，可以更好地满足物联网这样的海量接入场景。同时，端到端延时将从 4G 的十几毫秒减少到 5G 的几毫秒。正因为有了强大的通信和带宽能力，5G 网络一旦应用，目前仍停留在构想阶段的车联网、物联网、智慧城市、无人机网络等概念将变为现实。此外，5G 还将进一步应用到工业、医疗、安全等领域，能够极大地促进这些领域的生产效率，以及创新出新的生产方式。

2. 选择 ISP

用户在选择接入 Internet 的方式时，可以从地域、质量、价格、性能、稳定性等方面考虑，选择适合自己的接入方式。同时，在接入 Internet 之前，用户首先要选择一个 Internet 网络服务商（ISP），他们都有自己的网络中心，通过专线租用国际或国内出口，为客户提供 Internet 接入服务以及各种信息服务。因此，接入 Internet 就要由 ISP 提供账号（一个账号包括一个用户名和一个对应的密码），用户利用该账号通过调制解调器和电话线与 ISP 的服务器建立连接，并通过 ISP 的出口进入 Internet。

7.3 Internet 上的信息服务

Internet 改变了人们传统的信息交流方式，学习网络与 Internet 知识的目的就是利用 Internet 上的各种信息和服务为生产、生活、工作和交流提供帮助。Internet 上的服务资源种类非常多，而且随着 Internet 的发展，新的服务资源还在不断地推出。在这些资源中，有些只是提供特定的服务，如 FTP 只用于文件传输，而有些则同时提供若干服务功能。例如，WWW 除了提供超文本信息浏览和查询功能外，还提供文件传输、电子邮件、广域信息服务、新闻组等多项服务。

Internet 基本的服务有万维网 WWW（World Wide Web）、电子邮件（E-mail）、文件传输（FTP）、即时通信（Instant Messaging）、电子商务（Electronic Commerce）。

7.3.1 万维网

WWW 也叫环球信息网，是 Internet 上最受欢迎、最为流行的多媒体信息查询服务系统。用户利用 WWW 服务能够很容易地从 Internet 上获取文本、声音、视频及图像信息。它基于 HTTP（Hyper Text Transfer Protocol）协议，采用超文本、超媒体的方式进行信息存储与传递，并能将各种信息资源有机地结合起来，具有图文并茂的信息集成能力及超文本链接能力。这种信息检索服务程序起源于 1992 年欧洲粒子物理研究中心（CERN）推出的超文本方式的信息查询工具。超文本含有与许多相关文件的接口，称为超链接。链接同样可以指向声音、视频等多媒体信息，与多媒体一起形成超媒体（Hypermedia）。用户只需单击文件中的超链接文本、图片等，便可即时链接到该文本或图片等相关的文件上。

WWW 以非常友好的图形界面、简单方便的操作方法，以及图文并茂的显示方式，使用户可以轻松地在 Internet 各站点之间漫游，实现了文本与图像、声音，乃至动画等各种不同形式信息的同时传送，大大扩展了 Internet 的信息传输范围。

截至 2016 年 6 月，我国 IPv4 地址数量为 3.38 亿，拥有 IPv6 地址 20 781 块/32。我国域名总数为 3 698 万，其中“.CN”域名总数半年增长 19.2%，达到 1 950 万，在中国域名总数占比为 52.7%。我国网站总数为 454 万，半年增长 7.4 %；“.CN”下网站数为 212 万。国际出口带宽为 6 220 764 Mbit/s，半年增长率为 15.4%。

1. Web 浏览器及 IE 的使用方法

WWW 浏览是目前从网上获取信息最方便和直观的渠道，也是大多数人上网的首要目的。Microsoft Internet Explorer（IE）是 Internet 上最为常用的 Web 浏览器软件之一。在与 Internet 连接之后，用户就可以使用 IE 浏览器浏览网页了。下面简单介绍 IE10.0 的使用方法。

（1）Internet Explorer 的工作窗口

双击桌面上的 Internet Explorer 图标，即可打开 IE 浏览器，IE10.0 的窗口由标题栏、菜单栏、工具栏、地址栏、浏览窗口、状态栏等部分组成，如图 7.12 所示。

① 标题栏。用于显示当前用户浏览的 Web 的标题，如“中国互联网络信息中心（CNNIC）— Microsoft Internet Explorer”。

② 菜单栏。包括“文件”“编辑”“查看”“收藏”“工具”等菜单，通过这些菜单可以实现浏览器的所有功能，包括浏览、打印、保存、收藏及浏览器设置等。

图 7.12 Internet Explorer 的工作窗口

③ 工具栏。包括“后退”“前进”“停止”“刷新”“主页”“搜索”“收藏夹”等按钮。各个按钮的功能如下：

♦ “后退”按钮。回到前一个浏览过的页面，如果此前曾经浏览过多个页面，可以通过右侧的下拉按钮，选择直接跳转到某个先前页面。

♦ “前进”按钮。进到下一个浏览过的页面，如果此前曾经浏览过多个页面，可以通过右侧的下拉按钮，选择直接跳转到某个先前页面。

♦ “停止”按钮。停止下载当前页面的内容。

♦ “刷新”按钮。重新下载当前页面的内容。

♦ “主页”按钮。打开 IE10.0 浏览器默认的主页。

♦ “搜索”按钮。在浏览器窗口右边打开该按钮，并显示某个搜索引擎。

♦ “收藏夹”按钮。在浏览器窗口左边打开该按钮，并显示收藏夹内容。

④ 地址栏。地址栏显示当前打开的 Web 页面的地址，也可以在地址栏中重新输入要打开的 Web 页面地址。地址是以统一资源定位器（Uniform Resource Locator，URL）形式给出的，用来定位网上信息资源的位置和方式。URL 大致由三部分组成：协议、主机名、路径或文件名，其基本语法格式为：通信协议://主机/路径/文件名。

♦ 通信协议是指提供该文件的服务器所使用的通信协议，如 HTTP、FTP 等协议。

♦ 主机是指服务器所在主机的域名。

♦ 路径是指该页面文件在主机上的路径。

♦ 文件名是指访问页面文件的名称。

例如，http://www.cnnic.com.cn/index/index.htm 中的 http 为超文本传输协议，www.cnnic.com.cn 为主机域名，/ index /代表路径，index.htm 是文件名。

⑤ 浏览窗口。浏览窗口用于浏览网站内容，包括从网页上下载的文档以及图片等信息。

⑥ 状态栏。状态栏中显示了当前的状态信息，包括打开网页、搜索 Web 地址、指示下载进度、确认是否脱机浏览以及网络类型等信息。

（2）Web 页浏览

IE10.0 浏览器最基本的功能是在 Internet 上浏览 Web 页。浏览功能是借助于超链接实现的，超链接将多个相关的 Web 页连接在一起，方便用户查看信息。

打开 IE10.0 后，在屏幕上最先出现的页面是起始主页，在页面中出现的彩色文字、图标、图像或带下画线的文字等对象都已设立超链接，单击这些对象可进入超链接指向的 Web 页。

① 查找指定的 Web 页。查找指定的 Web 页可使用下面几种方法。

- 直接将光标定位在地址栏，输入 URL 地址。
- 单击地址栏右侧的下拉按钮，列出最近访问过的 URL 地址，从中选择要访问的地址。
- 单击工具栏中的“链接”按钮，从中选择需要的链接。
- 在“收藏”菜单中选择要浏览的 Web 页地址。

② 脱机浏览 Web 页。可以单击“文件”菜单中的“脱机工作”命令，可以在离线的情况下浏览保存在本机的 Web 页。

用户在网上浏览时，系统会在临时文件夹（Temporary Internet Files）中将用户浏览过的页面存储起来，临时文件夹是在硬盘上存放 Web 页和文件（如图形）的地方，用户可以直接通过临时文件夹打开 Internet 上的网页，提高访问速度。

（3）收藏 Web 页

在浏览 Web 页时，会遇到一些经常访问的站点。为了方便再次访问，可以将这些 Web 页收藏起来。按 Ctrl+D 组合键，可以快速将当前访问页面添加到“收藏夹”。单击“收藏”菜单中的“添加到收藏夹”命令，或单击工具栏上的“收藏夹”按钮，在打开的“收藏夹”窗格中单击“添加”按钮，都可以打开“添加到收藏夹”对话框，在该对话框中输入网站 URL，单击“确定”按钮完成收藏 Web 页的操作。

利用“文件”菜单中的“导入和导出”功能，还可将收藏夹导出到指定位置，以便于在重装系统之后重新导入。

（4）查看历史记录

在 IE10.0 的历史记录中自动存储了已经打开过的 Web 页的详细资料，借助历史记录，可以快速返回以前打开过的网页。单击工具栏中的“历史”按钮，在打开的“历史记录”窗格中选择要访问的网页标题的超链接，即可快速打开这个网页。

（5）保存 Web 页信息

用户在网上浏览时，也可以将当前页面信息保存下来，操作步骤如下。

① 保存当前页。选择“文件”→“另存为”命令，打开“保存网页”对话框，如图 7.13 所示。

a. 在“文件夹”列表框中选择保存网页的文件夹。

b. 在“文件名”下拉列表框中输入文件名称。

c. 在“保存类型”下拉列表中选择文件类型，可以选择.html 格式或.txt 格式。

d. 单击“保存”按钮。

② 保存网页中的图片。

a. 将鼠标指针指向网页上的图片，单击鼠标右键，选择快捷菜单中的“图片另存为”命令，打开“保存图片”对话框。

b. 在“保存在”下拉列表框中选择保存位置，选择相应的保存类型，在“文件名”下拉列表框中输入文件名，单击“保存”按钮。

③ 不打开网页或图片而直接保存。

a. 右击所需项目（网页或图片）的链接。

b. 选择快捷键菜单中的“目标另存为”命令，在弹出的“另存为”对话框中完成保存。

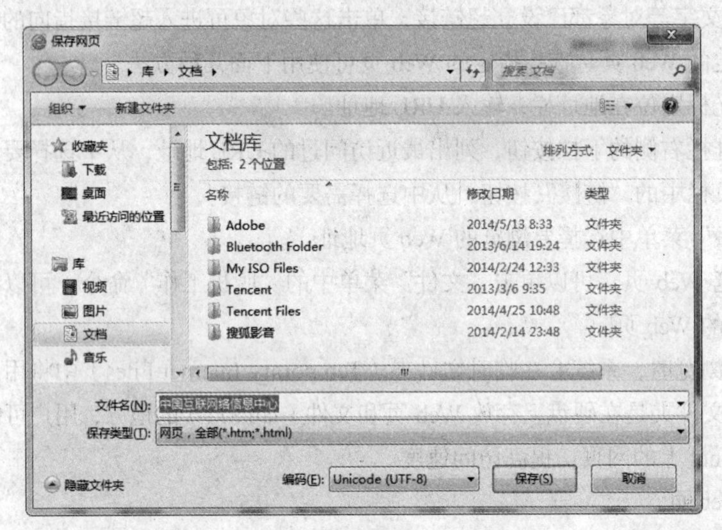

图 7.13 “保存网页”对话框

2. 设置 Internet Explorer

一般来说，IE 浏览器的默认设置已经基本可以满足使用的需要，当需要重新设置时，可以利用“Internet 选项”对话框重新设置浏览器运行环境。

“Internet 选项”对话框包括 7 个选项卡，如图 7.14 所示，各选项卡的功能如下。

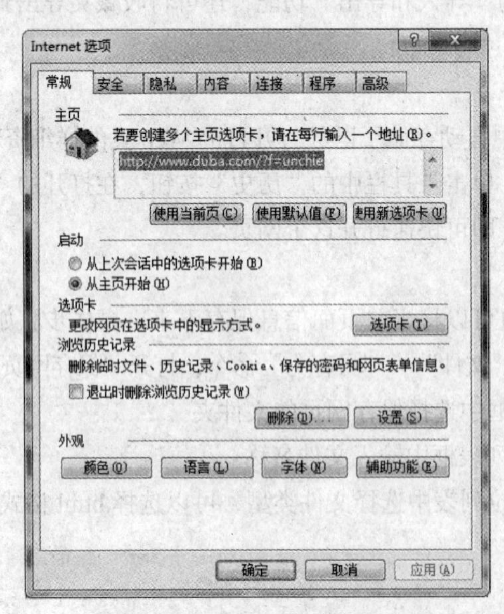

图 7.14 “Internet 选项”对话框

（1）"常规"选项卡

该选项卡主要用于设置主页、Internet 临时文件、历史记录以及 IE 浏览器的颜色、字体、语言等选项。"主页"选项区用于设定启动浏览器时打开的默认页面；Internet 临时文件可以提高用户打开网站的速度以及使用脱机浏览，但 Internet 临时文件夹也是某些网页病毒的寄身地。因此，应该养成定期清理 Internet 临时文件夹的习惯，同时临时文件夹的大小和位置也会影响硬盘的使用效率，用户可根据机器的配置在"常规"选项卡中进行调整。

（2）"安全"选项卡

该选项卡主要用于网络安全方面的设置，可以防止计算机病毒等恶意程序的侵害。安全级别分为高、中、低、最低四级，级别越高，安全性越强，但使用时受到的限制也越多；级别越低，安全性越差，使用时受到的限制也越少。一般默认的中级可以满足大多数用户的使用需要。

（3）"隐私"选项卡

该选项卡主要用于防止计算机信息泄露，包括如何使用 cookie 以及是否阻止网页弹出窗口等设置。

（4）"内容"选项卡

该选项卡主要用于控制访问内容，其中，分级审查可以限制打开网页的内容；证书可以标识用户的身份；个人信息能够帮助用户自动记录某些登录信息，以帮助用户快速登录某些网站。

（5）"连接"选项卡

该选项卡主要用于建立和管理与 Internet 的连接。

（6）"程序"选项卡

该选项卡主要为 IE 的每个服务指定默认程序，如 HTML 服务、电子邮件、新闻组等服务分别使用何种程序打开。

（7）"高级"选项卡

该选项卡提供更多对 IE 浏览器状态的设置，例如详细设置浏览器安全、网页多媒体信息的浏览等，适合于高级用户使用。

3. 资料检索与下载

Internet 是信息的海洋，面对这样一个浩如烟海的信息世界，该如何找到自己需要的信息呢？搜索引擎（Search Engine）提供了解决这个问题的途径，搜索引擎是随着 Web 信息的迅速增加而逐渐发展起来的技术，它是一种浏览和检索数据集的工具。

通常"搜索引擎"是这样的一些站点，它们拥有自己的数据库，保存了 Internet 上很多页面的检索信息，并且不断更新。当用户查找某个关键词时，所有在页面内容中包含了该关键词的网页都将作为搜索结果被检索出来，在经过复杂的算法排序后，这些结果将按照与搜索关键字的相关度高低，依次排列，呈现在结果网页中。结果网页是罗列了指向一些相关网页地址的超链接的网页，这些网页可能包含要查找的内容，从而起到信息导航的目的。

具有代表性的中文搜索引擎网站有百度（http://www.baidu.com，全球最大的中文搜索引擎）和谷歌（http://www.google.com）。百度目前主要提供中文（简/繁体）网页搜索服务。如无限定，默认以关键词精确匹配方式搜索。支持"-"".""|""link:""《》"等特殊搜索命令。在搜索结果页面，百度还设置了关联搜索功能，方便访问者查询与输入关键词有关的其他方面的信息。提供

“百度快照”查询。其他搜索功能包括新闻搜索、MP3 搜索、图片搜索、Flash 搜索等。Google 数据库存有 42.8 亿个 Web 文件，属于全文（Full Text）搜索引擎。Google 提供常规及高级搜索功能。在高级搜索中，用户可限制某一搜索必须包含或排除特定的关键词或短语。该引擎允许用户定制搜索结果页面所含信息条目数量，可从 10～100 条任选。提供网站内部查询和横向相关查询。Google 还提供特别主题搜索，如 Apple Macintosh、BSD UNIX、Linux 和大学院校搜索等。Google 允许以多种语言搜索，在操作界面中提供多达 30 余种语言选择，包括英语、主要欧洲国家语言（含 13 种东欧语言）、日语、中文简繁体等。

另外，还有搜狐（http://www.sohu.com.cn）、新浪搜索（http://search.sina.com.cn）、网易中文搜索引擎（http://www.yeah.net）等搜索引擎。

常见的国外搜索引擎有 Yahoo（http://www.yahoo.com）、Alta Vista（http://www.altavista.com）、Infoseek（http://guide.infoseek.com）等。

（1）使用搜索引擎的技巧

要完成有效的搜索，首先应该确定要搜索的主题是什么，然后确定如何搜索。下面介绍应用搜索的技巧，以获得更精确的搜索结果。

① 如果主体范围狭小，不妨简单地使用两三个关键词试一试。

② 如果不能准确地确定搜索的主题是什么，或搜索的主题范围很广，可以使用分类的目录搜索。

③ 尽可能地缩小搜索范围，可以在 Web 页中搜索。

④ 搜索多个并列关系的关键词时，在关键词之间加入空格或逗号即可。例如，搜索关键词同时包含“计算机”和“网络”，只需在搜索处输入“计算机网络”即可。

（2）常用的搜索运算符

在搜索引擎中可以使用 and、or、not、<in>title、<near>、<phrase>、<thesaurus>、''、""以及“，*?”和空格等运算符将关键字串接起来，使查询目标更明确。这些运算符必须为半角 ASCII 字符，大小写均可。

更多有关搜索引擎的知识，可以参考 http://www.se-express.com/（搜索引擎直通车）。

7.3.2 电子邮件

1. 电子邮件的基本概念及协议

电子邮件（E-mail）是 Internet 中最常用服务之一。电子邮件和通过邮局收发的信件从功能上讲没有什么不同，它们都是一种信息的载体，是用来帮助人们进行沟通的工具，只是实现方式有所不同。电子邮件是在计算机上编写，并通过 Internet 以“存储—转发”的形式为用户传递邮件。与普通信件相比，电子邮件不仅传递迅速，而且可靠性高，电子邮件与传统邮件相比的优势是方便、快捷、费用低，邮件可以是文本格式、图形和声音等。与普通信件一样，要发送电子邮件，就必须知道发送者的地址和接收者的地址。其格式为：

用户名@电子邮件服务器名

其中，符号@读作英文的“at”；@左侧的字符串是用户的信箱名，右侧是邮件服务器的主机名，如 dxjsjjc2008@tjcu.edu.cn。

Internet 上有很多处理电子邮件的计算机，它们就像是一个个邮局，采用存储—转发方式为用户传递电子邮件，这些计算机就称为电子邮件服务器。在电子邮件系统中有两种服务器，一个是发送邮件服务器（SMTP 服务器），负责将电子邮件发送出去，另一个是接收邮件服务器（POP3 服务器），接收来信并保存。

简单邮件传输协议（Simple Mail Transfer Protocol，SMTP）的作用是将用户编写的电子邮件转交给收件人。邮局协议（Post Office Protocol Version 3，POP3）的作用是将发件人编写的电子邮件暂存，直到收件人访问服务器上的电子信箱及接收邮件。通常，SMTP 服务器和 POP 服务器可由同一台计算机担任，即同一台电子邮件服务器既完成发送邮件的任务，又能让用户从它那里接收邮件，这时 SMTP 服务器和 POP3 服务器的名称相同。

电子邮件系统的工作流程如图 7.15 所示。

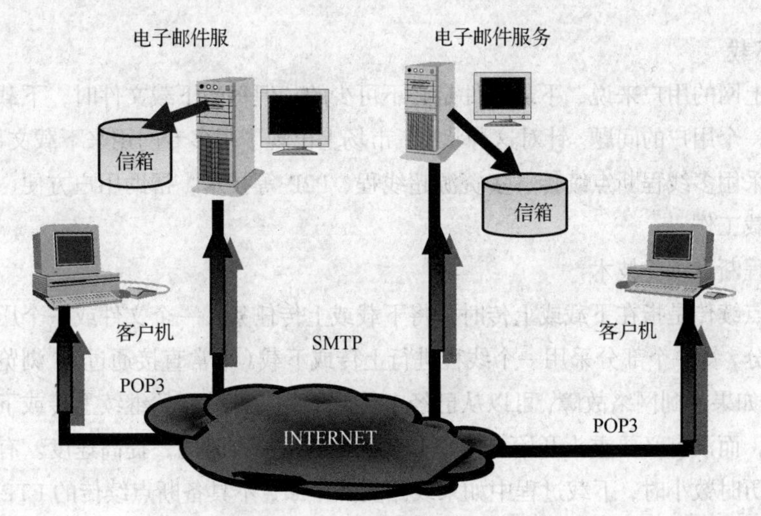

图 7.15　电子邮件系统的工作流程

2. 收发电子邮件

用户首先要向 ISP 申请一个邮箱，由 ISP 在邮件服务器上为用户开辟一块磁盘空间，作为分配给该用户的邮箱，并给邮箱取名，所有发向该用户的邮件都存储在此邮箱中。此外，还有些网站也提供免费或收费的电子邮箱，如网易、新浪、搜狐、雅虎等。用户可以通过邮件服务商的网站，利用 Web 方式登录邮箱收发邮件。

7.3.3　文件传输（FTP）

1. FTP 简介

文件传输协议（File Transfer Protocol，FTP）是 Internet 文件传输的基础。通过该协议，用户可以从一个 Internet 主机向另一个 Internet 主机“下载”或“上传”文件，如图 7.16 所示。下载（Download）文件就是从远程主机中将文件复制到本地的计算机中；上传（Upload）文件就是将文件从本地的计算机中复制到远程主机中。通常，在 Internet 上，普通用户只能进行下载操作。

在 Internet 上有两类 FTP 服务器。一类是普通的 FTP 服务器，连接到这种服务器上时，用户必须有合法的用户名和口令。另一类是匿名 FTP 服务器，用户即使没有用户名和口令，也可以与它连接并且下载和上传文件。当普通用户访问匿名 FTP 服务器时，可以使用一个公共的用户名：anonymous 和一个标准格式的口令：用户的 E-mail 地址。

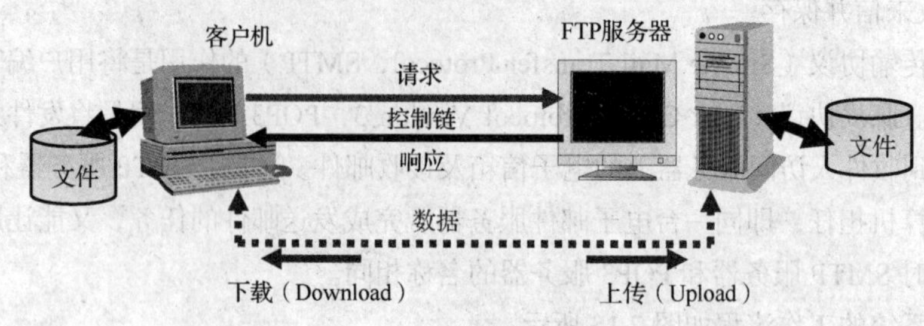

图 7.16　文件传输示意图

2. 文件下载

对于许多上网的用户来说，下载文件是必不可少的，但每当下载文件时，下载速度慢和中途断线是困扰每一个用户的问题。针对这种状况，市场上出现了很多专门用来下载文件的工具软件，这些软件大都采用多线程断点续传、多资源超线程、P2P 等技术，帮助用户方便、快捷、安全、准确地完成下载工作。

（1）多线程断点续传技术

多线程断点续传是指在下载或上传时，将下载或上传任务（一个文件或一个压缩包）人为地划分为几个部分，每一个部分采用一个线程进行上传或下载（平常直接通过 IE 浏览器下载使用的是一个线程），如果遇到网络故障，可以从已经上传或下载的部分开始继续上传或下载以前未上传或下载的部分，而没有必要重头开始上传和下载，目的是节省时间，提高速度。有时用户上传或下载文件需要历时数小时，下载过程中如果线路突然中断，不具备断点续传的 FTP 服务器或下载软件就只能从头重传；比较好的 FTP 服务器或下载软件具有 FTP 断点续传功能，允许用户从上传或下载断线的地方继续传送，这样大大减少了文件的传输时间。

常见的多线程断点续传软件有迅雷（Thunder）、网际快车（FlashGet）等。

（2）P2P 技术

对等系统（PC to PC 或 Peer to Peer，P2P）是一种与客户端/服务器（Client/Server，C/S）结构相对的网络结构思想。在对等系统中，两个或两个以上的 PC 或其他设备，在 Internet 上直接通信或协作，彼此共享包括处理能力（CPU）、程序以及数据在内的共用资源。

在 P2P 结构中，网络不存在中心结点（或中央服务器），每一个结点都同时担当着信息消费者、信息提供者和信息中介者这三重职责。P2P 网络中的每一个结点都具有完全相同的地位，每台计算机的权利和义务都是对等的，无所谓 C/S 系统中的服务器和客户机之分，所以 P2P 网络也叫作“对等网络”。P2P 的本质特性是分布式计算，其最大特点是没有中央服务器，网络上每一台计算机（特别是用户端设备）的计算能力都可以得到充分发挥，用户可以像使用自己的计算机一样使用对等的计算机上的资源，而无需通过万维网或电子邮件这样的 C/S 应用，人们避免了在中央服务器端的昂贵支出（包括软件、硬件、通信以及人力投入等），从而使得系统具有更低的运营成本和近乎无限的扩展能力。

应用 P2P 技术的下载软件很多，根据软件采用的协议不同又分为很多类，常见的有 BT 和 Edonkey。

7.3.4 即时通信

即时通信（Instant Messaging，IM）是一种可以让用户在网络上建立某种私人聊天室（char room）的实时通信服务。大部分的即时通信服务提供了状态信息的特性——显示联络人名单，联络人是否在线及能否与联络人交谈等功能。而且，现在不少 IM 软件还集成了数据交换、语音聊天、网络会议、电子邮件功能。

即时通信软件可以说是目前我国上网用户使用率最高的软件，据 CNNIC 最新的调查报告显示，截至 2016 年 6 月，网民中即时通信用户规模达到 6.42 亿，较 2015 年年底增长 1 769 万，占网民总体的 90.4%。其中手机即时通信用户 6.03 亿，较 2015 年年底增长 4 627 万，占手机网民的 91.9%。无论是老牌的 ICQ，还是国内用户量第一的腾讯 QQ，以及智能手机端的微信都是大众关注的焦点，它们能让用户迅速在网上找到自己的朋友或工作伙伴，可以实时交谈和互传信息。

即时通信软件的历史并不久远，但是从它一诞生，就立即受到网民的喜爱，并风靡全球。在它的发展史上，以色列人是功不可没的。1996 年 7 月，4 个以色列年青人：Yair Gold finger（26 岁）、Arik Vardi（27 岁）、Sefi Vigiser（25 岁）、Amnon Aimr（24 岁），在使用 Internet 时，深感和朋友实时联络十分不便，于是为了在 Internet 上建立一个实时的联络方式，成立了 Mirabilis 公司，发明了即时通信软件的鼻祖——ICQ，ICQ 是面向国际的一个聊天工具，是 I seek you（我找你）的意思。1996 年 11 月，第一版 ICQ 产品在 Internet 上发表，立刻被网友们接受，然后就像传道一样，一传十，十传百地在网友间互相介绍这款产品。由于反映出奇得好，所以创造了刚成立不久的公司，在 Internet 上就拥有最大下载量的历史。到了 1997 年 5 月就有 85 万个用户注册，一年半后，就有 1 140 万个用户注册，每天还有将近 6 万人注册。1998 年 6 月，美国知名网络服务公司 American Online（简称 AOL）公司看准了这个一千多万的人潮，花了 4 亿美金，收购了研发 ICQ 的以色列 Mirabilis 软件公司，这个记录创下了网络发展史上的另一个奇迹。

一直以来，国内流行的即时通信软件是 OICQ（简称 QQ）。说起中国即时通信的历史，就不得不提马化腾。1998 年的马化腾和他大学同学正式注册成立“深圳市腾讯计算机系统有限公司”。当时公司的主要业务是拓展无线网络寻呼系统。早在 1997 年，马化腾就接触到了 ICQ 并成为它的用户，他亲身感受到了 ICQ 的魅力，也看到了它的局限性：一是英文界面，二是在使用操作上有相当的难度，这使得 ICQ 在国内的使用虽然也比较广，但始终不是特别普及。1999 年，马化腾和他的伙伴们开始想开发一个中文的 ICQ 软件，然后把它卖给有实力的企业，于是诞生了第一款中文 ICQ 软件——OICQ。

OICQ 是模拟 ICQ 来的，它在 ICQ 前加了一个字母 O，意为 opening I seek you，意思是“开放的 ICQ”，但是遭到了控诉说它侵权，于是腾讯就把 OICQ 改了名字叫 QQ，就是现在我们用的 QQ。除了名字，腾讯 QQ 的标志却一直没有改动，一直是小企鹅，它以良好的中文界面和不断增强的功能形成了一定的 QQ 网络文化，其合理的设计、良好的易用性、强大的功能，稳定高效的系统运行，赢得了用户的青睐。腾讯 QQ 支持在线聊天、即时传送视频、语音和文件等多种功能。QQ 还可以与移动通信终端、IP 电话网、无线寻呼等多种通信方式相连，这使 QQ 不仅仅是单纯意义的网络虚拟呼机，更是一种方便、实用、高效的即时通信工具。

另一款智能手机端的即时通信软件是微信（WeChat），它是腾讯公司于 2011 年 1 月 21 日推出的一个为智能终端提供即时通信服务的免费应用程序，由张小龙所带领的腾讯广州研发中心产品团队打造。该团队经理张小龙所带领的团队曾成功开发过 Foxmail、QQ 邮箱等互联网项目。腾讯公司总裁马化腾在产品策划的邮件中确定了这款产品的名称叫作“微信”。

微信支持跨通信运营商、跨操作系统平台通过网络快速发送免费（需消耗少量网络流量）语音短信、视频、图片和文字，微信提供公众平台、朋友圈、消息推送等功能，用户可以通过“摇一摇”“搜索号码”“附近的人”和扫二维码方式添加好友和关注公众平台，同时微信允许将内容分享给好友以及将用户看到的精彩内容分享到微信朋友圈。2013 年 11 月，注册用户量突破 6 亿，是亚洲地区最大用户群体的移动即时通信软件。

截止到 2016 年第二季度，微信已经覆盖中国 94%以上的智能手机，月活跃用户达到 8.06 亿，用户覆盖 200 多个国家或地区、超过 20 种语言。此外，各品牌的微信公众账号总数已经超过 800 万，移动应用对接数量超过 85 000，广告收入增至 36.79 亿元人民币，微信支付用户则达到了 4 亿左右。

7.4 信息与网络安全

21 世纪全世界的计算机都将通过 Internet 联到一起，信息安全的内涵也发生了根本的变化。它不仅从一般性的防卫变成了一种非常普通的防范，而且从一种专门的领域变得无处不在。

信息安全在最近几年已经成为 IT 行业关注的热点，同时各国政府也为维护网络安全采取了不同的措施。2016 年 11 月 7 日，第十二届全国人民代表大会常务委员会第二十四次会议通过《中华人民共和国网络安全法》，并将于 2017 年 6 月 1 日起施行。在英国，根据 2016 年 11 月更新的国家网络安全战略表示，英国政府会更加关注安全自动检测系统和网络主动防御（包括应急响应）技术，并且会增加相关领域的资金投入。相似地，美国政府于 2016 年 11 月启动 Hack the Army 漏洞奖励计划，邀请黑客攻击美军网站。2016 年 12 月 27 日，国家互联网信息办公室发布《国家网络空间安全战略》，这是我国首次发布关于网络空间安全的战略。它阐明了中国关于网络空间发展和安全的重大立场和主张，明确了战略方针和主要任务，是指导国家网络安全工作的纲领性文件。

一个国家的信息安全体系实际上包括国家的法规和政策，以及技术与市场的发展平台。我国在构建信息防卫系统时，应着力发展自己独特的安全产品，我国要想真正解决网络安全问题，最终的办法就是通过发展民族的安全产业，带动我国网络安全技术的整体提高。

网络安全产品有以下几大特点。

① 网络安全来源于安全策略与技术的多样化，如果采用一种统一的技术和策略也就不安全了。

② 网络的安全机制与技术要不断变化。

③ 随着网络在社会各方面的延伸，进入网络的手段也越来越多。因此，网络安全技术是十分复杂的系统工程。网络安全产品的自身安全防护技术是网络安全设备安全防护的关键，一个自身不安全的设备不仅不能保护被保护的网络，而且一旦被入侵，反而会变为入侵者进一步入侵的平台。

信息安全是国家发展面临的一个重要问题。对于这个问题，我们还没有从系统的规划上去考虑它，从技术、产业、政策上来发展它。政府不仅应该看见信息安全的发展是我国高科技产业的一部分，而且应该看到，发展安全产业的政策是信息安全保障系统的一个重要组成部分，甚至应该看到它对我国未来电子化、信息化的发展将起到非常重要的作用。

为此建立有中国特色的网络安全体系，需要国家政策和法规的支持及集团联合研究开发。安全与反安全就像矛盾的两个方面，总是不断地向上攀升，所以安全产业将来也是一个随着新技术发展而不断发展的产业。

7.4.1　计算机病毒

《中华人民共和国计算机信息系统安全保护条例》中明确定义，病毒是“编制者在计算机程序中插入的破坏计算机功能或者破坏数据，影响计算机使用并且能够自我复制的一组计算机指令或者程序代码”。

计算机病毒与医学上的“病毒”不同，计算机病毒不是天然存在的，是人利用计算机软件和硬件所固有的脆弱性编制的一组指令集或程序代码。它能潜伏在计算机的存储介质（或程序）里，条件满足时即被激活，通过修改其他程序的方法将自己以精确拷贝或者可能演化的形式放入其他程序中，从而感染其他程序，对计算机资源进行破坏，所谓的病毒，就是人为造成的，对其他用户的危害性很大。计算机病毒就像生物病毒一样，具有自我繁殖、互相传染以及激活再生等生物病毒特征。计算机病毒有独特的复制能力，它们能够快速蔓延，又常常难以根除。

1. 计算机病毒的特征

（1）繁殖性

计算机病毒可以像生物病毒一样繁殖，当正常程序运行时，它也进行自身复制，具有繁殖、感染的特征是判断某段程序为计算机病毒的首要条件。

（2）破坏性

计算机感染毒后，可能会导致正常的程序无法运行，把计算机内的文件删除或受到不同程度的损坏，严重的会破坏引导扇区、BIOS 以及硬件环境。

（3）传染性

计算机病毒传染性是指计算机病毒通过修改别的程序将自身的复制品或其变体传染到其他无毒的对象上，这些对象可以是一个程序，也可以是系统中的某一个部件。

（4）潜伏性

计算机病毒的潜伏性是指计算机病毒可以依附于其他媒体寄生的能力，侵入后的病毒潜伏到条件成熟才发作，会使计算机运行变慢。

（5）隐蔽性

计算机病毒具有很强的隐蔽性，可以通过病毒软件检查出来少数，具有隐蔽性的计算机病毒时隐时现、变化无常，这类病毒处理起来非常困难。

（6）可触发性

编制计算机病毒的人，一般都为病毒程序设定了一些触发条件，如系统时钟的某个时间或日期、系统运行了某些程序等。一旦条件满足，计算机病毒就会“发作”，使系统遭到破坏。

2. 计算机病毒的防护

病毒防护技术病毒历来是信息系统安全的主要问题之一。由于网络的广泛互连，病毒的传播途径和速度大大加快。

病毒防护的主要技术如下。

① 阻止病毒的传播。在防火墙、代理服务器、SMTP 服务器、网络服务器、文件服务器上安装病毒过滤软件。在桌面 PC 安装病毒监控软件。

② 检查和清除病毒。使用防病毒软件检查和清除病毒。

③ 病毒数据库的升级。病毒数据库应不断更新，并下发到桌面系统。

④ 在防火墙、代理服务器及 PC 上安装 Java 及 ActiveX 控制扫描软件，禁止下载和安装未经许可的控件。

7.4.2 常见的网络攻击类型

目前在网络中存在多种类型的攻击手段，攻击者常常利用不止一种攻击手段获取非法信息。用户或企业通常缺乏安全防护意识而遭受攻击，其根本原因也在于对网络攻击手段缺乏基础的了解，因此，下面将介绍 3 种常见的网络攻击。

1. 拒绝服务式攻击

拒绝服务式攻击（Denial of Service）简称 DoS 攻击，它是指故意攻击网络协议实现的缺陷或直接通过野蛮手段残忍地耗尽被攻击对象的资源，其目的在于使被攻击方的网络或系统资源耗尽，服务暂时中断或停止，最终导致其正常用户无法访问。无论计算机的处理速度多快、内存容量多大、网络带宽的速度多快，都无法避免这种攻击带来的后果。当攻击者使用两个及两个以上网络进行 DoS 攻击时，这种攻击被称为分布式拒绝服务攻击，攻击者使用的网络被称为僵尸网络，也称“肉鸡”。这些僵尸网络受控于攻击者，可以随时按照攻击者的指令展开拒绝服务攻击或发送垃圾信息。

DoS 攻击往往会给企业造成很大的影响，受影响的企业常常因为暂停服务而承受较大的经济损失。例如，2016 年 10 月 21 日，美国近半个互联网瘫痪，原因是 DNS 服务提供商 Dyn 公司遭遇了一波非常严重的 DoS 攻击，导致很多 DNS 查询无法完成，因此用户也无法通过域名访问某些网站的站点，其中包括 GitHub、Twitter、Airbnb、PayPal、BBC、纽约时报和 Shopify 等，Twitter 甚至出现近 24 小时零访问的局面。此次攻击使 Dyn 公司遭受到有史以来规模最大的 DoS 攻击，也是 2016 年影响力最大的 DoS 攻击事件之一，该事件被称为 Dyn 事件。

其实，在人们日常生活中也存在 DoS 攻击的例子。例如，学校组织同学们在选课系统中自主选课，学生会在同一时间登录选课系统进行选课，然而当选课的学生过多时，服务器就会在同一时间接受大量的请求使其资源耗尽，最终导致选课系统瘫痪。这实际是生活中没有恶意的正常请求，但如果有一名攻击者想要恶意破坏选课系统，那么他会操控这些要选课的学生网络，这些学生网络也就被认为是僵尸网络，攻击者通过控制这些僵尸网络在同一时间向选课系统发送大量请求，这样的网络攻击手段就被称为 DoS 攻击。

2. 恶意软件

（1）后门

后门是一类运行在目标系统中，用以提供对目标系统未经授权的远程控制服务的恶意软件，攻击者可以先使用其他手段获得在目标系统上执行程序的权限，之后再运行后门来对目标系统进行后续的远程控制。

（2）Rootkit

Rootkit 是一种特殊的恶意软件，它的功能是在安装目标上隐藏自身及指定的文件、进程和网络链接等信息，比较常见的 Rootkit 一般都和木马、后门等其他恶意程序结合使用。Rootkit 通过加载特殊的驱动，修改系统内核，进而达到隐藏信息的目的。Rootkit 与后门都属于维持远程控制权的恶意软件，不同的是，Rootkit 用于帮助入侵者在获取目标主机管理员权限后，尽可能长久地维持这种管理员权限。

（3）特洛伊木马

特洛伊木马（Trojan Horse）简称木马，它是伪装成合法程序以欺骗用户执行的一类恶意软件。Trojan 首先通过网络或者各种存储介质传播到目标处，由于其具有伪装欺骗性，因此受害者常常在不知情的情况下执行木马，这时木马释放出可提升用户权限的漏洞利用程序（注意：攻击者为了避免受害者发现权限变更，通常不会直接提升受害者使用的账号，而是新建一个普通用户，再将该用户提升为具有管理员权限），并且释放出后门来对目标系统进行后续的远程控制。或者在获取目标主机管理员权限后，在目标主机安装 Rootkit，这样入侵者可以在清理入侵痕迹后，利用 Rootki 对目标主机进行操作。

（4）勒索软件

在攻击者通过攻击目标索取利益的手段当中，勒索软件可能是最普遍、最有效的一种。这种恶意软件通常会通过受感染的邮件附件、被篡改的网站或网页广告散布。一旦用户计算机被勒索软件入侵，它就会对用户计算机中的文件及数据进行加密，并要求受害者交付特定数额的赎金，通常赎金都被要求为比特币，否则这些受影响的文件将会一直处于无法使用的状态。勒索软件入侵后，会出现攻击者索要赎金的页面。

2016 年 11 月 25 日，旧金山市交通系统遭勒索软件感染，超过 2 000 台计算机系统被攻击，据当地媒体报道，市交通局收到的勒索是除非支付价值 73 000 美元的比特币作为赎金，否则该政府机构的计算机依旧在入侵者的掌控之中。此次勒索软件的攻击使旧金山整个地铁售票系统停运，因此旧金山交通局直接开放了检票口，允许顾客免费乘车。

恶意软件的分析往往需要安全工程师结合使用多个工具进行全面分析，其中常用的工具有 OllyDbg、PEStudio、Process Explorer 等。普通用户如果想要查看某软件是否为恶意软件，可以使用在线分析网站 VirusTotal 进行分析，图 7.17 为 VirusTotal 分析结果报告，结果显示被分析的软件很可能为恶意软件。

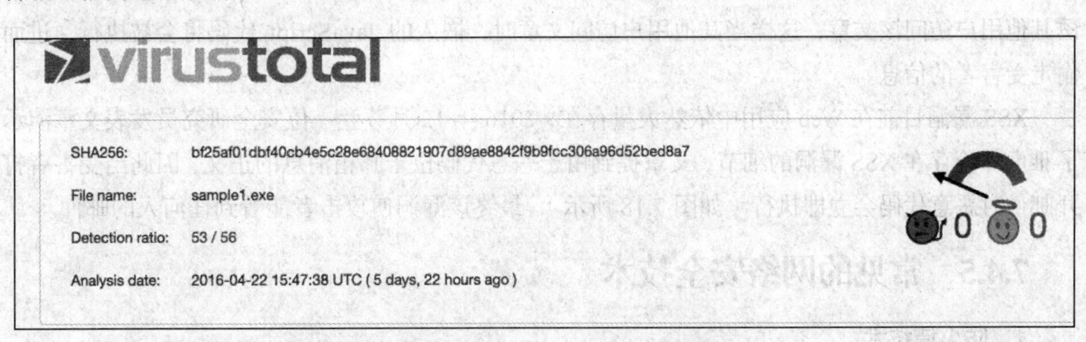

图 7.17　VirusTotal 网站分析结果报告

3. 社会工程学攻击

社会工程学攻击主要利用人的弱点，通过欺骗的手段来获取受害者的重要信息。在生活中，我们已经接触过各种各样的欺骗手段。常见的有，攻击者伪装成受害者所认识的人，通过某社交软件发出一个虚假链接并引诱受害者单击该链接；一旦受害者单击该链接，受害者的社交账号将被盗取，这样的攻击方法也就是通常所说的钓鱼攻击。钓鱼攻击主要涉及虚假邮件、聊天记录或网站设计，模拟与捕捉真正目标系统的敏感数据。因此，在我们上网时，应该提高安全意识，尽量不要单击不受信任的网站链接，也不要在不信任的网站上提交个人信息，这些都可能会导致信息盗取或泄露。

7.4.4 常见的 Web 攻击

Web 安全一直以来是大家关注的重点，开放式 Web 应用程序安全项目（OWASP，Open Web Application Security Project）是一个组织，它提供有关计算机和互联网应用程序的公正、实际、有成本效益的信息。其目的是协助个人、企业和机构来发现和使用可信赖软件。在 Web 安全中最常见的漏洞被统称为 OWASP TOP10 漏洞。在这里，我们挑选两大被认为是 Web 安全里程碑的攻击方法进行详细解释，分别为 SQL 注入攻击和 XSS 攻击。

1. SQL 注入攻击

所谓 SQL 注入，就是通过把 SQL 命令插入到 Web 表单提交或输入域名或页面请求的查询字符串，最终达到欺骗服务器执行恶意的 SQL 命令。具体来说，它是利用现有应用程序，将（恶意）的 SQL 命令注入到后台数据库引擎，它可以通过在 Web 表单中输入（恶意）SQL 语句得到一个存在安全漏洞的网站上的数据库，而不是按照设计者意图去执行 SQL 语句。比如先前的很多影视网站泄露 VIP 会员密码大多就是通过 Web 表单递交查询字符暴露的，这类表单特别容易受到 SQL 注入攻击。

2. XSS 攻击

XSS（Cross-site Scripting）攻击被称为跨站脚本攻击，它被认为是 Web 安全的另一个里程碑，攻击者向存在漏洞的 Web 页面插入恶意 html 标签或者 JavaScript 代码，当用户浏览该页面或者进行某些操作时，攻击者利用用户对原网站的信任，诱骗用户或浏览器执行一些不安全的操作或者向其他网站提交用户的私密信息。例如，Carol 发现某论坛网站 A 上在发表文章处存在 XSS 漏洞，那么她可以发表一篇文章，并在文章中嵌入自己的 JavaScript 代码，再用吸引人的标题或图片引诱其他用户访问该文章，这样当其他用户访问文章时，嵌入的 JavaScript 代码将会被执行，进而偷走受害者的信息。

XSS 漏洞目前在 Web 应用中依然大量存在，2016 年 12 月芬兰一位安全研究员发表文章演示了雅虎邮箱存在 XSS 漏洞的细节，文章提到由于恶意代码位于邮箱消息的正文，因此当受害者打开邮件时恶意代码会立即执行（如图 7.18 所示），最终该漏洞使攻击者能看到任何人的邮件。

7.4.5 常见的网络安全技术

1. 防火墙技术

防火墙是指由软件和硬件设备组合而成、在内部网和外部网之间、专用网与公共网之间的界面上构造的保护屏障。在网络中，防火墙是指一种将内部网和公众访问网（如 Internet）分开的方法，它实际上是一种隔离技术。防火墙是在两个网络通信时执行的一种访问控制尺度，它允许你“同意”的人和数据进入你的网络，同时将你“不同意”的人和数据拒之门外，最大限度地阻止网络中的黑客来访问你的网络。换句话说，如果不通过防火墙，公司内部的人就无法访问 Internet，Internet 上的人也无法和公司内部的人进行通信，从而保护内部网免受非法用户的侵入。

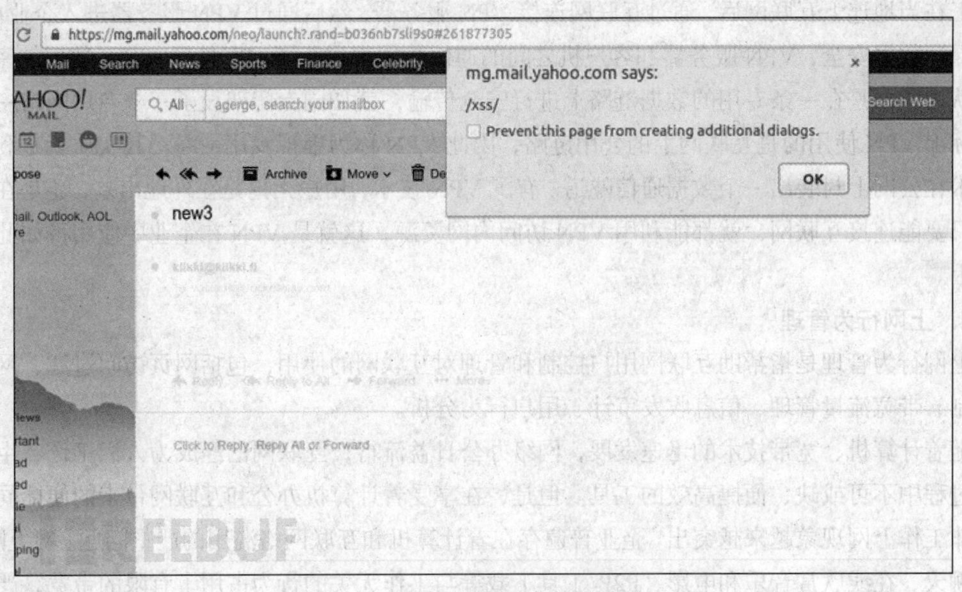

图 7.18　雅虎邮箱存在 XSS 漏洞的细节

防火墙主要由服务访问规则、验证工具、包过滤和应用网关 4 个部分组成，计算机流入流出的所有网络通信和数据包均要经过此防火墙。

2. 入侵检测技术

入侵检测系统（Intrusion Detection System，IDS）是一种对网络传输进行即时监视，在发现可疑传输时发出警报或者采取主动反应措施的网络安全设备，可以被定义识别和处理计算机和网络资源的恶意使用行为的系统，包括系统外部的入侵和内部用户的非授权行为，是为保证计算机系统的安全而设计与配置的能够及时发现并报告系统中未授权或异常现象，是用于检测计算机网络中违反安全策略行为的技术。它与其他网络安全设备的不同之处在于，IDS 是一种积极主动的安全防护技术。

IDS 最早出现在 1980 年 4 月。20 世纪 80 年代中期，IDS 逐渐发展成为入侵检测专家系统（IDES）。1990 年，IDS 分化为基于网络的 IDS 和基于主机的 IDS，后又出现分布式 IDS。目前，IDS 发展迅速，已有人宣称 IDS 可以完全取代防火墙。

3. 虚拟专用网络

虚拟专用网络（VPN）的功能是：在公用网络上建立专用网络，进行加密通信，在企业网络中广泛应用。VPN 网关通过对数据包的加密和数据包目标地址的转换实现远程访问。VPN 有多种分类方式，主要是按协议进行分类。VPN 可通过服务器、硬件、软件等多种方式实现。VPN 属于远程访问技术，简单地说就是利用公用网络架设专用网络。例如某公司员工出差到外地，他想访问企业内网的服务器资源，这种访问就属于远程访问。

在传统的企业网络配置中，要进行远程访问，传统的方法是租用 DDN（数字数据网）专线或帧中继，这样的通信方案必然导致高昂的网络通信和维护费用。移动用户（移动办公人员）与远端个人用户，一般会通过拨号线路（Internet）进入企业的局域网，但这样必然带来安全隐患。

让外地员工访问到内网资源，利用 VPN 的解决方法就是在内网中架设一台 VPN 服务器。外地员工在当地连上互联网后，通过互联网连接 VPN 服务器，然后通过 VPN 服务器进入企业内网。为了保证数据安全，VPN 服务器和客户机之间的通信数据都进行了加密处理。有了数据加密，就可以认为数据是在一条专用的数据链路上进行安全传输，就如同专门架设了一个专用网络一样，但实际上 VPN 使用的是互联网上的公用链路，因此 VPN 称为虚拟专用网络，其实质就是利用加密技术在公网上封装出一个数据通信隧道。有了 VPN 技术，用户无论是在外地出差，还是在家办公，只要能连接互联网，就都能利用 VPN 访问内网资源，这就是 VPN 在企业中应用得如此广泛的原因。

4. 上网行为管理

上网行为管理是指帮助互联网用户控制和管理对互联网的使用，包括网页访问过滤、网络应用控制、带宽流量管理、信息收发审计、用户行为分析。

随着计算机、宽带技术的迅速发展，网络办公日益流行，互联网已经成为人们工作、生活、学习过程中不可或缺、便捷高效的工具。但是，在享受着计算机办公和互联网带来的便捷同时，员工非工作上网现象越来越突出，企业普遍存在着计算机和互联网络滥用的严重问题。网上购物、在线聊天、在线欣赏音乐和电影、P2P 工具下载等与工作无关的行为占用了有限的带宽，严重影响了正常的工作效率。

上网行为管理产品及技术是专用于防止非法信息恶意传播，避免国家机密、商业信息、科研成果泄露的产品；并可实时监控、管理网络资源使用情况，提高整体工作效率。上网行为管理产品系列适用于需实施内容审计与行为监控、行为管理的网络环境，尤其是按等级进行计算机信息系统安全保护的相关单位或部门。

早期的上网行为管理产品几乎都可以化身为 URL 过滤器，用户所有访问的网页地址都会被系统监控、追踪及记录，设定为合法地址的访问不做限制，非法地址会被禁止或发出警告，而且每一次对访问行为的监控都是具体到每一个人的。此外，针对邮件收发行为的监控也一如 URL 过滤，成为了一种常规性的上网行为管理功能。

7.4.6 网络道德与网络安全法规

《中华人民共和国网络安全法》的通过也意味着攻击者行为不再仅仅是道德层面的缺失，很多也被认为是违法行为。因此，对于初学网络安全或者对网络安全感兴趣的用户来说，了解网络安全法以及相关道德规范是非常必要的。值得一提的是，测试某些网站时，必须获得对方网站的许可。当发现漏洞时，不要利用漏洞大量获取本不必要的敏感数据，一旦违反这些准则，就很可能会面临法律问题。例如，2016 年中旬，轰动白帽们（安全测试人员）的世纪佳缘事件引发了大家的争议，某测试人员对世纪佳缘网站进行安全测试，发现漏洞后，在某平台提交该漏洞并获得世纪佳缘的确认和修复。然而，一个多月后，世纪佳缘认为在漏洞修复过程中有 900 多条有效数据被获取，这已经超过了常规白帽的测试范围，因此为了保护信息安全，公司最终决定报警，该白帽被警方抓获。

最后，希望用户在学习网络安全的过程中不要违背道德底线和法律准则，在测试过程中自己搭建实验环境或利用已有的实验环境（如 Web Goat），切勿攻击对方网站，更不要利用已有漏洞谋取个人利益，共同创建网络安全的良好环境。

习　题　7

1. 什么是计算机网络？请举例说明计算机网络的应用。
2. 什么是计算机网络的拓扑结构？常见的拓扑结构有哪几种？
3. 什么是计算机网络协议？ISO 七层协议包括哪些？
4. Internet 采用的标准网络协议是什么？
5. 在 Internet 中，IP 地址和域名的作用是什么？它们之间有何异同？
6. 什么是超文本和超媒体？
7. E-mail 地址由哪几部分组成？
8. 什么是计算机病毒，主要特征有哪些？

第8章 程序设计基础

学习目标

- 了解程序设计的基本过程
- 掌握程序设计方法
- 了解常用的程序设计语言
- 熟悉算法的基本概念
- 掌握算法的表示方式
- 了解结构化设计的思想和方法
- 掌握结构化程序设计的基本结构
- 了解面向对象程序设计的基本概念及程序设计思想

本章主要介绍程序设计的基础知识、程序设计方法、程序设计语言、算法概念、算法表示和常用的一些算法，使读者对程序设计有初步了解，为后续计算机课程的学习奠定基础。

8.1 程序设计概述

1. 程序设计的一般概念

计算机是依靠运行软件来处理复杂问题的，软件是通过程序设计来实现的。本节介绍程序和程序设计的有关概念、程序设计的过程、程序设计工作的性质和特点。

（1）程序

通常完成一项复杂的任务需要进行一系列具体的工作。这些按一定顺序安排的工作即操作序列，就称为程序。

例如，下面是我们熟悉的上课的程序。

① 上课铃响，上课。

② 老师讲课。

③ 老师在黑板上写板书。

④ 同学们在本上记笔记。

⑤ 老师提问题。

⑥ 同学们回答问题。

⑦ 下课铃响，下课。

简单地说，程序主要用于描述完成某项功能所涉及的对象和动作规则。

例如，上述的老师、同学、黑板、本、问题是对象；而讲、写、记、回答是动作。这些动作的先后顺序以及它们所作用的对象要遵守一定的规则。例如，不能先回答问题而后提出问题，“讲”是作用于“课”而不是“笔记”，等等。

程序的概念是很普遍的。但是随着计算机的出现和普及，“程序”成了计算机的专用名词，计算机程序是计算机为完成某项任务所必须执行一系列指令（命令）的集合。

（2）计算机程序

计算机具有很强的存储与记忆能力、判断能力，运算速度快、计算精度高、处理问题清晰便捷。这些出色表现，让人们误以为计算机无所不会、无所不能。其实，计算机原本就是一个处理问题速度过人但智力低下的电子设备。如果你让它每次加 1 地计数，它会老老实实地做，只要你不让它停止，它就会这么一直数下去。因为“数数”和“停止”是两个不同的操作。计算机执行的每一个操作都需要程序员下达指令，否则它就不知道下一步该做什么。可见，计算机仅仅是忠实、严格地执行程序员事先安排的指令而已。因此，正是编程序的人让计算机成了天才。

为了解决某个实际问题而编排的指令序列称为程序。程序运行时，计算机将严格按照程序的各个指令指定的动作进行操作，从而逐步完成预定的任务。例如，如果要让计算机从 1 加到 50 000，就得发出如下指令序列（程序）。

① 让 Sum=0。

② 让 X=1。

③ 将 X 加到 Sum 上。

④ 将 X＋1 给 X。

⑤ 如果此时 X 没超过 50 000，则回到第③步，否则执行下一条命令。

⑥ 输出结果 Sum。

计算机执行上述指令，就完成了累加的任务。编制能让计算机完成某项任务要执行的指令序列的工作称为程序设计。

程序设计需要特定的语言。语言是人们交流思想、传达信息的工具。人类在长期的历史发展过程中，为了交流思想、表达感情和交换信息，逐步形成了语言。这类语言，如汉语、英语等，通常称为自然语言。另一方面，人们为了某种专门用途，创造出各种不同的语言，如旗语、哑语等，这类语言通常称为人工语言。专门用于人与计算机之间交流信息的各种人工语言称为计算机语言或程序设计语言。

程序设计就是使用某种程序设计语言编写程序代码来驱动计算机完成特定功能的过程。随着计算机技术的不断发展，利用合适的程序设计语言来编制计算机程序，是我们学习使用计算机的重要任务。

（3）计算机程序的运行方式

按照运行方式，程序可以分为线性程序和事件驱动程序两种。线性程序是按线性顺序（虽然局部可能出现跳跃和循环）执行的，即从程序的第一条指令开始执行，一刻不停地执行下去，直到最后一条指令为止。例如，DOS 环境中的程序基本上都是线性程序。事件驱动程序的执行方式是，程序启动后不是顺序地往下执行，而是进入等待事件发生的状态，当某种事件发生时，系统执行相应的事件处理代码，执行完事件处理代码之后，再次进入等待事件发生的状态，直到用户终止程序的执行为止。例如，Windows 环境中的程序都是事件驱动程序。

2. 程序设计的特点

程序设计是一项创造性的工作，需要清晰的思路、严谨的逻辑、缜密的步骤、优雅的风格。与其他工作相比，它有如下 3 个特点。

（1）构造性

就像画家在画布上作画、作家在稿纸上写文章、音乐家在钢琴上作曲一样，编程序也是一种创作，只不过它的创作结果不是美妙的画卷，不是华丽的篇章，也不是动听的乐曲，而是通过编排一个个简单的操作而构造出能使计算机具有天才般本领的程序。这些工作的共同特点就是构造性。

构造性决定了程序设计结果（即程序）的多样性。正所谓“殊途同归”，只要程序能够正确地解决问题，怎么构造都行。对于同一个问题，不同的程序员可能设计出不同的程序来。甚至同一个程序员在不同时期设计出的解决同一个问题的程序也会大不一样。构造性决定了不能用唯一的标准来衡量程序的质量。

构造性还决定了难以用形式化的方法来证明程序的正确性。由于解决同一个问题的程序存在各种各样的构造方法，很难建立像证明数据定理一样的推导方法来证明程序的正确性。所以，程序的正确性只能通过测试来验证。然而，测试只能是有限的，不可能测试出程序可能隐含的所有问题，这就是目前大多数软件都不同程度地存在错误的原因。

（2）严谨性

我们在日常交谈时，有时会出现偶然的口误或用词不当，但听者往往会凭借判断力理解对方的意思。但是，和计算机打交道就不同了，它不会主动对所接受的信息进行合理的修正。计算机只会按照程序执行各指令规定的操作。一般的计算机语言编译系统可以提示或纠正语法错误，却不能纠正那些语义上的错误，不会自动纠正程序员的“笔误”。

因此，我们编制的程序必须是非常严谨的，对于某些涉及人类生命安全或重要的军事、经济目标的项目尤其重要。1963 年美国飞往火星的火箭爆炸，原因是 Fortran 程序中：“DO 5 I=1，3 ”误写为：“DO 5 I=1. 3”，损失 1 000 万美元。1967 年苏联“联盟一号”宇宙飞船返回地球时因控制程序中忽略一个小数点，在进入大气层时因打不开降落伞而烧毁。

程序严谨性的要求，决定了不能用有二义性的语言来描述问题。编制程序使用的程序设计语言是上下文无关的形式语言，而程序要解决的问题都是用自然语言陈述的。因此，程序设计的任务是，将用有歧义的自然语言描述的求解要求转换成用无歧义的形式语言表达的解题程序。这就需要程序员具有认真的工作作风和严密的逻辑思维能力等基本素质。

（3）抽象性

现实世界中有各种各样的事物，随着这些事物的存在和变化，大量的数据和信息不断地产生，为了能够用计算机来处理这些数据和信息，就必须对数据和信息进行抽象。

程序的抽象性是指：程序有能力忽略正在处理中信息的某些方面，即对信息主要方面关注的能力。抽象是从特定的实例中抽取共同的性质以形成一般化的概念的过程。在程序设计过程中最重要的是抽象，忽略一个主题中与当前目标无关的那些方面，充分注意与当前目标有关的方面，也就是说，从现实世界中抽象出合理的对象结构。比如，要设计一个学生信息管理系统，学生作为对象，我们只需要他的班级、学号、姓名、性别、出生日期等，而不用去关心他的身高、体重这些信息。

要让计算机来求解现实世界中的某一实际问题，程序员必须将该问题的求解方法和步骤进行归纳和抽象，将一系列的解题步骤编排成一组计算机能够执行的操作指令（即程序）。这就需要程序员具有较强的概括和抽象的能力。

3. 程序设计的风格

程序设计的风格是指写程序时所表现出的特点、习惯和逻辑思路。设计程序时，保持良好的程序设计风格可以增加程序的可读性。程序设计总的风格应遵循“清晰第一，效率第二”的原则。我们编写的程序主要是让别人看的，同时也是让自己看的，如果写出的程序晦涩难懂，那么即使效率再高（占空间时间少），也是失败的。

一个好的程序应具有好的设计风格，由于影响程序可读性的因素很多，这里仅列出几个主要的方面。

（1）文档化（documentation）

① 程序、数据说明有注释。

注释是插入计算机程序代码行中的解释性注解。它为改写程序的人阅读原来的程序、理解程序提供帮助。注释语句对程序的执行结果没有影响，是帮助读程序的人理解程序的，它为编程者与程序读者之间建立了重要的通信手段。注释不但要有，还要容易理解，因此要有效、适当地使用注释。

② 符号名可读性强

符号名包括子程序名、函数名、变量名、常量名等。这些名字应能反映它所代表的实际事物，有实际意义，使其能见名知义。例如，表示总量用 Total，表示平均值用 Average，表示和的量用 Sum 等。因此，要使用含义鲜明的符号名。

（2）格式化（layout）

① 缩格书写、层次分明。

缩进格式显示程序结构。逻辑上属于同一个层次的互相对齐，逻辑上属于内部层次的缩进到下一个对齐位，明确程序的逻辑和功能。

② 次序规范。

在一行内只写一条语句，为使程序结构一目了然，在程序中可使用空行分隔模块。尽量使程序布局合理、清晰、明了。

③ 简单直接。

语句尽量简单直接，将复杂的表达式分解。要避免复杂的判定条件，避免多重循环嵌套。表达式中使用括号，排除歧义，提高运算次序的清晰度。

（3）模块化（modularization）

把复杂的程序分解为功能单一的程序模块，每一个程序模块只完成一个独立的功能，模块之间尽量减少联系。这样当读一个复杂的难以理解的程序时，只要分别读懂各个简单的功能模块即可。

（4）输入与输出的原则

输入数据时应检查输入数据的合法性、有效性，报告必要的输入状态信息及错误信息。交互式输入时，提供可用的选择和边界值。

输出内容要有提示，输出数据要格式化。

4. 程序的质量标准

如前所述，程序设计的构造性特点决定了设计出的程序必然是多样的。那么怎么样才算是一个好的程序呢?

20 世纪 80 年代之前，一个程序只要运行的速度快、占用的内存少，就算是好程序。因为那时计算机的硬件价格昂贵、性能差，而程序的规模较小。随着计算机软硬件技术的飞速发展，人们追求的目标也在不断变化。人们越来越注重程序的易读性，因为计算机硬件的性价比不断提高，程序的规模越来越大，结构混乱、不易阅读和理解的程序将会增大维护成本。

评价程序质量的优劣虽然没有统一的标准，但有一个基本共识，就是应该从正确性、易读性、有效性、可维护性和适应性等几个方面来综合评价。

（1）正确性

编写程序的基本要求是：首先保证程序语法的正确性，然后保证语义的正确性，也就是通过运行程序，得到我们需要的正确结果。

程序的正确性怎么验证? 从理论上说，按照一定的规则设计出的程序是可以证明其正确性的。但实际上，这些证明方法都异常烦琐，迄今为止仍然没有证明程序正确性的有效方法，人们能够做到的还是通过测试来验证正确性。然而，“测试只能找出程序的错误而不能证明程序没有错”。因为不可能将程序所有可能的输入、操作和结果都验证一遍。例如，输入有 1 000 种可能，计算有 10 种可能，输出有 500 种可能，全部情形都验证到就有 5 000 000 种组合（大型程序像这样验证，也许得花上几年、几十年乃至更长的时间）。

因此，在设计程序的过程中，应该尽量使用好的程序设计方法，管理者应该加强管理和审查。即使不能保证设计出的程序完全正确，但也基本能够保证程序不出现严重问题。

（2）易读性

易读性也称简明性，是指在程序设计时尽可能地让程序容易阅读、容易理解。

一般来说，程序编制完毕投入运行只是它生命周期的一部分，之后进入了运行维护期，这期间程序维护的工作量要比程序设计的工作量大得多。程序维护人员需要读懂这个程序，程序的结构清晰、层次分明、程序中标识名称含义清楚、注释详细等都有助于对程序的阅读和理解，有利于程序的维护。

（3）有效性

有效性是指程序运行的速度快并且占用的空间少。

一般情况下，时间和空间很难兼得：想节省时间，往往要以多占用空间为代价；想节省空间，往往要以增加处理时间为代价。因此，程序员应根据所解决问题的具体特点来决定时间和空间的取舍，以寻求合理配合。

值得注意的是，有效性和易读性往往是有冲突的。目前，计算机的运行速度和存储空间已经基本上不用考虑效率问题。因此，当有效性和易读性发生冲突时，首选易读性。但对于一些实时控制系统（如控制导弹飞行的程序）来说，时间效率仍然是要优先考虑的。

（4）可维护性

可维护性是指程序投入运行之后，如果发现错误或缺陷，应该能够纠正；如果有新的功能要求，应该能够增加；如果程序的运行环境发生了变化，应该能使程序适应这种变化。可维护性也是好程序的一个重要指标。

（5）适应性

适应性有两个方面的含义：一方面是对运行环境变化的适应程度，另一方面是对需求方面的适应程度。

对于信息管理类的应用程序来说，程序都是用高级程序设计语言开发的，适应运行环境变化一般不会有问题，需要关注的是对需求变化的适应程度。

在分析问题时充分考虑未来可能的发展和变化，在程序设计时注意留有扩充的余地，可以提高程序适应性。

8.1.1　程序设计的基本过程

程序设计的基本过程如图 8.1 所示。

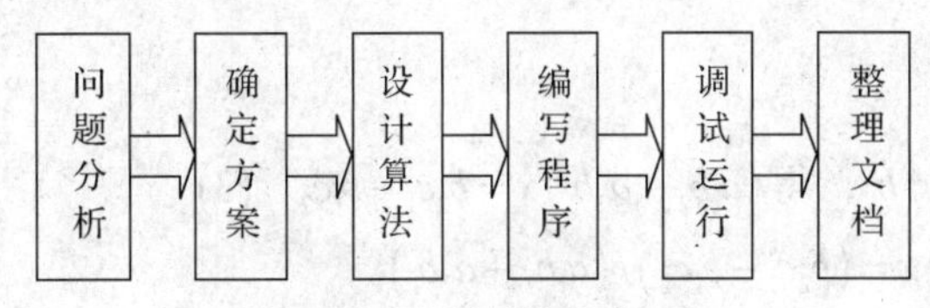

图 8.1　程序设计的基本过程

1. 问题分析

问题分析是程序设计的第一步。在进行程序设计之前，必须深入分析程序将要解决的问题，弄清楚程序应该完成哪些功能，有哪些输入数据，需要输出哪些信息。

2. 确定方案

对要解决的问题进行分析，找出规律，建立数据模型。当一个问题有多个方案时，要选择其中的最佳方案。

3. 设计算法

弄清楚程序应该“做什么”之后，就需要考虑“怎么做”了。这时需要寻找解决问题的方法（算法）。如果该问题有多种解法，还应该对各种解法进行分析比较，从中选择比较好的解法。在寻找和确定算法时，可以用合适的方法和工具来记录和描述算法。

4. 编写程序

编写程序就是实现编码，将用程序流程图（或其他工具）描述的算法转换成用某种程序设计语言表示的程序，最后在计算机上进行实际测试、运行。

5. 调试程序

程序调试是为了验证程序正确性而执行程序的过程。一般说来，程序设计过程需要反复多次调试，用来完成程序的纠错。现在程序设计语言提供的集成开发环境，一般都有强大的调试程序功能，在此环境中很容易跟踪分析出错误的原因并找到错误的位置，从而排除错误，达到预期的结果。

调试时需要选择测试数据作为输入，运行程序后看是否会输出预期的结果。如果没有产生正确的结果，程序员必须查找程序中的错误，修改错误，然后再调试修改后的程序。可能要经过多次反复，直到得出满意的结果。所以要求根据某些原则选择有代表性的测试数据进行调试，以较少的调试次数，最大可能地发现程序中的错误。

6. 整理文档

为了能顺利地进行维护，程序文档是非常重要的，程序文档解释了程序的工作过程及使用方法。对于大型程序，需要将解决问题的全过程涉及的有关资料进行整理归档。编写程序使用说明书，以便用户使用，编写程序开发说明书，以便今后程序的维护与更新。

【例 8.1】 求解二元一次方程组 $\begin{cases} a_1x+b_1y=c_1 & (1) \\ a_2x+b_2y=c_2 & (2) \end{cases}$，$a_1b_2-a_2b_1 \neq 0$。分析计算机如何解决？

问题分析：二元一次方程组解法，一般是将二元一次方程消元，变成一元一次方程求解。有两种消元方式：加减消元法和代入消元法。

确定方案：用“加减消元法”对方程组进行分析，将方程组中的两个等式用相加或者相减的方法，抵消其中一个未知数，从而达到消元的目的，将方程组中的未知数个数由多化少，逐一解决。

设计算法：

第一步，$(1)*b_2-(2)*b_1$，得 $(a_1b_2-a_2b_1)x=b_2c_1-b_1c_2 \quad (3)$

第二步，解（3），得 $x=(b_2c_1-b_1c_2)/(a_1b_2-a_2b_1)$

第三步，$(2)*a_1-(1)*a_2$，得 $(a_1b_2-a_2b_1)y=a_1c_2-a_2c_1 \quad (4)$

第四步，解（4），得 $y=(a_1c_2-a_2c_1)/(a_1b_2-a_2b_1)$

第五步，得到方程组的解为 $\begin{cases} x=(b_2c_1-b_1c_2)/(a_1b_2-a_2b_1) \\ y=(a_1c_2-a_2c_1)/(a_1b_2-a_2b_1) \end{cases}$

编写程序：

利用 VB 语言编写程序如下。

```
Private Sub Command1_Click()
Dim a1, b1, c1, a2, b2, c2 As Integer
a1=InputBox("a1=")
b1 = InputBox("b1=")
c1 = InputBox("c1=")
a2 = InputBox("a2=")
b2 = InputBox("b2=")：
c2 = InputBox("c2=")
If a1 * b2 - a2 * b1 <> 0
Then
x = (b2 * c1 - b1 * c2) / (a1 * b2 - a2 * b1)
y = (a1 * c2 - a2 * c1) / (a1 * b2 - a2 * b1)
Print "x="; x, "y="; y
Else Print "输入的数据不合要求"
End If
```

End Sub

调试程序：运行调试程序，并对程序进行讲解。

整理文档：整理文档，编写程序使用说明书，以便用户使用。

8.1.2　程序设计方法

程序设计需要一定的方法来指导。目前有两种重要的程序设计方法，即面向过程的结构化程序设计方法和面向对象的程序设计方法。前者引入了工程思想和结构化思想，将问题分解为过程（模块），每一模块均由顺序、选择和循环三种基本结构构成。它强调程序设计自顶向下、逐步求精的演化过程。但是，随着用户需求功能的增多，软件变得越来越庞大、复杂，程序的维护、修改成为整个软件开发过程中非常繁杂的工作，结构化程序设计方法受到了严峻的考验。于是，产生了面向对象技术。面向对象的程序设计方法将问题分解为对象，对象是现实世界中可以独立存在、可以区分的实体，也可以是一些概念上的实体。对象有自己的数据（属性），也有作用于数据的操作（方法），可将对象的属性和方法封装成一个整体，供程序设计者使用。对象之间的相互作用通过消息传递来实现。

下面分别介绍结构化程序设计方法和面向对象程序设计方法。

1．结构化程序设计

结构化程序设计方法在程序设计技术发展史上有着重要的贡献，现在虽已退出了主导地位，但是这种设计思想与方法仍然广泛应用。该方法引入了工程思想和结构化思想，使大型软件的开发和编程得到极大的改善。

结构化程序设计方法着眼于系统要实现的功能，从系统的输入和输出出发，分析系统要做哪些事情，以及如何做这些事情，自顶向下地分解系统的功能，建立系统的功能结构和相应的程序模块结构，有效地将一个较复杂的程序设计任务分解成许多易于控制和处理的子任务，便于开发和维护。

（1）三种基本控制结构

程序要有良好的结构性，即仅由三种基本的控制结构构造出来。这三种基本控制结构就是顺序结构、选择结构和循环结构。

① 顺序结构。顺序结构含有多个连续的命令序列，如图 8.2 所示。在此控制结构中的命令（A、B、C）是顺序执行的。顺序控制结构是最简单的结构。

② 选择结构。

选择结构也称为分支结构，计算机执行此结构时，根据所列条件的正确与否选择执行路径，如图 8.3 所示。在此控制结构中有一个判断框，它有两个分支，根据条件 P 是否满足而决定执行哪个分支。若条件为真（T），则执行 A；否则条件为假（F），执行 B。

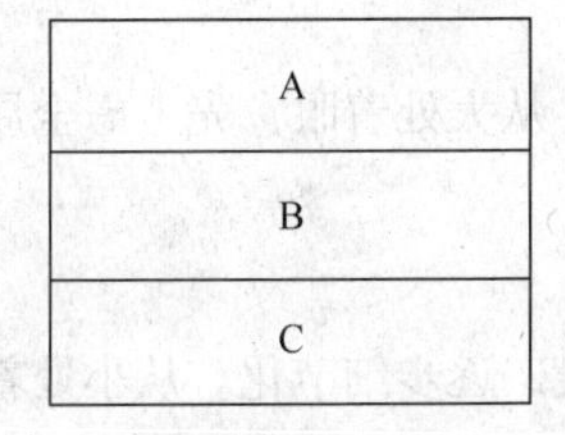

图 8.2　顺序结构

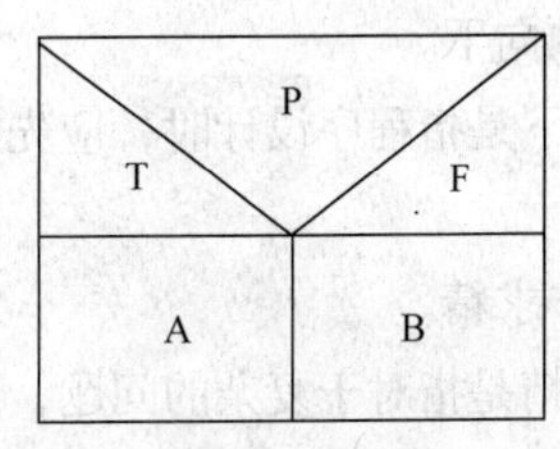

图 8.3　选择结构

③ 循环结构。

循环结构又称重复结构，是指计算机可以重复执行一条或多条指令，直到满足退出条件时结束循环。循环结构主要有以下两种。

a. 当型循环结构。

当型循环结构如图 8.4 所示。当条件 P 满足时，反复执行 A、B。一旦条件 P 不满足，就不再执行 A、B，转而执行它后续的命令。如果在开始时，条件 P 就不满足，A、B 一次也不执行。

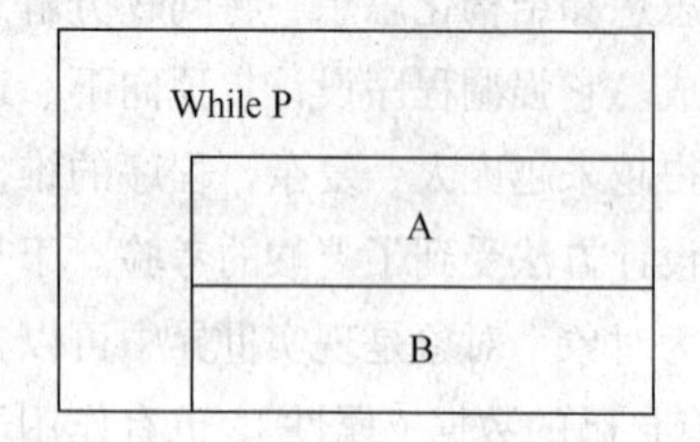

图 8.4 当型循环

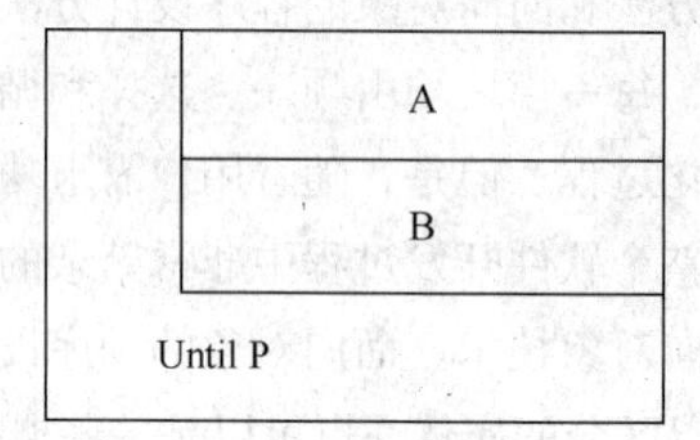

图 8.5 直到型循环

b. 直到型循环结构。

直到型循环结构如图 8.5 所示。先执行 A、B，然后判断条件 P 是否满足，如条件 P 不满足，则反复执行 A、B，直到某一时刻，条件 P 满足停止循环，执行其后续的命令序列。从程序框图可以看到，不论条件 P 是否满足，A、B 至少执行一次。

请注意，以上两种循环控制结构的区别如下。

- 当型循环结构是“先判断，后执行”，而直到型循环结构则是“先执行，后判断”。
- 当型循环结构是当条件满足时执行循环，不满足时结束循环；而直到型循环结构则是条件不满足时执行循环，条件满足时结束循环。
- 直到型循环至少执行一次循环体，如图 8.5 中的 A、B；而当型循环有可能一次也不执行循环体，如图 8.4 中的 A、B。

（2）基本结构的特点

这三种基本控制结构有以下共同的特点。

① 只有一个入口。

② 只有一个出口。

③ 结构内的每一部分都有机会被执行到，也就是说，对每一个框来说，都应当有一条从入口到出口的路径通过它。

④ 结构内没有死循环（无终止的循环）。

（3）结构化设计的基本原则

① 自顶向下。

自顶向下是指程序设计时，应先考虑总体，后考虑细节。从大处着眼，先考虑全局，再考虑局部。

② 逐步求精。

逐步求精是指对于复杂的问题，应设计一些子目标做过渡，逐步细节化。从小处着手，把大问题分解成小问题，逐步求解。

③ 模块化。

模块化是指对于一个复杂问题，将其分解为若干稍为简单一些的子问题，分别求解每一个子问题，如果每一个子问题都解决了，这个复杂问题也就解决了。对于每一个子问题的求解，也是使用“逐步求精”的方法，降低复杂性，提高可读性。

④ 限制使用 go to 语句。

用户要限制使用 go to 语句，不能随意转移，那会破坏结构化。

逐步求精也可以使用“自底向上”方法。自底向上就是先从解决子问题着手，逐步扩大规模，直到问题得到最终解决。用自顶向下的求精方法得到的程序可读性较好，可靠性也较高；用自底向上的求精方法得到的程序往往局部是优化的，但系统的整体结构较差。由于计算机的硬件性能越来越好，价格越来越低，而软件的复杂度却越来越高，开发成本也越来越高，所以现在人们更加追求程序的可读性与可维护性。因此，现在多使用自顶向下的设计方法。

2. 面向对象程序设计

面向对象程序设计，是当前程序设计的主流方向，是程序设计方式在思维和方法上的一次飞跃。面向对象程序设计方式是一种模仿人们建立现实世界模型的程序设计方式，是对程序设计的一种全新认识。

用面向对象的方法解决问题，不是将问题分解为过程，而是将问题分解为对象。对象是现实世界中可以独立存在、可以区分的实体，也可以是概念上的实体。面向对象的程序设计并不是要抛弃结构化的程序设计方法，而是站在比结构化程序设计更高、更抽象的层次上解决问题。当要解决的问题被分解为底层代码模块时，仍需要结构化的编程方法和技巧。结构化的分解突出过程，即如何做（How to do），它强调代码的功能是如何得以实现的。面向对象的分解突出真实世界和抽象的对象，即做什么（What to do），它将大量的工作分配给相应的对象完成，程序员在程序设计时，只需说明要求对象完成的任务。面向对象的程序设计方法符合人们习惯的思维方式，便于分析复杂而多变的问题；易于软件的维护和功能的增减；可重用性好，能用继承的方式缩短程序开发所花的时间；与可视化技术相结合，改善了工作界面。

对象和类是面向对象程序设计的核心，类是具有相同属性和方法的一组对象的集合。对象是类的一个实例。由类得到对象的过程称为类的实例化。任何对象都是由属性和方法组成的。属性是指一个对象具有的性质、特征。方法是指对象具有的动作和行为。事件是指由系统事先设置好的、能被对象识别的动作。

（1）面向对象程序设计的基本概念

① 对象。

我们将现实世界中任何有明确意义的事物称为实体。实体既可以是具体的事物，也可以是人为的概念。例如，学校、导师、学生、学生的学习成绩、公司、职工、隶属、贷款、借款、债权等，都是实体。

一般来说，客观世界中的任何实体，通常都具有一些静态特性和动态行为，而动态行为一般只有在发生了特定的事件时才会表现出来。例如，小孩子玩的气球，颜色和大小是其静态特性；上升和爆炸是其动态行为，动态行为的发生是有一定触发条件的。例如，只有断了线的时候气球才会上升，在被刺破时气球才会爆炸。

在面向对象程序设计方法中，把描述实体静态特性的数据以及对这些数据施加的所有操作封装在一起而构成的统一体称为对象（object）。

进行程序设计时，在应用领域中有意义的、与所要解决的问题有关系的任何事物都可以作为对象。例如，要设计一个学籍管理程序，可以将院系、班级、学生、课程、学习成绩等都作为对象。

在现实世界中，一个复杂的实体可能由多个其他实体组成。例如，汽车是个实体，汽车的轮子、底座、车盖、车门等也是实体。而汽车实体是由 4 个轮子实体、一个底座实体、一个车盖实体和 4 个车门实体组成的。在面向对象的程序设计中，一个对象也可以由多个其他对象组成。例如，在学籍管理程序中，“学院”对象由若干“系”对象组成，“系”对象又由若干“班级”“学生”等对象组成。

在程序实现时，对象可以表现为一个窗口、窗口中的一个按钮、一个文本框等可视的程序组件，还可以表现为变量、文件等不可视的程序元素。

对象的三要素是对象的属性、方法、事件。

a. 属性。

对象中描述实体静态特性的数据称为（对象的）属性。例如，实体对象“学生”，学号、姓名、性别、年龄等都是其属性。再例如，对于平面（如屏幕）上画出的“圆”这个对象，圆心坐标、半径、线条颜色、线条宽度等都是圆的属性。

在程序中，引用某属性的值或者改变某属性的值称为访问该属性。

b. 方法。

对象中用以模拟实体动态行为的“对数据施加的操作”称为（对象的）方法。例如，对于“学生档案表”，增加一条记录、删除一条记录、求成绩最大值、求成绩平均值、求成绩前十名等。再例如，对于“圆”这个对象，显示、擦除、改变大小等都是方法。

在程序中，执行某个方法称为调用该方法。

c. 事件。

导致某个对象的“操作”（即方法）被执行的过程称为事件。例如，发证作为一个“操作”，在一个学生毕业时被执行，“毕业”就是事件。

② 类。

类（class）是创建对象实例的模板，包含了创建对象的属性描述和行为特征的定义。对象是类的一个实例，继承了类的属性、方法。对象属于某一个类。

窗口类是比较常见的类，所有的窗口对象，包括应用程序窗口，都属于窗口类。它们具有共同的属性，如有标题栏，有关闭按钮等。它们具有共同的操作，如标题、关闭窗口、调置窗口大小等。

而每一个具体的窗口都是窗口类的一个实例，称为一个窗口对象，具有窗口类的所有属性和操作。但是不同的窗口对象的属性值一般不相同，如标题不一样，窗口的大小不一样等。程序员创建窗口对象时，只要初始化一些属性值即可。

程序执行时，窗口对象接收到消息后，通过对象的操作来改变其某些属性的值，从而改变窗口对象。从这里可以看出定义了窗口类后，创建一个窗口对象就非常容易。

面向对象的程序设计语言提供了类库，类库中定义了包括窗口类在内的各种各样的类供程序使用，从而使大型软件的开发变得容易。

③ 消息。

在面向对象的程序设计中，如何要求对象完成指定的操作？如何在对象之间联系？这些工作都是通过传递消息（message）来实现的。传递消息是对象与外部世界相互联系的唯一途径。一个对象可以向其他对象发送消息以请求服务，也可以响应其他对象传来的消息，完成固有的基本操作，从而服务于其他对象。消息是一个实例与另一个实例之间传递的信息，类似于函数的调用。

④ 封装。

封装（encapsulation）是将抽象出来的对象的属性和行为结合成一个独立的单位，并尽可能隐藏对象的内部细节。封装有两层含义：一是把对象的全部属性和行为结合在一起，形成一个不可分割的独立单位，对象的私有属性只能由这个对象的行为来读取和修改；二是尽可能隐藏对象的内部细节，对外形成一道屏障，只保留有限的对外接口使之与外部发生联系。

面向对象的封装可以将对象的使用者和对象的设计者分开，使用者不必知道对象内部实现的细节，只需通过设计者提供的外部接口由对象去做。因此，封装隐藏了程序设计的复杂性，提高了代码的重用性，降低了开发的难度。

⑤ 继承。

继承（inheritance）是表示类之间相似性的机制，也就是说，可以从一个类生成另一个类，前者称为基类或父类，后者称为派生类或子类。派生类或子类继承了基类和父类的所有属性和行为。

例如，“车”抽象为一个类，则“汽车”“摩托车”“自行车”都继承了“车”的性质。因而是车的子类。又比如，家具是一个类，桌子、椅子、衣柜、床是它的子类，它们继承了父类的特点，而各种各样的椅子（椅子的实例）又是椅子的子类。父类是所有子类的公共属性的集合，子类则是父类的一种特殊化，可增加新的属性和行为。

继承可提高软件复用，降低编码和维护的工作量。

⑥ 多态。

面向对象技术是通过向未知对象发送消息来进行程序设计的。当一个对象发送消息时，由于接受对象的类型可能不同，所以，它们可能做出不同的反应，这样，一个消息可能产生不同的响应效果，这种现象叫作多态（polymorphism）。即一个名字，多种语义；或相同界面，多种实现。例如，如果发送消息“双击”，不同的对象就有不同的响应。“文件夹”对象收到双击消息后，会打开文件夹；“音乐文件”对象收到双击消息后，会播放音乐。显然，打开文件夹和播放音乐需要不同的函数体，但是，它们可以被同一条消息“双击”所引发，这就是多态。

多态机制使具有不同内部结构的对象可以共享相同的外部接口，通过这种方法可减少代码的复杂性。

【例 8.2】 现实生活中的类与对象的实例，如表 8.1 所示。

表 8.1 类、对象及对象的三要素

类	对象	属性	事件	方法
电视机	某一黑白电视机、某一彩色电视机	29 英寸，高分辨率，超薄	打开、关闭	调节亮度、调节对比度
电话	某一拨盘电话、某一按键电话、某一手机	颜色、大小、式样	接通、挂断、免提	显示来电、存储号码
汽车	某一小轿车、某一大货车、某一客车	品牌、型号、排气量	起步、换挡、踩刹车	启动发动机

（2）面向对象程序设计的基本过程

① 面向对象程序设计的思想。

面向对象程序设计的思想从三个方面理解。

a. 从现实世界中客观存在的事物（即对象）出发，尽可能运用人类自然的思维方式去构造软件系统，也就是直接以客观世界的事务为中心来思考问题、认识问题、分析问题和解决问题。

b. 将事物的本质特征经抽象后表示为软件系统的对象，以此作为系统构造的基本单位。

c. 使软件系统能直接映射问题，并保持问题中事物及其相互关系的本来面貌。

因此，面向对象方法强调按照人类思维方法中的抽象、分类、继承、组合、封装等原则去解决问题。这样，软件开发人员便能更有效地思考问题，从而更容易与客户沟通。

② 面向对象程序设计的步骤。

程序设计历经的两次飞跃。对于结构化程序设计：程序=数据结构+算法；对于面向对象程序设计：程序=对象+消息。

传统软件工程设计步骤为：

软件分析→总体设计→详细设计→面向过程的编码→测试。

面向对象软件工程设计步骤为：

软件分析与对象抽取→对象详细设计→面向对象的编码→测试。

具体步骤如下。

a. 面向对象分析（Object Oriented Analysis，OOA）。需求分析、总体系统设计。

b. 面向对象设计（Object Oriented Design，OOD）。设计用户界面、创建对象。

c. 面向对象编程（Object Oriented Programming，OOP）。设置属性、编制代码。

d. 面向对象测试（Object Oriented Test，OOT）。运行并用边界值进行测试。

e. 面向对象维护（Object Oriented Soft Maintenance，OOSM）。修改、维护。

③ 面向对象程序设计的编程机制。

在面向对象的程序设计中，编程机制是“事件驱动”。某个事件发生时对象执行的操作称为事件响应。面向对象的程序设计语言为每个对象都预先定义了许多事件，一个事件发生时，要如何响应，需要程序员根据具体功能编写相应的响应代码。例如，窗口中有一个按钮对象，希望在用户单击此按钮时显示一个信息框：“欢迎使用!”，则应该为该按钮的 click（单击）事件编写响应代码。若在 VB 中，代码为：MsgBox（“欢迎使用”）。

8.1.3 程序设计语言

程序设计语言就是编写计算机程序使用的语言。程序设计语言是人和计算机交互的基本工具，其特性会影响人的思维和解决问题的方式，影响人和计算机交互的方式和质量，还会影响其他人阅读和理解程序的难易程度。

每一种程序设计语言都有各自的“长处”和“短处”、适合于做什么和不适合于做什么。因此，应了解程序设计语言的一些基本特性，以便在编程时选择恰当的程序设计语言。

1. 程序设计语言简介

（1）面向过程的语言

所谓面向过程，是指程序员在程序中不但要说明解决什么问题，还要告诉计算机如何解决，即详细告诉计算机解决问题的每一个步骤。用户只需考虑解题的算法逻辑和过程的描述。

常用的面向过程的程序设计语言有以下几种。

① FORTRAN 语言。

FORTRAN 语言是最早诞生的高级程序设计语言之一，发布于 1958 年。它引入了变量、表达式语句、子程序等概念，为以后的高级程序设计语言的发展奠定了基础。它主要用于科学计算方面。FORTRAN 语言至今仍然广泛应用于科学和工程计算领域，有着非常广泛的用户群。

② COBOL 语言。

COBOL 语言是诞生于 20 世纪 60 年代的一种高级计算机语言，适合于大型计算机系统上的事务处理。COBOL 是编译执行的过程性高级语言，它对程序设计语言发展的主要贡献是引入了独立于机器的数据描述概念和类英语的语法结构，其中的数据描述概念正是数据库管理系统中主要概念的基础。

③ BASIC 语言。

BASIC 语言是为初级编程者设计的计算机语言。自从 1964 年问世以来，已经出现了几种流行的版本，包括 GW-Basic、Qbasic、Turbo Basic 等，它在 PC 上得到广泛应用，以简单易学为主要特点，是一种普及型的计算机语言。

④ Pascal 语言。

Pascal 语言开发于 1971 年，它是从最早出现的 ALGOL 60 语言派生出来，并有许多改进和扩充，数据结构丰富，结构化好，主要用于结构化程序设计的教学，被称为学院派语言。在科学、工程计算领域和系统程序设计方面得到广泛应用。Turbo Pascal 语言就是一种开发能力很强的语言。Pascal 具有简洁的语法，结构化的程序结构。它是结构化编程语言，在许多学校计算机语言课上都是使用 Pascal 语言。

⑤ C 语言。

C 语言是 20 世纪 70 年代初作为设计 UNIX 操作系统的语言而研制的。C 语言功能强大且十分灵活，其以高效、简洁、可移植性强等特点受到程序开发者的青睐。它还具有类似汇编语言的特性，使程序员能“最接近机器”，适于编写系统软件和应用软件。Turbo C 语言是在微机上运行的，它的集成开发环境包含编辑、编译、连接、运行和调试程序所需的一切工具。

（2）面向对象的程序设计语言

面向对象的程序设计语言是建立在用对象编程方法的基础上的，程序被看成是正在进行通信的若干对象的集合。程序设计就是定义对象、建立对象间的通信关系。程序运行的结果就是将对象集的初始状态变成终结状态（目标状态），程序中的输入即是对象间发消息（通信），输出则是程序中的对象向显示器（或打印机）发消息（通信）的结果。

常用的面向对象的程序设计语言有以下几种。

① C++语言。

C++成为当今最受欢迎的面向对象程序设计语言之一，保留了 C 语言的许多重要特性。C++既可以进行 C 语言的过程化程序设计，又可以进行以抽象数据类型为特点的基于对象的程序设计，还可以进行以继承和多态为特点的面向对象的程序设计。C++擅长面向对象程序设计的同时，还可以进行基于过程的程序设计，因而 C++就适应问题的规模而论，大小由之。目前，常用的有 Borland C++和 Visual C++版本。

C++不仅拥有计算机高效运行的实用性特征，还致力于提高大规模程序的编程质量与程序设计语言的问题描述能力。

② Java 语言。

Java 语言是一门面向对象编程语言，不仅吸收了 C++语言的各种优点，还摒弃了 C++中难以理解的多继承、指针等概念，因此 Java 语言具有功能强大和简单易用两个特征。Java 语言作为静态面向对象编程语言的代表，极好地实现了面向对象理论，允许程序员以优雅的思维方式进行复杂的编程。

Java 具有简单性、面向对象、分布式、健壮性、安全性、平台独立与可移植性、多线程、动态性等特点。Java 可以编写桌面应用程序、Web 应用程序、分布式系统和嵌入式系统应用程序等。

③ Visual Basic 语言。

Visual Basic（VB）是综合性且功能强大的编程语言，它对原有 BASIC 语言进行了大幅度的扩展，提供了可视化的编程环境。它具有图形设计工具、结构化的事件驱动编程模式，用户可以快速、简便地编制出 Windows 下的各种应用程序。由于它保持了 BASIC 语言易学易用的特点，常常被初学者用来当作学习程序设计的入门语言，专业人员也可以用它开发出具有复杂功能的软件。

④ Visual FoxPro 语言。

Visual FoxPro 是由 Microsoft 公司推出的新一代数据库软件系统。它将面向对象的程序设计技术与关系型数据库管理系统有机地结合在一起，是一个功能强大的可视化程序设计的关系型数据库管理系统。它以强大的性能、完整而又丰富的工具、超高的速度、极其友好的界面，以及完备的兼容性等特点，倍受广大用户的欢迎。

⑤ Python 语言。

Python 语言是由荷兰人 Guido van Rossum 于 1989 年发明的，第一个公开发行版发行于 1991 年。Python 是纯粹的自由软件，源代码和解释器 CPython 遵循 GPL（GNU General Public License）协议。Python 语法简洁清晰，特色之一是强制用空白符作为语句缩进。Python 具有丰富和强大的库。常见的一种应用情形是，使用 Python 快速生成程序的原型（有时甚至是程序的最终界面），然后对其中有特别要求的部分，用更合适的语言改写。例如，3D 游戏中的图形渲染模块，性能要求特别高，就可以用 C/C++重写，而后封装为 Python 可以调用的扩展类库。

2. 程序设计语言的选择

设计程序时选择什么样的程序设计语言，一般从以下几方面考虑。

- 应用领域。
- 算法和计算的复杂性。
- 软件运行环境。
- 用户需求中关于性能方面的需要。
- 数据结构的复杂性。
- 软件开发人员的知识水平和心理因素等。

其中，所属的应用领域常常作为首要考虑的因素，这是因为若干主要的应用领域长期以来已固定地选用了某些标准语言，积累了大量的开发经验和成功先例。

例如，C 语言经常用于开发系统软件；FORTRAN 在工程及科学计算领域占主导地位（当然 Pascal、BASIC、C 也广为使用）；数据库管理系统在信息处理领域广泛使用（其中 SQL 使用较广）；

汇编语言在工业控制领域广泛使用；面向对象的语言，如 VB、C++等被用来开发大型的软件系统；Java 语言在网络应用方面发挥作用等。

8.2　算法概述

解决任何问题都需要遵循一定的方法和步骤。如果说，算法就是解决某个特定问题的方法和步骤的描述，程序就是算法的具体实现结果。进行程序设计，必须了解和掌握一定的算法思想，为所解决的问题设计具体的算法。解决的问题不同，其算法也各有差异。尽管各种各样的算法不胜枚举，但是设计算法的基本思想可以归纳为有限的几类，如枚举、递推、递归、迭代、回溯等。了解和掌握这些基本算法思想，将有助于我们在解决具体问题时进行有效的算法设计和程序实现。此外，为了准确描述算法，需要采用适当的描述工具。本节主要介绍算法的概念、描述工具和算法设计的基本思想，并通过算法设计实例介绍若干常用算法。

8.2.1　算法的概念

1．什么是算法

算法是对解决某一特定问题的操作步骤的描述。简单地说就是计算机为解决问题而设计的一步一步的过程。从形式上说，算法是一组（有限个）规则，它提供了解决某个特定问题的运算序列。

显然，对于同一个问题的求解算法，如果“执行者”不同，则描述的“精确”程度也不相同。例如，对于一元二次方程：$ax^2+bx+c=0$，求解其实数根的算法。

求解这一数学题的算法描述如下。

先计算 $d=b^2-4ac$，然后根据 d 的值是正、负或 0，选择相应的计算公式计算出结果。

如果 $d<0$，则无解；

如果 $d=0$，则 $x_1=x_2=\dfrac{-b}{2a}$；

如果 $d>0$。则 $x_1=\dfrac{-b+\sqrt{d}}{2a}$，$x_2=\dfrac{-b-\sqrt{d}}{2a}$。

上述算法描述，对于算法执行者“人”来说已经足够了。但是，如果算法的执行者是计算机，则必须把算法步骤描述清楚，因此应该这样描述。

① 输入方程系数 a，b，c。

② 计算 $d=b^2-4ac$。

③ 如果 $d<0$，则输出“无解”信息，转到⑥。

④ 如果 $d=0$，则计算 $x_2=\dfrac{-b}{2a}$，输出 x，转到⑥。

⑤ 如果 $d>0$，则计算 $x_1=\dfrac{-b+\sqrt{d}}{2a}$，$x_2=\dfrac{-b-\sqrt{d}}{2a}$，输出 x_1 和 x_2。

⑥ 结束。

求解一元二次方程是数学计算问题，针对这一问题给的算法就是求解方程根的计算步骤和方法。但是计算机解决的还可能是非计算问题，如打印一个图案、播放一段音乐等。因此不能将算法狭义地理解为“计算的方法”。

2. 算法与程序的关系

程序和算法是怎样一种关系呢？从形式上看，程序是用某种程序设计语言表示的，而算法一般是用伪码（介于自然语言和程序设计语言之间的一种语言）或图形表示的。从功能上看，程序将原始数据加工成所需的结果（或者完成某个特定的任务），算法则描述了对于给定数据的加工方法（或者某个特定的任务是怎样完成的）。程序是外表，算法是灵魂。所以，人们常说：

程序=数据结构+算法

可见，程序设计应该包括数据安排（构造数据结构）和算法设计两项工作。其中算法设计的任务就是对一个具体问题设计出可行的解决方法和操作步骤。

3. 算法的特征

计算机算法有 5 个重要特性：有穷性、确定性、可行性、有输入和有输出。

（1）有穷性

一个算法必须保证执行有限步骤之后结束。

请看下列步骤。

① $S=1$。

② $N=2$。

③ 计算 $T=N^2$。

④ 将 T 加到 S 上。

⑤ 将 N 加 1。

⑥ 转到③。

⑦ 输出 S。

⑧ 结束。

这不是一个算法，因为它的操作步骤有无限多次（虽然给出了结束指令，但该指令永远也执行不到）。

一个算法必须保证执行有限步骤之后结束。请看下列步骤。

① $S=1$。

② $N=2$。

③ 如果 $N<10$，则执行④，否则转到⑧。

④ 计算 $T=N^2$。

⑤ 将 T 加到 S 上。

⑥ 将 N 加 1。

⑦ 转到③。

⑧ 输出 S。

⑨ 结束。

这是一个算法。因为其中的步骤④～⑦重复执行 9 次时，N 的值达到 11，再转到步骤③时，$N<10$ 的条件不再成立，于是执行步骤⑧、步骤⑨，算法结束。

这个算法是为了计算 $S=1^2+2^2+3^2+\cdots+10^2$ 而设计的。

（2）确定性

算法的每一步骤必须有确切的定义。

由于算法的执行者是计算机，它是不会揣摩人的意思的。因此，算法中的每一个操作都必须描述准确，不能含糊。

例如，下面是求解一元二次方程实数根的算法。

① 输入系数 a，b，c。

② 计算根 x_1。

③ 计算根 x_2。

④ 输出根 x_1，x_2。

⑤ 结束。

该算法中的一些操作就不够准确，比如“计算根 x_1”，如果无实数根还要计算吗？

算法应该这样：

① 输入系数 a，b，c。

② 如果 $a=0$，则报告“输入错误”，并转步骤⑦。

③ 计算 $d=b^2-4ac$；

④ 如果 $d<0$，则报告“无解”，并转步骤⑦。

⑤ 如果 $d=0$，则计算 $x=\dfrac{-b}{2a}$，输出 x，转步骤⑦。

⑥ 如果 $d>0$，则计算 $x_1=\dfrac{-b+\sqrt{d}}{2a}$，$x_2=\dfrac{-b-\sqrt{d}}{2a}$，输出 x_1 和 x_2。

⑦ 结束。

（3）可行性

算法的可行性有两层含义。

① 算法中的每一个操作都应该是基本的，是可以付诸实现的。例如，“计算 $x=1/3$”这一操作是可行的，但是“计算 $x=1/0$”是不可行的。

② 算法应该在人们能够容忍的时间内完成预期的任务。假设有根据下列公式计算 π 值的算法：$\dfrac{\pi}{4}=1-\dfrac{1}{3}+\dfrac{1}{5}-\dfrac{1}{7}+\cdots\cdots$

如果要求精确到小数点后 5 位，则该算法是可行的，但是如果要求精确到小数点后 500 位，该算法是不可行的，其运行时间人们无法容忍。

（4）输入项

一个算法有 0 个或多个输入，就是指算法本身确定了初始条件。

本质上，所有的算法都是在对数据进行加工和处理。只有输入了待加工的原始数据，算法才能将其加工成所需的结果。例如，求两个自然数的最大公约数的算法，需要两个输入数据，求一个自然数阶乘的算法需要一个输入数据。

一般来说，对于一个算法，输入总是需要的，它刻画了加工对象的初始情况，如果一个算法没有输入，则肯定在该算法的内部指定了默认的初始条件。

（5）输出项

一个算法有一个或多个输出，没有输出的算法是毫无意义的。输出是算法对输入数据加工处理的结果。例如，求两个自然数的最大公约数的算法，有一个输出数据，即最大公约数；求一个自然数阶乘的算法也有一个输出数据，即某自然数的阶乘数。

一般说来，一个算法的输出和输入数据之间肯定存在某种关系。在很多情况下，可以把算法看成是数学上的函数，输入函数的自变量，输出就是函数的值。当然，输出的结果不一定表现为数字，输出可以有其他形式，如声音、图像、文字等。

8.2.2 算法的表示

为了准确地描述算法，需要采用适当的描述工具，就像我们用五线谱来记录音乐、用图表来说明股市行情一样。

算法的描述应直观、清晰、易懂，便于维护和修改。描述算法的方法有多种，常用的表示方法有自然语言、传统流程图、N-S 图、伪代码和计算机语言等。其中最常用的是传统流程图和 N-S 图。

1. 自然语言

自然语言法就是用文字将算法描述出来。

【例 8.3】 用自然语言写出求解“在三个数中挑出一个最大值”的算法。

用自然语言描述如下。

① 先输入三个数 a，b，c。

② 比较 a 与 b，如果 $a>b$，将 a 赋值给 max。

③ 如果 $a<b$，则将 b 赋值给 max。

④ 再比较 c 与 max，如果 $c>max$，则将 c 赋值给 max。

⑤ 最后输出 max。

可见，用自然语言描述算法，其优点是容易看得懂，但缺点是烦琐。

2. 传统流程图

传统流程图中使用的符号，在 GB1526—89 中有具体规定。

起止/结束框：表示流程图开始或结束。

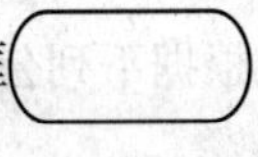

输入/输出框：表示输入或输出数据。

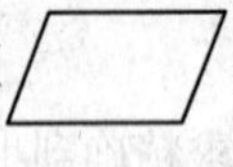

处理框：表示对基本处理功能的描述。

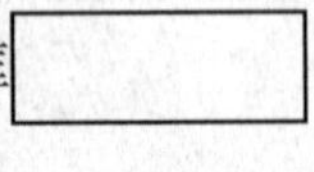

判断框：根据条件是否满足，在几个可以选择的路径中，选择某一路径。

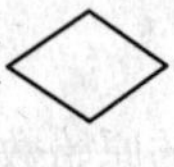

流向线→、↑：表示流程的路径和方向。

通常在各种流程图符号中加上简要文字说明，进一步表明该步骤完成的操作。

【例 8.4】 用传统流程图写出求解“在三个数中挑出一个最大值”的算法。

用传统流程图描述算法如图 8.6 所示。

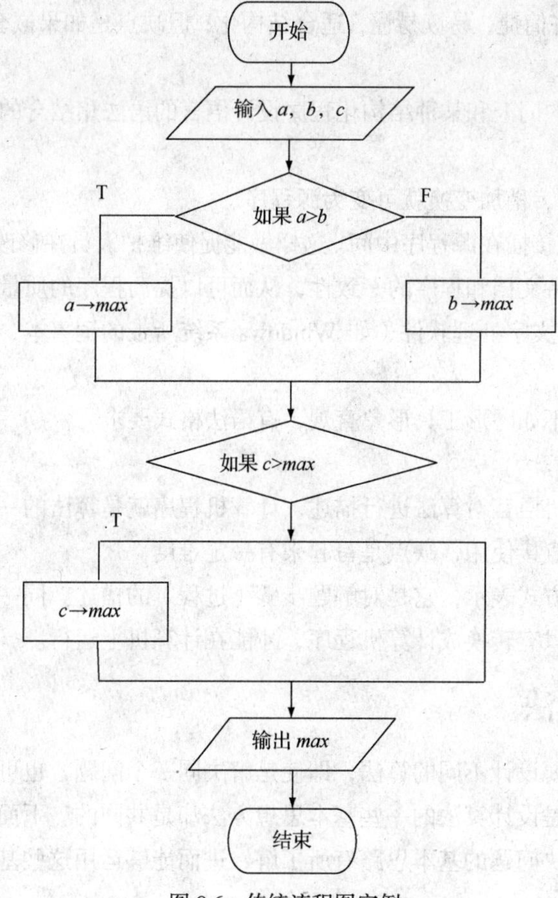

图 8.6　传统流程图实例

传统流程图的优点是：直观形象、易于理解，并且使用广泛；它的缺点是：可随意转移，不符合结构化要求，且不易表示数据结构。

3. N–S 图（盒图）

N-S 图是由美国学者 I. Nassi 和 B. Shneiderman 于 1973 年提出的一种新的流程图，它的主要特点是不带有流向线，整个算法完全写在一个大矩形框中，所以也被称为盒图。N-S 图特别适合用于结构化的程序设计。

【例 8.5】 用 N-S 图写出求解“在三个数中挑出一个最大值”的算法。

用 N-S 图描述算法如图 8.7 所示。

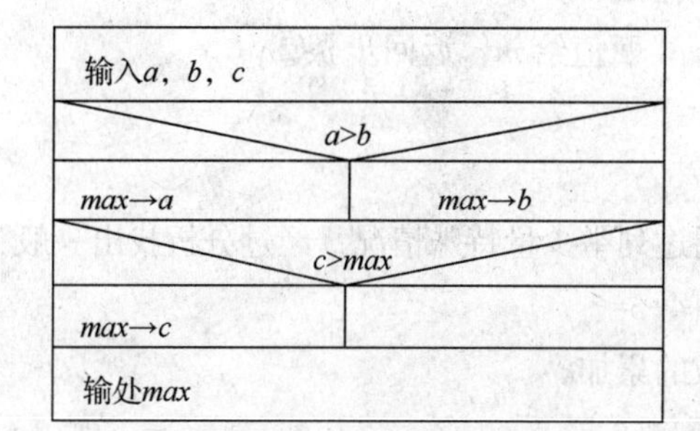

图 8.7　N-S 图实例

N-S 图的优点是整齐简捷，易读易懂，适合结构化；但缺点是如果嵌套层数多时表示不清晰。

4. 伪代码

伪代码是自然语言的词汇和某种结构化程序设计语言的语法相结合的一种代码。

伪代码的优点如下。

① 类似于高级语言，稍加变换就可变为源程序。

② 可以作为注释直接插在源程序中间。这样做能促使维护人员在修改程序代码的同时，相应地修改注释，有助于保持文档和程序的一致性，从而可以提高程序的质量。

③ 可以使用普通的文字处理软件（如 Windows 系统所带的记事本、写字板等）完成伪码的编辑工作。

伪代码的缺点是：不如图形工具形象直观，有语法格式要求。

5. 计算机语言

可以利用某种计算机语言对算法进行描述，计算机程序就是算法的一种表示方式。这种方法的优点是可以作为程序直接使用，缺点是写起来有一定难度。

算法可以用不同的方式表示，它是对解题步骤（过程）的描述。同一个算法可以用不同的计算机语言来实现。算法只有转换成计算机程序，才能在计算机上运行。

8.2.3 常用算法

解决不同的问题需要设计不同的算法，即使是解决同一个问题，也可能会有不同的算法，虽说算法会有很多种，但是设计算法的一些基本思想方法却是共同的。下面介绍几种常用的算法，使读者能够对计算机解决问题的基本思路有所了解，进而能够运用这些基本思想来设计一些简单问题的求解算法。

1. 列举法

列举法也叫穷举法或枚举法，常用于解决“是否存在”或“有多少种可能”的问题。它的基本思路是列出种种可能，比较是否符合条件，然后找出所要的或判定有没有。

【例 8.6】 求水仙花数。水仙花数就是一个三位数，其中每一位数的立方和等于这个三位数本身。解题思路是：从 100 到 999 逐一访问，判断是否符合条件，若符合条件，则将其输出。算法如下。

① 让 m 等于 100。

② 将 m 的百位、十位、个位分离出来赋值给 i，j，k。

③ 如果 $i^3+j^3+k^3=m$，则输出 m。

④ 如果 $m\leqslant999$，则 $m+1$ 赋值给 m，返回步骤②。

⑤ 结束。

2. 归纳法

归纳法的基本思想是通过列举少量特殊情况，经过分析找出一般关系。

【例 8.7】 求解 1+2+3+4+5=?

可以一个一个地进行数的累加。

① 1+2→N（N 值为 3）。

② 3+N→N（N 值为 6）。

③ $4+N \to N$（N 值为 10）。

④ $5+N \to N$（N 值为 15）。

但是考虑如果是从 1 加到 100，就要写出 99 句，这岂不太麻烦了。从以上算法中，可以看出，每一句虽说不同，但都有一个规律，即可以归纳为：$i+N \to N$，i 将从 1 变化到 5。因此这题的算法可改写为：

① 令 N=0。

② 令 i=1。

③ $N \leftarrow N+i$。

④ $i \leftarrow i+1$。

⑤ 如果 $i \leqslant 5$，则返回③。

⑥ 输出 N，算法终止。

3. 递推法

递推法也称迭代法。其基本思想是：把一个复杂的计算过程转化为简单过程的多次重复，从初始条件出发，逐次推出所要的中间结果和最终结果。

【例 8.8】 猴子每天吃掉一堆桃子中的一半加一个，第七天只剩下一个桃子，问原有这堆桃子是多少个？

分析：用后一天的数推出前一天的桃子数。设第 n 天的桃子数为 X_n，是前一天的桃子的二分之一减去 1。即：

$X_n = \frac{1}{2}X_{n-1} - 1$，也就是 $X_{n-1} = (X_n + 1) \times 2$

算法如下。

① 让 $x = 1$　　　　　　　（第 7 天的桃子数）

② 让 i=6　　　　　　　　（第 6 天）

③ $x \leftarrow (x+1) \times 2$　　　（第 i 天的桃子数）

④ $i \leftarrow i-1$

⑤ 如果 $i \leqslant 1$，返回③

⑥ 输出 x，结束

4. 递归法

使用递归方法构造算法的基本思路是：为求解规模为 n 的问题，设法将它分解成规模较小的与原问题相同的问题，并找到“原问题与规模较小问题的组合关系”。

递归的概念是用自己的结构来描述自己。

例如，关于自然数的定义如下。

① 1 是自然数。

② 自然数=自然数+1。

再例如，关于阶乘的定义如下。

① 1！=1；

② n！=n×（n−1）!

递归法就是递归过程的调用，即自己调用自己。递归法将问题分层分解，降低复杂程度，算法清晰易懂，结构简练，但运行效率低。

5. 回溯法

用计算机求解的问题中有一些是无法建立数学模型的（或者即使有数学模型，但解该模型的准确方法也没有现成的、有效的算法），也无法找到确定的求解步骤。这类问题的求解算法不是基于一条确定的必定成功的计算路径，而是采用一种搜索的方法解决。即从初始状态出发，根据问题给出的条件相关规则逐步扩展所有可能情况，从中找出满足问题要求的解。

回溯法也称为试探法，该方法的基本思想是：将问题的所有候选解按某种顺序逐一枚举和检验，当发现当前候选解不可能是解时，就选择下一个候选解（替换掉当前候选解中最后加入的成分）继续试探；如果当前候选解除了还不满足问题的规模要求以外，已经满足了所有其他要求，则继续扩大当前候选解的规模，并继续试探。如果当前候选解满足包括问题规模在内的所有要求，该候选解就是问题的一个解。

在回溯法中，放弃当前候选解，寻找下一个候选解的过程称为回溯。扩大当前候选解的规模，以继续试探的过程称为向前试探。用回溯法求解问题，最朴素的方法就是枚举试探所有候选解，但其计算量有时是相当巨大的。

【例 8.9】 迷宫问题是经典的一类问题，像骑士游历问题（一个马，从棋盘上的一点出发，要求其经过棋盘上所有的点，而且每个点只经过一次。找出这个马的行动路线）、八皇后问题（在国际象棋的棋盘上放置 8 个皇后，使她们互不冲突，即不在一条横线，不在一条竖线，也不在一条斜线上）、走迷宫问题等。

计算机解迷宫时，通常使用“试探和回溯”的方法，即从入口出发，顺某一方向向前探索，若能走通，则继续往前走；否则沿原路退回，换一个方向再继续探索，直至所有可能的通路都探索到为止，如果所有可能的通路都试探过，还是不能走到终点，就说明该迷宫不存在从起点到终点的通道。

① 从入口进入迷宫之后，不管在迷宫的哪一个位置上，都是先往东走，如果走得通就继续往东走，如果在某个位置上往东走不通的话，就依次试探往南、往西和往北方向，从一个走得通的方向继续往前，直到出口为止。

② 如果在某个位置上 4 个方向都走不通的话，就退回到前一个位置，换一个方向再试，如果这个位置已经没有方向可试了，就再退一步，如果所有已经走过的位置的 4 个方向都试探过了，一直退到起始点都没有走通，就说明这个迷宫根本不通。

③ 所谓“走不通”不单是指遇到“墙挡路”，还有“已经走过的路不能重复走第二次”，它包括“曾经走过而没有走通的路”。显然为了保证在任何位置上都能沿原路退回，需要用一个“后进先出”的结构即栈来保存从入口到当前位置的路径，并且在走出出口之后，栈中保存的正是一条从入口到出口的路径。

由此，求迷宫中一条路径的算法的基本思想是：若当前位置“可通”，则纳入“当前路径”，并继续朝“下一位置”探索；若当前位置“不可通”，则应顺着“来的方向”退回到“前一通道块”，然后朝着除“来向”之外的其他方向继续探索；若该通道块四周的 4 个方向均“不可通”，则应从“当前路径”上删除该通道块。

6. 贪婪法

贪婪法是一种不追求最优解，只希望得到较为满意解的方法。贪婪法一般可以快速得到满意的解，因为它省去了为找最优解要穷尽所有可能而必须耗费的大量时间。贪婪法常以当前情况为基础作最优选择，而不考虑各种可能的整体情况，所以贪婪法不要回溯。

【例 8.10】装箱问题可简述如下：设有编号为 0,1,…, n−1 的 n 种物品，体积分别为 $V_0,V_1,\cdots,V_{n-1}$。将这 n 种物品装到容量都为 V 的若干箱子里。约定这 n 种物品的体积均不超过 V，即对于 $0\leqslant i<n$，有 $0<V_i\leqslant V$。不同装箱方案需要的箱子数可能不同。装箱问题要求使装尽这 n 种物品的箱子数要小。

n 种物品的集合分划成 n 个或小于 n 个物品的所有子集，最优解就可以找到。但所有可能划分的总数太大。对适当大的 n，找出所有可能的划分要花费的时间是无法承受的。为此，对装箱问题采用非常简单的近似算法，即贪婪法。该算法依次将物品放到它第一个能放进去的箱子中，该算法虽不能保证找到最优解，但还是能找到非常好的解。不失一般性，设 n 件物品的体积是按从大到小排好序的，即有 $V_0\geqslant V_1\geqslant\cdots\geqslant V_{n-1}$。如不满足上述要求，只要先对这 n 件物品按它们的体积从大到小排序，然后按排序结果对物品重新编号即可。装箱算法简单描述如下。

```
{   输入箱子的容积；
输入物品种数 n;
按体积从大到小顺序，输入各物品的体积；
预置已用箱子链为空；
预置已用箱子计数器 box_count 为 0;
for (i=0;i<n;i++)
    {   从已用的第一只箱子开始顺序寻找能放入物品 i 的箱子 j;
      if （已用箱子都不能再放物品 i）
      {    另用一个箱子，并将物品 i 放入该箱子；
         box_count++;
      }
else
将物品 i 放入箱子 j;
      }
}
```

上述算法能求出需要的箱子数 box_count，并能求出各箱子所装物品。下面的例子说明该算法不一定能找到最优解，设有 6 种物品，它们的体积分别为：60,45,35,20,20 和 20 单位体积，箱子的容积为 100 个单位体积。按上述算法计算，需三只箱子，各箱子所装物品分别为：第一只箱子装物品 1,3；第二只箱子装物品 2,4,5；第三只箱子装物品 6。而最优解为两只箱子，分别装物品 1,4,5 和 2,3,6。

7. 分治法

任何一个可以用计算机求解的问题所需的计算时间都与其规模 N 有关。问题的规模越小，越容易直接求解，解题所需的计算时间也越少。分治法的设计思想是，将一个难以直接解决的大问题，分割成一些规模较小的相同问题，以便各个击破，分而治之。

【例 8.11】 循环赛日程表。

问题描述：设有 $n=2k$ 个运动员要进行网球循环赛。现要设计一个满足以下要求的比赛日程表。

① 每个选手必须与其他 n-1 个选手各赛一次。

② 每个选手一天只能参赛一次。

③ 循环赛在 n-1 天内结束。

请按此要求将比赛日程表设计成有 n 行和 n-1 列的一个表。在表中的第 i 行，第 j 列处填入第 i 个选手在第 j 天所遇到的选手。其中 $1 \leqslant i \leqslant n$，$1 \leqslant j \leqslant n-1$。

按分治策略，可以将所有的选手分为两半，则 n 个选手的比赛日程表可以通过 n/2 个选手的比赛日程表决定。递归地用这种一分为二的策略对选手进行划分，直到只剩下两个选手时，比赛日程表的制定就变得很简单。这时只要让这两个选手比赛就可以了。

图 8.8 为 8 个选手的比赛日程表。其中左上角与左下角的两小块分别为选手 1 至选手 4 和选手 5 至选手 8 前 3 天的比赛日程。据此，将左上角小块中的所有数字按其相对位置抄到右下角，又将左下角小块中的所有数字按其相对位置抄到右上角，这样就分别安排好了选手 1 至选手 4 和选手 5 至选手 8 在后 4 天的比赛日程。依此思想容易将这个比赛日程表推广到具有任意多个选手的情形。

1	2	3	4	5	6	7	8
2	1	4	3	6	5	8	7
3	4	1	2	7	8	5	6
4	3	2	1	8	7	6	5
5	6	7	8	1	2	3	4
6	5	8	7	2	1	4	3
7	8	5	6	3	4	1	2
8	1	6	5	4	3	2	1

图 8.8　8 个选手的比赛日程表

8. 动态规划法

动态规划法是通过组合子问题而解决整个问题的解。分治法是将问题划分成一些独立的子问题，递归地求解各子问题，然后合并子问题的解。动态规划适用于子问题不是独立的情况，也就是各子问题包含公共的子问题。此时，分治法会做许多不必要的工作，即重复地求解公共的子问题。动态规划算法对每个子问题只求解一次，将其结果保存起来，从而避免每次遇到各个子问题时重新计算答案。

【例 8.12】 爬楼梯问题。

一个人爬楼梯，每次只能爬 1 个或两个台阶，假设有 n 个台阶，那么这个人有多少种不同的爬楼梯方法。

如果 n==1，显然只有从 0→1 一种方法 $f(1)=1$。

如果 n==2，那么有 0→1→2、0→2 两种方法 $f(2)=2$。

如果 n==3，那么可以先爬到第 1 阶，然后爬两个台阶，或者先爬到第二阶，然后爬一个台阶，显然 $f(3)=f(2)+f(1)$。

推广到一般情况，对于 $n(n\geqslant3)$ 个台阶，可以先爬到第 $n-1$ 个台阶，然后再爬一个台阶，或者先爬到 $n-2$ 个台阶，然后爬 2 个台阶，因此有 $f(n)=f(n-1)+f(n-2)$。

那么动态规划的递推公式和边界条件都有了，即：

$$f(n)=\begin{cases}1 & (n=1)\\ 2 & (n=2)\\ f(n-1)+f(n-2) & (n>2)\end{cases}$$

算法的好与不好，关系到整个问题解决得好与不好。那么，如何评定一个算法的优劣呢？一般从以下几个方面评价一个算法进行评价：

正确性、运行时间、占用空间、可理解性。

一个算法复杂度的高低体现在运行该算法需要的计算机资源的多少上，所需的资源越多，该算法的复杂度越高；反之，所需的资源越低，该算法的复杂度越低。不言而喻，对于任意给定的问题，设计出复杂度尽可能低的算法是设计算法追求的一个重要目标。另一方面，当给定的问题已有多种算法时，选择其中复杂度最低者，是选用算法时应遵循的一个重要原则。因此，算法的复杂性分析对算法的设计或选用有着重要的指导意义和实用价值。

运行时间和占用空间是针对内存储器而言的，一般用算法的时间复杂度和空间复杂度衡量。

（1）时间复杂度

它用来度量算法的时间效率。算法的时间效率是指算法的执行时间，是算法中涉及的存、取、转移、加、减等各种基本运算的执行时间之和。算法的执行时间与参加运算的数据量有关，很难事先计算得到。通常采用时间复杂度（time complexity）来度量算法的执行时间。

当问题的规模以某种单位从 1 增加到 n 时，解决这个问题的算法在执行时所耗的时间也以某种单位由 1 增加到 $T(n)$，则称此算法的时间复杂度为 $T(n)$。当 n 增大时，$T(n)$也随之增大。

在算法的渐进分析中，用大 O 表示法作为时间复杂度的渐进度量值。若一个时间复杂度为 $O(1)$，则表示算法执行时间是一个常数，不依赖于 n；$O(n^2)$表示时间与 n 成正比，是线性关系。若两个算法的执行时间分别为 $O(1)$和 $O(n)$，当 n 充分大时，显然 $O(1)$的执行时间要短。若 $O(n)$ 和 $O(\log_2 n)$相比较，当 n 充分大时，因 $\log_2 n$ 的值比 n 小，则 $O(\log_2 n)$对应的算法执行时间要少得多。

（2）空间复杂度

通常以空间复杂度（space complexity）作为算法空间效率的度量方法。空间复杂度是指当问题的规模以某种单位从 1 增加到 n 时，解决这个问题的算法在执行时所占用的存储空间也以某种单位由 1 增加到 $S(n)$，则称此算法的空间复杂度为 $S(n)$。当 n 增大时，$S(n)$也随之增大。空间复杂度 $S(n)$是指算法在执行时为解决问题所需的额外内存空间，不包括输入数据所占用的存储空间。空间复杂度也用大 O 表示法表示为 $S(n)=O(f(n))$。

总之，在算法设计过程中，必须学会对算法的分析，以确定或判断算法的优劣。一个般来说，只要不超过内存，就尽可能用空间换时间，同时还要兼顾可读性。

【例 8.13】 将 a 与 b 两个数互换。比如 a 中存放数值 3，b 中存放数值 5，将它们对调，即 a 中存放数值 5，b 中存放数值 3。

算法 1：借助中间变量 c。类似一瓶酱油与一瓶醋互换瓶中的内容，要借助一个空瓶子。

① $c \leftarrow a$　（$c=3$）

② $a \leftarrow b$　（$a=5$）

③ $b \leftarrow c$　（$b=3$）

算法 2：不借助中间变量 c。

① $a \leftarrow a+b$　（$a=8$）

② $b \leftarrow a-b$　（$b=3$）

③ $a \leftarrow a-b$　（$a=5$）

分析：这两个算法各有特点。算法 1 节省时间，只有单一变量的赋值，不用计算表达式；算法 2 节省空间，只用了 2 个变量。但哪个更容易看明白呢？无疑是算法 1 的可读性强，算法 2 不容易理解。前面讲过“清晰第一，效率第二”的原则，因为算法 1 好理解，所以它要优于算法 2。

习　题　8

1. 什么是程序？怎样理解计算机程序设计？
2. 高级语言翻译为机器语言有哪两种方式？
3. 算法的特征是什么？
4. 衡量一个算法的好坏主要考虑哪几个方面？
5. 什么是算法的时间复杂度？什么是算法的空间复杂度？
6. 算法的表示方法都有哪些？
7. 3 种基本控制结构是什么？
8. 对象的三要素是什么？
9. 常用的算法有哪些？
10. 如何评价算法的优劣？

第9章 数据结构基础

学习目标

- 了解数据结构的研究内容
- 了解数据结构、算法与程序设计的关系
- 熟知基本数据结构
- 了解线性表的顺序存储和链式存储的方法、特点和优劣
- 熟知线性表的基本操作
- 了解限制性线性表——队列和栈的基本概念和操作特点
- 熟知树型结构的定义以及树的相关概念
- 了解二叉树的遍历以及遍历的意义
- 了解二叉树的各种存储方式、特点和优劣

数据结构学科的主要研究内容是，分析表示现实世界对象的数据以及数据之间的逻辑关系、构建数据在计算机中的组织与存储方式、寻求基于逻辑关系和物理存储关系前提下可以对数据进行的一切操作。数据结构是构筑计算机求解问题过程的两大基石之一，本章将对数据结构基本问题做概要介绍。

9.1 数据结构概述

构筑计算机求解问题过程的两大基石，一是描述现实世界问题当中信息及其关系的数据结构，二是描述问题解决方案的逻辑抽象的算法。人们使用计算机解决问题是由计算机执行各种程序来实现的，表示客观对象的、需要处理的数据是程序的加工原料，而算法是解决问题的过程描述，是程序的逻辑抽象。因此，数据的结构形式与算法设计密切相关，采用不同的数据结构来刻画现实对象，将导致相应的处理数据的算法设计也会有所不同。也就是说，数据结构与算法具有相互依赖的关系，并且与算法设计构成了计算机程序设计的基础和核心。正如著名的计算机科学家 N. Wirth 提出的著名的公式：

数据结构 + 算法 = 程序设计

这个公式充分表达了程序设计的实质，以及数据结构与算法密不可分的依存关系，即在数据的特定表示方式的基础上，对抽象算法的具体描述即为程序。

概括地说，数据结构描述的是，按照一定逻辑关系组织起来的需要计算机处理的数据元素的表示以及相关操作，其主要涉及的问题是数据的逻辑结构、数据的存储结构和数据的运算。

9.1.1 数据结构课程的地位

无论是计算机的系统软件还是应用软件，都离不开各种类型的数据结构。数据结构的核心思想是分解与抽象，通过分解与抽象，把具体问题转换为数据结构，从而使计算机能够处理现实问题。

对数据结构相关问题的研究一直是持续进行中的，一方面，它的研究范围包括了从数据结构的普遍问题，到面向各种专业领域中特殊问题的数据结构问题；另一方面，从抽象数据类型和面向对象的角度来研究数据结构问题也早已成为一种趋势，越来越被业界人士所重视。

如果要讲数据结构课程的地位，那么，作为计算机学科一个重要的分支，数据结构不但是计算机学科的专业基础课程，而且是学科主干课程，是由基础课程到专业课程的必由之路。通常，数据结构课程以离散数学和程序设计语言为先导，当具有了数据结构和算法的必备基础之后，才会进一步学习其他的相关课程，如操作系统原理、编译系统原理、数据库原理、图形图像分析、人工智能、软件工程，等等。

9.1.2 数据结构基本概念

1. 客观世界与计算机世界的关系

人们在日常生活中会遇到各种信息，如用语言交流思想、银行与商店的商业交易、战争中用于传递命令的旗语等。这些信息必须转换成数据才能在计算机中进行处理。因此，数据的定义是信息的载体，是描述客观事物的数、字符以及所有能输入计算机中并被计算机程序识别和处理的符号的集合。数据大致可分为两类，一类是数值型数据，包括整数、浮点数、复数、双精度数等，主要用于工程和科学计算，以及商业事务处理；另一类是非数值型数据，主要包括字符和字符串，以及文字、图形、图像、语音等数据。

计算机科学是研究信息表示和信息处理的科学，信息在计算机内是用数据表示的，用计算机解决实际问题的实质可以用图 9.1 表示。

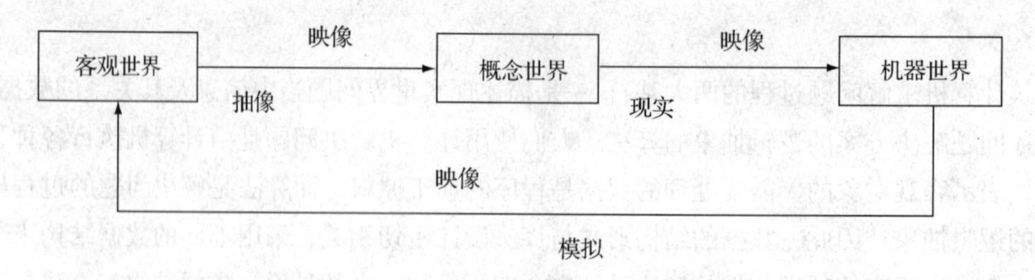

图 9.1 客观世界与机器世界的关系

2. 数据的基本概念

（1）数据

数据（Data）是用于描述客观事物的数值、字符，以及一切可以输入计算机中的并由计算机程序加以处理的符号的集合。其范围随着计算机技术的发展而不断发展，如声音、图片、视频等。

（2）数据元素

数据元素（Data Element）是数据的基本单位，可包含一个或多个数据项。在计算机程序中通常作为一个整体进行考虑和处理，如数组、一条记录和一个电话号码等。

（3）数据项

数据项（Data Item）是数据不可分割的最小单位，一个数据元素可由若干数据项组成。比如每个数组元素都是数组的数据项；再比如，一条记录由姓名、性别、年龄等数据项组成。

（4）数据对象

数据对象（Data Object）是性质相同的数据元素的集合，是数据的一个子集，如一个二维表、一个文档等。

（5）数据类型

数据类型（Data Type）是指一个值的集合和定义在这个值上的一组操作。数据类型表示操作对象的特性，如整型、实型、字符型、逻辑型等。

程序中的每个数据都属于一种数据类型，数据类型决定了数据的性质以及对数据进行的运算与操作，同时数据也受到其类型的保护，使之不能进行非法操作。将数据分为各种数据类型的目的是存储与检错，定义了数据类型后，编译系统可开辟合适的存储空间，便于同类型数据间的操作，如果数据输入有误或结果溢出等，系统可检查出来报错。

【例 9.1】 以表 9.1 所示的学生基本信息表为例，理解几个数据的基本概念。

表 9.1　　学生基本信息表

学号	姓名	性别	出生日期	民族	入学成绩
20173010	李冬伟	男	1999-2-20	汉族	634
20173011	黑春阳	男	1999-5-31	回族	602
20173015	钟毅	男	1998-12-30	汉族	575
20173092	田恬	女	2000-1-15	汉族	621
20173093	江皓天	男	1999-9-20	汉族	595
20173096	哈亮	男	1999-5-14	满族	560
20173099	申琴婉	女	1998-12-16	汉族	610
20174000	梅郁	女	2000-2-1	汉族	629
20175000	丁一凡	女	2000-8-6	汉族	599

分析：

① 学生基本信息表是一张二维表，它是一个数据对象。

② 表中每一行被称作一个记录，记录是这个数据对象的数据元素。

③ 学号、姓名、性别等数据列，被称作字段，是数据元素中的数据项，“20173010”“李冬伟”“男”等是对应数据项的值。

④ 数据项“姓名”的数据类型是文本类型；“出生日期”的数据类型是日期型；“入学成绩”的数据类型是整型数值。

（6）数据结构

数据结构（Data Structure）是指相互之间存在某些特定关系的数据元素的集合，该集合是有结构的，而结构用来刻画数据元素之间的关系，即数据元素的组织形式。

9.1.3 数据结构的主要研究内容

既然数据结构是指有结构的数据元素的集合，那么，数据结构主要研究以下 3 个方面的问题。

① 数据集合中各数据元素之间所固有的逻辑关系，即数据的逻辑结构。

② 在对数据进行处理时，各数据元素在计算机中的存储关系，即数据的存储结构。

③ 对各种数据结构进行的运算。

下面分别简述以上问题。

1. 数据的逻辑结构

数据的逻辑结构是指数据元素之间的逻辑关系，用一个数据元素的集合和定义在此集合上的若干关系来表示。数据结构可以形式化地表示为如下的二元组。

Data_Structure =（D，R）

其中，D 是数据元素的有限集，R 是 D 上关系的有限集。

2. 数据对象的基本逻辑结构

数据对象的基本逻辑结构有以下 4 种。

（1）集合结构

集合结构中的数据元素彼此之间没有关系。

结构中的数据元素之间除了“属于同一个集合”的关系之外，别无其他关系。关系比较松散，如图 9.2 所示，假如这里的 A1 代表汉语，A2 代表英语，A3 代表俄语，A4 代表西班牙语，A5 代表德语，A6 代表阿拉伯语……那么，这是一个语种的集合。

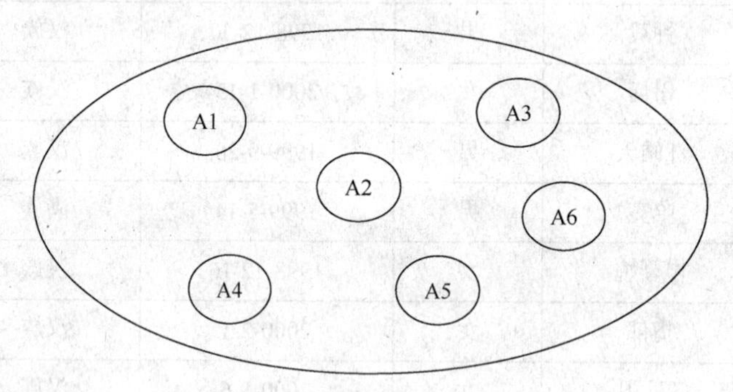

图 9.2 集合结构示意图

（2）线性结构

线性结构的数据元素之间具有一对一的关系，这种关系可以记作 1 : 1。

线性结构是最简单的数据结构，除第一个和最后一个元素外，每个元素至多有一个直接前驱和一个直接后继，如图 9.3 所示。数据元素可以是一个数、字符、字符串或其他复杂形式的数据。比如，表 9.1 的学生基本信息表就可以表示为一个线性结构，图 9.3 中的 a1、a2 等各个节点代表其中的各个数据元素（学生记录）。

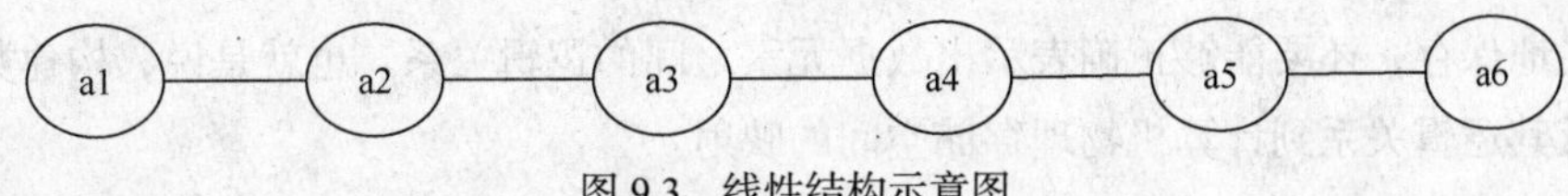

图 9.3　线性结构示意图

（3）树型结构

树型结构的数据元素之间存在一对多的关系，这种关系可以记作 1 : *n*。

树型结构是一种层次结构，每一层的数据元素向下可与多个数据元素相关，而向上最多只与一个数据元素相关，上下层数据元素之间具有父、子关系。树型结构中的数据元素通常称为节点，根节点（最顶层）没有父节点，除根以外的其他节点有且仅有一个父节点，所有节点可有零到多个直接子节点，如图 9.4 所示。

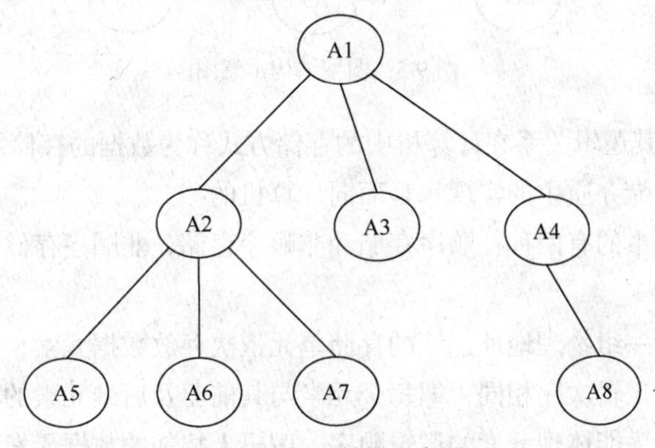

图 9.4　树型结构示意图

自然界的血缘关系就是一种树型结构，在图 9.4 中，假如 A1 表示祖父，则 A2、A3、A4 表示长子、次子、三子，A5、A6、A7、A8 表示孙辈等。

再比如，计算机的文件组织结构也是典型的树型结构，逻辑硬盘的根目录就是树型结构的根节点，由根目录开始创建的各级文件夹以及各层文件夹当中保存的文件，构成了文件存储组织的树型结构。在客观世界当中，具有树型结构关系的客观对象不胜枚举，因此，树型结构是典型而常见的数据结构形式。

（4）图型结构

图型结构中的数据元素之间存在多对多的关系，这种关系可以记作 *n* : *m*，相对而言是一种较为复杂的关系。

图型结构也称为网状结构，数据对象中的任意数据元素之间都可以存在关系，每个数据元素可有多个直接前驱和多个直接后继。如图 9.5 所示，一个公路交通网就可以表示成这样的图型结构，其中 A1 代表西安，A2 石家庄，A3 代表北京，A4 代表太原，等等。

数据的逻辑结构又分为线性结构和非线性结构两种，以上所列，除线性结构之外，其余都是非线性结构。

3. 数据对象的基本存储结构

前面讨论的数据的逻辑结构是从逻辑关系角度观察数据，也就是把客观对象实际具有的相互关系正确完整地描述出来，而没有涉及数据元素的存储问题。但数据元素总是需要在计算机中存储下来才能被计算机处理的，那么，数据的存储结构就是要讨论数据元素在计算机中的存储方式，不仅要稳妥地保存，还要能够正确表示出数据元素之间的逻辑关系。也就是说，构建数据对象各数据元素及其逻辑关系到计算机物理存储空间的映射。

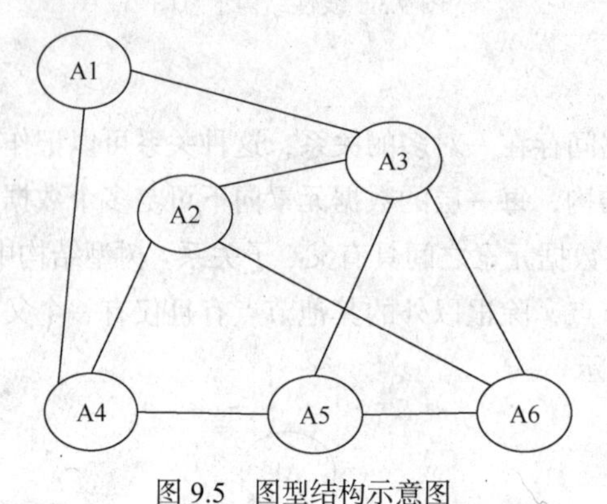

图 9.5　图型结构示意图

因此，数据元素及其逻辑关系在计算机中的存储方式称为数据的存储结构，也称为物理关系，是逻辑结构在计算机存储介质中的实现，是面向计算机的。

数据存储结构最基本的有两种：顺序存储和非顺序存储，非顺序存储常常又称为链式存储。

（1）顺序存储结构

顺序存储结构使用一组物理地址连续的存储单元依次存放数据元素，数据元素在存储单元的物理存储次序与它们的逻辑次序相同，即每个元素与其前驱及后继元素的存储位置相邻。这种存储结构下元素的物理次序能体现元素的逻辑顺序，逻辑上相邻的数据元素，其物理存储地址也是相邻的。

例如，在图 9.6 中，按字母排列顺序把 query 这个单词的 5 个字母存放在一段连续的存储空间里，存储单元地址是连续的，初始物理存储地址与各个字母的逻辑序号之间有简单的线性关系，是一种顺序存储结构。

对于顺序存储结构，只要已知存储单元首地址和每个数据元素所占存储单元数，即可得到任一数据元素的存储地址，这样，数据元素的查找操作是非常简单的。由此可见，顺序存储结构中的数据元素可按其逻辑序号随机存取。

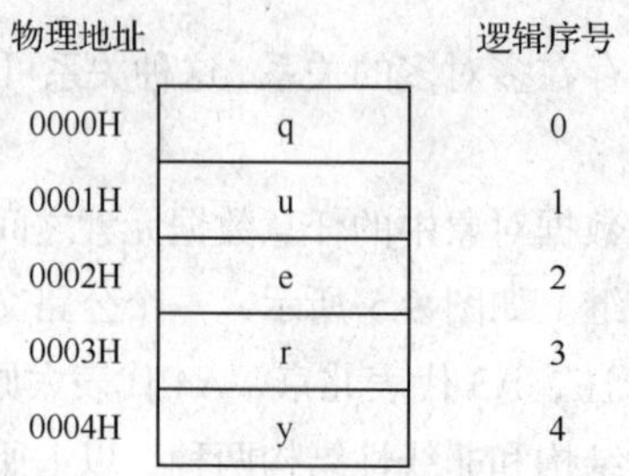

物理地址		逻辑序号
0000H	q	0
0001H	u	1
0002H	e	2
0003H	r	3
0004H	y	4

图 9.6　顺序存储结构

在高级程序设计语言中，顺序存储结构通常与一维数组相对应。

（2）链式存储结构

链式存储结构是非顺序存储结构，是使用若干地址不连续的存储单元来存放数据元素的，逻辑上相邻的数据元素在物理位置上不一定相邻，数据元素间的逻辑关系需要用链接信息另行说明，因此，在存储时需要数据域和链接地址域两部分。

只用一个链接地址域的链式存储称为单链表，单链表节点结构如图 9.7 所示，其中每个数据元素除了要存储自身的数据项外，还要存储其直接后继的物理存储地址，这两部分信息合在一起叫作一个“节点”。

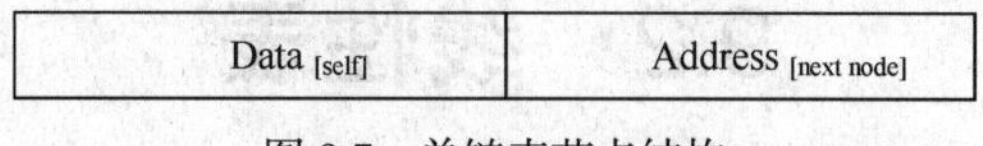

图 9.7　单链表节点结构

有 2 个链接地址域的链式存储称为双向链表，其节点结构如图 9.8 所示。每个节点由数据元素本身、前驱节点地址、后继节点地址三部分构成。

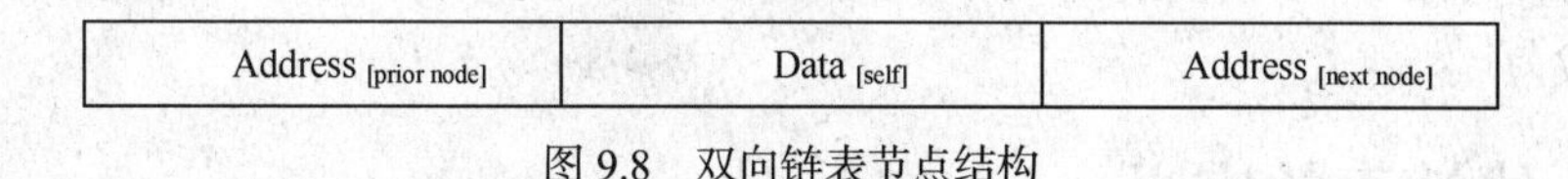

图 9.8　双向链表节点结构

在高级程序设计语言中，通常利用指针变量记载后继（或前驱）元素的存储地址，一个数据元素由数据域和指针域两部分表示，通过指针把相互关联的节点链接起来，节点间的链接关系体现数据元素间的逻辑关系，也就是说在非顺序存储结构下，数据元素之间的逻辑关系靠指针维持。

将顺序存储结构和链式存储结构相结合，还可以构造出一些其他的存储结构。例如，索引存储结构和散列存储结构在数据元素的访问速度上具有明显优势。

4. 数据对象的基本操作

数据操作是指对一种数据结构中的数据元素进行各种运算或处理。每种数据结构都有其特定的数据操作集合，通常都会包含下列基本操作。

（1）插入操作

插入操作即为数据对象添加新的数据元素，是最基本的数据操作之一。例如，对于表 9.1 所示的学生基本信息这个数据对象，插入操作就是添加新的学生信息，即添加新记录。

（2）删除操作

删除操作即为删除指定数据元素。例如，在表 9.1 所示的数据对象中，删除某些不再需要的学生记录。

（3）更改操作

更改操作是指修改指定数据元素的数据项，仍以表 9.1 所示的学生基本信息为例，比如，某些学生的基本信息发生变化，需要更改相应记录的数值。

（4）查找操作

查找操作就是定位到指定的数据元素。插入、删除、更改 3 种基本操作常常以查找操作为先导操作：先查找到要更改的数据元素，然后做更新操作；先查找到要删除的数据元素，然后把它们删除，等等。

📖对上述介绍和讨论进行归纳可见，所谓数据结构，就是按一定逻辑关系组织起来的一组数据，然后按一定的映像方式存储在计算机中，并为其定义了运算集合。

基本数据结构分为线性结构和非线性结构两大类，线性结构包括线性表、栈、队列、串、数组和广义表等，非线性结构包括树和图等。

在随后几节中，将简单讨论线性表、栈、队列、树和二叉树。

9.2 线性表

线性表是最简单也是最常用的一种数据结构。例如，英文字母表（A,B,…,Z）是一个线性表，表中每个元素由单个字母字符组成数据项。又例如，表 9.1 所示的学生基本信息表也是一个线性表，表中的每一行是一个数据元素，每个数据元素又由学号、姓名、性别、出生日期、入学成绩等数据项组成。

9.2.1 线性表的定义

线性表是 n（$n \geqslant 0$）个类型相同的数据元素的有限序列，通常记为：

$$(\boldsymbol{a}_1,\boldsymbol{a}_2,\cdots,\boldsymbol{a}_{i-1},\boldsymbol{a}_i,\boldsymbol{a}_{i+1},\cdots,\boldsymbol{a}_n)$$

对于 $\boldsymbol{a}_i$，i=2,…,n−1，有且仅有一个直接前驱节点 $\boldsymbol{a}_{i-1}$，并且有且仅有一个直接后继节点 $\boldsymbol{a}_{i+1}$；$\boldsymbol{a}_1$ 只有直接后继节点 $\boldsymbol{a}_2$，而没有前驱节点；$\boldsymbol{a}_n$ 只有直接前驱节点 $\boldsymbol{a}_{n-1}$，而没有后继节点。

n 为表的长度，n=0 的表称为空表。

9.2.2 线性表的特点

1. 同一性

线性表由类型相同的数据元素组成，每一个节点必须属于同一数据对象。

2. 有穷性

线性表由有限个数据元素组成，表长度就是表中数据元素的个数，是有限值。

3. 有序性

线性表中相邻数据元素之间存在一一对应的关系。

线性表的逻辑结构见图 9.3。

9.2.3 线性表的存储

线性表既可以使用顺序方式存储，又可以使用链式存储。可以用人们日常生活当中的排队来类比线性表的存储结构：线性表中的元素在位置上是有序的，就好比人们按先来后到的顺序依次站在那里排队，这种位置上的有序性就是一种线性关系，而这种前后关系是逻辑意义上的，排队的方式（物理意义上）与逻辑意义上一致，这就类似于顺序存储；另一种排队方式是使用排号装置，需要排队的人各自从排号装置获得一个实际排列序号。例如从银行大厅的排号机器取一个号码作为办理业务的顺序凭证；去餐厅就餐，通过手机 APP 排号。这些时候，人们的排列顺序由所获得的序号决定，与人所在的物理位置无关，序号就相当于节点的指针域，这就类似于线性表的链式存储。

1. 线性表的顺序存储——顺序表

用物理地址连续的存储空间存储所有数据元素，各数据元素在存储空间中按逻辑顺序依次存放，即逻辑上相邻的数据元素在物理存储位置上也具有完全相同的相邻关系。

采用顺序存储结构的线性表通常称为顺序表。

（1）顺序表的优点

无需为表示节点间的逻辑关系增加额外的存储空间；可方便地随机存取表中的任一数据元素。

（2）顺序表的缺点

数据元素的插入和删除运算不方便，除表尾的位置外，在表的其他位置上进行插入或删除操作都必须移动大量的节点，效率较低。

由于顺序表要求占用连续的存储空间，存储分配只能预先进行静态分配。因此当表长变化较大时，难以确定合适的存储规模。

对于线性表的顺序存储，可再次参考图 9.6。

2．线性表的链式存储——链表

线性表的链式存储有以下特点。

♦ 每个节点都有一个数据域和至少一个指针域。

♦ 各数据元素的存储空间可以不连续。

前面已经介绍过的，每个节点的数据域用来存储数据元素的值，指针域用来存储数据元素的直接后继（或直接前驱）地址。习惯上，把只用一个指针域的链表称为单链表，使用 2 个指针域的链表称为双向链表，这两种链表的节点结构见图 9.7 和图 9.8。

图 9.3 所示的线性表对应的单链链式存储结构如图 9.9 所示。需要指明第一个节点 a1 的地址，例如，赋值给头指针：Head=000AH。

然后顺着节点指针域值可找到每一个节点，把散放在存储空间的相互关联的数据元素通过指针串联起来。

0005H	a4	0031H
……	……	……
0009H	a2	0030H
000AH	a1	0009H
000BH	a6	NULL
……	……	……
0030H	a3	0005H
0031H	a5	000BH

图 9.9　线性表的链式存储结构

不过习惯上，链式存储结构使用图 9.10 所示的形式来表示链表结构，也就是忽略数据元素实际的存储空间关系，而仅仅关心它们的链接关系。

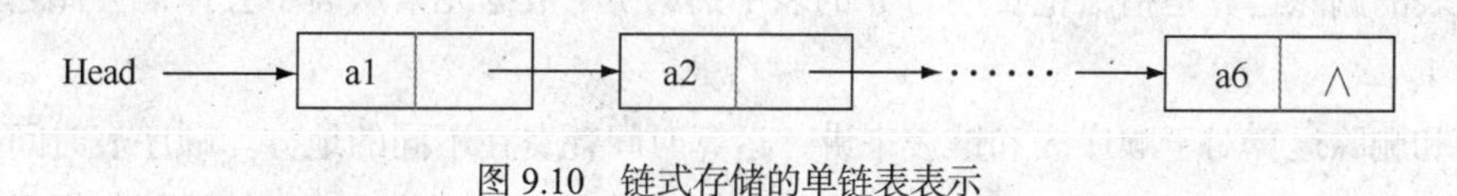

图 9.10　链式存储的单链表表示

由图 9.10 可见，采用单链表结构在查找数据元素的后继节点时很简单、快速，但是如果要查找数据元素的前驱节点，其时间成本将若干倍于查找后继节点。如果双向访问都有速度需求的话，可以采用双向链表结构，每个节点的结构见图 9.8，增加一个前驱节点指针域，以空间代价来降低搜索的时间成本，这样双向查找所需时间等同。

将图 9.9 改为双向链表，其结构示意如图 9.11 所示。不过通常情况下，对于具体的物理存储地址并不是关注的重点，甚至不必关注。因此，双向链表一般采用如图 9.12 所示的方式来表示。

0005H	a4	0030H	0031H
……	……	……	……
0009H	a2	000AH	0030H
000AH	a1	NULL	0009H
000BH	a6	0031H	NULL
……	……	……	……
0030H	a3	0009H	0005H
0031H	a5	0005H	000BH

图 9.11　线性表的双向链式存储结构

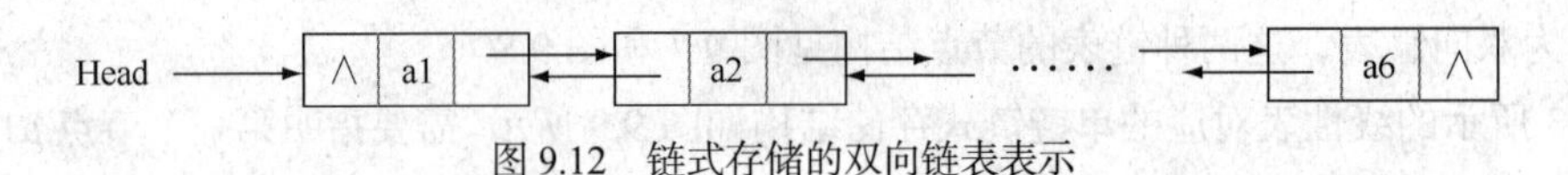

图 9.12　链式存储的双向链表表示

（1）链表的优点

数据元素的插入和删除运算很方便，都不需要移动大量的节点，只需改变指针域的地址即可。

存储空间的分配可随时进行，不用预先定义表长。

（2）链表的缺点

为表示节点间的逻辑关系要增加存放指针的存储空间；不能随机存取表中的任一数据元素；查找数据元素的速度与其在表中的位置有关。

9.2.4　线性表的基本操作

（1）初始化线性表

对于顺序表而言，初始化是指创建一个空表；对于链表而言，初始化是指在链表的端点插入节点建立链表。

（2）插入运算

线性表的插入运算是指在长度为 n 的表的第 i 个位置上插入一个新的数据元素，使得表长变为 $n+1$。

（3）删除运算

线性表的删除运算是指，把长度为 n 的表中的第 i 个数据元素从表中去掉，去掉之后表的长度变为 $n-1$。

插入和删除运算对于顺序表和链表来讲，运算时间耗费在不同的地方。顺序表时间主要耗费在移动数据元素上，插入是要把插入点后边的数据元素逐一向后移动，以便给新数据元素腾出位置，删除则刚好相反，是把删除点后边的数据元素逐一前移；对于链表来讲，时间主要耗费在查找插入/删除点位置的前驱和后继节点上，不同结构的链表时间耗费也不一样。

（4）查找运算

查找运算又分为按序号查找和按值查找两种。

（5）求表的长度

求表的长度就是获得线性表含有的数据元素个数。在表长相同时，链表比顺序表所需运算时间代价要大。

9.3　限制性线性表——栈和队列

9.3.1　栈

栈是线性表的一种，它是一种操作受限的线性表。

1．栈的定义

栈作为一种限定性线性表，其特点是将线性表的插入和删除操作限制在表的一端进行。

栈是一种“后进先出（Last In First Out，LIFO）”结构。比如，向手枪的弹夹中压子弹，后压进去的子弹是先被发射出去的，子弹夹就是一种栈的结构。再比如，火车的调度，先进去的机车最后才能开出来，如图 9.13 所示。即在这种线性表的结构中，一端是封闭的，不允许进行插入与删除元素操作；另一端是开口的，允许进行插入与删除元素操作。

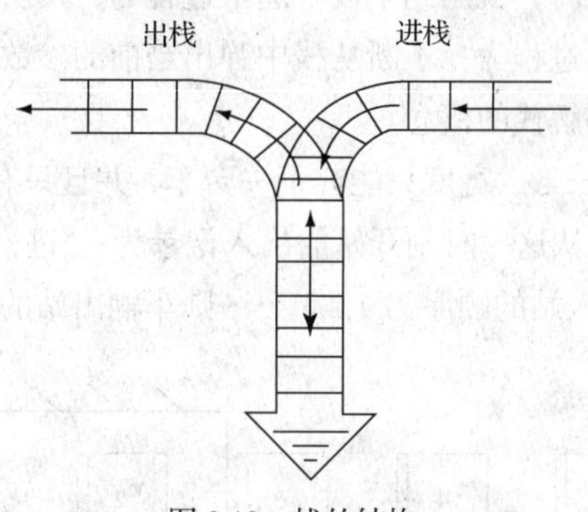

图 9.13　栈的结构

通常将线性表中允许进行插入、删除操作的一端称为栈顶（Top），另一端被称为栈底（Bottom），当栈中没有元素时称为空栈。栈的插入操作被形象地称为进栈或入栈，删除操作称为出栈或退栈，如图 9.14 所示。

2．栈的存储

因为栈也是一种线性表，所以线性表的存储结构对栈也是适用的，只是操作具有栈的特点而已。

（1）顺序栈

以顺序存储方式实现的栈称为顺序栈，与顺序表的定义类似。

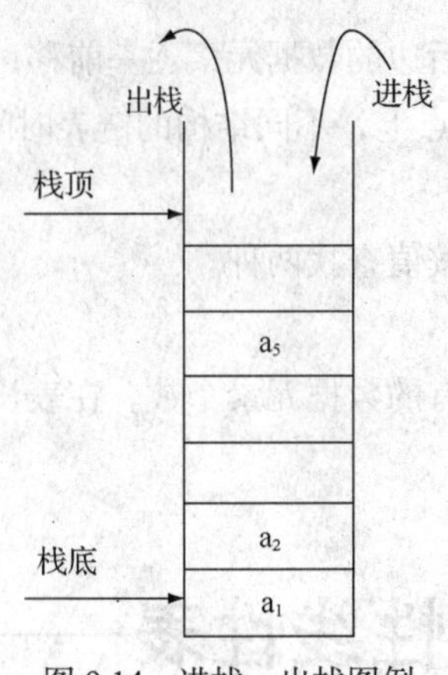

图 9.14　进栈、出栈图例

（2）链栈

以链式存储结构实现的栈称为链栈，通常用单链表表示，其节点结构和单链表的结构相同。

3. 栈的基本操作

基于栈的后进先出特点，对栈有如下基本操作。

- ♦ 栈顶插入元素（入栈）
- ♦ 删除栈顶元素（出栈）
- ♦ 读栈顶元素
- ♦ 判断栈空
- ♦ 将栈置空

在算法部分介绍递归调用时，就用到了栈。递推过程为：每次调用自身，将当前参数压栈，直至达到递归结束条件；回归过程为：不断从栈中弹出当前的参数，直到栈空。

下面两个例题帮助读者理解栈的概念。

【例 9.2】 某个车站呈狭长形，宽度只能容下一台车，并且只有一个出入口，如图 9.15 所示。已知某时刻该车站状态为空，从这一时刻开始的出入记录为："进，进，进，出，进，出，出，进，进，进，出，出"。假设车辆入站的顺序为 1,2,3,……则车辆出站的顺序是怎样的？

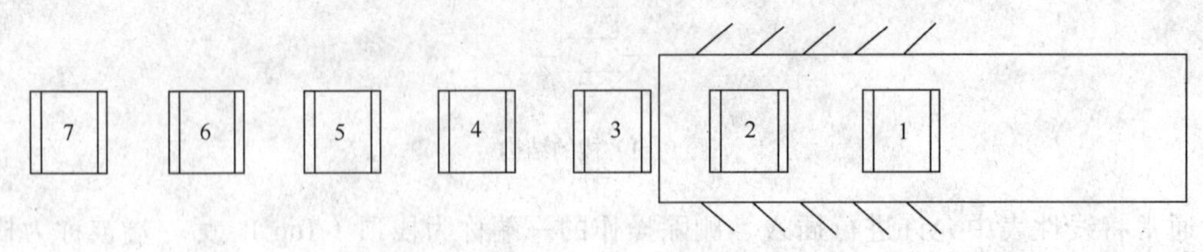

图 9.15　例 9.2 示意图

分析：因为车站只有一个进出口，它类似一个栈的结构，车辆的进入就相当于进栈，车辆的退出就是出栈。

① 记录的前三项说明 1,2,3 号车进站了，其中第 3 号车在最后，第四项"出"，即退出第 3 号车。

② 记录的第五项"进"，是进了第 4 号车，此时第 4 号车在最后，第六、第七项"出、出"，则是退出了第 4 号与第 2 号车。

③ 记录的第八项到第十项连续进了三辆车，序号为 5,6,7。

④ 记录中的最后两项“出，出”，表明最后进去的第 7 号、第 6 号车退出。

综上所述，车辆出站的顺序为：3,4,2,7,6。

【例 9.3】 一个栈的输入顺序是 a、b、c、d、e，那么下列不可能出现的输出序列是 A、B、C、D 4 个选项中的哪一个？

A. edcba　　B. decba　　C. dceab　　D. abcde

分析：对于入栈后的元素，其出栈顺序一定要反序，但题目没有说明什么时候哪几个元素入栈，所以要逐个分析。

① 选项 A，第一个出栈的是 e，这说明 d、c、b、a 已经在栈里了，而后面的出栈顺序符合反序输出的规则，所以这个输出顺序是可能的。

② 选项 B，第一个出栈的是 d，这说明 c、b、a 已经在栈里了，第二个出栈的是 e，这可能在 d 出栈后 e 又完成了进栈、出栈，后面的出栈顺序为 c、b、a，这个输出顺序是可能的。

③ 选项 C，前两个出栈的是 d，c，这说明 b、a 已经在栈里了，第三个出栈的是 e，如前所述，这可能在 c 出栈后 e 又完成了进栈、出栈，最后的出栈顺序为 a、b，这种输出顺序是不可能的。

④ 选项 D，看似好像不可能，但大家想想 5 个元素依次进栈、出栈的情况，就不难理解了，这个顺序是可能的。

因此，本题选择 C。

9.3.2　队列

队列是线性表的一种，它是另一种操作受限的线性表。

1. 队列的定义

队列作为一种限定性的线性表，它只允许在表的一端插入元素，而在另一端删除元素。在队列中，允许插入的一端叫作队尾（rear），允许删除的一端则称为队头（front）。在队列中，队尾指针 rear 与队首指针 front 共同反映了队列中数据元素动态变化的情况，如图 9.16 所示。

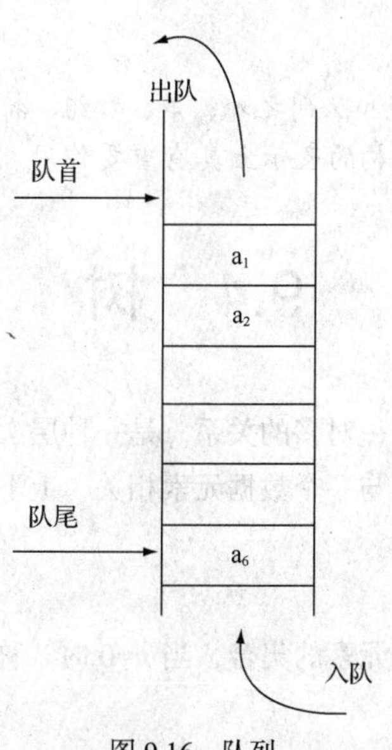

图 9.16　队列

队列是一种“先进先出（First In First Out，FIFO）”的结构，由于队列的插入和删除操作分别在线性表的两端进行，所以每个元素必然按照进入的次序离队。队列结构体现了“先来先服务”的原则，在日常生活中，人们为购物或等车时所排的队就是一个队列，新来购物或等车的人接到队尾（即进队），站在队首的人购物完毕或上车后离开（即出队），当最后一人离队后，则队列为空。在计算机应用中，最典型的就是操作系统中的作业排队，打印机执行任务也是先来先服务的例子。

2. 队列的存储

与栈相同，队列也有顺序存储和链式存储两种存储方式。

（1）顺序队

以顺序方式存储的队列称为顺序队，与顺序表结构类似。

（2）链队

以链式方式存储的队列称为链队。和链栈一样，通常用单链表实现链队。

3. 队列的基本操作

队列主要具有以下基本操作。

- 在队尾插入元素（进队）
- 在队头删除元素（出队）
- 取队头元素
- 判断队列是否为空
- 判断队列是否为满
- 将队列清空

例如，假定有 a,b,c,d 四个元素依次进队，则得到的队列为（a,b,c,d），其中字符 a 为队首元素，字符 d 为队尾元素。若从此队中删除一个元素，则字符 a 出队，字符 b 成为新的队首元素，此队列变为（b,c,d）；若接着向该队列插入一个字符 e，则 e 成为新的队尾元素，此队列变为（b,c,d,e）；若接着做三次删除操作，则队列变为（e），此时只有一个元素 e，它既是队首元素，又是队尾元素，当它被删除后，队列变为空。

📖除了上述的基本线性表、栈和队列之外，串、数组、特殊矩阵和广义表也被视为线性表的推广，并且在树和图这些非线性结构的表示上具有重要作用。

9.4 树

树型结构的数据元素之间存在一对多的关系，是一种层次结构，每一层的数据元素向下可与多个数据元素相关，而向上最多只与一个数据元素相关，上下层数据元素之间具有父、子关系。

9.4.1 树的定义

树 T 是 n（$n>0$）个有限数据元素的集合，当 $n=0$ 时，称 T 为空树。当 $n>0$ 时，树 T 具有以下特征。

（1）其中必有一个称为根（root）的特定节点，它没有直接前驱节点，但有零个或多个直接后继节点。

（2）其余 n-1（$n>1$）个节点可以划分成 m（$m\geqslant 0$）个互不相交的有限集 $T_1,T_2,T_3,\cdots,T_m$，其中 T_i，i=1,…,m，又是一棵树，称为根的子树。每棵子树的根节点有且仅有一个直接前驱，可有零个或多个直接后继。

可以看出，树的定义具有递归特征，即用树来定义树。

树的定义还可以用下列形式化描述

T=（D，R）

其中，D 为树 T 节点的集合，R 为树 T 节点之间关系的集合。

树的结构如图 9.17 所示。

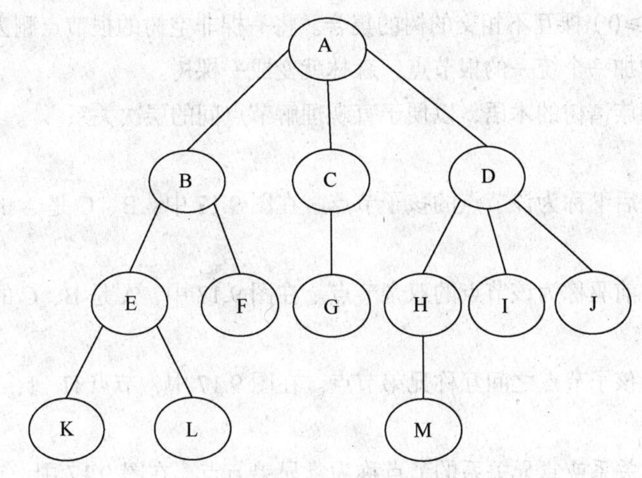

图 9.17　树型结构示意

9.4.2　树的相关术语

（1）节点

节点是指一个数据元素及若干指向其他节点的分支信息。

（2）节点的度

一个节点的子树数称为此节点的度。在图 9.17 中，节点 A 的度为 3。

（3）叶节点

叶节点是度为 0 的节点，即无后继的节点，也称为终端节点。在图 9.17 中，节点 F、G、I、J、K、L、M 为叶节点。

（4）分支节点

分支节点是度不为 0 的节点，也称为非终端节点。在图 9.17 中，节点 B、C、D、E、H 为分支节点。

（5）节点的层次

节点的层次从根节点开始定义，根节点的层次为 1，根的直接后继的层次为 2，以此类推。在图 9.17 中，节点 G 的层次为 3。

（6）节点的编号

节点的编号是将树中的节点按从上层到下层、同层从左到右的次序排成一个线性序列，依次给它们编以连续的自然数。在图 9.17 中，节点 G 的层次编号为 7。

（7）树的度

树的度是指树中所有节点的度的最大值。在图 9.17 中，树的度为 3。

（8）树的高度（深度）

树的高度是指树中所有节点的层次的最大值。在图 9.17 中，树的高度为 4。

（9）有序树

在树 T 中，如果各子树 Ti 之间是有先后次序的，则称 T 为有序树。

（10）森林

森林是指 m（$m \geqslant 0$）棵互不相交的树的集合。将一棵非空树的根节点删去，树就变成一个森林；反之，给森林增加一个统一的根节点，森林就变成一棵树。

习惯上常常借用族谱树的术语，以便于直观理解节点间的层次关系。

（11）孩子节点

一个节点的直接后继称为该节点的孩子节点。在图 9.17 中，B、C 是 A 的孩子。

（12）双亲节点

一个节点的直接前驱称为该节点的双亲节点。在图 9.17 中，A 是 B、C 的双亲。

（13）兄弟节点

同一双亲节点的孩子节点之间互称兄弟节点。在图 9.17 中，节点 H、I、J 互为兄弟节点。

（14）堂兄弟

其父亲间是兄弟关系或堂兄关系的节点称为堂兄弟节点。在图 9.17 中，节点 E、G、H 互为堂兄弟。

（15）祖先节点

一个节点的祖先节点是指从根节点到该节点的路径上的所有节点。在图 9.17 中，节点 K 的祖先节点是 A、B、E。

（16）子孙节点

一个节点的直接后继和间接后继称为该节点的子孙节点。在图 9.17 中，节点 D 的子孙是 H、I、J、M。

9.5 二叉树

上边给出了树的定义与相关概念，树型结构是十分重要的非线性结构，常常用来描述客观世界当中广泛存在的层次关系。在树型结构中，二叉树又是最简单、应用非常广泛的一种。

9.5.1 二叉树的定义

通常把满足以下两个条件的树型结构叫作二叉树（Binary Tree）。

① 每个节点的度都不大于 2。

② 每个节点的孩子节点次序不能任意颠倒。

也就是说，二叉树中不存在度大于 2 的节点。二叉树的子树有左右之分，其次序不能任意颠倒，其所有子树（左子树或右子树）也均为二叉树。在二叉树中，一个节点可以只有一个子树（左子树或右子树），也可以没有子树，如图 9.18 所示。

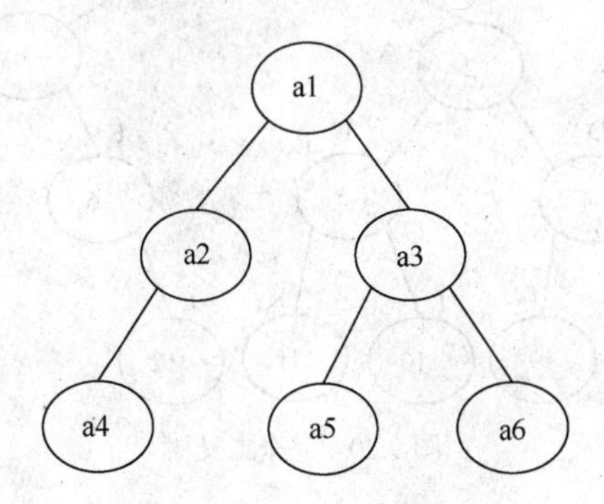

图 9.18　二叉树

9.5.2　两种特殊的二叉树

1. 满二叉树

满二叉树是指一棵深度为 k 且具有 2^k-1 个节点的二叉树。

具体来讲就是，满二叉树中每个节点都有左子树和右子树，并且所有叶节点都在同一层上，即每层节点都具有最大节点数，如图 9.19 所示。

对满二叉树按照从上到下、从左到右的顺序，从 1 开始给每个节点编号，当树的深度为 4 时，编号结果如图 9.19 所示。按照定义，计算其节点数为 $2^4-1=15$，节点数由图 9.19 所示的节点编号也是显而易见。

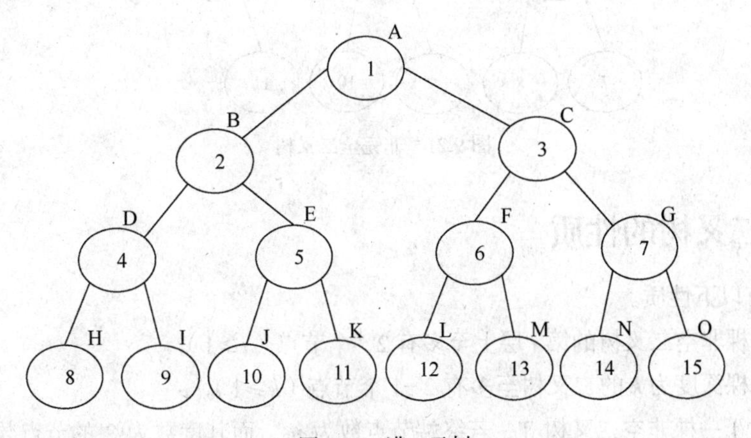

图 9.19　满二叉树

2. 完全二叉树

对于深度为 k，节点数为 n 的二叉树，按照从上到下、从左到右的顺序给每个节点编号，如果其节点 1～n 的位置序号分别与满二叉树的节点 1～n 的位置序号完全是一一对应的，则称其为完全二叉树，如图 9.20 所示。

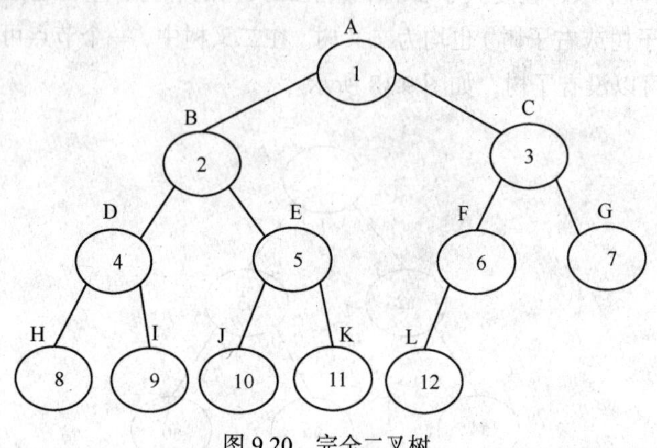

图 9.20　完全二叉树

图 9.21 所示的二叉树就不是完全二叉树，因为把它与图 9.19 所示的满二叉树的对应节点序号两相比对，可以发现在第 4 层节点上，图 9.21 所示的二叉树的节点序号与图 9.19 所示的满二叉树不一致，因此，它不是完全二叉树。

满二叉树和完全二叉树的关系是：满二叉树一定是完全二叉树，完全二叉树则不一定是满二叉树。

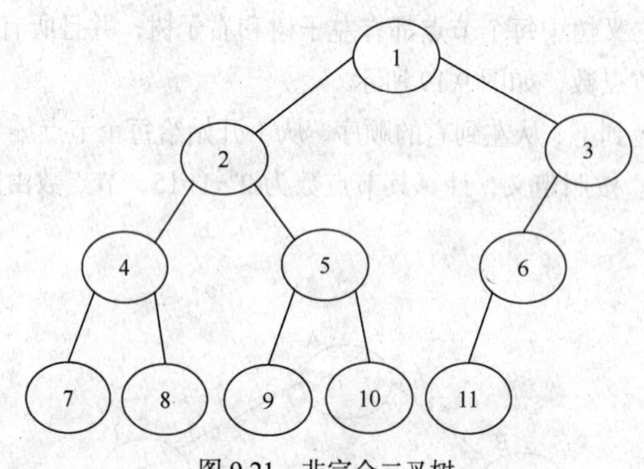

图 9.21　非完全二叉树

9.5.3　二叉树的性质

二叉树具有以下性质。

性质 1　一棵非空二叉树的第 i 层上至多有 2^{i-1} 个节点（$i\geqslant1$）。

性质 2　一棵深度为 k 的二叉树至多有 2^k-1 个节点（$k\geqslant1$）。

性质 3　对于一棵非空二叉树 T，若终端节点数为 n_0，而其度数为 2 的节点数为 n_2，则 $n_0=n_2+1$ 。

性质 4　具有 n 个节点的完全二叉树的深度为$\lfloor\log_2 n\rfloor+1$。（注：$\lfloor\ \rfloor$表示下取整数）

性质 5　对于具有 n 个节点的完全二叉树，如果按照从上到下和从左到右的顺序对二叉树中的所有节点从 1 开始顺序编号，则对于任意序号为 i 的节点，有：

① 若 $i=1$，则 i 无双亲节点，即 i 是根节点。

若 $i>1$，则 i 的双亲节点为$\lfloor i/2 \rfloor$。

② 若 $2\times i>n$，则 i 无左孩子。

若 $2\times i\leqslant n$，则 i 节点的左孩子节点为 $2\times i$。

③ 若 $2\times i+1>n$，则 i 无右孩子。

若 $2\times i+1\leqslant n$，则 i 的右孩子节点为 $2\times i+1$。

另外，如果对二叉树的根节点从 0 开始编号，则节点 i 的双亲节点、左孩子节点和右孩子节点的编号略有变动，请读者自行推算。

以上性质本书没有给出证明，请读者参见上面图例验证并加深理解。

9.5.4　二叉树的遍历

二叉树的遍历是指按一定规律对二叉树中的每个节点进行访问且仅访问一次。

那么按什么规律来访问呢?

二叉树的基本结构由根节点、左子树和右子树组成，用 L、D、R 分别表示遍历左子树、访问根节点、遍历右子树。如果规定按先左后右的顺序，对二叉树的遍历顺序就可以有：DLR、LDR 和 LRD 三种。根据对根的访问先后顺序不同，分别称 DLR 为先序遍历或先根遍历，LDR 为中序遍历（中根遍历），LRD 为后序遍历（后根遍历）。

使用递归方法可对三种遍历做如下定义。

1. 先序遍历（DLR）操作过程

若二叉树为空，则空操作，否则依次执行如下操作。

① 访问根节点。

② 按先序遍历左子树。

③ 按先序遍历右子树。

2. 中序遍历（LDR）操作过程

若二叉树为空，则空操作，否则依次执行如下操作。

① 按中序遍历左子树。

② 访问根节点。

③ 按中序遍历右子树。

3. 后序遍历（LRD）操作过程

若二叉树为空，则空操作，否则依次执行如下操作。

① 按后序遍历左子树。

② 按后序遍历右子树。

③ 访问根节点。

【例 9.4】 对于图 9.18 的二叉树，其先序、中序、后序遍历的序列如下。

先序遍历：a1、a2、a4、a3、a5、a6。

中序遍历：a4、a2、a1、a5、a3、a6。

后序遍历：a4、a2、a5、a6、a3、a1。

除了上述 3 种以递归定义的遍历方法外，二叉树还可以用层次遍历。

4．层次遍历

二叉树的层次遍历是从二叉树的根节点开始，向下逐层遍历，在同一层中，按照从左到右的顺序对节点进行逐一访问。

对于图 9.18 所示的二叉树，其层次遍历序列为：a1、a2、a3、a4、a5、a6。

二叉树遍历的意义在于：通过遍历得到了二叉树中节点访问的线性序列，实现了非线性结构的线性化，遍历是各种运算操作的基础。

9.5.5　二叉树的存储

1．顺序存储结构

在一段连续存储空间，把二叉树的节点按从上到下从左到右的顺序存放，就是二叉树的顺序存储结构。

按照上述定义，图 9.20 所示的完全二叉树对应的顺序存储结构如图 9.22 所示。而图 9.19 所示的满二叉树的顺序存储结构无非是在图 9.22 中最右边的节点 L 之后把 M、N 和 O 这 3 个节点再顺序存储下去。

满二叉树和完全二叉树的节点序号唯一反映节点之间的逻辑邻接关系，由图 9.22 可见，物理存储上的邻接关系与逻辑邻接关系完全一致，因此，这两种特殊的二叉树采用顺序存储是十分适宜的。

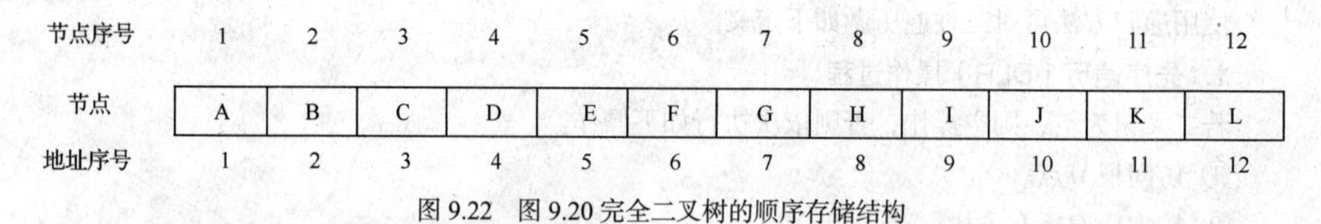

节点序号	1	2	3	4	5	6	7	8	9	10	11	12
节点	A	B	C	D	E	F	G	H	I	J	K	L
地址序号	1	2	3	4	5	6	7	8	9	10	11	12

图 9.22　图 9.20 完全二叉树的顺序存储结构

那么接下来的问题是，如果是任意一棵二叉树呢？特别是那些既非满二叉树，又非完全二叉树的，如果依然采用顺序结构存储将会是怎样的情形呢？例如，图 9.23 所示的二叉树依然采用从上到下、从左到右的顺序把每个节点存放在连续存储区域，那么结果将如图 9.24 所示。

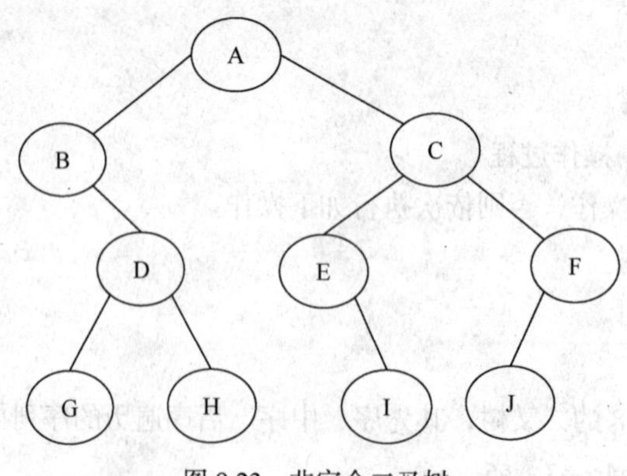

图 9.23　非完全二叉树

很明显，图 9.24 中节点的物理邻接关系与节点实际的逻辑邻接关系并不一致，这样的存放方式不符合顺序存储结构的基本原则，因此，是不正确的。那么，应该怎样做呢？正确方法是给非完全二叉树增加一些并不存在的空节点，使之成为一棵完全二叉树，然后再放到连续地址空间存储。以图 9.23 所示的二叉树为例，改造之后的完全二叉树如图 9.25 所示，其顺序存储结构如图 9.26 所示。

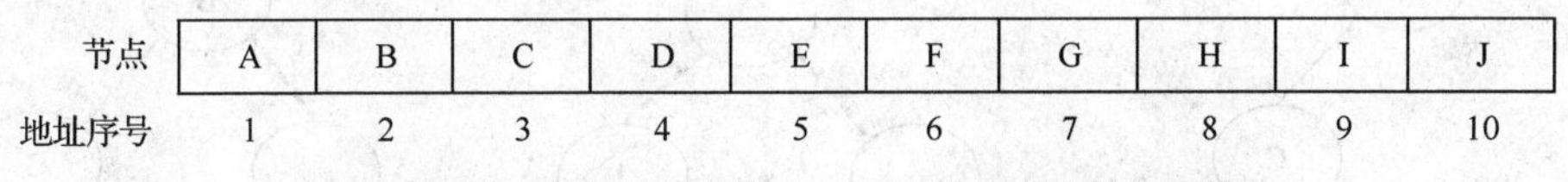

图 9.24　图 9.23 所示的非完全二叉树节点连续存放示意图

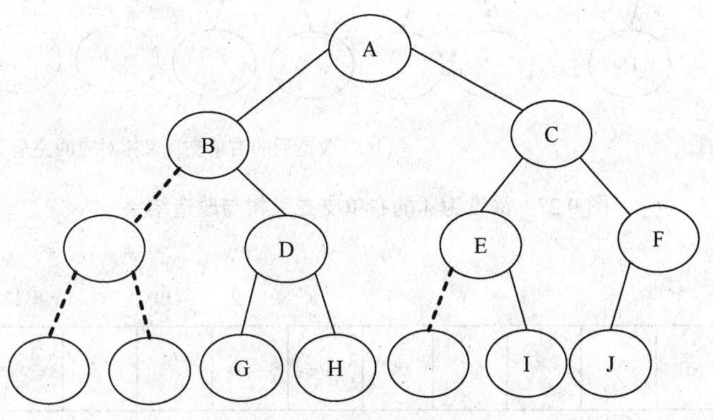

图 9.25　非完全二叉树改造之后的完全二叉树

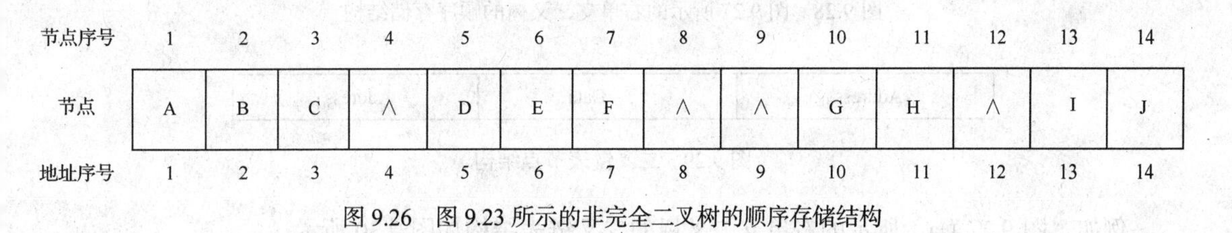

图 9.26　图 9.23 所示的非完全二叉树的顺序存储结构

由图 9.26 可见，需要存储的节点是 10 个，但需要分配 14 个节点的连续存储空间。

由上述讨论可以想象出，对于二叉树来讲，最坏的情况是图 9.27（a）所示的这种右单支二叉树，若要顺序存储，需要改造成图 9.27（b）所示的完全二叉树，其实已经是满二叉树了，其顺序存储结构如图 9.28 所示。这棵右单支二叉树只有 4 个节点要存，却需要 15 个连续地址空间。即深度为 k 的右单支二叉树，只有 k 个节点要存，而顺序存储的连续地址空间却需要 2^k-1 个。

很显然，二叉树采用顺序存储结构会造成大量的存储空间浪费，因此，并不适宜用顺序存储结构。

2．链式存储结构

二叉树的链式存储结构用链表来表示，节点之间的逻辑关系用链来指示，通常有二叉链表和三叉链表两种存储结构。

（1）二叉链表存储结构

二叉链表的每个节点由三部分组成：数据域和两个指针域，数据域存放数据元素本身，两个指针域分别存放左子节点和右子节点的地址，二叉链表节点结构如图 9.29 所示。很显然采用二叉链表时，查找节点的左、右子节点是很便捷的。

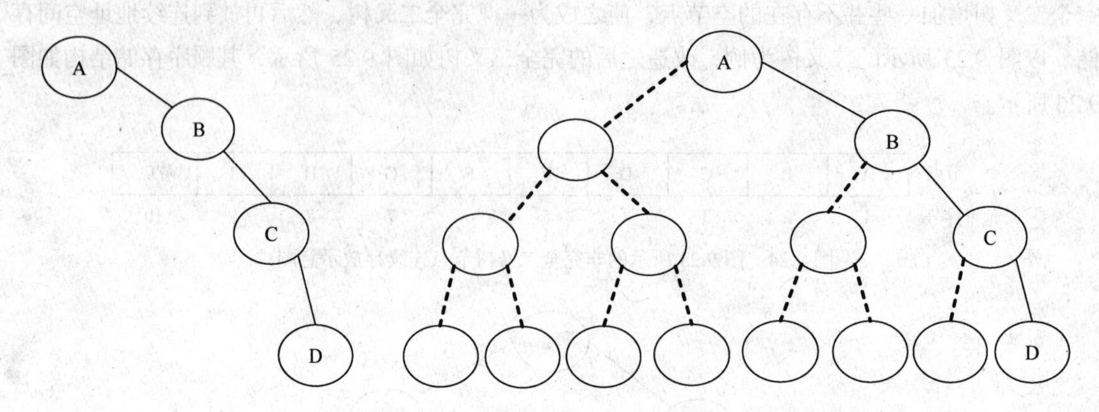

（a） 右单支二叉树　　　　（b） 改造后的右单支二叉树对应的完全二叉树

图 9.27　深度为 4 的右单支二叉树与改造结果

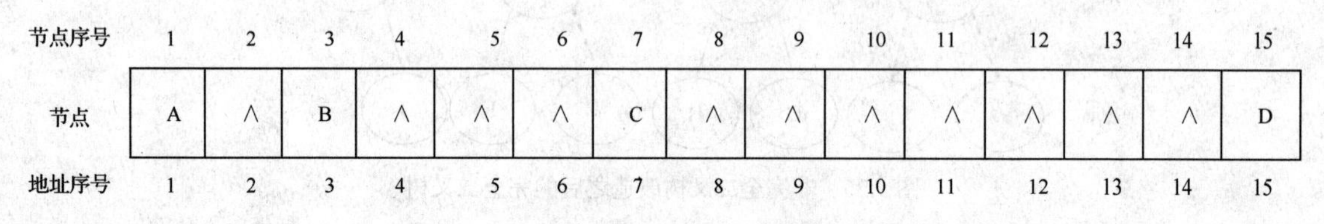

节点序号	1	2	3	4	5	6	7	8	9	10	11	12	13	14	15
节点	A	∧	B	∧	∧	∧	C	∧	∧	∧	∧	∧	∧	∧	D
地址序号	1	2	3	4	5	6	7	8	9	10	11	12	13	14	15

图 9.28　图 9.27 所示的右单支二叉树的顺序存储结构

$Address_{[lChild]}$	Data	$Address_{[rChild]}$

图 9.29　二叉链表节点结构

例如，图 9.27（a）所示的右单支二叉树的二叉链表结构如图 9.30 所示。

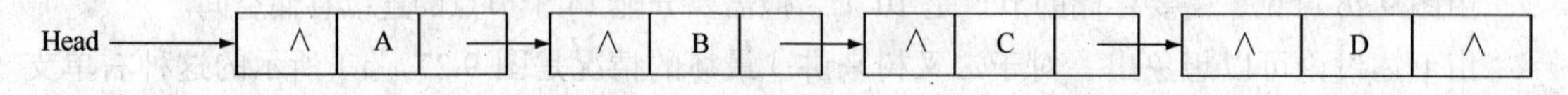

图 9.30　图 9.27（a）所示的右单支二叉树的二叉链表结构

二叉链表是最常用的二叉树存储方式，因为它结构简单灵活、操作方便，很多时候比顺序存储结构节省存储空间，唯一的缺点是无法由一个节点直接找到其双亲节点。

（2）三叉链表存储结构

三叉链表的每个节点由 4 部分组成：数据域和 3 个指针域，数据域存放数据元素本身，3 个指针域分别存放左子节点、右子节点和双亲节点的地址，三叉链表节点结构如图 9.31 所示。显而易见，采用三叉链表不但便于查找子节点，而且便于查找双亲节点。

$Address_{[lChild]}$	Data	$Address_{[rChild]}$	$Address_{[Parent]}$

图 9.31　三叉链表节点结构

例如，图 9.23 所示的二叉树的三叉链表存储结构如图 9.32 所示。

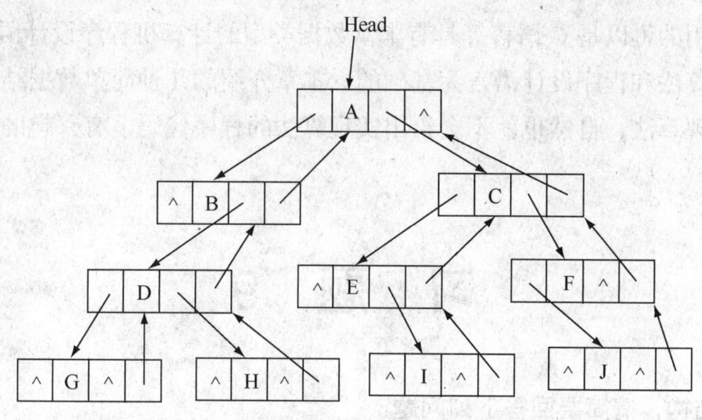

图 9.32　图 9.23 所示的二叉树的三叉链表存储结构

9.5.6　二叉树的基本运算

对二叉树的运算是在遍历二叉树的过程中完成的，通常有下列基本运算。

① 初始化一棵二叉树，即建立一棵空的二叉树。

② 生成一棵二叉树，即建立根节点及其左、右子树。

③ 为某节点插入左子节点、右子节点。

④ 删除某节点的左子节点、右子节点。

⑤ 查找某节点。

⑥ 查找某节点的双亲节点、左子节点、右子节点。

⑦ 按照某种方式遍历二叉树的全部节点。

📖本节重点介绍了二叉树的相关概念、存储结构及基本运算，那么，对于任意的树型结构而言，由于每个节点可以有任意数目的子节点，因此，在存储以及运算上比二叉树要复杂得多。但是，在限定的规则下，可以把树或者森林转换为二叉树表示，这样，对于二叉树基本概念和链式存储方式的充分理解则非常有助于对树与森林的处理，这也是选择二叉树作为重点来介绍的意义所在。

由于本书属于导论类型，因此，本章仅简单介绍了数据结构的概念、研究内容、在计算机科学中的重要地位，以及常见数据结构中的线性表、栈、队列和二叉树。希望通过这些介绍，读者能对数据结构的基本问题和重要作用有基本的了解与认识，并对数据结构问题建立起初步的思维模式。至于更复杂也同样应用非常广的树与图型结构，以及与数据结构相关的各种数据类型等更全面、深入的问题，则没有给予更多的讨论，有兴趣的读者可以另行选择专门教材研读。

数据结构问题其实是不应孤立来看的，它一定是与算法密不可分的。因为数据结构不同、采用的存储方式不同，都会使对应的基本运算需要使用不同的算法来实现，即便是相同的结构形式，也有可能采用不同的算法来实现运算。例如，二叉树的遍历，既可以采用递归算法实现，也可以采用非递归算法实现。总之，在各种数据结构的基本运算当中，迭代算法、递推算法、递归算法、回溯算法、贪心算法、排序和查找等算法是常常用到的。而对算法的验证与实现则需要使用某种程序设计语言，常用的可以是C语言等具有丰富数据类型的计算机程序设计语言来实现。因此，数据结构课程是以算法和程序设计语言为基础的。本章介绍的几种简单数据结构，都没有进一步介绍基本运算的实现算法，自然也就不会给出实现算法的程序代码，有兴趣的读者请另行研读相关内容。

习题 9

1. 对于数据结构，请简要回答下列问题

（1）什么是数据结构？

（2）数据结构研究的主要内容是什么？

（3）数据的逻辑结构的描述对象是什么？

（4）数据存储结构的研究目标是什么？

2. 关于数据，请结合一个实例，简要解释以下术语

（1）数据元素

（2）数据项

（3）数据对象

（4）数据类型

3. 对于线性表结构，请简要回答下列问题

（1）什么是线性表？

（2）线性表结构中数据元素之间具有怎样的对应关系？

（3）列举出现实生活中具有线性表结构的实例。

（4）线性表的顺序表存储结构和单链表存储结构各有哪些主要优缺点？

4. 对于栈与队列，请简要回答下列问题

（1）为什么称栈与队列是限制性线性表？

（2）简述栈的存储方式。

（3）简述队列的存储方式。

（4）试列举出利用栈做数据结构的算法应用实例。

5. 对于树型结构，请简要回答下列问题

（1）什么是树型结构？

（2）树型结构中的数据元素之间具有怎样的对应关系？

（3）试列举出现实生活中具有树型结构的实例。

6. 对于图型结构，请简要回答下列问题

（1）什么是图型结构？

（2）图型结构中的数据元素之间具有怎样的对应关系？

（3）试列举出现实生活中具有图型结构的实例。

7. 对图9.33所示的各种结构表示，请回答下列问题

（1）哪些属于树型结构？

（2）哪些是非树型结构？

（3）哪些是二叉树？

（4）哪些是完全二叉树？

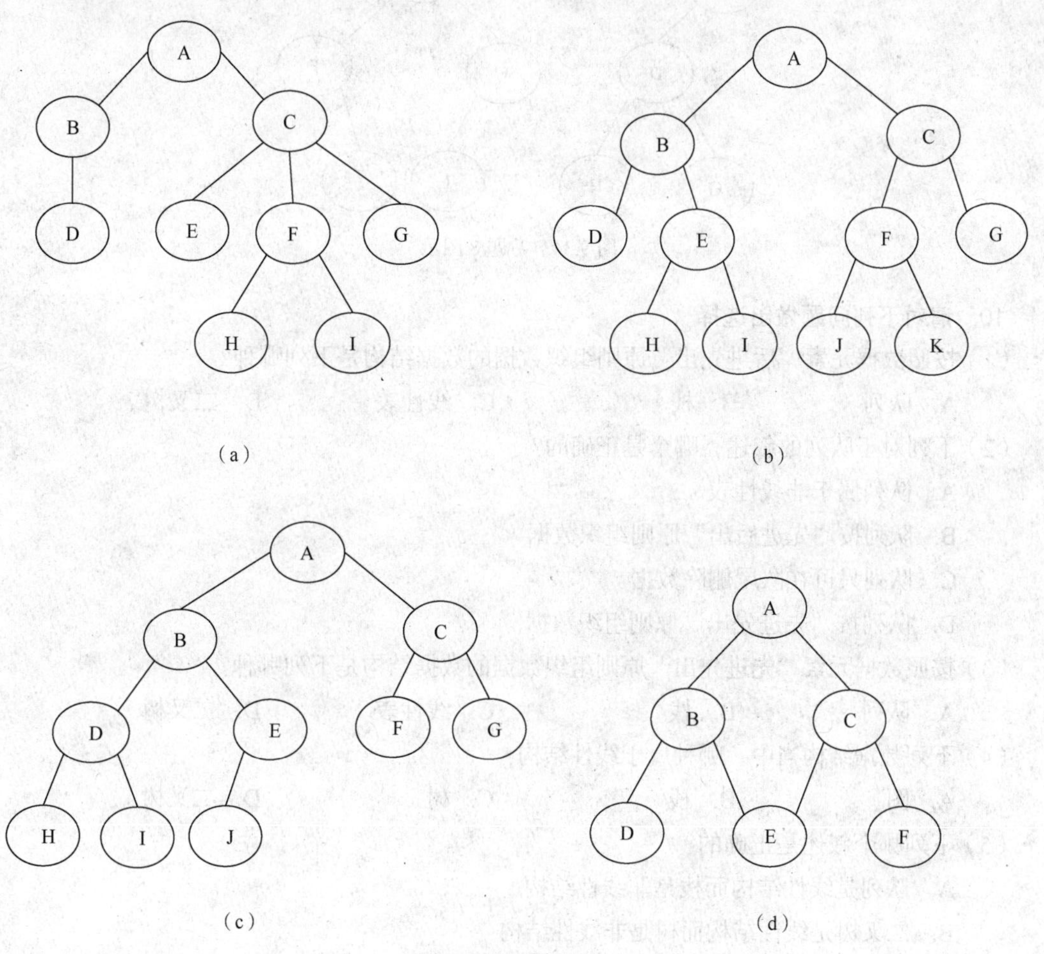

图 9.33　习题 7 图示

8. 对图 9.34 所示的二叉树，完成下列要求及回答问题

（1）给出先序遍历序列。

（2）给出中序遍历序列。

（3）给出后序遍历序列。

（4）画出二叉链表存储结构示意图。

（5）分析采用二叉链表结构与三叉链表结构，其各自的优劣之处。

9. 关于二叉树的遍历，请回答下列问题

（1）如果已知一棵二叉树的先序遍历序列和中序遍历序列，能否给出该二叉树的结构关系？

（2）请根据第 8 题的先序和中序遍历结果，尝试恢复该二叉树的结构关系，并简述求算过程。

（3）如果仅已知一棵二叉树的某一种遍历序列，是否能够籍此判断得到该二叉树的结构关系？

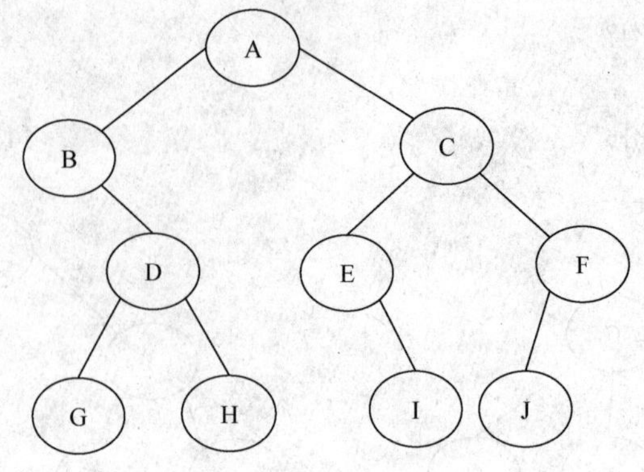

图 9.34　习题 8 图示

10. 请对下列问题做出选择

（1）按照数据元素“后进先出”原则组织数据的数据结构是下列哪种？

A. 队列　　B. 栈　　C. 线性表　　D. 二叉树

（2）下列对于队列的叙述，哪个是正确的？

A. 队列属于非线性表

B. 队列按“先进后出”原则组织数据

C. 队列只可在队尾删除数据

D. 队列按“先进先出”原则组织数据

（3）按照数据元素“先进先出”原则组织数据的数据结构是下列哪种？

A. 队列　　B. 栈　　C. 线性表　　D. 二叉树

（4）下列数据结构当中，哪种属于线性结构？

A. 图　　B. 栈　　C. 树　　D. 二叉树

（5）下列哪个叙述是正确的？

A. 队列是线性结构而栈是非线性结构

B. 二叉树是线性结构而树是非线性结构

C. 队列与栈都是非线性结构

D. 以上叙述都不对

（6）下列关于栈的叙述，哪个是正确的？

A. 栈结构只能插入数据　　B. 栈结构可以删除数据

C. 栈是先进先出的线性表　　D. 栈是非线性结构

（7）下列关于队列的叙述，哪个是正确的？

A. 队列结构可以插入数据　　B. 队列只能删除数据

C. 队列是后进先出的线性表　　D. 队列是非线性结构

（8）栈和队列的共同特点是哪一个？

A. 数据组织原则都是后进先出

B. 数据组织原则都是先进先出

C. 都是非线性结构

D. 只能在端点处插入和删除数据元素

（9）下列哪一个不是栈的基本运算？

A. 将栈置空　　B. 删除栈顶数据元素

C. 判断是否为空栈　　D. 删除栈底数据元素

（10）一个栈的输入顺序为 a、b、c、d、e，下列哪个是不可能的输出序列？

A. abcde　　B. edcba　　C. decba　　D. dceab

（11）设栈 S 的初始状态为空，数据元素 a、b、c、d、e 依次入栈，下列哪个是不可能的出栈序列？

A. abcde　　B. bcaed　　C. aecbd　　D. dceba

（12）某车站呈狭长形，宽度只能容下一台车，并且只有一个口可以出入。假设某时刻该车站状态为空，从这一时刻开始的车辆出入记录为：进，出，进，进，进，出，出，进，进，进，出，出。如果车辆进站的顺序为 1,2,3,4,5,6,7，则车辆出站的顺序是下列哪一个？

A. 1,2,3,4,5　　B. 1,2,4,5,7

C. 1,4,3,7,6　　D. 1,4,3,7,2

（13）已知队列（13,2,11,34,41,77,5,7,18,26,15），第一个进入队列的元素是 13，则第 5 个出队列的元素是下列哪一个？

A. 5　　B. 41　　C. 77　　D. 13

（14）设有一个空栈，现有输入顺序为 5,4,3,2,1，经过进栈，进栈，出栈，进栈，进栈，出栈，出栈操作之后，下列哪一个是输出序列？

A. 1,2,3　　B. 4,3,5　　C. 2,3,4　　D. 4,2,3

（15）设有一个空栈，现有输入顺序为 5,4,3,2,1，经过进栈，进栈，出栈，进栈，出栈，出栈，进栈操作之后，下列哪一个是输出序列？

A. 1,2,3　　B. 4,3,5　　C. 2,3,4　　D. 4,2,3

（16）一棵二叉树，其第五层的节点数最多会是下列哪个值？

A. 32　　B. 16　　C. 15　　D. 8

（17）关于完全二叉树和满二叉树，以下哪种叙述是正确的？

A. 完全二叉树一定也是满二叉树

B. 满二叉树一定是完全二叉树

C. 一棵满二叉树其第 3 层上的节点数是 3

D. 以上叙述都不正确

（18）对于一棵二叉树，如果按照从根节点开始，向下逐层遍历，在同一层中，按照从左到右的顺序对节点进行逐一访问，那么，这是下列哪种遍历方法？

A. 先序遍历　　B. 中序遍历　　C. 后序遍历　　D. 层次遍历

第 10 章 IT 技术新发展

学习目标

- 了解电子商务的定义和发展历史、电子商务特征与功能、电子商务经济在哪些方面促进中国经济转型升级
- 了解云计算的概念、特点、发展及应用
- 了解大数据的产生及特征，了解应对大数据应采取的措施
- 了解物联网的概念和体系架构，掌握物联网的技术组成和技术支撑，了解我国物联网快速发展的特点和态势
- 掌握物联网应用的主要特征，掌握射频识别技术（RDIF）的含义和基本原理

进入 21 世纪以来，学科交叉融合加速，新兴学科不断涌现，前沿领域不断延伸。以云计算、大数据、物联网、电子商务、机器人、3D 打印为代表的新一轮信息技术革命已成为全球关注的重点。新一代信息技术创新异常活跃，技术融合步伐不断加快，催生出一系列新产品、新应用和新模式，极大推动了新兴产业的发展壮大，进而加快了产业结构调整，促进了产业转型升级，改变了传统经济发展方式。

10.1　电子商务

电子商务(Electronic Commerce，EC)，通常是指在全球各地广泛的商业贸易活动中，在 Internet 开放的网络环境下，基于浏览器/服务器应用方式，买卖双方不谋面地进行各种商贸活动，实现消费者的网上购物、商户之间的网上交易、在线电子支付，以及各种商务活动、交易活动、金融活动和相关的综合服务活动的一种新型商业运营模式。

中国电子商务发展迅猛，据中国互联网络信息中心（CNNIC）2016 年 8 月发布的《第 38 次中国互联网发展状况统计报告》数据，2016 年上半年，商务交易类应用保持平稳增长，网上购物、在线旅行预订用户规模分别增长 8.3%和 1.6%。政府在推动消费升级的同时，加大对跨境电商等相关行业的规范，网上购物平台从购消模式向服务拓展；网上外卖行业处于市场培育前期，由餐饮服务切入构建起来的物流配送体系可以围绕“短距离”服务拓展至多种与生活紧密相关的外送业务，具有更广阔的发展前景；在旅游消费高速增长带动下，在线旅行

预订行业迅速发展。

10.1.1　基本概念

1．电子商务的定义

电子商务即使在各国或不同的领域有不同的定义，但其关键依然是依靠着电子设备和网络技术进行的商业模式。随着电子商务的高速发展，它已不仅仅包括购物的主要内涵，还应包括物流配送等附带服务。电子商务包括电子货币交换、供应链管理、电子交易市场、网络营销、在线事务处理、电子数据交换（EDI）、存货管理和自动数据收集系统。在此过程中，利用到的信息技术包括：互联网、电子邮件、数据库、电子目录和移动电话等。

电子商务是利用计算机技术、网络技术和远程通信技术，实现电子化、数字化、网络化和商务化的整个商务过程，是以商务活动为主体，以计算机网络为基础，以电子化方式为手段，在法律许可范围内进行的商务活动交易过程，是运用数字信息技术，对企业的各项活动进行持续优化的过程。

2．电子商务的价值

电子商务存在的价值就是让消费者通过网上购物、网上支付，节省了客户与企业的时间和空间，提高了交易效率，在消费者信息多元化的 21 世纪，可以通过网络渠道，如京东、淘宝、天猫、速卖通等了解商场商品信息，再享受现场购物乐趣，通过电子商务的商城、消费者、产品、物流四要素，完成交易的全部过程。

3．移动电子商务

移动电子商务就是利用手机、PDA 及掌上电脑等无线终端进行的 B2B、B2C 或 C2C 的电子商务。它将 Internet、移动通信技术、短距离通信技术及其他信息处理技术完美结合，使人们可以在任何时间、任何地点进行各种商贸活动，实现随时随地、线上线下的购物与交易，在线电子支付以及各种交易活动、商务活动、金融活动和相关的综合服务活动等。

电子商务具有更广阔的环境。人们不受时间、空间和传统购物的诸多限制，可以随时随地在网上交易。

电子商务具有更广阔的市场。在网上世界将会变得很小，一个商家可以面对全球的消费者，一个消费者也可以在全球的任何一家商家购物。

电子商务具有更快速的流通和低廉的价格。电子商务减少了商品流通的中间环节，节省了大量的开支，也降低了商品流通和交易的成本。

电子商务更符合时代的要求。如今人们越来越追求时尚、讲究个性，注重购物的环境，网上购物更能体现个性化的购物过程。

10.1.2　电子商务范围

电子商务涵盖的范围很广，电子商务活动的参与者可以分为政府（Government/G）、企业（Business/B）、消费者（Consumer）三种，其中企业—企业和企业—消费者两种模式发展最早，消费者—消费者模式发展最快。

1．B2B

企业对企业的电子商务（Business to Business.），即企业与企业之间通过互联网进行产品、服务及信息交换。通俗的说法是指进行电子商务交易的供需双方都是企业，它们使用了 Internet 的技术或各种商务网络平台，完成商务交易的过程。这些过程包括：发布供求信息，订货及确认订货，支付过程及票据的签发、传送和接收，确定配送方案并监控配送过程等。有时写作 B to B，但为了简便，干脆用其谐音 B2B（2 即 two）。我国主要的 B2B 有阿里巴巴、百纳网、中国网库、中国制造网、敦煌网、慧聪网等。

2. B2C

企业对消费者的电子商务（Business to Consumer），即企业与消费者之间依托 Internet 等现代信息技术手段进行的商务活动，是我国最早产生的电子商务模式。B2C 模式是一种电子化零售，主要采取在线销售模式，以网络手段实现公众消费或向公众提供服务，并保证与其相关的付款方式的电子化。B2C 购物网站是直接把商品或服务售卖给消费者的网站，中国主要的 B2C 网站有当当网、京东商城、红孩子等。

3. C2C

C2C 同 B2B、B2C 一样，都是电子商务的几种模式之一。不同的是 C2C 是消费者对消费者（Consumer to Consumer）模式，C2C 商务平台就是为消费者个人与个人之间进行买卖提供交易平台的网站，通过为买卖双方提供一个在线交易平台，使卖方可以主动提供商品上网拍卖，而买方可以自行选择商品进行竞价。我国主要的 C2C 有淘宝网、拍拍网和 TOM 易趣网。

4. O2O

线上与线下（Online To Offline）之间的电子商务使线下服务可以在线上揽客，消费者可以在线上来筛选服务，还有成交可以在线结算，很快达到规模。该模式最重要的特点是：推广效果可查，每笔交易可跟踪。

5. B2G

企业对政府（Business to Government）的电子商务，即企业与政府机构之间依托 Internet 等现代信息技术手段进行的商务或业务活动。企业和政府之间的各项事务都可以涵盖在其中，包括政府采购、税收、商检、政策条例发布等。例如，政府将采购的细节在国际互联网络上公布，通过网上竞价方式进行招标，企业也要通过电子的方式进行投标。

目前这种方式仍处于初期的试验阶段，我国的金关工程就是通过商业机构对行政机构的电子商务，如发放进出口许可证、办理出口退税、电子报关等，建立我国以外贸为龙头的电子商务框架，并促进我国各类电子商务活动的开展。

10.1.3 电子商务的功能

电子商务可提供网上交易和管理等全过程的服务。因此，它具有广告宣传、咨询洽谈、网上定购、网上支付、电子账户、服务传递、意见征询、交易管理等各项功能。

（1）广告宣传

电子商务可凭借企业的 Web 服务器和客户的浏览器，在 Internet 上发布各类商业信息。客户可借助网上的检索工具迅速找到所需商品信息，而商家可利用网上主页和电子邮件在全球范围内做广告宣传。与以往的各类广告相比，网上的广告成本更低廉，给顾客的信息量却更丰富。

（2）咨询洽谈

电子商务可借助非实时的电子邮件、新闻组和实时的讨论组来了解市场和商品信息、洽谈交易事务，如有进一步的需求，还可用网上的白板会议（Whiteboard Conference）来交流即时的图形信息。网上的咨询和洽谈能超越人们面对面洽谈的限制、提供多种方便的异地交谈形式。

（3）网上订购

电子商务可借助Web中的邮件交互传送实现网上订购。网上订购通常都是在产品介绍的页面上提供十分友好的订购提示信息和订购交互格式框。当客户填完订购单后，通常系统会回复确认信息单来保证订购信息的收悉。订购信息也可采用加密的方式使客户和商家的商业信息不会泄露。

（4）网上支付

电子商务要成为一个完整的过程，网上支付是重要的环节，客户和商家之间可采用信用卡账号实施支付。在网上直接采用电子支付手段可省略交易中很多人员的开销，但网上支付需要可靠的信息传输安全性控制，以防止欺骗、窃听、冒用等非法行为。

（5）电子账户

网上支付必须有电子金融支持，即银行或信用卡公司及保险公司等金融单位要为金融服务提供网上操作的服务，电子账户管理是其基本的组成部分。信用卡号或银行账号都是电子账户的一种标志，其可信度需配以必要技术措施来保证，如数字凭证、数字签名、加密等，这些手段的应用确保了电子账户操作的安全性。

（6）服务传递

对于已付款的客户应将其订购的货物尽快地传递到他们手中，而有些货物在本地，有些货物在异地。适合在网上直接传递的货物是信息产品，如软件、电子读物、信息服务等。

（7）意见征询

电子商务能十分方便地采用网页上的“选择”“填空”等格式文件来收集用户对销售服务的反馈意见，使企业的市场运营能形成一个封闭的回路。客户的反馈意见不仅能提高售后服务水平，更使企业获得改进产品、发现市场的商业机会。

（8）交易管理

整个交易的管理将涉及人、财、物多个方面，企业和企业、企业和客户及企业内部等各方面的协调和管理。交易管理是涉及商务活动全过程的管理。电子商务的发展，将会提供良好的交易管理网络环境及多种多样的应用服务系统。

10.1.4　电子商务经济

1. 电子商务经济的特点

电子商务经济是在电子商务发展的基础上形成的，其特点是通过技术应用，形成电子商务服务业和密切融合的相关产业，并具有一定规模，带动了经济的发展。

电子商务可以让整个交易虚拟化，完全无纸化交易是电子商务独有的特征。整个交易过程从协商到支付，都可以通过互联网实现，而不用见面谈。从卖方的角度来看，为了让买方关注到自己的产品，卖方需要办理域名、设计网页，吸引买方的注意，推销自己的产品。而即时通信技术的发展也允许买方随时通过互联网联系卖方，将自己的需求信息传递给卖方，双方也可以使用即时通信工具进行协商。由于支付技术的完善与支付安全的保证，达成协议后，买方可以直接在网上支付，卖方即时就能收到汇款，进行配货与送货，减少了中间环节与等待时间。

电子商务提高交易效率，减少交易成本。根据 HTTP 与 TCP/IP，全世界计算机在互联网中传递数据的格式都是一样的，这也就意味着发自其他国家的一个请求，中国某地的服务器不需要任何转码与翻译，即时就能理解并回复。另外，在传统的交易模式中，不论是邮件、传真、文件，还是电话，都必须有“人”的参与，这样不仅增加人力成本，也会存在时间浪费的情况，并且由于人的参与，信息的传递便会出现许多不确定因素，增加了主观性，很可能出现遗忘、故意延误等情况，从而失去了最佳商机。而电子商务能够避免这种主观情况的发生，极大地缩短了交易时间，提高了交易效率，减少了交易成本，让整个交易过程简单快捷。

2. 电子商务经济促进中国经济转型升级

电子商务作为现代服务业的核心，其发展带动了传统产业从生产加工制造业到供应链生产服务业的转型升级，促进了产业融合发展，提高了整体效益，形成了新的经济增长点。电子商务经济的关键作用是提供以客户为中心的高效供应链服务，形成投资的合理配置和产销服务的高效协同，应用电子商务将促进我国制造业的转型升级。

电子商务的发展催生了在线旅游、网络游戏、数字内容服务、互联网金融、网络购物、在线医疗、社区服务及文化创新等新兴服务业的发展。

随着互联网的普及和广泛应用，越来越多的传统服务行业转型或衍生出相关产业链上的垂直行业电子商务交易平台，传统零售企业大规模进军网络零售。旅游、机票、酒店、餐饮等服务行业的 B2C 网上交易平台应运而生。电子商务经济带动了我国经济的转型升级。

（1）电子商务促进制造业升级发展

生产制造业逐步实现从低端向高端的转型升级，是我国制造业发展的必然选择。电子商务能够帮助制造企业减少中间环节，直接面对消费者。大幅提高产品利润水平。同时，互联网技术的应用发展为消费者与生产者之间建立了全新的信息交换沟通模式，实现个性化、批量化、定制化的订单生产模式以及定向销售、个性化设计模式。

电子商务在生产者和消费者之间搭建了数字化的便捷通道。企业与消费者的沟通变得更加直接和快速。中间渠道的减少也有助于进一步提升企业的利润率。采用电子商务模式，生产制造企业通过电子商务平台与海内外消费者建立直接的联系管道，产品的销售情况、顾客的满意度、新的需求等信息可以更加直接地从消费者反馈到生产者，生产者可以及时调整自己的生产计划和产品规划，实现柔性定制化的订单式生产模式。渠道的缩短也有助于培育企业品牌。同时，电子商务的应用也将帮助企业更好地在原材料采购、配套服务、物流管理等领域建立起敏捷供应链体系，从而提高整体供应链的效率和产品竞争力。

（2）电子商务促进传统服务业升级发展

传统服务业是服务业中最大的群体，其需求多样化、运行效率低下。电子商务有助于改造传统服务业运行模式，发挥服务业拉动产业链发展的功能，促进经济结构的调整和升级。发展传统服务业电子商务的战略是培育典型的传统电子商务企业，支持传统服务业升级改造，鼓励传统服务业电子商务的创新发展，发展社区、学校、医疗、教育的电子商务服务，提高人们的生活质量。

传统服务业企业纷纷开展电子商务业务，如餐饮、美容美发、足浴、摄影、休闲娱乐等各种生活性服务业电子商务的应用，这主要集中在团购领域，并逐渐形成了“网上团购+实体店消费+

网上点评”的模式。越来越多的传统零售企业涌入电子商务领域。随着用户规模持续扩大，网络社区已经成为主流应用，社区有望成为开展电子商务的有效平台。

在电子商务应用的带动下，传统服务业的服务手段、组织架构、营销模式已经在悄然发生着改变，更加快捷、便利的服务消费市场正在快速发展。

电子商务也带动了金融等传统优势产业的变革，互联网金融的创新发展带来了普惠金融的变革，推动了银行的业务创新，多家银行都在积极开展电子商务平台建设。

（3）电子商务促进新兴服务业发展

电子商务促进了各种新兴服务业的发展，在线旅游、数字内容服务、网络游戏、社交媒介等出现并快速发展。个性化定制在旅游电子商务中逐渐凸显重要性。目前数字内容、网络游戏、在线视频等产业已进入快速发展阶段。

阿里巴巴、腾讯、百度等新型电子商务企业迅速崛起，已经成为我国经济发展的领头羊，并在世界范围内有强大的竞争力和影响力。

围绕电子商务的发展，我国已经形成了一个以电子商务平台为核心的新型服务业体系。在电子商务的带动下，第三方电子支付、物流快递、网络营销/代运营等相关现代服务业发展迅速，在线旅游、网络游戏、在线视频等新兴服务业也蓬勃发展。

（4）电子商务促进涉农经济发展

大力发展农产品电子商务和农村电子商务是涉农经济发展的有效途径，农产品电子商务的发展将解决农产品销售、卖难、买贵等问题，实现农产品流通的高效率，提高农业的发展水平。涉农电子商务有助于改善农村商业服务、提高农村人员的生活水平。涉农电子商务的发展战略是大力扶持农业电子商务发展、加强人才培养和电子商务系统平台建设、引领涉农经济的全面发展。

电子商务在农村和农产品流通领域的应用将进一步丰富我国农产品市场交易的方式，提高农产品流通的整体效率，促进订单农业的逐步发展。提升农村经济的发展水平，有必要结合我国农村和农产品现代流通体系建设的总体要求，进一步完善农村和农产品电子商务相关物流和金融服务基础设施，加大农村地区电子商务应用人才的培养，积极支持农产品电子商务服务企业发展。要创造条件引导社会性资金加大在农产品电子商务中的投入，规范大宗农产品现货电子交易市场，鼓励传统农产品批发市场开展电子商务形式的交易，通过电子商务应用带动我国农业生产和销售的升级发展。

（5）电子商务促进中小企业发展

中小企业是国家建设的主力军，也是吸纳就业的主战场，电子商务有助于促进中小企业的创新发展，拉动个性化服务，创新经济增长模式，占领国际化市场，提高经济活力。未来电子商务企业发展的趋势为两头化，大企业搭渠道平台，中小企业上创新发展。随着国际经济的发展，电子商务将由信息平台向交易平台转型，有效帮助买卖双方通过平台完成整个交易流程，提高交易促成率。各级政府在这方面的任务是完善中小企业电子商务发展环境，促进中小企业电子商务活动，鼓励电子商务创业就业活动，发展电子商务服务产业链，支持电子商务国际化平台的发展，提高企业国际化竞争能力，开拓国际化市场。在电子商务的作用下，我国中小企业在产业结构和经营方式等方面呈现出明显的升级发展态势。

（6）电子商务促进商贸流通发展

我国流通产业已经成为国民经济的基础性和先导性产业，但目前仍处于粗放型发展阶段，流通效率低、成本高等问题日益突出。在全球范围内，由于主要流通渠道掌控在国外发达国家企业手中，这在一定程度上也造成我国制造业只能参与低附加值的加工制造环节，缺乏产品定价权和市场主导权的现状。

电子商务将分散的流通模式紧密联系至供应链，解决了消费者与产品生产的直接联系问题，使商贸流通的库存和成本最小化，形成了在线销售、物流配送、售后服务的直接流通模式，促进了资源共享、产业融合的大流通发展。

电子商务在融合物流、支付和金融的同时，实现产业渗透，使得产业链的整合程度更高，它使组织形式、交易方式均发生极大改变。

电子商务交易平台的出现一方面为生产制造企业提供了全新的面向国内外消费者和客户的流通渠道，另一方面也对我国物流、支付等流通基础设施的快速完善起到了极大的带动作用；同时在网络零售的替代作用日益显现的情况下，传统流通企业也不得不进一步转变经营方式，整合线下优势资源，发展线上、线下协同的全新经营模式，促进流通生产率的提升。

商贸大流通是促进产业融合、调整经济结构的机遇，也是提高经济效率、减少成本的重要内容，电子商务经济有助于建立国际化大流通环境。我国商贸流通的发展方向是以电子商务供应链为龙头，建立相关产业融合体系，促进商贸大流通体系的有效建设。

（7）电子商务经济促进社会平衡发展

电子商务经济形成了传统产业与现代服务业融合的产业链，带动了上游与下游产业的协同发展，平衡了地区经济的发展，提高了国家社会经济的可持续发展能力，调节了收入分配，成为平衡社会发展的经济发展模式。

10.1.5 电子商务市场发展情况

我国电子商务市场发展迅速。据艾瑞咨询最新数据显示，2016 年中国电子商务市场交易规模 20.2 万亿元，增长 23.6%。其中网络购物增长 23.9%，本地生活 O2O 增长 28.2%，成为推动电子商务市场发展的重要力量。

1. 中国电子商务市场蓬勃发展的主要原因

（1）网络消费推动中国电子商务市场发展

中国网络消费市场发展迅速。根据艾瑞咨询，2016 年中国网络购物市场交易规模达 4.7 万亿元，较 2015 年增长 23.9%，在社会消费品零售总额中占比超 14%，增速放缓。

（2）宽带中国战略推动中国电子商务市场发展

据国务院公布的宽带中国战略，到 2020 年，我国城市和农村家庭宽带接入分别达到 50Mbit/s 和 12Mbit/s，发达城市部分家庭用户可达 1Gbit/s。

（3）B2C、C2C 推动中国电子商务市场发展

中国 C2C 平台网络购物交易市场格局稳定。随着物流提速和消费者购物心理的成熟，未来 B2C 在网络零售市场中的占比有望超过 50%。

在 B2C 方面，天猫、京东和苏宁易购仍坚守市场份额前三名，而且京东和苏宁易购的份额与上半年相比均有所增加，前三名的市场集中度更加明显。2016 年，中国 B2C 占比达 55%，较 2015 年提高 3 个百分点。

（4）社交网络推动中国电子商务市场发展

2013 年 8 月 21 日，上海美国商会和博斯公司联合发布报告，指出我国消费者对产品的质量越来越看重，很多消费者都愿意用更多的钱来买质量更好的产品，而且越来越多的人愿意通过线上途径来了解并对比产品。根据报告的调查数据，我国消费者第二大发展趋势在于电子商务与社交网络。随着人们对互联网络的依赖，网上社区与网上论坛成为消费者进行购物交流的重要渠道，因此企业也需要更加关注网络营销，通过网络手段实现销售额的增长。

报告还认为，我国消费者对新技术的采用十分积极，新技术在普通人群中的拓展速度很快，尤其是年轻又有消费能力的青年人善于使用新技术来交流购物经验。例如，通过网络社区，一些有共同爱好的青年人聚集在一起讨论产品优劣，甚至某一品牌的每一种产品都有专门的贴吧，这在发达国家是很少见的。既然消费者有这种线上讨论的趋势，企业就必须把握这一机遇，努力通过网络营销手段增加自己的影响力。

2. 移动商务成为电子商务市场新的增长点

艾瑞咨询数据显示，2016 年中国移动购物市场交易规模达 3.3 万亿元，同比增长 57.9%，依旧保持较高速增长。2016 年中国移动购物在整体网络购物交易规模中占比 70.7%，同比增长 15.3%。

艾瑞分析认为，智能手机和无线网络的普及、移动端碎片化的特点及更加符合消费场景化的特性使用户不断向移动端转移。此外，各家企业持续加强移动端商品运营，丰富内容运营，不断提高用户转化、留存和复购是移动端持续渗透的重要原因。未来几年，中国移动网购仍保持稳定增长。移动端随时随地、碎片化、高互动等特征使购物受时间、空间限制更小，消费行为变得分散，随着移动购物模式的多样化，社交电商、直播、VR、O2O 等与场景相关的购物方式和大数据的应用将成为驱动移动购物发展的增长点。

3. 互联网金融的发展

互联网金融（Internet Finance，ITFIN）是指传统金融机构与互联网企业利用互联网技术和信息通信技术实现资金融通、支付、投资和信息中介服务的新型金融业务模式。互联网金融不是互联网和金融业的简单结合，而是在实现安全、移动等网络技术水平上，被用户熟悉接受后（尤其是对电子商务的接受），自然而然为适应新的需求而产生的新模式及新业务，是传统金融行业与互联网技术相结合的新兴领域。

互联网金融就是互联网技术和金融功能的有机结合，依托大数据和云计算在开放的互联网平台上形成的功能化金融业态及其服务体系，包括基于网络平台的金融市场体系、金融服务体系、金融组织体系、金融产品体系以及互联网金融监管体系等，并具有普惠金融、平台金融、信息金融和碎片金融等相异于传统金融的金融模式。

互联网金融是传统金融机构与互联网企业（以下统称从业机构）利用互联网技术和信息通信技术实现资金融通、支付、投资和信息中介服务的新型金融业务模式。互联网与金融深度融合是大势所趋，将对金融产品、业务、组织和服务等方面产生更加深刻的影响。互联网金融对促进小微企业发展和扩大就业发挥了现有金融机构难以替代的积极作用，为大众创业、万众创新打开了大门。促进互联网金融健康发展，有利于提升金融服务质量和效率，深化金融改革，促进金融创新发展，扩大金融业对内对外开放，构建多层次金融体系。作为新生事物，互联网金融既需要市场驱动，鼓励创新，也需要政策助力，促进发展。

中国互联网金融发展历程要远短于美欧等发达经济体。截至目前，中国互联网金融大致可以分为三个发展阶段。第一个阶段是1990—2005年左右的传统金融行业互联网化阶段；第二个阶段是2005—2011年前后的第三方支付蓬勃发展阶段；第三个阶段是2011年以来至今的互联网实质性金融业务发展阶段。在互联网金融发展的过程中，国内互联网金融呈现出多种多样的业务模式和运行机制。

当前互联网+金融格局由传统金融机构和非金融机构组成。传统金融机构主要为传统金融业务的互联网创新以及电商化创新、APP软件等；非金融机构则主要是指利用互联网技术进行金融运作的电商企业、（P2P）模式的网络借贷平台、众筹模式的网络投资平台、挖财类（模式）的手机理财APP（理财宝类），以及第三方支付平台等。

10.2 云计算技术

云计算（cloud computing）是基于互联网的相关服务的增加、使用和交付模式，通常涉及通过互联网来提供动态易扩展且经常是虚拟化的资源。云是网络、互联网的一种比喻说法，云计算甚至可以让用户体验每秒10万亿次的运算能力，拥有这么强大的计算能力可以模拟核爆炸、预测气候变化和市场发展趋势。用户通过计算机、笔记本电脑、手机等方式接入数据中心，按自己的需求进行运算。

10.2.1 云计算的概念及特点

云计算是分布式计算（Distributed Computing）、并行计算（Parallel Computing）、效用计算（Utility Computing）、网络存储（Network Storage Technologies）、虚拟化（Virtualization）、负载均衡（Load Balance）、热备份冗余（High Available）等传统计算机和网络技术发展融合的产物。

1. 概念

对云计算的定义有多种，现阶段广为接受的是美国国家标准与技术研究院（NIST）的定义：云计算是一种按使用量付费的模式，这种模式提供可用的、便捷的、按需的网络访问，进入可配置的计算资源共享池（资源包括网络、服务器、存储、应用软件、服务），这些资源能够被快速提供，只需投入很少的管理工作，或与服务供应商进行很少的交互。

云计算常与网格计算、效用计算、自主计算相混淆。

网格计算：是分布式计算的一种，是由一群松散耦合的计算机组成的一个超级虚拟计算机，常用来执行一些大型任务。

效用计算：是IT资源的一种打包和计费方式，比如按照计算、存储分别计量费用，像传统的电力等公共设施一样。

自主计算：具有自我管理功能的计算机系统。

事实上，许多云计算部署依赖于计算机集群（但与网格的组成、体系结构、目的、工作方式大相径庭），也吸收了自主计算和效用计算的特点。

2. 特点

云计算是通过网络使计算分布在大量的分布式计算机上，而非本地计算机或远程服务器中，企业数据中心的运行将与互联网更相似，这使得企业能够将资源切换到需要的应用上，根据需求访问计算机和存储系统。

云计算的出现意味着计算能力也可以作为一种商品进行流通，就像煤气、水、电一样，取用方便，费用低廉。最大的不同在于，它是通过互联网进行传输的。

（1）超大规模

“云”具有相当的规模，Google云计算已经拥有100多万台服务器，Amazon、IBM、微软、Yahoo等的“云”均拥有几十万台服务器。企业私有云一般拥有数百上千台服务器。“云”能赋予用户前所未有的计算能力。

（2）虚拟化

云计算支持用户在任意位置、使用各种终端获取应用服务。所请求的资源来自“云”，而不是固定、有形的实体。应用在“云”中某处运行，但实际上用户无需了解，也不用担心应用运行的具体位置。只需要一台笔记本电脑或者一个手机，就可以通过网络服务来实现需要的计算，甚至包括超级计算。

（3）高可靠性

“云”使用了数据多副本容错、计算结点同构可互换等措施来保障服务的高可靠性，使用云计算比使用本地计算机可靠。

（4）通用性

云计算不针对特定的应用，在“云”的支撑下，可以构造出千变万化的应用，同一个”云”可以同时支撑不同的应用运行。

（5）高可扩展性

“云”的规模可以动态伸缩，满足应用和用户规模增长的需要。

（6）按需服务

“云”是一个庞大的资源池，可按需购买；云可以像自来水、电、煤气那样计费。

（7）价格廉价

由于“云”的特殊容错措施可以采用极其廉价的结点来构成云，“云”的自动化集中式管理使大量企业无需负担日益高昂的数据中心管理成本，“云”的通用性使资源的利用率较之传统系统大幅提升，因此用户可以充分享受“云”的低成本优势。

（8）潜在的危险性

云计算服务除了提供计算服务外，还提供了存储服务。政府机构、商业机构（特别像银行这样持有敏感数据的商业机构）对于选择云计算服务应保持足够的警惕。在信息社会中，“信息”是至关重要的，云计算中的数据对于数据所有者以外的云计算用户是保密的，但是对于提供云计算的商业机构毫无秘密可言，所以这些潜在的危险是商业机构和政府机构选择云计算服务，特别是国外机构提供的云计算服务时，不得不考虑的重要前提。

10.2.2 云计算的发展及影响

1. 云计算的发展简史

2006年8月9日，Google首席执行官埃里克·施密特（Eric Schmidt）在搜索引擎大会（SES San Jose 2006）首次提出“云计算”的概念。

2007 年 10 月，Google 与 IBM 开始在美国大学校园，包括卡内基梅隆大学、麻省理工学院、斯坦福大学、加州大学柏克莱分校及马里兰大学等，推广云计算的计划，这项计划希望能降低分布式计算技术在学术研究方面的成本，并为这些大学提供相关的软硬件设备及技术支持（包括数百台个人计算机及 Blade Center 与 System x 服务器，这些计算平台将提供 1 600 个处理器，支持包括 Linux、Xen、Hadoop 等开放源代码平台），学生则可以通过网络开发各项以大规模计算为基础的研究计划。

2008 年 2 月 1 日，IBM（NYSE：IBM）宣布将在中国无锡太湖新城科教产业园为中国的软件公司建立全球第一个云计算中心（Cloud Computing Center）。

2008 年 7 月 29 日，雅虎、惠普和英特尔宣布一项涵盖美国、德国和新加坡的联合研究计划，推出云计算研究测试床，推进云计算。该计划要与合作伙伴创建 6 个数据中心作为研究试验平台。

2008 年 8 月 3 日，美国专利商标局网站信息显示，戴尔正在申请“云计算”商标，此举旨在加强对这一未来可能重塑技术架构的术语的控制权。

2010 年 3 月 5 日，Novell 与云安全联盟（CSA）共同宣布一项供应商中立计划，名为“可信任云计算计划（Trusted Cloud Initiative）”。

2. 云计算的发展的阶段

云计算主要经历了 4 个阶段才发展到现在这样比较成熟的水平,这 4 个阶段依次是电厂模式、效用计算、网格计算和云计算。

（1）电厂模式阶段

电厂模式就是利用电厂的规模效应来降低电力的价格，并让用户使用起来更方便，且无需维护和购买任何发电设备。

（2）效用计算阶段

在 1960 年左右，当时计算设备的价格是非常高昂的，远非普通企业、学校和机构所能承受，所以很多人产生了共享计算资源的想法。1961 年，人工智能之父麦肯锡在一次会议上提出了“效用计算”这个概念，其核心借鉴了电厂模式，具体目标是整合分散在各地的服务器、存储系统以及应用程序来共享给多个用户，让用户能够像把灯泡插入灯座一样来使用计算机资源，并且根据其使用的量来付费。但由于当时整个 IT 产业还处于发展初期，很多强大的技术还未诞生，如互联网等，所以虽然这个想法一直为人称道，但是总体而言“叫好不叫座”。

（3）网格计算阶段

网格计算研究如何把一个需要非常巨大的计算能力才能解决的问题分成许多小的部分，然后把这些部分再分配给许多低性能的计算机来处理，最后把这些计算结果综合起来攻克大问题。可惜的是，由于网格计算在商业模式、技术和安全性方面的不足，使得其并没有在工程界和商业界取得预期的成功。

（4）云计算阶段

云计算的核心与效用计算和网格计算非常类似，也是希望 IT 技术能像使用电力那样方便，并且成本低廉。但与效用计算和网格计算不同的是，在需求方面已经有了一定的规模，在技术方面也已经基本成熟。

10.2.3　云计算的应用

（1）云物联

“云”指云计算，“物联”指物联网。要想很好地理解云物联，必须对于云计算和物联网及其二者的关系有一个完整的把握。

“物联网就是物物相连的互联网”，这有两层意思：第一，物联网的核心和基础仍然是互联网，是在互联网基础上的延伸和扩展的网络；第二，其用户端延伸和扩展到了任何物品与物品之间，进行信息交换和通信。

（2）云安全

云安全（Cloud Security）是一个从“云计算”演变而来的新名词。云安全的策略构想是：使用者越多，每个使用者就越安全，因为如此庞大的用户群，足以覆盖互联网的每个角落，只要某个网站被挂马或某个新木马病毒出现，就会立刻被截获。

“云安全”通过网状的大量客户端监测网络中软件的异常行为，获取互联网中木马、恶意程序的最新信息，推送到 Server 端进行自动分析和处理，再把病毒和木马的解决方案分发到每一个客户端。

（3）云存储

云存储是在云计算概念上延伸和发展出来的一个新的概念，是指通过集群应用、网格技术或分布式文件系统等功能，将网络中大量各种不同类型的存储设备通过应用软件集合起来协同工作，共同对外提供数据存储和业务访问功能的一个系统。当云计算系统运算和处理的核心是大量数据的存储和管理时，云计算系统中就需要配置大量的存储设备，云计算系统就转变成为一个云存储系统，因此云存储是一个以数据存储和管理为核心的云计算系统。

（4）云游戏

云游戏是以云计算为基础的游戏方式，在云游戏的运行模式下，所有游戏都在服务器端运行，并将渲染完毕后的游戏画面压缩后通过网络传送给用户。在客户端，用户的游戏设备不需要任何高端处理器和显卡，只需要基本的视频解压能力即可。

（5）云计算

从技术上看，大数据与云计算的关系是密不可分的。大数据必然无法用单台的计算机进行处理，必须采用分布式计算架构。它的特色在于对海量数据的挖掘，但它必须依托云计算的分布式处理、分布式数据库、云存储和虚拟化技术。

10.2.4　云计算的服务形式

云计算可以认为包括以下几个层次的服务：基础设施服务、平台服务和软件服务。

（1）基础设施服务

消费者通过 Internet 可以从完善的计算机基础设施获得服务，如租用硬件服务器。

（2）平台服务

平台服务实际上是指将软件研发的平台作为一种服务，以软件服务的模式提交给用户。因此，平台服务也是软件服务模式的一种应用，而且平台服务的出现可以加快软件服务的发展，尤其是加快软件服务应用的开发速度。

（3）软件服务

软件服务是一种通过 Internet 提供软件的模式，用户无需购买软件，而是向提供商租用基于 Web 的软件来管理企业经营活动。

10.2.5 云计算的发展

21 世纪 10 年代，云计算作为一个新的技术趋势已经得到了快速的发展。云计算彻底形成了一个前所未有的工作方式，也改变了传统软件工程企业。以下几个方面可以说是云计算现阶段发展最受关注的。

（1）云计算扩展投资价值

云计算简化了软件、业务流程和访问服务，比以往传统模式改变得更多，这是帮助企业操作和优化它们的投资规模。云计算不仅是通过降低成本、采取有效的商业模式或更大的灵活性操作，而且有很多的企业通过云计算优化它们的投资。在相同的条件下，云计算将会帮助企业带来更多的商业机会。

（2）混合云计算的出现

企业使用云计算（包括私人和公共）来补充它们的内部基础设施和应用程序。云服务是一个新开发的业务功能，采用这些服务将优化业务流程的性能。

（3）以云为中心的设计

有越来越多的组织将其设计为云计算的元素，目的是利用云计算的优势来提高企业的竞争力。

（4）移动云服务

由于移动设备的普及和使用数量的不断上升，更多的云计算平台将为这些移动设备提供移动云服务。

（5）云安全

许多新的加密技术、安全协议将为用户提供更安全的应用程序和技术，即云安全服务。

10.3 大数据技术

最早提出“大数据”时代到来的是全球知名咨询公司麦肯锡。麦肯锡称：“数据已经渗透到当今每一个行业和业务职能领域，成为重要的生产因素。人们对于海量数据的挖掘和运用，预示着新一波生产率增长和消费者盈余浪潮的到来。”“大数据”在物理学、生物学、环境生态学等领域以及军事、金融、通信等行业已存在多年，却因为近年来互联网和信息行业的发展而引起人们关注。

10.3.1 大数据的产生

进入 2012 年，大数据（big data）一词越来越多地被提及，人们用它来描述和定义信息爆炸时代产生的海量数据，并命名与之相关的技术创新。

数据正在迅速膨胀并变大，它决定企业的未来发展，虽然很多企业可能并没有意识到数据爆炸性增长带来问题的隐患，但是随着时间的推移，人们将越来越多地意识到数据对企业的重要性。

正如《纽约时报》2012 年 2 月的一篇专栏中所称，“大数据”时代已经降临，在商业、经济及其他领域中，决策将日益基于数据和分析而做出，而并非基于经验和直觉。

哈佛大学社会学教授加里·金说：“这是一场革命，庞大的数据资源使得各个领域开始了量化进程，无论学术界、商界，还是政府，所有领域都将开始这种进程。”

1. 大数据的产生

现在的社会是一个高速发展的社会，科技发达、信息快速流通，人们之间的交流越来越密切，生活也越来越方便，大数据就是这个高科技时代的产物。

随着云时代的来临，大数据也吸引了越来越多的关注。大数据通常用来形容一个公司创造的大量非结构化和半结构化数据，这些数据在下载到关系型数据库用于分析时会花费过多时间和金钱。大数据分析常和云计算联系到一起，因为实时的大型数据集分析向成百上千的计算机分配工作。

当今社会，大数据的应用越来越彰显它的优势，它占领的领域也越来越大，电子商务、O2O、物流配送等，各种利用大数据发展的领域正在协助企业不断发展新业务，创新运营模式。有了大数据这个概念，对于消费者行为的判断、产品销售量的预测、精确的营销范围以及存货的补给已经得到全面改善与优化。

“大数据”在互联网行业指的是这样一种现象：互联网公司在日常运营中生成、累积的用户网络行为数据的规模是如此庞大，以至于不能用 G 或 T 来衡量。

国际数据公司（IDC）的研究结果表明，2008 年全球产生的数据量为 0.49ZB，2009 年的数据量为 0.8ZB，2010 年增长为 1.2ZB，2011 年的数量更是高达 1.82ZB，相当于全球每人产生 200GB 以上的数据。而到 2012 年为止，人类生产的所有印刷材料的数据量是 200PB，全人类历史上说过的所有话的数据量大约是 5EB。IBM 的研究称，整个人类文明所获得的全部数据中，有 90%是过去两年内产生的。而到了 2020 年，全世界所产生的数据规模将达到今天的 44 倍。

2. 大数据的精髓

大数据带给我们的 3 个颠覆性的观念转变：是全部数据，而不是随机采样；是大体方向，而不是精确制导；是相关关系，而不是因果关系。

（1）不是随机样本，而是全体数据

在大数据时代，我们可以分析更多的数据，有时候甚至可以处理和某个特别现象相关的所有数据，而不再依赖于随机采样。

（2）不是精确性，而是混杂性

研究数据如此之多，以至于我们不再热衷于追求精确度。之前需要分析的数据很少，所以我们必须尽可能精确地量化我们的记录，随着规模的扩大，对精确度的痴迷将减弱，拥有了大数据，我们不再需要对一个现象刨根问底，只要掌握了大体的发展方向即可，适当忽略微观层面上的精确度，会让我们在宏观层面拥有更好的洞察力。

（3）不是因果关系，而是相关关系

我们不再热衷于找因果关系，寻找因果关系是人类长久以来的习惯，在大数据时代，我们无须再紧盯事物之间的因果关系，而应该寻找事物之间的相关关系，相关关系也许不能准确地告诉我们某件事情为何会发生，但是它会提醒我们这件事情正在发生。

10.3.2 大数据的特征

大数据具有以下 5 个特征。

（1）数据量大（Volume）

大数据的起始计量单位至少是 PB（1 024TB）、EB（100 万 TB）或 ZB（10 亿 TB）。

（2）类型繁多（Variety）

数据类型包括网络日志、音频、视频、图片、地理位置信息等，多类型的数据对数据的处理能力提出了更高的要求。

（3）数据价值密度低（Veracity）

如今，随着物联网的广泛应用，信息感知无处不在，信息海量，但价值密度较低，如何通过强大的机器算法更迅速地完成对数据的价值“提纯”，是大数据时代亟待解决的难题。

（4）处理速度快、时效高（Velocity）

速度快、时效高是大数据区别于传统数据挖掘最显著的特征。

现有的技术架构和路线，已经无法高效处理如此海量的数据，大数据时代对人类的数据驾驭能力提出了新的挑战，也为人们获得更为深刻、全面的洞察能力提供了前所未有的空间与潜力。

大数据是信息通信技术发展积累至今，按照自身技术发展逻辑，从提高生产效率向更高级智能阶段的自然生长。无处不在的信息感知和采集终端为我们采集了海量的数据，而以云计算为代表的计算技术的不断进步，为我们提供了强大的计算能力，这就围绕个人以及组织的行为构建起了一个与物质世界相平行的数字世界。

大数据虽然孕育于信息通信技术的日渐普遍和成熟，但它对社会经济生活产生的影响绝不限于技术层面，它是为我们看待世界提供了一种全新的方法，即决策行为将日益基于数据分析做出，而不是像过去更多凭借经验和直觉做出。

“大数据”可能带来的巨大价值正渐渐被人们认可，它通过技术的创新与发展，以及数据的全面感知、收集、分析、共享，为人们提供了一种全新的看待世界的方法，更多地基于事实与数据做出决策。

10.3.3 大数据产业

越来越多的政府、企业等机构开始意识到数据正在成为组织最重要的资产，数据分析能力正在成为组织的核心竞争力。具体有以下三大案例供参考。

（1）案例一

2012 年 3 月 22 日，美国政府宣布投资 2 亿美元拉动大数据相关产业发展，将“大数据战略”上升为国家意志。美国政府将数据定义为“未来的新石油”，并表示一个国家拥有数据的规模、活性及解释运用的能力将成为综合国力的重要组成部分，未来，对数据的占有和控制甚至将成为陆权、海权、空权之外的另一种国家核心资产。

（2）案例二

联合国也在 2012 年发布了大数据政务白皮书，指出大数据对于联合国和各国政府来说是一个历史性的机遇，人们如今可以使用极为丰富的数据资源来对社会经济进行前所未有的实时分析，帮助政府更好地响应社会和经济运行的需求。

（3）案例三

企业将更加重视大数据。麦肯锡在一份名为《大数据，是下一轮创新、竞争和生产力的前沿》的专题研究报告中提出，“对于企业来说，海量数据的运用将成为未来竞争和增长的基础”，该报告在业界引起广泛反响。

IBM 则提出，上一个 10 年，他们抛弃了 PC，成功转向了软件和服务，而这次将远离服务与咨询，更多地专注于因大数据分析软件而带来的全新业务增长点。IBM 执行总裁罗睿兰认为，“数据将成为一切行业当中决定胜负的根本因素，最终数据将成为人类至关重要的自然资源”。

在国内，百度已经致力于开发自己的大数据处理和存储系统；腾讯也提出 2013 年已经到了数据化运营的黄金时期，如何整合这些数据成为未来的关键任务。

10.3.4　应对大数据采取的措施

一个好的企业应该未雨绸缪，为企业后期的数据收集和分析做好准备，企业可以从下面几个方面着手。

（1）目标

几乎每个组织都可能有源源不断的数据需要收集，无论是社交网络还是车间传感器设备，而且每个组织都有大量的数据需要处理，IT 人员需要了解自己企业在运营过程中都产生了什么数据，以自己的数据为基准，确定数据的范围。

（2）准则

虽然每个企业都会产生大量数据，而且互不相同，多种多样，这就需要企业 IT 人员从现在开始收集确认什么数据是企业业务需要的，找到最能反映企业业务情况的数据。

（3）重视大数据技术

大数据是最近几年才兴起的词语，然而并不是所有的 IT 人员对大数据都非常了解。例如如今的 Hadoop、MapReduce、NoSQL 等技术都是 2013 年刚兴起的技术，企业 IT 人员要多关注这方面的技术和工具，以确保将来在面对大数据时做出正确的决定。

（4）培训企业的员工

大多数企业最缺乏的是人才，而当大数据来临时，企业将会缺少这方面采集、收集、分析方面的人才，对于一些公司，工作人员面临大数据将是一种挑战，企业要在平时对员工进行这方面的培训，以确保在大数据到来时，员工也能适应相关的工作。

（5）培养 3 种能力

随着大数据时代的到来，企业应该在内部培养 3 种能力：整合企业数据的能力；探索数据背后价值和制定精确行动纲领的能力；进行精确快速实时行动的能力。

做到上面的几点，当大数据时代来临时，面对大量数据将不是束手无策，而是成竹在胸，从而在数据中获得利益，促进企业快速发展。

10.4　物联网技术

物联网（Internet of Things）指的是将无处不在的末端设备（Devices）和设施（Facilities），

在内网（Intranet）、专网（Extranet）、互联网（Internet）环境下，采用适当的信息安全保障机制，通过各种无线、有线的通信网络实现互连互通（M2M）。通过物联网提供安全可控乃至个性化的实时在线监测、定位追溯、报警联动、调度指挥、预案管理、远程控制、安全防范、远程维保、在线升级、统计报表、决策支持等管理和服务功能，实现对“万物”的“高效、节能、安全、环保”的“管、控、营”一体化。物联网连接的设备包括具备“内在智能”的传感器、移动终端、工业系统、数控系统、家庭智能设施、视频监控系统等，以及“外在智能”的，如贴上 RFID 的各种资产，携带无线终端的个人、车辆、动物或智能尘埃等。

10.4.1 物联网定义

物联网技术是通过射频识别（RFID）、红外感应器、全球定位系统、激光扫描器等信息传感设备，按约定的协议，将任何物品与互联网相连接，进行信息交换和通信，以实现智能化识别、定位、追踪、监控和管理的一种网络技术。

“物联网技术”的核心和基础仍然是“互联网技术”，是在互联网技术基础上的延伸和扩展的一种网络技术，其用户端延伸和扩展到了任何物品和物品之间，进行信息交换和通信。

在中国把物联网称为“传感网”。中科院早在 1999 年就启动了传感网的研究，并已建立了一些实用的传感网。与其他国家相比，我国技术研发水平处于世界前列，具有研发优势和重要的影响力。在世界传感网领域，中国、德国、美国、韩国等国成为国际标准制定的主导国。

10.4.2 物联网技术

1．物联网技术概述

简单地讲，物联网是物与物、人与物之间的信息传递与控制。在物联网应用中有三项关键技术。

（1）传感器技术

传感器技术是计算机应用中的关键技术，到目前为止，绝大部分计算机处理的都是数字信号。自从有计算机以来，就需要传感器把模拟信号转换成数字信号，计算机才能处理。

（2）RFID 标签也是一种传感器技术

RFID 技术是以无线射频技术和嵌入式技术为一体的综合技术，RFID 在自动识别、物品物流管理有着广阔的应用前景。

（3）嵌入式系统技术

嵌入式系统技术是综合了计算机软硬件、传感器技术、集成电路技术、电子应用技术为一体的复杂技术。经过几十年的演变，以嵌入式系统为特征的智能终端产品随处可见，小到人们身边的电子设备，大到航天航空的卫星系统。嵌入式系统正在改变人们的生活，推动工业生产以及国防工业的发展。如果把物联网用人体做一个简单比喻，传感器相当于人的眼睛、鼻子、皮肤等感官，网络就是神经系统用来传递信息，嵌入式系统则是人的大脑，在接收到信息后要进行分类处理。这个例子形象地描述了传感器、嵌入式系统在物联网中的位置与作用。

《物联网“十二五”发展规划》中提出二维码（2-dimensional bar code）作为物联网的一个核心应用，物联网终于从“概念”走向“实质”。二维码是用某种特定的几何图形按一定规律在平面（二维方向上）分布的黑白相间的图形记录数据符号信息；在代码编制上巧妙地利用构成计算机内部逻辑基础的 0、1 比特流的概念，使用若干与二进制相对应的几何形体来表示文字数值信息，通过图像输入设备或光电扫描设备自动识读以实现信息自动处理。二维条码或二维码能够在横向和纵向两个方位同时表达信息，因此能在很小的面积内表达大量的信息。

2. 物联网技术支撑

物联网四大技术支撑如图 10.1 所示。

① RFID。电子标签属于智能卡的一类，其技术在物联网中主要起“使能”(Enable)作用。

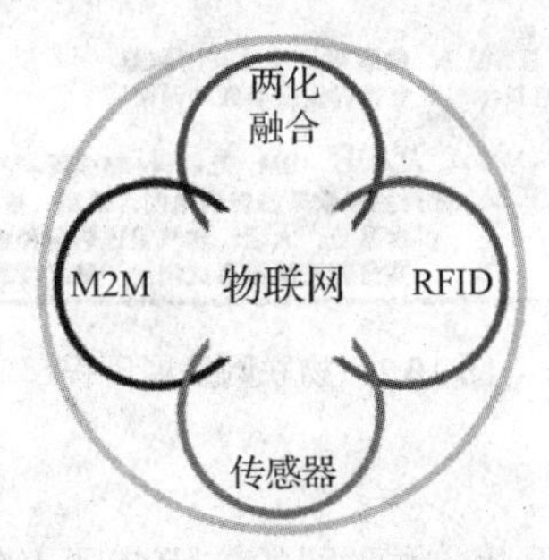

图 10.1　物联网四大技术支撑

② 传感器。借助于各种传感器，探测和集成包括温度、湿度、压力、速度等物质现象的网络。

③ M2M。这个词国外用得较多，侧重于末端设备的互连和集控管理。

④ 两化融合：工业信息化和自动化的融合，是物联网产业的主要推动力之一。

3. 物联网技术的运用

物联网把新一代 IT 技术充分运用在各行各业之中，具体地说，就是把感应器嵌入和装备到电网、铁路、桥梁、隧道、公路、建筑、供水系统、大坝、油气管道等各种物体中，然后将“物联网”与现有的互联网整合起来，实现人类社会与物理系统的整合，在这个整合的网络当中，存在能力超级强大的中心计算机群，能够对整合网络内的人员、机器、设备和基础设施实施实时的管理和控制，在此基础上，人类可以以更加精细和动态的方式管理生产和生活，达到“智慧”状态，提高资源利用率和生产力水平，改善人与自然间的关系。

“物联网”时代来临，将使人们的日常生活发生翻天覆地的变化。例如，在医学方面，可将物联网技术应用于医疗、健康管理、老年健康护理等领域，医学物联网中的“物”，就是各种与医学服务活动相关的事物，如健康人、亚健康人、病人、医生、护士、医疗器械、检查设备、药品等。医学物联网中的“联”，即信息交互连接，把上述“事物”产生的相关信息交互、传输和共享。医学物联网中的“网”是通过把“物”有机地连成一张“网”，就可感知医学服务对象、各种数据的交换和无缝连接，达到对医疗卫生保健服务的实时动态监控、连续跟踪管理和精准的医疗健康决策。

10.4.3　物联网应用的主要特征

应用是物联网发展的动力，物联网应用是以电子标签技术、传感技术、中间件技术及网络和移动通信技术为支撑，通过 RFID 对标的物进行全面感知，对获取的各种数据和信息进行可靠传递，对已经获取的有效数据和信息进行有效识别，并运用各种智能计算技术进行分析和处理，进而对标的物实施智能化控制及联动控制的一个完整的智能处理过程；是一个动态的、延续的、完整的应用实现活动。其发展历程如图 10.2 所示。因此，物联网应用具有不同于一般传感网应用的明显特征。物联网应用的主要特征如下。

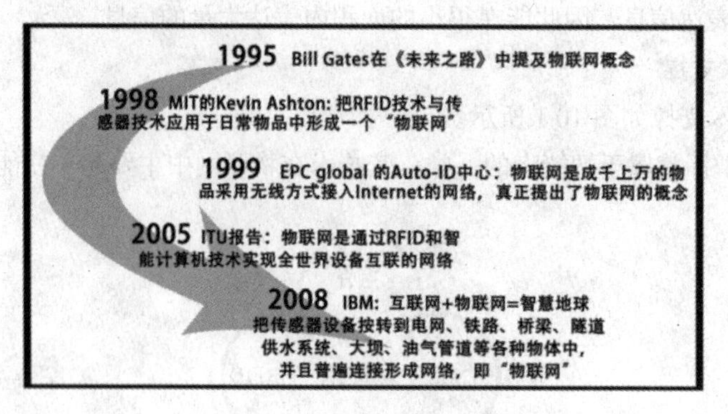

图 10.2　物联网发展历程

1. 应用广泛性

由于物联网具有普适化因子，因此，物联网的应用范围十分广泛，如图 10.3 所示。智能家居、智能医疗、智能城市、智能交通、智能物流、智能民生、智能校园等领域都会得到广泛应用。不仅如此，许多未知的应用领域，随着物联网技术的普及，以及中间件技术的发展，也会找到物联网技术和这些创新领域的结合点。

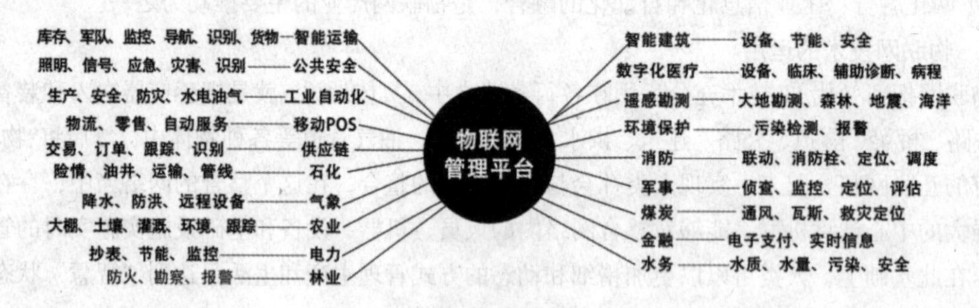

图 10.3　物联网应用范围示意图

2. 连续性控制

物联网应用具有连续性工作过程和连续性控制能力。这种控制是以感知信息的获取为 基础、为前提、为手段、为目标的一种动态的、连续的、有效的，直到设定过程完结的完整应用控制过程。以往的传感网完成的多是单结点控制、单元控制、局部控制。而物联网应用实现的是对感知获取的数据，进行分析和处理后，能有针对性地对标的物进行连续控制、整体控制、动态控制、有效控制。它是一个完整的、流程化的全自动控制过程。正是这种物联网应用的连续性控制能力和程序化控制特征，为物联网与工业自动化的结合敞开了大门。

3. 创新性

物联网应用具有明显的创新特征，主要表现为以下两方面。

（1）技术方面

物联网充分地利用了云计算、模糊识别、并行技术等各种智能计算技术和中间件技术， 不仅对海量的数据和信息进行集成、分析和处理，而且实现了对感知的结点信息进行智能开发和管理提升。这就把简单技术变成了整合技术，把单一功能变成了多维功能，把对感知的简单反馈，提升为对感知信息有针对性地进行管理和控制。

（2）资源的开发利用

物联网具有资源整合能力，它能够把简单信息变成综合信息，把单点感知变成全面感知，把局部需求变成综合需求、连贯需求，进而能根据感知的基础数据进行有效管理和控制。

4. 增值性

由于物联网能使网络中或系统中的普遍资源和存量资源找到应用的切入点和能量的释放点，因此，物联网具有明显的增值性。这种增值性表现在：它不仅可以整合汇总感应和传输过来的若干结点信息，连同网络或系统中的存量资源一起变成增量资源，而且可以把感应和传输接收的若干结点信息整合汇总后，运用网络化、系统化的智能管控能力，对需要进行有效管控的方位和部位进行智能化处理。正是这种经过资源集中、功能集成，智能开发深层处理的应用，物联网才能产生增值效益。

5. 生态关联

物联网涉及的技术门类多，延伸和扩展的范围广，产业链绵长，相互之间由多种生态因子和关联因素共同组成了一个完整的、可扩展的、应用领域十分广泛的、增值效益明显的产业生态链。

从技术上看，相互之间既具有技术上的交互性和连接性，又具有技术上的衔接性、动态传输性和程序上的可控性。

从应用上看，既有结点信息的感知能力，又有集成信息的决策能力；既有微观获取信息的能力，又有入云检测（是指对于某些需要进行验证性检测的数据，可直接登录到定向的云计算平台，进行检测）的验证能力；既有近端应用的现实性，又有远程控制的可控性；既有连续应用的能力，又有延伸控制的管控能力。

物与物之间、人与物之间都会通过旺盛的生态因子，而互动、活化、出新和运作。正是这种极强的生态关联特征推动和促进了物联网的发展，引领和促进了物联网与电子商务、ERP、商务智能和云计算的融合。

物联网的这种生态性特征，还表现在与经济的紧密联系性。物联网和传感网概念现如今成为热门的一个重要原因是，国际金融危机使得美国等一些遭受危机严重的国家需要新的概念刺激经济。因此，奥巴马将物联网战略提升到国家战略层面后立即引起了世界的重视。大部分国家纷纷以此作为把握未来经济发展命脉的重要抓手。自此，全球掀起了新一轮物联网浪潮。

从以上的分析我们可以看到，正是在大量探索性的、创新性的、群体性的应用实践中，才展示了物联网的巨大能量，扩展了物联网的应用空间，提升了物联网的商业价值，显示了物联网对促进工业化与信息化融合和经济发展的巨大作用。

10.4.4　发展物联网必须弄清的几个关系

1. 物联网和互联网的关系

物联网并不是一个新的独立的网络，它只是过去我们在互联网解决了人与人之间的交互关系之后，要进一步解决物与物、人与物之间联系的一种扩展和延伸应用，是互联网应用能力的一种放大，是互联网更加生活化、实用化、人性化的一种体现。

互联网是物联网的基础网络，是物联网接收感知信息的承载载体，又是把获取的感知信息进行集成和整合，赋予其商务智能的一种支撑技术。本质上是使互联网由信息传输网络向“通人性”网络发展和过渡的一种扩展应用。

在物联网的发展进程中，互联网具有作为物联网承载网络的独有优势和整合资源能力，不仅具有把分散感知信息变成整合信息的能力，还具有对感知信息进行智能分析，并相应进行决策的处理能力；不仅可以一般地利用互联网的集成能力进行整合集成，还可以利用云计算中的丰富资源进行云集成。这就获得了资源承载能力最强、集成信息量最大、承载网基础资源最丰富的优势。鉴于此，互联网当仁不让地成为物联网的最佳资源配置选择，成为最适合作为物联网承载载体的基础网络。而自组网的传感网络不具有这样的优势和能量。

因此，研究物联网和互联网的关系，我们既要看到它们之间的依存性，也要看到它们之间的区别。物联网尽管是以互联网为基础网络平台的，但是，物联网应用和互联网应用是根本不同的。这表现在以下 3 个方面。

（1）从应用的需求分析看

互联网是信息资源的集聚地和蓄水池，是汇集、提升、整合和开发信息资源的阵地。其面对的是信息的一般需求者和接收者。而物联网的信息来源是结点感知的，其基本信息来源不是从外在网络上获取，而是对若干感知结点信息的接收、上传、集成和整合的。物联网信息是鲜活的、动态的，其处理流程是规范有序的。

（2）从应用的特征看

互联网是全球性的、普适的、开放的，而物联网往往是区域性的、局部的、特指的，或以完成特定任务为主的专用网络。这种特指性和特定性决定了物联网只有这个任务群的人才可以互相连接。这种专用性往往需要中间件来适配，才能满足其对承载平台的需求。

（3）从对网络平台的功能要求看

互联网要求平台资源丰富，网络稳定、安全、便捷和开放。物联网要求对特指信息的收集、集成安全和稳定。更要求上传信息或返回信息的安全可靠，不被外人发现或截获。并需要对信息传输，具有无线接收能力，能进行智能处理和数据挖掘，给结点以决策支撑。

2. 物联网和传感网的关系

有人认为：“物联网是从产业和应用角度去表述，传感网则是从技术角度去表述。这两个名称是从不同的角度对同一事物做出的不同表述，其实质是相同的。”社会上这种把传感网应用等同于物联网的说法是不完全、不准确的，他们只看到了物联网和传感网之间的同一性，忽略了物联网和传感网之间的差异性。

物联网和传感网主要有 3 个方面的差异。

① 当年的传感网所指的主要标的器件是传感器，而如今的物联网所指的主要标的器件是电子标签。

② 当年的传感网所指的应用范围较窄，主要是指在零售和物流行业的应用，而如今物联网的应用范围已经扩展到众多的行业和十分广泛的领域。

③ 最根本的差异在于信息的存储方式和系统的开放性不同。早期的和当前的大量传感器大都是在特定领域的应用，其本质大都是利用传感器的自组网特征的一种闭环应用。由于分属于不同领域的应用有着不同的协议和标准，因此这种闭环应用、标准和协议很难兼容，信息也难

以共享。

而物联网的本质特征是基于通用协议和标准的开环应用。其数据可以存放在 RFID 芯片中，也可以集成在云端，从而在更大范围内，可以按照权限实现对标的物品和关键环节的自动控制和远端管理，还可以实现云端的信息共享。这种物联网的云存储模式，不仅简化了 RFID 的标签和读写设备的功能，降低了成本，还使跨领域信息共享成为了可能。

说明：云端的信息共享是指为了在更大范围内，按权限实现对标的物品和关键环节的自动控制和远端管理，可以利用云存储模式，把相关可以共享的资料和数据放在签约的云服务平台上，用以进行资源共享。其可以放在共有云上，也可以放在私有云上。放在私有云上的共享信息，是一种受控的共享、有限度的共享。进入私有云上查询共享信息的人，必须得到信息主体的授权，而且只能进行有限度的共享查询。

3. 物联网和移动互联网的关系

我们知道，物联网大量感知的结点信息，没有承载载体形不成整合感知能力，从而也就不能形成科学的决策能力。单点感知的信息需要经过无线传输进行交集，没有了无线传输能力，也就没有了互联网的承载载体。每一个结点都是一支无控制的单线放飞风筝，不仅其能量和作用是有限的，而且会产生大量的交合和碰撞，其感知信息的准确性将削弱，优势会淡化，可用性就会缩水，因此，有人说："物联网发展以后，不出十年将替代互联网和移动互联网"是根本站不住脚的。

物联网的快速发展，是以移动互联网的快速发展为基础、支撑和前提的。正是由于移动互联网的快速发展，物联网才有了信息多维传输的可能，才有了动态传输的渠道，才找到结点信息接收的载体，才有了智能控制和处理的能力，才能得到广泛的应用。

在实践运用中，电子标签要发挥作用，首先需要获得互联网的码址资源。有了码址， 才有了准确的结点位置，才具有了信息传输的渠道和可能。离开了互联网和移动互联网的支撑，物联网自身的电子标签就成了一叶孤舟，是很难行船的。

4. 物联网和泛在网的关系

泛在网即广泛存在的网络，它以无所不在、无所不包、无所不能为基本特征，以实现在任何时间、任何地点、任何人、任何物都能顺畅地通信为目标。目前，随着经济发展和社会信息化水平的日益提高，构建"泛在网络社会"，带动信息产业的整体发展，已经成为一些发达国家和城市追求的目标。泛在网打破了物联网应用的行业界限，倡导在不同的行业之间共享传感器信息和应用，并为公共需求提供服务。它一般被认为是一种低速率、短距离、低功耗的网络。

泛在网与传感网和物联网的不同点之一，表现在应用包容的泛在性。就其地域和空间而言，物联网是指整个地球的范围，而泛在网是指更广义的地域范围，包括卫星通信、宇航通信等宇宙领域，如图 10.4 所示。不仅如此，泛在网还十分注重"人机的普遍交互和异构的网络融合"，更强调和注重人的智能化思考及对周边环境部署的作用。

泛在网与物联网的不同点之二，表现在内涵上。从泛在的内涵上看，它关注的不仅是人与物的交互，还包括了人与物交互中与周边关系的和谐。泛在网强调了在人机交互中，注重与自然的融合，更注重和强调了应用的普遍性和广泛性。而物联网强调的只是物联网向末端和结点延伸的可能性。这种延伸还并不具有普遍性的特征。关于这一点，从它们的技术与应用方面的比较中可以看得很清楚，如表 10.1 所示。

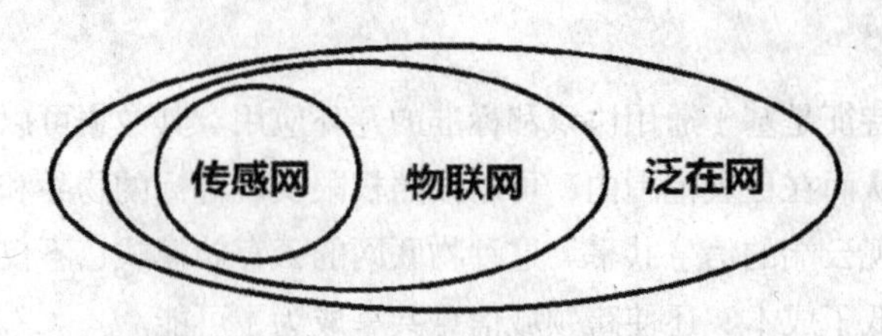

图 10.4　泛在网示意

表 10.1　传感网、物联网和泛在网在技术与应用方面的比较

	末梢及关键技术	网络设施与应用	连接对象
传感网	传感器、近距离无线通信	不包括	物到人
物联网	传感器、RFID、二维码、近距离无线通信、摄像头	前期一个或多个网络 后期包括多网络协作	物到物 物到人
泛在网	传感器、RFID、二维码、近距离无线通信、摄像头、GPS 等	网络具有更强的协同和应用处理能力	物到物 人到人 物到人

从以上 4 个方面的分析中可以得出：传感网、物联网和泛在网具有某些同一性，但又各自具有个性化特征，不能把它们等同起来。看不到它们的同一性，就看不清它们之间的生态发展脉络和关联；漠视了它们之间的差别性，把它们都当作同一个东西，就漠视了它们不同的市场环境和应用需求，就不能正确地确定产品开发战略和市场发展战略。

总之，物联网技术的研发经过了近十年的历程，正在走向大规模的推广应用。特别是 当前无线技术得到了快速发展，激活了大量物联网应用的消费需求，引领和带动了软件和中间件的快速发展，这就为物联网快速发展提供了众多的商业机会和广阔的市场前景。

10.4.5　中国物联网快速发展的特点和态势

1. 中国物联网快速发展的特点

（1）中国已将物联网作为战略性新兴产业重点推进

早在 2006 年国务院发布的《国家中长期科学和技术发展规划纲要（2006—2020 年）》中关于“重要领域及其优先主题”“重大专项”和“前沿技术”部分均已涉及物联网的内容。我国政府要着力推动传感网、物联网关键技术的突破，尽早部署后 IP 时代相关技术研发，使信息网络产业成为推动产业升级、迈向信息社会的“发动机”。

2010 年 10 月 10 日，《国务院关于加快培育和发展战略性新兴产业的决定》出台，物联网作为新一代信息技术中的重要一项被列入，成为国家首批加快培育的 7 个战略性新兴产业，列入国家发展战略。其后推进物联网应用，已列入“十二五”规划。这对推进我国物联网的发展，具有里程碑的意义。

（2）物联网具有了一定的产业发展基础

我国对物联网的研究起步较早，1999 年，中科院就启动了研究项目。目前，已拥有从材料、技术、器件、系统到网络的完整产业链，并较早启动了物联网标准研究。当前，中国与德国、美国、韩国一起，成为物联网国际标准制定的主导国之一。2003 年，我国成功举办了“RFID 商业应用发展策略论坛”，2006 年 6 月，我国发布了《中国射频识别（RFID）技术政策白皮书》。2011 年，商务部发布了物联网电子标签的标准，初步拥有年产量超过 20 亿支、5 000 多个品种的传感器产业，突破了 RFID 很多关键性的技术。

目前，在广东、江苏、上海、重庆等地，RFID 技术已广泛应用于公共交通管控、高速公路收费、动植物电子标识、食品、药品、邮件实时状态跟踪管理及物流和供应链管理等领域，各类电子证照与重要商品防伪、各类 IC 卡应用上，也开拓了广阔的市场空间，奠定了中国 RFID 产业与应用的基础。虽然在 RFID 产业的芯片研发方面，我国起步较晚，但是经过近些年的发展，目前我国在物联网技术研发、制造、工艺设计、系统集成与应用等整合产业链条上已经初具规模。

当前，我国 RFID 应用的解决方案已经陆续出现，这为 RFID 在我国的应用推广，特别是在物流、安全保障、防伪识别等非制造领域奠定了坚实的基础。近年来，我国已经将 RFID 技术应用于铁路车号识别、身份证和票证管理、动物标识、特种设备与危险品管理、公共交通以及生产过程管理等多个领域，取得了一批成功应用案例，培养了一批研发和实施人才，涌现了一批骨干企业。

（3）物联网标准制定工作已取得明显进展

我国是制定物联网国际标准的主导国之一。在国家重大科技专项、国家自然科学基金和“863”计划的支持下，为推进国内新一代宽带无线通信、高性能计算与大规模并行处理技术、光子和微电子器件与集成系统技术、传感网技术、物联网体系架构及其演进技术的研发，我国已经先后建立了传感技术国家重点实验室、传感器网络实验室、传感器产业基地等一批专业研究机构和产业化基地，开展了一批具有示范意义的重大应用项目研发。

早在 1999 年，中科院上海微系统所和国内有关高校即开始相关工作的研究，并呼吁成立国际物联网标准特别工作组，负责相关国际标准的编写。目前国内在器件设计和制造、短距离无线通信技术、网络架构、软件信息处理系统配套、系统设备制造、网络运营等物联网主要环节已具备一定的产业化能力，并在第二代身份证、奥运门票、世博门票、货物通关等领域开展了实际应用。

2010 年 3 月 25 日，国家传感器网络标准工作组得到 JTC1 WG7 秘书处的通知，我国于 2009 年 9 月向 ISO/IEC JTC1 提交了关于传感网信息处理服务和接口的国际标准提案，通过了 JTC1 成员国的 NP 投票。自此，由我国提交的一项标准正式立项。

（4）我国电子标签生产能力和专有技术将走在世界前列

物联网具有广泛的应用前景。但从当前世界发展的态势看，影响其广泛应用的关键是价格因素。由于物联网标签的使用量很大，电子标签的价格一高，就会挤占产品或服务的利润增值空间。因此，这已成为制约世界物联网发展的一大瓶颈。

为此，世界各国都在探寻 RFID 的降价之路。不久前在美国举行的无线射频标识会议上，与会的大约 1 000 名企业高管认为：“RFID 可能是一种颠覆性的技术，但它尚未发挥出巨大影响”，国外普遍认为 RFID 目前处于 10 年前电子商务所处的阶段。

在中外物联网界市场资源开发的争夺战中，中国的民营企业家黄光伟强势出手。他依托上海市浦东新区的地缘优势，初期投资 1.2 亿元，不仅建造了建筑面积约 30 000m^2 的现代办公设施和 9 栋大型生产楼，还建造了具有不同风格、不同用途的全球最大的 RFID 技术应用展示厅，为物联网产品客户提供新奇、多彩的体验营销环境。这不仅显示了中国民营企业家的气魄和胆识，更彰显了他独特的营销理念。

（5）物联网得到了风险投资和产业基金的支持

2010 年 10 月 28 日发布的《2009—2010 中国物联网年度发展报告》指出，2009 年中国物联网产业市场规模约 1 700 多亿元，在公众业务领域以及平安家居、电力安全、公共安全、健康监测、智能交通、重要区域防入侵、环保等诸多行业的市场规模均超过百亿。预计 2010 年市场规模有望超过 2 000 亿元。

风险资本是新兴产业发展的重要推动力。物联网的快速发展势必得到风险资本的重视和青睐。2003—2010 年，中国已有一些物联网企业得到了风险资金的支持，这表明物联网“钱景”远大。

2. 我国物联网快速发展的态势

当前我国物联网得到了广泛的应用。最早，也是最大的物联网探索应用项目是铁路。铁路调度和统计系统堪称目前世界最大的 RFID 应用项目。当前国内已经有 55 万节车皮安装了 RFID。每节机车底部的电子标签都写有车种、车型、车号及所载货物等信息，列车在行驶过程中，铁路沿线的读写器能够迅速读取车辆信息，并将读取到的数据传到铁道部的中央服务器中。通过 RFID 平台，我国铁路系统提高了统计调度水平和运营服务功能。

除此之外，上海港也已经进行了集装箱应用实验。在上海至重庆和烟台的航线成功应用的基础上，已经延伸应用开通了欧洲的航线。为了迎接世博会，上海还在危险气瓶运输监管上进行了成功应用，实现了对 115 万支危险气瓶从充装、运输到使用的全程 RFID 监管。

物联网应用已经在全国广泛展开，上海在物联网技术研发、标准制定、产业基础等方面居国内领先地位。从“十五”起，在物联网相关技术（主要是 RFID 技术）研发方面已累计投入 6 000 多万元。“十一五”期间，上海有关单位承担了 10 余项与物联网相关的国家科技重大专项（主要是短距离无线通信技术），总经费超过 1 亿元。在无线传感网工程化、实用化关键技术方面获得了重大突破，并已开始构建提供公共服务的物联网网络体系，在特奥会期间的交通流量监测、安防等方面发挥了重要作用。基于物联网技术的电子围栏已在世博园区安装，实现了智能安防。目前，上海正在努力抓住机遇，抢占制高点，突破关键技术瓶颈，推广示范应用，推动上海信息产业的结构转型，进一步提升综合竞争力。

物联网在我国迅速崛起得益于我国在物联网方面的几大优势。

① 我国早在 1999 年就启动了物联网核心传感网技术研究，研发水平处于世界前列。

② 在世界传感网领域，我国是标准主导国之一，专利拥有量高。

③ 我国是能够实现物联网完整产业链的国家之一。

④ 我国无线通信网络和宽带覆盖率高，为物联网的发展提供了坚实的基础设施支持。

⑤ 我国已经成为世界第二大经济体，有较为雄厚的经济实力支持物联网发展。

习 题 10

一、填空题

1. 电子商务活动中，企业对企业、企业对消费者、个人对消费者、企业对政府、线上对线下、消费者对企业分别简称为：_______、_______、_______、_______、_______、_______。

2. 电子商务功能包括：_______、_______、_______、_______、_______、_______、_______、_______。

3. 云计算的特点包括：_______、_______、_______、_______、_______、_______、_______、_______。

4. 大数据的特征包括：_______、_______、_______、_______、_______。

二、简述题

1. 简述电子商务类型是如何划分的。

2. 简述电子商务经济如何促进我国经济转型升级。

3. 简述应对大数据应采取的措施。

4. 简述物联网体系架构。

5. 简述我国在物联网方面的优势。

6. 简述我国物联网快速发展的特点和态势。

参考文献

1. 史巧硕. 大学计算机基础与计算思维. 北京：中国铁道出版社，2015.

2. 王钢，等. 大学计算机基础（第 2 版）. 北京：清华大学出版社，2014.

3. 陈进，聂林海. 电子商务经济发展战略. 北京：化学工业出版社，2015.

4. 王汝林. 物联网基础及应用. 北京：清华大学出版社，2011.

5. 姜书浩，等. 办公自动化软件及应用（第 3 版）. 北京：清华大学出版社，2016.

6. （美）Randal E.Bryant，David R.O'Hallaron. 深入理解计算机系统. 龚奕利，雷迎春，译. 北京：机械工业出版社，2010.